跟兄弟连学 PHP

（精要版）

兄弟连 IT 教育◎组编

高洛峰◎编著

电子工业出版社

Publishing House of Electronics Industry

北京·BEIJING

内 容 简 介

PHP 是开发 Web 应用系统最理想的工具，易于使用、功能强大、成本低廉、高安全性、开发速度快且执行灵活。《跟兄弟连学 PHP》的出版已成为 PHP 学习者首选的工具书，为了让初学者更精准地掌握 PHP 的重点、要点，特推出《跟兄弟连学 PHP（精要版）》。

本书以《跟兄弟连学 PHP》为基础，提取出的精华内容皆是 PHP 开发中必须掌握的技术点。全书以实用性为目标，包含 PHP 开发中必备的各项技术，对已列出的每一个知识点都进行了深入详细的讲解，并附有大量的经典实例代码，图文并茂，循序渐进，同时侧重介绍了 PHP 的相关技术在实际 Web 开发中的应用。

对于 PHP 应用开发的新手而言，本书不失为一本优秀的入门教材，内容既实用又全面，所有实例皆可在开发中直接应用，并辅以大量的视频教程、配套的教学课件、章节练习题等，使读者轻松掌握所学知识。本书还特别适合大、中专院校的师生作为 PHP 授课教材使用。

未经许可，不得以任何方式复制或抄袭本书之部分或全部内容。
版权所有，侵权必究。

图书在版编目（CIP）数据

跟兄弟连学 PHP：精要版 / 兄弟连 IT 教育组编；高洛峰编著. —北京：电子工业出版社，2017.1
ISBN 978-7-121-30734-8

Ⅰ.①跟… Ⅱ.①兄… ②高… Ⅲ.①PHP 语言－程序设计 Ⅳ.①TP312.8

中国版本图书馆 CIP 数据核字（2016）第 316552 号

策划编辑：李　冰
责任编辑：李　冰
特约编辑：田学清　赵海红等
印　　刷：北京虎彩文化传播有限公司
装　　订：北京虎彩文化传播有限公司
出版发行：电子工业出版社
　　　　　北京市海淀区万寿路 173 信箱　　邮编：100036
开　　本：787×1092　1/16　印张：28　字数：717 千字
版　　次：2017 年 1 月第 1 版
印　　次：2022 年 7 月第 12 次印刷
定　　价：69.00 元

凡所购买电子工业出版社图书有缺损问题，请向购买书店调换。若书店售缺，请与本社发行部联系，联系及邮购电话：(010) 88254888，88258888。
质量投诉请发邮件至 zlts@phei.com.cn，盗版侵权举报请发邮件至 dbqq@phei.com.cn。
本书咨询联系方式：libing@phei.com.cn。

推荐序

《跟兄弟连学 PHP（精要版）》是对畅销书《跟兄弟连学 PHP》精华内容的选取，相信本书会延续前三版的火爆销售，成为初学者学习 PHP 的好帮手，成为兄弟连对开源领域的重要贡献之一。

我是兄弟连 IT 教育（itxdl.cn）的创始人李超，兄弟连是我在 2006 年年底创办的，到现在已经是第 10 个年头了，2016 年成功在新三板挂牌（股票代码：839467）。兄弟连是一所对学员"变态严管"的 IT 学校，是国内 PHP 培训的领导品牌。

2001 年以前，我没考上高中，19 岁做了一名铁路工人，对计算机知识一窍不通，敲键盘还是二指禅，不知道硬盘为何物，看片从来都是用光驱，甚至不知道还能复制到硬盘上。2002 年，我成为大连交通大学计算机系（成教）的一名普通学员，逐步意识到所学的课程跟企业实践脱节，也跟很多大学生一样迷茫过。2003 年，赶上了让全国人民至今心有余悸的"非典"，加上对前途的迷茫，那时的我很痛苦；一个偶然的机会我知道了 Linux、PHP 等开源软件，并坚信那是未来的方向。自学一些时日进度很慢，找到一家培训机构交了学费，学习了我看好的开源软件课程。培训期间，机构和讲师的表现都不尽如人意，只能自身更加努力，毕业后在大连一家互联网公司做程序员。

2004 年 8 月，怀揣 1000 元来到首都北京，只因我有一颗不安分的心……一开始做技术支持，工作努力、吃苦耐劳加上自我学习意识强，很快成了一名 IT 讲师。一路走来陆续从事过讲师、教学主管、教学总监等职，真正从业内人士的角度透彻地了解到培训行业的秘密。联想到在大连参加培训时的一些感触，我明白为什么很多人都不看好培训机构，因为这个行业确实有一些机构在追逐商业利益的同时迷失了自我，我发誓：要做一家靠谱的培训学校。

2006 年年底，我凭着无知者无畏的勇气，创办了"兄弟连"，创业的初衷是为了让更多的学员知道，培训机构也是可以真正为学员着想的。经过近 4 年的摸索，兄弟连在教学上积累了良好的口碑，学员的就业薪资也屡创新高。2010 年，兄弟连在内部深度调整的同时，在国内首推"零费用学习，毕业后还款"模式，一炮打响，之后的兄弟连进入了发展的快车道。

2011 年—2013 年，兄弟连迅速壮大，其间兄弟连人对教育、对培训的理解更加深刻，总结出兄弟连的核心竞争力：教学靠谱、变态严管、职业素养课贯穿。如今的兄弟连，教学质量好不好学员说了算，我们会有定期的讲师评估、学员打分，重点考核备课是否充分、是否激情授课、是否幽默/励志教学等，教学严管和职业素养课让学员把学习变成习惯，掌握技术的同时学会处事、学会做人。

让学习成为一种习惯

在巩固 PHP 领导地位的同时，兄弟连现已开设 UI/UE、HTML5、Java/大数据、Java/Android、Linux/云计算、全栈工程师、工业机器人等众多学科，累计培养数万名学员，陆续还会推出更多的新学科。除 PHP 方面的书籍，兄弟连也将不断出新，2017 年会有多本 Linux、HTML5 和 Java 大数据等技术图书出版。兄弟连在 2014 年中成立了兄弟会，以为企业和创业者提供全建制的技术与人才服务为目标，通过会员招募和高端 IT 人才培养计划方式，储备高级技术人才，向企业输出和提供技术服务，广受企业好评。兄弟连 IT 教育截至 2016 年年底，已经在北京、上海、广州、深圳、沈阳等 14 座城市拥有 17 所校区，每年有数十万名学员受益于兄弟连教育的职业培训、教学视频、网络直播课、大学讲座。

"兄弟"

一开始我的理解是，程序员大多数是男性，雄性的天地，写程序要团队开发，讲求配合协作，更加注重兄弟间的默契。后来发现来兄弟连学习的不全是男性，很多女孩子骨子里的兄弟情结更加浓厚，她们甚至比男人更懂得兄弟的含义。在兄弟连，兄弟的含义就是：是陪你一起学到深夜，饿了分一桶方便面的人；是你游戏玩得高兴时，提醒你抓紧时间学习的人；是你学习遇到困难时，传授你学习方法帮你分析问题的人；是他去找工作，跟人家推荐你也过去试试的人……

"连"

就是连队，兄弟连需要更加严厉的管理，因为我们培养的是 IT 特种兵，把本来基础好的学员培养出来那不叫本事，把那些对 IT 有兴趣却底子薄的人变成编程高手才算能耐！这更加需要团队，而不仅仅是老师的帮助。在兄弟连，这样的例子比比皆是。

时至今日，兄弟连已经走过 10 个年头，这条路虽历尽艰辛，但我们痴心不改。我们就是要让学员们知道：培训机构也可以是靠谱的！在兄弟连，你可以找到自我、重拾自信；在兄弟连，你会每天渴求成长，学到深夜；在兄弟连，你会把学习当成一种习惯；在兄弟连，你有更多的兄弟姐妹；在兄弟连，有陪你一起熬夜的老师；在兄弟连，你会被"狠狠"地爱着……

兄弟连创始人　李超

2017 年 1 月

前言 PREFACE

　　PHP 是一种开源免费的开发语言，具有程序开发速度快、运行快、技术本身学习快等快捷性的特点，无疑是当今 Web 开发中最佳的编程语言，目前全球有 82%的网站采用 PHP 开发。在国内，除了绝大多数网站使用 PHP 开发外，很多企业内部系统、网游的服务器端、APP 的服务器端、微信公众号开发，以及微信小程序也都在使用 PHP 开发。与 JSP 和 ASP 相比，PHP 具有简易性、高安全性和执行灵活等优点，使用 PHP 开发的 Web 项目，在软件方面的投资成本较低、运行稳定。因此现在越来越多的供应商、用户和企业投资者日益认识到，使用 PHP 开发的各种商业应用和协作构建各种网络应用程序，变得更加具有竞争力，更加吸引客户。无论是从性能、质量还是价格上，PHP 都将成为企业和政府信息化所必须考虑的开发语言。

　　本书包括的所有内容皆为当今 Web 项目开发必用的内容，涵盖了 PHP 的绝大多数知识点，对于某一方面的介绍再从多角度进行延伸。全部内容围绕 PHP 的面向对象思想设计编写，帮助读者深刻理解 PHP 开发技术，一步一步引导读者从 PHP 面向过程的开发模式进入面向对象的开发时代。本书全部技术点以 PHP 5.4 版本为主，详细介绍了 PHP 及与其相关的 Web 技术，可以帮助读者在较短的时间内熟悉并掌握比较实用的 PHP 技术。其中包括 PHP 面向对象技术、数据库抽象层 PDO 和 Smarty3 模板引擎、学习型 PHP 框架 BroPHP 2.0 等主流技术，实用性非常强。本书所涉及的实例全部以特定的应用为基础，读者在学习和工作过程中，可以直接应用本书给出的一些独立模块和编程思想。

　　本书是《跟兄弟连学 PHP》精要部分的提取，编写的宗旨是让读者能拥有一本 PHP 方面的学习和开发使用的最好书籍，章节虽然不是很多，但对所罗列出的每个知识点都进行了细化和延伸，并力求讲解到位，让读者可以轻松地读懂。对于几乎每个知识点都有对应且详实的可运行的代码配套，对所有实例代码都附有详细注释、说明及运行效果图。另外，在每个章节的最后还为读者安排了大量的和本章知识点配套的授课课件及自测试题，能更好地帮助读者掌握理论知识点，提高实际编程能力，寓学于练。

超强资源配套学习，跟踪服务帮助读者提高

　　本书的附属配套学习资源包，可以扫描二维码，或搜索作者微信公众号"gao_luo_feng"，

关注后回复"精要版",即可获得下载地址,还可以收到作者每天分享的与互联网相关的技术文章。

作者微信公众号

  本书配套的所有开发实例的源代码及项目,读者在开发中可以直接使用。由于书的容量限制,本书部分章节及课后习题、授课课件、附加章节都附加在资源包中。同时还赠送配套的全部教学视频(猿代码 www.ydma.cn 平台观看),长达 200 个小时以上。通过参考本书再结合教学视频学习,可以加快对知识点的掌握,加快学习进度。

  为了帮助读者学习到更多的 PHP 技术,在兄弟连论坛(bbs.itxdl.cn)还可以下载常用的技术手册、安装 LAMP 环境所需要的软件。笔者及兄弟连 IT 教育(新三板上市公司,股票代码:839467)的全体讲师和技术人员也会及时回答读者提问,与读者进行在线技术交流,并为读者提供各类技术文章,帮助读者提高开发水平,解决读者在开发中遇到的疑难问题。

本书适合读者

- 接受 PHP 培训的学员。
- Web 开发爱好者。
- 网站维护及管理人员。
- 初级或专业的网站开发人员。
- 大中专院校的教师及培训中心的讲师。
- 进行毕业设计和对 PHP 感兴趣的学生。
- 从事 ASP 或 JSP 而想转向 PHP 开发的程序员。

  参与本书编写的人员还有李明,在此表示感谢!

2016 年 10 月

目录 CONTENTS

第1章 LAMP 网站构建 1
1.1 介绍 Web 给你认识 1
1.1.1 Web 应用的优势 3
1.1.2 Web 开发标准 4
1.1.3 认识脚本语言 5
1.2 动态网站开发所需的 Web 构件 5
1.2.1 客户端浏览器 6
1.2.2 超文本标记语言（HTML）......... 7
1.2.3 层叠样式表（CSS）................... 8
1.2.4 客户端脚本编程语言 JavaScript 9
1.2.5 Web 服务器 10
1.2.6 服务器端编程语言 11
1.2.7 数据库管理系统 12
1.3 LAMP 网站开发组合概述 13
1.3.1 Linux 操作系统 13
1.3.2 Web 服务器 Apache 14
1.3.3 MySQL 数据库管理系统 14
1.3.4 PHP 后台脚本编程语言 15

第2章 从搭建你的 PHP 开发环境开始 .. 18
2.1 几种常见的 PHP 环境安装方式 18
2.1.1 Linux 系统下源代码包方式安装环境 19
2.1.2 在 Windows 系统上安装 Web 工作环境 19
2.1.3 搭建学习型的 PHP 工作环境 19
2.2 环境安装对操作系统的选择 20
2.2.1 选择网站运营的操作系统 20
2.2.2 选择网站开发的操作系统 20
2.3 安装集成 PHP 开发环境 21
2.3.1 安装前准备 21
2.3.2 安装步骤 21
2.3.3 环境测试 22
2.4 改变文档根目录 www 的位置 25

第3章 PHP 的基本语法 26
3.1 PHP 在 Web 开发中的应用 26
3.1.1 就从认识 PHP 开始吧 26
3.1.2 PHP 都能做什么 27
3.2 第一个 PHP 脚本程序 30
3.3 PHP 语言标记 33
3.3.1 将 PHP 代码嵌入 HTML 中的位置 33
3.3.2 解读开始和结束标记 34
3.4 指令分隔符"分号" 35
3.5 程序注释 36

3.6 在程序中使用空白的处理	37
3.7 变量	38
3.7.1 变量的声明	38
3.7.2 变量的命名	39
3.7.3 可变变量	41
3.7.4 变量的引用赋值	41
3.8 变量的类型	42
3.8.1 类型介绍	43
3.8.2 布尔型（boolean）	43
3.8.3 整型（integer）	44
3.8.4 浮点型（float 或 double）	45
3.8.5 字符串（string）	45
3.8.6 数组（array）	47
3.8.7 对象（object）	48
3.8.8 资源类型（resource）	48
3.8.9 NULL 类型	49
3.8.10 伪类型介绍	50
3.9 数据类型之间相互转换	50
3.9.1 自动类型转换	50
3.9.2 强制类型转换	51
3.9.3 类型转换细节	52
3.9.4 变量类型的测试函数	52
3.10 常量	53
3.10.1 常量的定义和使用	54
3.10.2 常量和变量	54
3.10.3 系统中的预定义常量	55
3.10.4 PHP 中的魔术常量	55
3.11 PHP 中的运算符	56
3.11.1 算术运算符	57
3.11.2 字符串运算符	59
3.11.3 赋值运算符	60
3.11.4 比较运算符	60
3.11.5 逻辑运算符	62
3.11.6 位运算符	63
3.11.7 其他运算符	66
3.11.8 运算符的优先级	67
3.12 表达式	68
第 4 章 PHP 的流程控制结构	69
4.1 分支结构	69
4.1.1 单一条件分支结构（if）	70
4.1.2 双向条件分支结构（else 子句）	71
4.1.3 多向条件分支结构（elseif 子句）	72
4.1.4 多向条件分支结构（switch 语句）	73
4.1.5 巢状条件分支结构	75
4.1.6 条件分支结构实例应用（简单计算器）	76
4.2 循环结构	78
4.2.1 while 语句	78
4.2.2 do…while 循环	81
4.2.3 for 语句	81
4.3 特殊的流程控制语句	84
4.3.1 break 语句	85
4.3.2 continue 语句	85
4.3.3 exit 语句	86
4.4 PHP 的新版特性——goto 语句	87
第 5 章 PHP 的函数应用	89
5.1 函数的定义	89
5.2 自定义函数	90
5.2.1 函数的声明	90
5.2.2 函数的调用	92
5.2.3 函数的参数	93
5.2.4 函数的返回值	94

5.3 函数的工作原理和结构化编程 96
5.4 PHP 变量的范围 97
  5.4.1 局部变量 97
  5.4.2 全局变量 98
  5.4.3 静态变量 99
5.5 声明及应用各种形式的 PHP
  函数 100
  5.5.1 常规参数的函数 101
  5.5.2 伪类型参数的函数 102
  5.5.3 引用参数的函数 102
  5.5.4 默认参数的函数 103
  5.5.5 可变个数参数的函数 105
  5.5.6 回调函数 106
5.6 递归函数 110
5.7 使用自定义函数库 111
5.8 PHP 匿名函数和闭包 112

第 6 章 PHP 中的数组与数据结构 114

6.1 数组的分类 114
6.2 数组的定义 116
  6.2.1 直接赋值的方式声明数组 116
  6.2.2 使用 array()语言结构新建数组 ..118
  6.2.3 多维数组的声明 119
6.3 数组的遍历 121
6.4 预定义数组 124
  6.4.1 服务器变量：$_SERVER............125
  6.4.2 环境变量：$_ENV 126
  6.4.3 URL GET 变量：$_GET 126
  6.4.4 HTTP POST 变量：$_POST 127
  6.4.5 request 变量：$_REQUEST 128
  6.4.6 HTTP 文件上传变量：
     $_FILES 128
  6.4.7 HTTP Cookies：$_COOKIE 128

  6.4.8 Session 变量：$_SESSION 128
  6.4.9 Global 变量：$GLOBALS 128
6.5 数组的相关处理函数 129
6.6 操作 PHP 数组需要注意的
  一些细节 133
  6.6.1 数组运算符号 133
  6.6.2 删除数组中的元素操作 134
  6.6.3 关于数组下标的注意事项 135

第 7 章 PHP 面向对象的程序设计 136

7.1 面向对象的介绍 136
  7.1.1 类和对象之间的关系 137
  7.1.2 面向对象的程序设计 138
7.2 如何抽象一个类 138
  7.2.1 类的声明 139
  7.2.2 成员属性 139
  7.2.3 成员方法 140
7.3 通过类实例化对象 142
  7.3.1 实例化对象 142
  7.3.2 对象中成员的访问 143
  7.3.3 特殊的对象引用 "$this" 145
  7.3.4 构造方法与析构方法 147
7.4 封装性 150
  7.4.1 设置私有成员 150
  7.4.2 私有成员的访问 151
  7.4.3 __set()和__get()两个方法 153
7.5 继承性 157
  7.5.1 类继承的应用 157
  7.5.2 访问类型控制 159
  7.5.3 子类中重载父类的方法 161
7.6 常见的关键字和魔术方法 163
  7.6.1 final 关键字的应用 164
  7.6.2 static 关键字的使用 165

7.6.3	单态设计模式 166	
7.6.4	const 关键字 167	
7.6.5	instanceof 关键字 168	
7.6.6	克隆对象 168	
7.6.7	类中通用的方法__toString() ... 170	
7.6.8	__call()方法的应用 170	
7.6.9	自动加载类 172	
7.6.10	对象串行化 173	
7.7	抽象类与接口 175	
7.7.1	抽象类 176	
7.7.2	接口技术 177	
7.8	多态性的应用 179	
7.9	PHP 5.4 的 Trait 特性 181	
7.9.1	Trait 的声明 181	
7.9.2	Trait 的基本使用 182	
7.10	PHP 5.3 版本以后新增加的命名空间 184	
7.10.1	命名空间的基本应用 184	
7.10.2	命名空间的子空间和公共空间 186	
7.10.3	命名空间中的名称和术语 187	
7.10.4	别名和导入 188	

第8章 字符串处理 190

8.1	字符串的处理介绍 190	
8.1.1	字符串的处理方式 190	
8.1.2	字符串类型的特点 191	
8.1.3	双引号中的变量解析总结 192	
8.2	常用的字符串输出函数 193	
8.3	常用的字符串格式化函数 195	
8.3.1	去除空格和字符串填补函数 196	
8.3.2	字符串大小写的转换 197	
8.3.3	和 HTML 标签相关的字符串格式化 198	
8.3.4	其他字符串格式化函数 202	

8.4	字符串比较函数 203	
8.4.1	按字节顺序进行字符串比较 203	
8.4.2	按自然排序进行字符串比较 204	

第9章 正则表达式 206

9.1	正则表达式简介 206	
9.2	正则表达式的语法规则 207	
9.2.1	定界符 208	
9.2.2	原子 208	
9.2.3	元字符 210	
9.2.4	模式修正符 213	
9.3	与 Perl 兼容的正则表达式函数 214	
9.3.1	字符串的匹配与查找 215	
9.3.2	字符串的替换 218	
9.3.3	字符串的分割和连接 223	

第10章 PHP 的错误和异常处理 226

10.1	错误处理 226	
10.1.1	错误报告级别 227	
10.1.2	调整错误报告级别 227	
10.2	异常处理 230	
10.2.1	异常处理实现 230	
10.2.2	扩展 PHP 内置的异常处理类 231	
10.2.3	捕获多个异常 232	

第11章 文件系统处理 235

11.1	文件系统概述 235	
11.1.1	文件类型 236	
11.1.2	文件的属性 236	
11.2	目录的基本操作 239	
11.2.1	解析目录路径 240	
11.2.2	遍历目录 241	
11.2.3	统计目录大小 242	
11.2.4	建立和删除目录 243	

11.2.5 复制目录 ... 244
11.3 文件的基本操作 ... 245
    11.3.1 文件的打开与关闭 ... 245
    11.3.2 写入文件 ... 247
    11.3.3 读取文件内容 ... 248
    11.3.4 访问远程文件 ... 250
    11.3.5 移动文件指针 ... 251
    11.3.6 文件的锁定机制 ... 252
    11.3.7 文件的一些基本操作函数 ... 255
11.4 文件的上传与下载 ... 256
    11.4.1 文件上传 ... 256
    11.4.2 处理多个文件上传 ... 260
    11.4.3 文件下载 ... 261

第 12 章 PHP 动态图像处理 ... 263
12.1 PHP 中 GD 库的使用 ... 263
    12.1.1 画布管理 ... 265
    12.1.2 设置颜色 ... 265
    12.1.3 生成图像 ... 266
    12.1.4 绘制图像 ... 267
    12.1.5 在图像中绘制文字 ... 269
12.2 设计经典的验证码类 ... 272
    12.2.1 设计验证码类 ... 272
    12.2.2 应用验证码类的实例对象 ... 275
    12.2.3 表单中应用验证码 ... 275
    12.2.4 实例演示 ... 276
12.3 PHP 图片处理 ... 276
    12.3.1 图片背景管理 ... 276
    12.3.2 图片缩放 ... 278
    12.3.3 图片裁剪 ... 280
    12.3.4 添加图片水印 ... 281
    12.3.5 图片旋转和翻转 ... 282

第 13 章 数据库抽象层 PDO ... 285
13.1 PDO 所支持的数据库 ... 285
13.2 PDO 的安装 ... 287
13.3 创建 PDO 对象 ... 288
    13.3.1 以多种方式调用构造方法 ... 289
    13.3.2 PDO 对象中的成员方法 ... 291
13.4 使用 PDO 对象 ... 291
    13.4.1 调整 PDO 的行为属性 ... 292
    13.4.2 PDO 处理 PHP 程序和数据库之间的数据类型转换 ... 292
    13.4.3 PDO 的错误处理模式 ... 293
    13.4.4 使用 PDO 执行 SQL 语句 ... 294
13.5 PDO 对预处理语句的支持 ... 296
    13.5.1 了解 PDOStatement 对象 ... 296
    13.5.2 准备语句 ... 297
    13.5.3 绑定参数 ... 298
    13.5.4 执行准备好的查询 ... 299
    13.5.5 获取数据 ... 300

第 14 章 会话控制 ... 305
14.1 为什么要使用会话控制 ... 305
14.2 会话跟踪的方式 ... 306
14.3 Cookie 的应用 ... 307
    14.3.1 Cookie 概述 ... 307
    14.3.2 向客户端计算机中设置 Cookie ... 308
    14.3.3 在 PHP 脚本中读取 Cookie 的资料内容 ... 309
    14.3.4 数组形态的 Cookie 应用 ... 310
    14.3.5 删除 Cookie ... 310
    14.3.6 基于 Cookie 的用户登录模块 ... 311

- 14.4 Session 的应用 313
  - 14.4.1 Session 概述 313
  - 14.4.2 配置 Session 314
  - 14.4.3 Session 的声明与使用 315
  - 14.4.4 注册一个会话变量和读取 Session 315
  - 14.4.5 注销变量与销毁 Session 316
  - 14.4.6 Session 的自动回收机制 318
  - 14.4.7 传递 Session ID 318
- 14.5 一个简单的邮件系统实例 321
  - 14.5.1 为邮件系统准备数据 321
  - 14.5.2 编码实现邮件系统 323
  - 14.5.3 邮件系统执行说明 325

第 15 章 PHP 的模板引擎 Smarty 327

- 15.1 什么是模板引擎 327
- 15.2 选择 Smarty 模板引擎 329
- 15.3 安装 Smarty 及初始化配置 330
  - 15.3.1 安装 Smarty 330
  - 15.3.2 初始化 Smarty 类库的默认设置 331
  - 15.3.3 第一个 Smarty 的简单示例 334
- 15.4 Smarty 的基本应用 337
  - 15.4.1 PHP 程序员常用的和 Smarty 相关的操作 337
  - 15.4.2 模板设计时美工的常用操作 ... 339
- 15.5 Smarty 模板设计的基本语法 339
  - 15.5.1 模板中的注释 340
  - 15.5.2 模板中的变量应用 340
  - 15.5.3 模板中的函数应用 342
  - 15.5.4 忽略 Smarty 解析 345
  - 15.5.5 在模板中使用保留变量 345
- 15.6 Smarty 模板中的变量调解器 347
  - 15.6.1 变量调解器函数的使用方式 348
  - 15.6.2 Smarty 默认提供的变量调解器 348
- 15.7 Smarty 模板中的内置函数 350
  - 15.7.1 流程控制 350
  - 15.7.2 数组遍历 353

第 16 章 MVC 模式与 PHP 框架 356

- 16.1 MVC 模式在 Web 中的应用 356
  - 16.1.1 MVC 模式的工作原理 356
  - 16.1.2 MVC 模式的优缺点 358
- 16.2 PHP 开发框架 359
  - 16.2.1 什么是框架 359
  - 16.2.2 为什么要用框架 360
  - 16.2.3 框架和 MVC 设计模式的关系 360
  - 16.2.4 比较流行的 PHP 框架 361
- 16.3 划分模块和操作 362
  - 16.3.1 为项目划分模块 363
  - 16.3.2 为模块设置操作 363
- 16.4 小结 364

第 17 章 超轻量级 PHP 框架 BroPHP 2.0 365

- 17.1 BroPHP 框架概述 365
  - 17.1.1 系统特点 366
  - 17.1.2 环境要求 366
  - 17.1.3 BroPHP 框架源码的目录结构 367
- 17.2 单一入口 367
- 17.3 部署项目应用目录 369

17.3.1　项目推荐的部署方式..............370
17.3.2　URL 访问 371
17.4　BroPHP 框架的基本设置.....................373
17.4.1　默认开启...............................373
17.4.2　配置文件...............................373
17.4.3　内置函数...............................375
17.5　声明控制器（Control）.....................376
17.5.1　控制器的声明（模块）..........376
17.5.2　操作的声明...........................377
17.5.3　页面跳转...............................378
17.5.4　重定向...................................380
17.6　设计视图（View）.............................381
17.6.1　视图与控制器之间的交互....381
17.6.2　切换模板风格........................381
17.6.3　模板文件的声明规则............382
17.6.4　display()的新用法.................382
17.6.5　模板中的几个常用变量应用....383
17.6.6　在 PHP 程序中定义资源位置..384
17.7　应用模型（Model）...........................384
17.7.1　BroPHP 数据库操作接口的特性..384
17.7.2　切换数据库驱动....................385
17.7.3　声明和实例化 Model.............386
17.7.4　数据库的统一操作接口........389
17.8　自动验证...407
17.9　缓存设置...410
17.9.1　基于 memcached 缓存设置....410
17.9.2　基于 Smarty 的缓存机制......410
17.10　调试模式...411
17.11　内置扩展类库...................................412
17.11.1　分页类 Page.........................412
17.11.2　验证码类 Vcode 414

17.11.3　图像处理类 Image................415
17.11.4　文件上传类 FileUpload..........416
17.11.5　BroPHP 2.0 新增加的文件缓存类 FileCache 418
17.11.6　BroPHP 2.0 新增加的无限分类处理类 CatTree.................420
17.12　自定义功能扩展...............................423
17.12.1　自定义扩展类库..................423
17.12.2　自定义扩展函数库..............423
17.13　BroPHP 2.0 数据库分离部署方案...424
17.13.1　数据分离方法......................424
17.13.2　数据库连接配置..................424
17.13.3　数据模型配置......................425
17.14　BroPHP 2.0 资源分布式部署......426
17.14.1　网站资源分布式部署方法....426
17.14.2　部署上传的文件资源..........427
17.14.3　部署缩略图的资源位置..........428
17.14.4　将公共资源和单个应用中的资源分离部署..................428
17.14.5　将临时和缓存文件分离部署..428
17.15　BroPHP 2.0 主程序与 Web 目录分离 429

附录 A　PHP 5.3～5.6 新特性..................430

A.1　PHP 5.3 中的新特性......................... 430
A.2　PHP 5.4 中的新特性......................... 431
A.2.1　PHP 5.4 中其他值得注意的改变....................................... 431
A.2.2　PHP 5.4 中其他改动和特性........432
A.3　PHP 5.5 中的新特性 432
A.4　PHP 5.6 中的新特性 433

XIII

第1章 LAMP 网站构建

本章对动态网站构建做了比较全面的介绍,可以使读者对建站有一个宏观的了解,例如,动态网站隶属于哪一种架构的软件、开发它都需要掌握哪些 Web 构件,并对每个 Web 构件在动态网站开发中扮演的角色、运行原理及运行的条件做了说明。LAMP 组合是日后动态网站软件构建的发展趋势,通过本章的学习,读者能够了解 LAMP 平台,并为 PHP 的学习提前准备需要了解的内容。如果要掌握如何构建一个专业的动态网站,请不要跳过本章。本章不包含任何程序代码,专业技术词语也并不是很多,阅读起来容易理解。所以,请将这一章全部读完吧!本章不仅有你必须掌握的专业术语,也会对你后期的学习大有帮助,可以指引你在 Web 开发方面的学习方向。

1.1 介绍 Web 给你认识

Web 已经成为人们所熟知的东西,在网页设计中我们称为网页。网页组成了网站,网站也是软件,隶属于 B/S(浏览器/服务器)结构的 Web 系统开发类型。建站也属于程序员的工作,据统计已有 60%以上的程序员从事 Web 软件开发。网页里面存在着无数的精彩,你可以听音乐、看视频,还可以处理数据等。网页实际上是一个文件,它存放在世界某个角落的某一台或多台计算机中(服务器),而这台计算机必须是与互联网相连的。网页经由网址(URL)来识别与存取,当我们在浏览器中输入网址后,经过一段复杂而又快速的程序,网页文件会被传送到你的计算机中(客户端),然后再通过浏览器解释网页的内容,再展示到你的眼前。

文字与图片是构成一个网页的两个最基本的元素。你可以简单地理解为:文字,就是网页的内容;图片,就是网页的美观。除此之外,网页的元素还包括动画、音乐、程序等。在网页上单击鼠标右键,在弹出的快捷菜单中选择"查看源文件"命令,就可以通过记事本看到网页的实际内容。你可以看到,网页实际上只是一个纯文本文件,它通过各式各样的标记

对页面上的文字、图片、表格、声音等元素进行描述（如字体、颜色、大小），而浏览器则对这些标记进行解释并生成页面，于是就得到你现在所看到的画面。为什么在源文件中看不到任何图片？网页文件中存放的只是图片的链接位置，而图片文件与网页文件是互相独立存放的，甚至可以不在同一台计算机上。通常我们看到的网页，都是以.htm 或.html 扩展名结尾的文件，俗称 HTML 文件。不同的扩展名，分别代表不同类型的网页文件，例如 CGI、ASP、PHP、JSP 甚至其他更多。

网页有多种分类，我们笼统意义上的分类是动态和静态的页面。原则上讲，静态页面多通过网站设计软件来进行重新设计和更改，相对比较滞后，当然有网站管理系统也可以生成静态页面，我们称这种静态页面为伪静态。动态页面是通过网页脚本与语言自动处理、自动更新的页面，比如说贴吧，它就是通过网站服务器运行程序，自动处理信息，按照流程更新网页。Web 的特点如下。

1．图形化

Web 非常流行的一个很重要的原因就在于它可以在一页上同时显示色彩丰富的图形和文本。在 Web 之前，Internet 上的信息只有文本形式。Web 可以提供将图形、音频、视频信息集于一体的特性。同时，Web 是非常易于导航的，你只需要从一个链接跳到另一个链接，就可以在各页各站点之间进行浏览了。

2．与平台无关

无论你的系统平台是什么，你都可以通过网络访问网站。浏览网页对你的系统平台没有什么限制。无论是通过 Windows 平台、Linux/UNIX 平台、Mac 平台还是其他平台，我们都可以访问网站。对网站的访问是通过浏览器软件来实现的。

3．分布式的

大量的图形、音频和视频信息会占用相当大的磁盘空间，我们甚至无法预知信息的多少。对于 Web 而言，没有必要把所有信息都放在一起。信息可以放在不同的站点上，只需要在浏览器中指明这个站点就可以了，这样就使在物理上并不一定在一个站点的信息在逻辑上一体化，但从用户的角度来看这些信息是一体的。

4．动态的

由于各 Web 站点的信息包含站点本身的信息，信息的提供者可以经常对站上的信息进行更新，如某个协议的发展状况、公司的广告等。一般各信息站点都尽量保证信息的时间性。所以 Web 站点上的信息是动态的、经常更新的，这一点是由信息的提供者保证的。

5．交互的

Web 的交互性首先表现在它的超链接上，用户的浏览顺序和所到站点完全由他自己决定。另外，通过"表单"的形式可以从服务器方获得动态的信息。用户通过填写表单可以向服务器提交请求，服务器可以根据用户的请求返回相应信息。

1.1.1 Web 应用的优势

Web 应用程序也是 B/S 结构的系统，B/S 是 Browser/Server 的缩写，即浏览器和服务器结构。正如我们访问过的所有网站那样，在客户机上只需要启动一个浏览器即可，例如 IE、Firefox，或移动终端 UC 等浏览器，网站服务器则由应用服务器和数据库服务器等组成。Web 应用的优势其实也是 B/S 结构相比 C/S 结构的优势。C/S 是 Client/Server 的缩写，即大家熟知的客户机和服务器结构，就像我们常用的 QQ 或 PPS 等网络软件那样，需要下载并安装专用的客户端软件才能运行，并且服务器端也需要特定的软件支持，并采用大型数据库系统。如图 1-1 和图 1-2 所示为两种结构的客户端登录界面。

图 1-1　C/S 结构的 QQ 客户端登录界面

图 1-2　B/S 结构的 Web 客户端登录界面

虽然 B/S 和 C/S 两种结构都可以进行同样的业务处理，但 B/S 结构软件随着 Internet 技术的兴起，是对 C/S 结构的一种变化或者改进。它具有分布式特点，可以随时随地进行查询、浏览等业务处理；业务扩展简单方便，通过增加网页即可增加服务器功能；维护简单方便，只需要改变网页，即可实现所有用户的同步更新；开发简单，共享性强。建立 B/S 结构的网络应用，再通过 Internet 模式下载数据库应用，相对易于把握，成本也相对较为低廉。它是一次性到位的开发，能实现不同的人员，从不同的地点，以不同的连接方式访问和操作共同的数据库。它能够有效地保护数据平台和管理访问权限，并且服务器端的数据库也很安全。另外，用户的操作界面完全通过浏览器实现，一部分事务逻辑在前端实现，但是主要事务逻辑在服务器端实现。这样就大大简化了客户端计算机负荷，减轻了系统维护与升级的成本及工作量，降低了用户的总体成本。Web 应用的部分优势总结如下。

- 基于浏览器，具有统一的平台和 UI 体验。
- 无须安装，只要有浏览器，随时随地使用。
- 总是使用应用的最新版本，无须升级。
- 数据持久存储在云端，基本无须担心丢失。
- 新一代 Web 技术提供了更好的用户体验。

本书的定位就是以开发 B/S 结构的 Web 系统为主。例如，CMS、SNS、WebGame、BBS、

Wiki、RSS、Blog、电子商务系统等。这些都是 B/S 结构的 Web 软件开发形式，主要是以用户与系统交互为主，注重业务处理建立的工作平台，对程序员编程的思维逻辑要求与简单的网页制作相比要高得多。

1.1.2 Web 开发标准

Web 开发标准是趋势，在未来的网络中会成为网站建设的基石。为适应 Web 的发展，我们必须学习和掌握相关概念与技巧，更早、更好地运用与实践标准对网站进行重构，提高自身和网站的竞争性。Web 标准由万维网联盟 W3C（World Wide Web Consortium, http://www.w3.org）创建于 1994 年，研究 Web 规范和指导方针，致力于推动 Web 发展，保证各种 Web 技术能很好地协同工作，它的工作是对 Web 进行标准化，创建并维护 WWW 标准。大约 500 名会员组织加入这个团体，它的主任 Tim Berners-Lee 在 1989 年发明了 Web。W3C 推行的主要规范有 HTML、CSS、XML、XHTML 和 DOM 等由浏览器进行解析的 Web 开发语言。而且 W3C 同时与其他标准化组织协同工作，例如 Internet 工程工作小组（Internet Engineering Task Force，IETF）、无线应用协议（WAP），以及 Unicode 联盟（Unicode Consortium）。多年以来，W3C 把那些没有被部分会员公司（如 Netscape 和 Microsoft）严格执行的规范定义为"推荐"。自 1998 年开始，"Web 标准组织"（www.Webstandards.org）将 W3C 的"推荐"重新定义为"Web 标准"，这是一种商业手法，目的是让制造商重视并重新定位规范，在新的浏览器和网络设备中完全地支持那些规范。采用 Web 标准对网站的访问者和建设者都有好处。

对于网站访问者：
- 文件下载与页面显示速度更快。
- 内容能被更多的用户访问。
- 内容能被更广泛的设备访问（包括屏幕阅读机、手持设备、搜索机器人、打印机等）。
- 用户能够通过样式选择定制自己的表现界面。
- 所有页面都能提供适合打印的版本。

对于网站建设者：
- 更少的代码和组件，容易维护。
- 带宽要求降低（代码更简洁），成本降低。
- 更容易被搜索引擎搜索到。
- 改版方便，不需要变动页面内容。
- 提供打印版本而不需要复制内容。
- 提高网站易用性。

更重要的一点是，符合 Web 标准的网站对于用户和搜索引擎更加友好。如百度、Google、MSN、Yahoo! 等专业搜索引擎都有自己的搜索规则及判断网页等级技术。所以网站要优化，优化的目的只有一个：符合标准，符合蜘蛛爬行的标准，更重要的是便于网站访问者浏览和具有易用性。

1.1.3 认识脚本语言

大多数网站开发使用的是脚本语言，它是使用一种特定的描述性语言、依据一定的格式编写的可执行文件。脚本是批处理文件的延伸，是一种纯文本保存的程序。一般来说，计算机脚本程序是确定的一系列控制计算机进行运算操作动作的组合，在其中可以实现一定的逻辑分支等。脚本简单地说就是一条条的文字命令，这些文字命令是可以看到的（如可以用记事本打开查看、编辑）。脚本程序在执行时，是由系统的一个解释器将其一条条地翻译成机器可识别的指令，并按程序顺序执行。因为脚本在执行时多了一道翻译的过程，所以它比二进制程序的执行效率要稍低一些。脚本通常可以由应用程序临时调用并执行。各类脚本被广泛地应用于网页设计中，因为脚本不仅可以减小网页的规模和提高网页的浏览速度，而且可以丰富网页的表现，如动画、声音等。

脚本语言种类繁多，一般的脚本语言的执行只与具体的解释执行器有关，所以只要系统上有相应语言的解释程序就可以做到跨平台。常见的脚本语言有 PHP、HTML、CSS、JavaScript、VBScript、ActionScript、MAX Script、ASP、JSP、SQL、Perl、Shell、Python、Ruby、JavaFX、Lua、AutoIt 等。脚本语言的主要特性如下：

- 语法和结构通常比较简单。
- 学习和使用通常比较简单。
- 通常以容易修改程序的"解释"作为运行方式，而不需要"编译"。
- 程序的开发产能优于运行效能。

1.2 动态网站开发所需的 Web 构件

动态网站开发不同于其他的应用程序开发，它需要有多种开发技术结合在一起使用。每种技术的功能各自独立而又相互配合才能完成一个动态网站的建立，所以读者需要掌握以下 Web 构件，才能满足建设一个完整动态网站的全部要求：

- 客户端 IE/Firefox/Safari 等多种浏览器。
- 超文本标记语言（HTML）。
- 层叠样式表（CSS）。
- 客户端脚本编程语言 JavaScript。
- Web 服务器 Apache/ Nginx/TomCat/IIS 等中的一种。
- 服务器端编程语言 PHP/JSP/ASP 等中的一种。
- 数据库管理系统 MySQL/Oracle/SQL Server 等中的一种。

1.2.1 客户端浏览器

播放电影和音乐要使用播放器，浏览网页就需要使用浏览器。浏览器虽然只是一个设备，并不是开发语言，但在 B/S 结构的开发中必不可少，因为浏览器要去解析 HTML、CSS 和 JavaScript 等语言用于显示网页，所以学习 Web 开发一定要先对目前正在使用的浏览器种类有所了解。无论是系统软件还是应用软件，通常都需要给用户提供一个图形用户界面（GUI），用于对业务系统中的功能进行操作，如播放器、QQ 等软件。网站也是软件的一种，当然也要提供图形用户界面。不过网站这种 B/S 结构软件和其他 C/S 结构软件所提供的图形用户界面方式不一样，用户端不需要开发和安装专用的客户端软件，而是在浏览器中通过不同的地址访问不同的 Web 服务器，就形成了不同的用户操作界面。用户计算机默认都已经安装好了浏览器，所以这种图形用户界面不仅不用安装专用的客户端软件，而且只要在 Web 服务器上有一些改变，所有访问这台 Web 服务器的客户端界面，通过刷新就会实时更新界面。Web 服务器还可以根据用户不同的请求，为用户返回定制的界面。所以动态网站都是通过浏览器中的图形用户界面来实现与 Web 服务器和数据库交互的。常用的客户端浏览器有以下几种，以后我们还会看到更多浏览器出现。

Internet Explorer
微软的 Internet Explorer（IE）是当今最流行的因特网浏览器。它发布于 1995 年，并于 1998 年在使用人数上超过了 Netscape，是 Windows 操作系统中默认的浏览器，现在有多款不同版本的产品。

Netscape
Netscape 是首个商业化的因特网浏览器，它发布于 1994 年。在 IE 的竞争下，Netscape 逐渐丧失了它的市场份额。

Mozilla
Mozilla 项目是在 Netscape 的基础上发展起来的。今天，基于 Mozilla 的浏览器已经演变为因特网上第二大浏览器家族，市场份额大约为 20%，是 Linux 操作系统中默认的浏览器。

Firefox
Firefox 是由 Mozilla 发展而来的新式浏览器，它发布于 2004 年，并已成长为因特网上第二大流行的浏览器，是 Linux 操作系统中常见的浏览器。

Safari
Safari 是世界上最快、最便于操作的网页浏览器。Safari 具有简洁的外观、雅致的用户界面，其速度比 Internet Explorer 快 1.9 倍，是苹果操作系统中默认的浏览器。

Opera
Opera 是挪威人发明的因特网浏览器。它以快速小巧、符合工业标准、适用于多种操作系统等特性而闻名于世。对于一系列小型设备，诸如移动电话和掌上电脑来说，Opera 无疑是首选的浏览器。

中国地域广阔，不同区域的人讲同一句话可能会有不一样的效果，这就是所谓的"方言"，所以国家出台一个标准，就是普及普通话。由于存在不同的浏览器，所以 Web 服务器发送给客户端的同一段代码,在不同的浏览器中也会有不一样的解释,显示给用户不一样的结果,所以 Web 开发者常常需要为多种浏览器开发而艰苦工作。为了使 Web 更好地发展,对于开发人员和最终用户而言非常重要的事情是,在开发新的应用程序时,浏览器开发商和网站开发商需要遵守同一个标准。随着 Web 的不断壮大,Web 标准可以确保每个用户不管使用哪种浏览器都有权访问相同的信息。同时,Web 标准也可以使站点开发更快捷、更令人愉快。为了缩短开发和维护时间,未来的网站将不得不根据标准来进行编码,开发人员就不必为了得到相同的输出结果而挣扎于多浏览器的开发中,如图 1-3 所示。

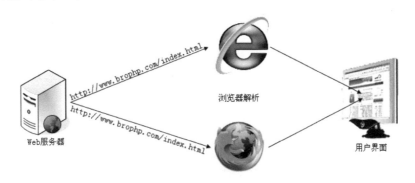

图 1-3　不同浏览器解析相同页面

　　一旦 Web 开发人员遵守了 Web 标准,就可以更容易地理解彼此的编码,Web 开发的团队协作将得到简化。只有使用 Web 标准,才能确保在不频繁和费时地重写代码的情况下,所有的浏览器,无论新的或老式的,都可以正确地显示网站内容。而且使用 Web 标准可增加网站的访问量,Web 文档更易被搜索引擎访问,标准的 Web 文档也更易被转换为其他格式和被程序代码访问。

1.2.2　超文本标记语言(HTML)

　　HTML(HyperText Mark-up Language)即超文本标记语言或超文本链接标识语言,是目前网络上应用最为广泛的语言,也是构成网页文档的主要语言。所有的网页都含有供浏览器解析的指令,浏览器通过读取这些指令来显示页面。最常用的显示指令是 HTML 标签。HTML 1.0 是源自 W3C 的 HTML 标准,是 Web 的语言,是网站软件开发必不可少的 Web 构件之一,每一个 Web 开发者都需要熟练掌握。

　　HTML 文档是一个放置了标记(tags)的 ASCII 文本文件,带有 .html 或 .htm 的文件扩展名。生成一个 HTML 文档主要有三种途径:第一种,手工直接编写(例如,文本编辑器记事本或其他 HTML 的编辑工具 Dreamweaver 等);第二种,通过某些格式转换工具将现有的其他格式文档(例如,Word 文档)转换成 HTML 文档;第三种,由 Web 服务器在用户访问时动态生成。

　　HTML 语言通过利用各种"标记"来标识文档的结构和超链接、图片、文字、段落、表单等信息，再通过浏览器读取 HTML 文档中这些不同的标签来显示页面，形成用户的操作界面。虽然 HTML 语言描述了文档的结构格式，但并不能精确地定义文档信息必须如何显示和排列，而只是建议 Web 浏览器应该如何显示和排列这些信息。最终在用户面前的显示结果，取决于 Web 浏览器本身的显示风格及其对标记的解释能力。这就是为什么同一个文档在不同的浏览器中展示的效果会不一样。如图 1-4 所示是使用 IE 浏览器解释带有超链接、图片、文字、段落和按钮标签的 HTML 文本文件所显示的页面效果及源文件。

图 1-4　在 IE 中显示的页面效果及源文件

1.2.3　层叠样式表（CSS）

　　HTML 通过特定"标记"只能简单标识页面的结构和页面中显示的内容，如果需要对页面进行更好的布局和美化，则必须通过层叠样式表（Cascading Style Sheets，CSS，也称级联样式表）来实现。CSS 是一种为网站添加布局效果的出色工具，可定义 HTML 元素如何被显示，可以有效地对页面进行布局，设置字体、颜色、背景和其他效果等来实现更加精确的样式控制。CSS 不能离开 HTML 独立工作。CSS 可以省去开发人员大量时间，令其可以采用一种全新的方式来设计网站。CSS 和 HTML 一样是每个网页设计人员所必须掌握的。

　　CSS 是由 W3C 的 CSS 工作组创建和维护的，和 HTML 一样，也是一种标记语言，因此也不需要编译，而是直接由浏览器解释执行，所以在不同的浏览器中展示的效果也会不一样，开发者同样需要遵守 W3C 制定的标准。

　　CSS 包含了一些 CSS 标记，可以直接在 HTML 文件中使用，也可以写到扩展名为.css 的文本文件中，只要对相应的代码做一些简单的修改，就可以改变同一页面的不同部分，或者改变网页的整体表现形式，或者改变多个不同页面的外观和布局。如图 1-5 所示是使用 IE 浏览器解释一个带有按钮标签的 HTML 文件所显示的效果，并在 HTML 文件中使用 CSS 将按钮的宽度和高度都设置为 100 像素，按钮上的字体设置为粗体，字号为 14 像素，按钮的背景设置为灰色，加上红色的双线边框。

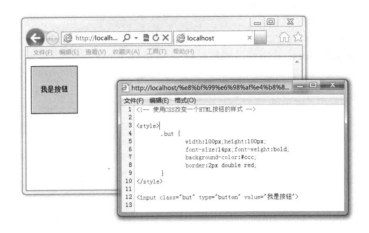

图1-5 在IE中显示带有样式的HTML按钮

1.2.4 客户端脚本编程语言JavaScript

HTML用来在页面中显示数据，而CSS用来对页面进行布局与美化，客户端脚本语言JavaScript则是一种有关因特网浏览器行为的编程，是用来编写网页的功能特效的，能够实现用户和浏览器之间的互动性，这样才有能力传递更多的动态网站内容。客户端脚本编程语言有多种，如JavaScript、VBScript、JScript、Applet等，它们都可以开发同样的交互式Web网页，而Web开发中使用最多、浏览器支持最好、案例最丰富的是JavaScript脚本语言，并且Ajax和jQuery框架等技术也都是基于JavaScript开发的。

JavaScript是为网页设计者提供的一种编程语言，可以在HTML页面中放入动态的文本，能够对事件进行反应（比如，用鼠标单击移动等事件操作），可读取并修改HTML元素、元素属性和元素中的内容，并被用来验证数据。HTML的创作者大都是美工人员，他们很多都不是程序员，但是客户端脚本语言是一种语法非常简单的脚本语言，几乎任何人都能够把某些简单的客户端脚本代码片段放入他们的HTML页面中。

CSS样式表和客户端脚本编程语言结合使用，能够使HTML文档与用户具有交互性和动态变换性，通常称为DHTML（Dynamic HTML，动态HTML）。它们都是直接由浏览器解释执行的，所以同一个文档在不同的浏览器中展示的效果也会不一样，所以在编写JavaScript代码时也要遵循W3C标准。JavaScript程序可以写在一个扩展名为.js的文本文件中，也可以嵌入HTML文档中编写。所以，任何可以编写HTML文档的软件都可以用来开发JavaScript脚本程序。如图1-6所示是在HTML文件中嵌入JavaScript代码，将当前客户端的时间取出来，以警告框的方式弹出显示给用户。

图 1-6　使用 JavaScript 取出客户端时间并显示

1.2.5　Web 服务器

Web 服务器的主要功能是提供网上信息浏览服务。所有网页的集合被称为网站，网站也只有发布到网上才能被他人访问到。所以开发人员需要将写好的网站上传到一台 Web 服务器[Web Server，也称为 WWW（World Wide Web）服务器]上，并保存到 Web 服务器所管理的文档根目录中，才能完成对网站的发布，如图 1-7 所示。如果将开发人员的个人计算机连入网络，也可以把它制作成一台 Web 服务器，只不过效率会很低，但可以作为开发阶段的实验环境。WWW 是 Internet 的多媒体信息查询工具，是 Internet 上近年才发展起来的服务，也是发展最快和目前应用得最广泛的服务。正是因为有了 WWW 工具，才使得近年来 Internet 迅速发展，且用户数量飞速增长。

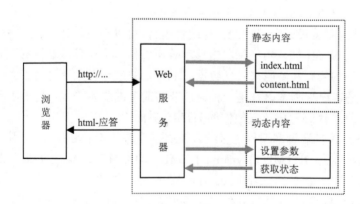

图 1-7　Web 服务器的功能展示

通俗地讲，Web 服务器传送页面使浏览器可以浏览，然而应用程序服务器提供的是客户端应用程序可以调用的方法。确切一点说，Web 服务器专门处理 HTTP 请求，Web 服务器可以解析 HTTP 协议。当 Web 服务器接收到一个 HTTP 请求后，会返回一个 HTTP 响应，例如送回一个 HTML 页面。为了处理一个请求，Web 服务器可以响应一个静态页面或图片，进行页面跳转，或者把动态响应的产生委托给一些其他的程序，例如 PHP 脚本、CGI、JSP

（Java Server Pages）脚本、Servlets、ASP（Active Server Pages）脚本，或者一些其他的服务器端技术。无论它们的目的如何，这些服务器端的程序通常产生一个 HTML 响应来让浏览器可以浏览。

"发送服务请求"是什么意思呢？答案很明确，是客户端想要得到某个服务（例如，想浏览网页），而向服务器发送的请求；服务器在收到请求之后，就会将请求的结果反馈给请求的客户端，这样就构成了一个完整的流程。服务器不知疲倦地工作，不停地响应来自于任何地方的不同服务请求，在权限允许的情况下将数据源不断地发送出去。有人会问：那么多的用户同时对服务器提出服务请求，各自请求不尽相同，服务器该如何分辨，怎么能保证不出差错呢？这一点无须担心，Web 服务器端的软件使用独一无二的连接技术，可以精确分辨每个用户的具体请求，绝对不会出错。可以想象，如果许多人同时对某台服务器提出服务请求，服务器的负荷是很重的，所以作为 Web 服务器的计算机一般配置都比较高，大都需要使用小型机以上的机型。

在 Internet 中，Web 服务器和浏览器通常位于两台不同的机器上，也许它们之间相隔千里。然而，在本地情况下也可以在一台机器上运行 Web 服务器软件，再在这台机器上通过浏览器浏览它的 Web 页面。访问远程或本地 Web 服务器之间没有什么差别，其工作原理是不变的。目前可用的 Web 服务器有很多，最常用的是 Apache、NGINX、IIS、Tomcat 及 WebLogic 等。本书主要介绍 Apache 服务器，它是世界使用排名第一的 Web 服务器，可以运行在几乎所有广泛使用的计算机平台上。它是开源软件，不断有人来为它开发新的功能、新的特性、修改原来的缺陷。Apache 服务器的特点是简单、快速、性能稳定。

1.2.6 服务器端编程语言

服务器端编程语言是提供访问商业逻辑的途径以供客户端应用的程序，是需要通过安装应用服务器解析的，而应用服务器又是 Web 服务器的一个功能模块，需要和 Web 服务器安装在同一个系统中。所以服务器端编程语言是用来协助 Web 服务器工作的编程语言，也可以说是对 Web 服务器功能的扩展，并外挂在 Web 服务器上一起工作，用在服务器端执行并完成服务器端的业务处理功能。当 Web 服务器收到一个 HTTP 请求时，就会将服务器下这个用户请求的文件原型响应给客户端浏览器，如果是 HTML 或是图片等浏览器可以解释的文件，浏览器将直接解释，并将结果显示给用户；如果是浏览器不认识的文件格式，则浏览器将解释成下载的形式，提示用户下载或是打开。如果用户想得到动态响应的结果，就要委托服务器端编程语言来完成了。例如，网页中的用户注册、信息查询等功能，都需要对服务器端的数据库里面的数据进行操作。而 Web 服务器本身不具有对数据库操作的功能，所以就要委托服务器端程序来完成对数据库的添加和查询工作，并将处理后的结果生成 HTML 等浏览器可以解释的内容，再通过 Web 服务器发送给客户端浏览器。服务器端编程语言的基本功能如图 1-8 所示。

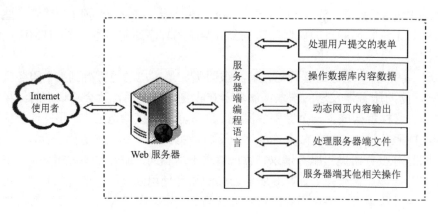

图1-8 服务器端编程语言的基本功能

服务器端脚本编程语言种类也不少,常用的有 Microsoft 的 ASP、Sun 公司的 JSP 和 Zend 的 PHP,本书主要介绍比较流行的 PHP 后台脚本编程语言。PHP 是一种创建动态交互性站点的强有力的服务器端脚本语言,它是免费的,并且使用非常广泛。同时,对于像微软 ASP 这样的竞争者来说,PHP 无疑是另一种高效率的选择。PHP 极其适合网站开发,其代码可以直接嵌入 HTML 代码中。PHP 语法非常类似于 Perl 语言和 C 语言。它常常搭配 Apache 一起使用,也可以工作在 Windows 的微软 IIS 平台上。

1.2.7 数据库管理系统

如果需要快速、安全地处理大量数据,则必须使用数据库管理系统。现在的动态网站都是基于数据库的编程,任何程序的业务逻辑实质上都是对数据的处理操作。数据库通过优化的方式,可以很容易地建立、更新和维护数据。数据库管理系统是 Web 开发中比较重要的构件之一,网页上的内容几乎都来自数据库。数据库管理系统也是一种软件,可以和 Web 服务器安装在同一台机器上,也可以不在同一台机器上安装,但都需要通过网络相连接。数据库管理系统负责存储和管理网站所需的内容数据,例如,文字、图片及声音等。当用户通过浏览器请求数据时,在服务器端程序中接收到用户的请求后,在程序中使用通用标准的结构化查询语言(SQL)对数据库进行添加、删除、修改及查询等操作,并将结果整理成 HTML 发回到浏览器上显示。数据库的功能和 Web 的操作形式如图1-9所示。

数据库管理系统也有很多种,都是使用标准的 SQL 语言访问和处理数据库中的数据。例如,Oracle、MySQL、Sybase、SQL Server、DB2、Access 等软件。本书主要介绍 MySQL 数据库管理系统。MySQL 是一个 SQL 关系式数据库,是一个真正多用户、多线程的 SQL 数据库服务器,和 PHP 一样都是开源免费的软件。其主要特点是执行效率与稳定性高、操作简单、易用,所以用户众多,同时也提供网页形式的操作 phpMyAdmin 管理界面和多种图形管理界面,管理方便。MySQL 和 PHP 是真正的黄金组合,是网站开发首选的数据库管理系统。

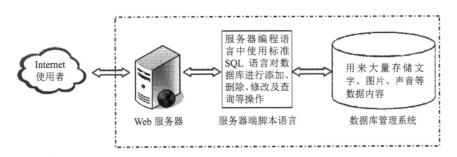

图 1-9 数据库的功能和 Web 操作形式

1.3 LAMP 网站开发组合概述

LAMP 这个特定名词最早出现在 1998 年，是 Linux 操作系统、Apache 网页服务器、MySQL 数据库管理系统和 PHP 程序模块 4 种技术名称开头字母缩写组成的。LAMP 并不是某一家公司的产品，而是一组常用来搭建动态网站或者服务器的开源软件组合。它们本身都是各自独立的软件，但是因为常被结合在一起使用，并拥有越来越高的兼容度，共同组成了一个强大的 Web 应用程序平台。随着开源潮流的蓬勃发展，开放源代码的 LAMP 组合在发展速度上超过了 JavaEE 和 ASP.NET 等同类开发平台的商业软件。并且在 LAMP 平台上开发的项目在软件方面的投资成本较低、运行稳定，因此受到整个 IT 界的关注。

1.3.1 Linux 操作系统

Linux 操作系统第一次正式对外公布的时间是 1991 年 10 月 5 日，Linux 在很多方面是由 UNIX 操作系统发展而来的，可以说是 UNIX 操作系统的一种克隆系统。它是借助 Internet 网络，并在世界各地计算机爱好者的共同努力下设计和实现的。Linux 主要用于基于 Intel x86 系列 CPU 的计算机上，其目的是建立不受任何商品化软件的版权制约的、全世界都能自由使用的 UNIX 兼容产品。

Linux 以它的高效性和灵活性著称。Linux 之所以受到广大计算机爱好者的喜爱，主要原因有两个：一是它属于自由软件，用户不用支付任何费用就可以获得它和它的源代码，并且可以根据自己的需要对它进行必要的修改，无偿使用它，无约束地继续传播；二是它具有 UNIX 的全部功能，任何使用 UNIX 操作系统或想要学习 UNIX 操作系统的人都可以从 Linux 中获益。

Linux 加入 GNU（GUN Is Not UNIX）并遵循公共版权许可（General Public License，GPL）。由于不排斥商家对自由软件的进一步开发，也不排斥在 Linux 上开发商业软件，Linux 得到进一步发展，出现了很多 Linux 发行版。例如，Redhat Linux、Debian Linux、Ubuntu Linux、Turbo Linux、Open Linux、SUSE Linux 等数十种，而且还在不断增加。

Linux 的应用主要有桌面应用、嵌入式应用和高端服务器应用等领域。其中服务器市场占有率已经达到30%，可以在 Linux 操作系统上配置各种网络服务。LAMP 组合就是在 Linux 操作系统上配置 Apache 服务器、MySQL 服务器、PHP 应用程序服务器而组成的强大的 Web 开发平台。

1.3.2 Web 服务器 Apache

Apache 一直是世界使用排名第一的 Web 服务器软件。它可以运行在几乎所有广泛使用的计算机平台上，尤其对 Linux 的支持相当完美。它和 Linux 一样都是源代码开放的自由软件，所以不断有人来为它开发新的功能、新的特性、修改原来的缺陷。Apache 的特点是简单、快速、性能稳定，并可作为代理服务器来使用。

Apache 有多种产品，支持最新的 HTTP 1.1 通信协议，拥有简单而强有力的基于文件的配置过程；支持通用网关接口，支持多台基于 IP 或者基于域名的虚拟主机，支持多种方式的 HTTP 认证，可以支持 SSL 技术。到目前为止，Apache 仍然是世界上使用最多的 Web 服务器，市场占有率达 60%。世界上很多著名的网站都是 Apache 的产物。它的成功主要有两个原因：一是它的源代码开放，有一支开放的开发队伍；二是支持跨平台的应用，可以运行在几乎所有的 UNIX、Linux、Windows 等系统平台上，它具有超强的可移植性，所以 Apache 是作为 Web 服务器的最佳选择。另外，近年 Nginx 的使用率在逐年上升，它是一个高性能的 HTTP 和反向代理服务器，也是一个 IMAP/POP3/SMTP 代理服务器。在高连接并发的情况下，Nginx 也是 Apache 服务器不错的替代品。

1.3.3 MySQL 数据库管理系统

MySQL 是关系型数据库管理系统，是一个开放源代码的软件。MySQL 数据库系统使用最常用的结构化查询语言（SQL）进行数据库管理，是一个真正的多用户、多线程的 SQL 数据库服务器，是客户机/服务器结构软件的实现。由于 MySQL 源码的开放性及稳定性，且与网站流行编程语言 PHP 的完美结合，很多站点都利用其作为服务器端数据库，因而获得了广泛的应用。

MySQL 可以在 UNIX、Linux、Windows 和 Mac OS 等大多数操作系统上运行，尤其和 Linux 操作系统结合取得了最佳的效果。而且 MySQL 还可以与 C、C++、Eiffel、Java、Perl、PHP、Python、Ruby 和 Tcl 等多种程序设计语言结合使用来开发 MySQL 应用程序，其中和 PHP 的结合使用堪称完美。在任何平台上，客户端都可以使用 TCP/IP 协议连接到 MySQL 服务器。MySQL 运行非常稳定，而且性能比较优异，也是一个功能强大的关系型数据库系统，它的安全性和稳定性足以满足大多数应用项目的要求。并且 MySQL 是一个开源软件产品，所以绝大多数 MySQL 应用项目都可以免费获得和使用 MySQL 软件。而且 MySQL 对硬件性能的要求并不高，对中小型企业用户来说有很大的优势。

1.3.4 PHP 后台脚本编程语言

PHP 是 "PHP：Hypertext Preprocessor" 的缩写，即"超文本预处理器"。它是一种服务器端嵌入 HTML 中的脚本语言，易于使用且功能强大，是开发 Web 应用程序的理想工具。PHP 需要安装 "PHP 应用程序服务器"去解释执行，也是一个开放源代码的软件。PHP 是目前最流行的服务器端 Web 程序开发语言，在融合了现代编程语言的一些最佳特性后，PHP、Apache 和 MySQL 的组合已经成为 Web 服务器的一种配置标准。

1．PHP 的发展历史

PHP 最初是 Rasmus Lerdorf 在 1994 年为了在自己的网站上加一个小巧而实用的访客追踪系统而编写的 PHP 雏形程序。由于当时 Web 开发还处于起步阶段，类似的功能还没有出现过，所以更多的人注意到这个轻巧而简便的脚本程序，并且要求增加更多的功能，Lerdorf 索性将其使用的工具集进行分发，并称之为个人主页（Personal Home Page）。后来，他又发布了一个名为 FI 的可以作为 SQL 查询的工具，又受到 GNU 的影响更名为 Hypertext Preprocessor，即超文本预处理器。

此后由于得到越来越多人的认可，以及来自全世界的程序员的大量改进和提高，从最初的 PHP/FI 到现在的 PHP 6，PHP 经过多次重新编写，它的发展是极其迅猛的。由于 PHP 6 的版本刚刚出现不久，目前还处于 PHP 5 的应用阶段。从 2000 年 5 月 PHP 4 版本发布开始，PHP 的核心就开始采用 "Zend"（以 Zeev 和 Andi 的名字命名）脚本引擎。现在 Zend 公司除了领导开发 Zend 引擎和指导 PHP 语言的整体开发，还提供了一套开发和部署 PHP 的工具，包括 ZendStudio、ZendEncoder、ZendOptimizer 和 ZendFramework 等，从而进一步确立了 PHP 在 Web 脚本领域的牢固地位。目前已经有 4000 多万个域中安装了 PHP，而且还在不断增加，PHP 成为迄今为止最为流行的 Apache 模块。

2．PHP 能做什么

PHP 能做任何事。但 PHP 主要是用于服务器端的脚本程序，因此可以用 PHP 来完成任何其他的 CGI 程序能够完成的工作。例如，收集表单数据、生成动态网页或者发送/接收 Cookies。但 PHP 脚本的功能远不局限于此，它主要用于以下 3 个领域。

➢ 服务器端脚本。这是 PHP 最传统、也是最主要的目标领域。
➢ 命令行脚本。可以编写一段 PHP 脚本，并且不需要任何服务器或者浏览器来运行它。通过这种方式，仅仅需要 PHP 解析器来执行。这种用法对于依赖 Cron（UNIX 或者 Linux 环境）或者 Task Scheduler（Windows 环境）的日常运行的脚本来说是理想的选择，这些脚本也可以用来处理简单的文本。
➢ 编写桌面应用程序。对于有着图形界面的桌面应用程序来说，PHP 或许不是一种最好的语言。但是如果用户精通 PHP，并且希望在客户端应用程序中使用 PHP 的一些高级特性，则可以利用 PHP-GTK 来编写这些程序。使用这种方法，还可以编写跨平台的应用程序。PHP-GTK 是 PHP 的一个扩展，在通常发布的 PHP 包中并不包含它。

3．PHP 的特性

PHP 能够用在所有的主流操作系统上，包括 Linux、UNIX 的各种变种（包括 HP-UX、Solaris 和 OpenBSD）、Microsoft Windows、Mac OS X、RISC OS 等。今天，PHP 已经支持了大多数的 Web 服务器，包括 Apache、Microsoft Internet Information Server（IIS）、Personal Web Server（PWS）、Netscape、iPlant server、Oreilly Website Pro Server、Caudium、Xitami 及 OmniHTTPd 等。对于大多数的服务器，PHP 提供了一个模块，还有一些 PHP 支持 CGI 标准，使得 PHP 能够作为 CGI 处理器来工作。使用 PHP，可以自由地选择操作系统和 Web 服务器。同时，还可以在开发时选择使用面向过程和面向对象，或者二者混和的方式。尽管 PHP 4.0 不支持 OOP 所有的标准，但很多代码仓库和大型的应用程序（包括 PEAR 库）仅使用 OOP 代码来开发。PHP 5.0 弥补了 PHP 4.0 的这一弱点，引入了完全的对象模型。使用 PHP，并不局限于输出 HTML。PHP 还能被用来动态输出图像、PDF 文件甚至 Flash 动画（使用 libswf 和 Ming），还能够非常简便地输出文本，例如 XHTML 及任何其他形式的 XML 文件。PHP 能够自动生成这些文件，在服务器端开辟出一块动态内容的缓存，可以直接把它们打印出来，或者将它们存储到文件系统中。

PHP 最强大、最显著的特性是它支持很大范围的数据库。用户会发现利用 PHP 编写数据库支持的网页简单得难以置信。目前，PHP 支持如表 1-1 所示的数据库。

表 1-1　PHP 支持的数据库种类

Adabas D	InterBase	PostgreSQL
dBase	FrontBase	SQLite
Empress	mSQL	Solid
FilePro（只读）	Direct MS-SQL	Sybase
Hyperwave	MySQL	Velocis
IBM DB2	ODBC	UNIX dbm
Informix	Oracle（OCI7 和 OCI8）	
Ingres	Ovrimo	

同时还有一个 DBX 扩展库，使得用户可以自由地使用该扩展库支持的任何数据库。另外，PHP 还支持 ODBC，即 Open Database Connection Standard（开放数据库连接标准），因此可以连接任何其他支持该世界标准的数据库。

PHP 还支持利用诸如 LDAP、IMAP、SNMP、NNTP、POP3、HTTP、COM（Windows 环境）等协议的服务。还可以开放原始网络端口，使得任何其他的协议能够协同工作。PHP 支持和所有 Web 开发语言之间的 WDDX 复杂数据交换。关于相互连接，PHP 已经支持了对 Java 对象的即时连接，并且可以将它们自由地用作 PHP 对象。甚至可以用我们的 CORBA 扩展库来访问远程对象。

PHP 具有极其有效的文本处理特性，支持从 POSIX 扩展或者 Perl 正则表达式到 XML 文档解析。为了解析和访问 XML 文档，PHP 4.0 支持 SAX 和 DOM 标准，也可以使用 XSLT 扩展库来转换 XML 文档。PHP 5.0 基于强健的 libxm2 标准化了所有的 XML 扩展，并添加了 SimpleXML 和 XMLReader 支持，扩展了其在 XML 方面的功能。

如果将 PHP 用于电子商务领域，会发现其中的 Cybercash 支付、CyberMUT、VeriSign Payflow Pro，以及 MCVE 函数对于在线交易程序来说是非常有用的。另外，还有很多其他有趣的扩展库。例如，mnoGoSearch 搜索引擎函数、IRC 网关函数、多种压缩工具（gzip、bz2）、日历转换、翻译等。

4．PHP 开发 Web 应用的优势

PHP 开发 Web 应用具有以下优势：
- PHP 是开源软件，免费、使用简单、门槛低、入门快。
- 使用 PHP 环境部署方便，开发速度快，功能成熟，本身拥有丰富的功能扩展。
- PHP 开发的项目成本低、安全性高。
- PHP 开发灵活、易伸缩，可以胜任大型网站的开发。
- PHP 的成功案例多，并有很多开源的项目直接使用或供二次开发，人才供求旺盛。

第2章 从搭建你的 PHP 开发环境开始

学习 PHP 脚本编程语言之前，必须先搭建并熟悉运行 PHP 代码的环境。正所谓"工欲善其事，必先利其器"。但总有一些初学者在安装环境上浪费了大量时间。有的可能因为过于追求完美，想安装一个最好的开发环境；有的则是因为刚开始学习，还不知道从哪里学起，被网上流传的环境安装文章误导，往往会进入一个误区，就是急于在 Linux 下使用源代码包逐个软件安装 LAMP 环境。采用这种源代码方式编译和安装环境，就算是一个老手，如果要连设计带安装，有时也需要一两天的时间。不仅需要有很熟练的 Linux 技术，安装步骤也比较烦琐，更主要的是要根据项目需求去设计需要安装的功能模块才行。所以初学者如果采用这种方式安装环境，就可能浪费掉你个把月的时间，也会打消你学习的激情；如果多次安装都没有成功，还有可能会影响你学习 PHP 的勇气。对于 PHP 的初学者，笔者建议使用本章的环境安装方式，这种方式可以说是专门为初学者提供的，无论有无基础，都可以迅速将 PHP 工作环境搭建完成。

2.1 几种常见的 PHP 环境安装方式

搭建 LAMP 工作平台，需要在 Linux 操作系统上分别安装 Apache 网页服务器、PHP 应用服务器和 MySQL 数据库管理系统，以及一些相关的扩展。如果需要商业化运营网站，建议在 Linux 下以源代码包的方式安装；如果选择 Windows 作为服务器的操作系统，可以选择在 Windows 系统上以获立组件安装 Web 工作环境的方式；如果读者是刚刚开始学习 PHP 的新手，可以选择本章中介绍的集成软件安装，搭建仅供学习用的 PHP 工作环境。也许你在某家公司租用了 Web 空间，这样，自己无须设置任何东西，仅需要编写 PHP 脚本，并上传到租用的空间中，然后在浏览器中访问并查看结果即可。如果项目上线使用现在流行的云服务器，多数都是安装 Linux 操作系统，并自定义安装源代码包的 PHP 运行环境。

2.1.1　Linux 系统下源代码包方式安装环境

在 Linux 平台下安装 PHP，可以使用配置和编译过程，或是使用各种预编译的包。在 Linux 上安装软件，用户最好的选择是下载源代码包，并编译一个适合自己的版本。在 LAMP 组合中，每个成员都是开源的软件，都可以从各自的官方网站上免费下载安装程序的源代码文件，并在自己的系统上编译，编译之前会检查系统的环境，并可以针对目标系统的环境进行优化，所以最好与自己的操作系统完美兼容。不仅如此，还允许用户根据自己的需求进行定制安装。这是 LAMP 环境最理想的搭建方法，也是最复杂的安装方式。所以要搭建一个最完美的 LAMP 工作环境，多花费一些时间和精力在源代码包的安装上，还是值得的。安装文档详见本书配套光盘。

2.1.2　在 Windows 系统上安装 Web 工作环境

在 Linux 系统上以源代码包的方式安装 Web 工作环境，虽然安装的环境是最好的 Web 工作环境，但大多数读者对 Linux 系统并不熟悉。所以就算选择了 Windows 操作系统，最好的安装方式也是在 Windows 系统上分别独立安装 Apache 2、PHP 5、MySQL 5 和 phpMyAdmin 等几个软件。独立安装的好处是可以自由选择这些组件的具体版本，清晰地掌握自己的计算机里都安装了哪些程序，以及它们的具体配置情况，这将给以后的系统维护和软件升级工作带来很大的帮助。安装文档详见本书配套光盘。

2.1.3　搭建学习型的 PHP 工作环境

如果按照最高标准去安装一个完美的 LAMP 环境，对一些初学者来说是一项比较困难的任务。其实对于 PHP 初学者而言，搭建一个仅供学习用的 PHP 运行环境，选择哪种安装方式均可，但最好选择最容易、最快捷的搭建方式，这样就可以将精力都放在学习 PHP 语言上。目前在网上可以下载很多集成了 Apache+PHP+MySQL+phpMyAdmin 等软件的"套装包"，也就是将这些免费的建站资源重新包装成单一的安装程序，以方便初学者快速搭建环境。只需要通过单击"下一步"操作，并按照提示输入一些简单的配置信息，就可以安装成功。如果只有学习使用，那么选择这种安装方式是最好不过的，但也存在一些不足。例如，不能自由地选择这些组件的具体版本，不能清晰地掌握自己的计算机里都安装了哪些程序，默认开放的不安全模块扩展功能太多，给以后的系统维护、安全控制和软件升级工作带来极大的困难。所以安装集成的开发环境只适合初学者学习阶段使用，要正式用于商业运营，建议在 Linux 操作系统下以源代码包的方式安装环境。就算是选择 Windows 作为服务器的操作系统，也可以选择以获立组件安装 Web 工作环境的方式。如果需要安装一个完美的商业运营环境，在本书的配套光盘中提供了多份详细的 LAMP 环境安装参考文档，读者可以根据自己的实际情况选择相应的安装文档。

2.2 环境安装对操作系统的选择

对于动态网站软件，我们主要使用后台脚本编程语言 PHP 开发。但除了安装 PHP 应用服务器，还需要安装 Web 服务器 Apache、数据库管理系统 MySQL，并安装一些相应的功能扩展。这几个服务器软件都能够运行在绝大多数主流的操作系统上，包括 Linux、UNIX、Windows 及 Mac OS 等。

2.2.1 选择网站运营的操作系统

现在就有一个容易引起争论的话题：在哪一种操作系统环境下运行这些软件更好呢？不同的阵营会给出不同的答案。笔者可以肯定地说，这几个相关软件在 UNIX/Linux 环境下的版本有着更高的质量，而且部署在 UNIX/Linux 环境下的软件程序往往有着更高的运行效率。因为 Apache、PHP 和 MySQL 等软件都是先在 UNIX/Linux 系统下开发出来，然后才被移植到 Windows 操作系统上的。另外，在开发时主要使用的是 PHP 脚本编程语言，有些功能模块都是针对 UNIX/Linux 系统开发的，而 Windows 环境则没有为这些功能模块提供所需的标准化编程接口。所以同样的系统功能在 UNIX/Linux 环境下和 Windows 环境下的具体实现与部署机制往往会有所差异，开发者必须考虑到这类差异才能确保项目的成功。

目前使用 Windows 操作系统的人数还是远远多于使用 Linux 系统的人数。这是因为 Linux 没有提供很好的图形操作界面，多数功能都要使用命令行工具来完成。所以用户会觉得使用 Linux 很困难，没有 Windows 这么容易上手，提供的程序开发工具软件也没有 Windows 系统中提供的多，所以选用 Windows 系统作为服务器使用。

2.2.2 选择网站开发的操作系统

一般来说，一个普通的网站软件，在哪个系统下开发并没有多大的差异，并不是一定要作为程序开发，非要先花大量的时间和精力去学习 Linux 操作系统。如果网站还处于开发阶段，用户使用的是一个测试环境，而这个测试环境通常只有开发者本人或者开发者所在的团队来访问，不会因为访问量很大、访问者的成分很复杂而导致系统在安全或效率等方面出现问题。在这个阶段，软件在 Windows 系统和 Linux 系统上都有很好的兼容性，所以开发者在开发时应该选择自己最熟悉的操作系统。项目可以先在 Windows 系统下开发，开发完成后再把整个项目移植到 Linux 服务器上去。如果读者处于 PHP 的学习阶段，这种做法就很值得考虑。读者要想了解和学习 Linux，可以在 LAMP 兄弟连网站下载 Linux 学习视频，也可以参考《跟兄弟连学 Linux》一书。

2.3 安装集成 PHP 开发环境

目前网上提供的常用 PHP 集成环境主要有 AppServ、phpStudy、WampServer、XAMPP 等软件，这些软件之间的差别不大。每种集成包都有多个不同的版本，读者可以下载版本比较高的任意一个集成软件安装使用。本节主要以 WampServer 为例，介绍集成环境的安装和配置。WampServer 简称 WAMP，是多词缩写，即 Windows 系统下的 Apache+MySQL+Perl/PHP/Python，是一组常用来搭建动态网站或者服务器的开源软件，完全免费。除此之外，还加上了 SQLiteManager 和 phpMyAdmin，省去了很多复杂的配置过程，便于开发人员将更多的时间放在程序开发上。对于 Apache 和 PHP 一些高级的功能配置，最好还是在学习和工作中用到时再去学习如何详细配置，这样可以按需求去做，比现在漫无目的地按文档去配置要好得多。

2.3.1 安装前准备

WampServer 集成软件只有 Windows 系统的安装版本，本书主要以 64 位 Windows 7 系统为例。在安装之前需要下载 WampServer 最新版本的软件，本节以下载 WampServer（64 BITS & PHP 5.5）2.5 为例，其包含的软件有如下几种。
- Web 服务器 Apache：2.4.9。
- 数据库管理系统 MySQL：5.6.17。
- 服务端脚本语言 PHP：5.5.12。
- 常用的应用系统 PHPMyAdmin：4.1.14；SqlBuddy：1.3.3；XDebug：2.2.5。

下载地址：
- 官方网站下载 http://www.wampserver.com。
- 或通过搜索引擎查找 wampserver 2.5 下载。

软件名称：
wampserver2.5-Apache-2.4.9-Mysql-5.6.17-php5.5.12-64b.exe。

2.3.2 安装步骤

安装 WampServer 非常容易，只要一直单击"Next"按钮就可以安装成功了。

步骤一：进入软件下载的文件夹，直接双击安装文件就可以启动安装程序。这时弹出软件安装向导的欢迎界面，直接单击"Next"按钮即可转到版权许可对话框，选择同意则可以继续下一步，如图 2-1 所示。

步骤二：弹出软件安装位置选择对话框。用户可以自由地指定一个位置，这里使用默认的安装位置"C:\wamp"。直接单击"Next"按钮即可进入下一步，如图 2-2 所示。

图 2-1　WampServer 安装向导的欢迎对话框

图 2-2　WampServer 安装位置选择对话框

步骤三：弹出选择是否创建快捷方式对话框，可以选择快速启动和创建桌面快捷方式图标（都可选），再单击"Next"按钮，进入确认安装对话框，单击"Install"按钮开始安装，如图 2-3 所示。安装过程中会提示选择默认浏览工具。不过要注意，这个浏览工具指的不是浏览器，而是 Windows 的文件资源管理器 explorer.exe，直接单击"打开"按钮就可以了。

步骤四：弹出配置邮件服务器的对话框，你可以为 PHP 中使用的 mail()函数配置 SMTP 服务器的位置和发送方的邮件地址。如果你不确定怎么填写，直接单击"Next"按钮保留默认值即可，不会影响安装，在开发中用到 mail()函数时再去配置就可以，如图 2-4 所示。

图 2-3　WampServer 安装进行中对话框

图 2-4　PHP 邮件服务器配置参数

最后单击"Finish"按钮即可完成安装。安装完毕后会自动运行，在桌面状态栏右下角会出现一个带有圆角框的"W"图标，既是状态图标又是控制按钮。默认语言为英文，用鼠标右键单击图标，在弹出的快捷菜单中选择"Language→Chinese"命令就变成了中文界面。

2.3.3　环境测试

WampServer 成功安装以后，使用前要先对目录结构有所了解，还要弄清楚几个问题，例如：网站写在哪个目录下？各服务器软件配置需要修改哪个文件？如何启动各个服务器组件？

首先需要了解 WampServer 安装后的目录功能。WampServer 默认安装在文件夹"C:/wamp/"下。刚接触 WampServer 感觉它的目录结构非常复杂，熟练使用以后，你会发现它的设计还是比较科学的。其实对于新手来说，只要掌握 www 目录的作用就够了，其他目录作为了解即可。具体信息如表 2-1 所示。

表 2-1　WampServer 默认的主要目录信息说明

目 录 名	功能说明
www	网页文档默认存放的根目录，默认只有将网页上传到这个目录下才可以发布出去
bin	Apache、MySQL 和 PHP 3 个主要服务器组件的家目录都在这里面
logs	这个目录用来存放网站的访问日志文件，包括 Apache 的用户访问日志、错误访问信息日志、PHP 和 MySQL 的日志等。通过查看这些日志可以了解用户的行为
apps	这个目录下默认存放了 4 个使用 PHP 开发的应用软件：phpMyAdmin 4.1.14、phpSysInfo 3.1.12、SqlBuddy 1.3.3 和 WebGrind 1.0。 ➢ phpMyAdmin：是以 B/S 方式架构在网站主机上的 MySQL 的数据库管理工具，管理者可通过 Web 接口管理 MySQL 数据库。 ➢ phpSysInfo：是一个支持 PHP 网页服务器用于侦测主机一些资料的 PHP Script 工具软件，它可侦测的项目包括主机系统资源、硬件资源、网络数据包及内存等。你也可以用它来测试你所租用的虚拟主机设备及网络状况的品质。 ➢ SqlBuddy：是 PHP 编写的一款用于 MySQL 的开发工具，使用它可以很容易地编写 SQL 脚本。SqlBuddy 提供的功能和查询分析器的目的有些不同，它倾向于帮助使用者编写 SQL。 ➢ WebGrind：是一个网页版的性能分析工具，它的主要作用就是分析 Xdebug 生成的 cachegrind 文件，以一种界面友好、详尽的方式来展示性能数据
alias	是 Apache 设置访问别名的功能扩展配置文件存放目录，主要目的是将 apps 目录下的 4 个 PHP 应用系统，通过 Apache 的别名方式分别设置容易访问的入口。例如，按这个目录下的 phpmyadmin.conf 配置文件，将 Apps/phpmyadmin4.1.14 的访问请求设置别名为"/phpmyadmin"，则通过访问 http://localhost/phpmyadmin 就可以直接启动 apps 目录下的 PHPMyAdmin
tmp	用于存放网站运行时的临时文件，例如存放 Session 的信息、文件上传时产生的临时文件等
vhosts	用于存放 Apache 服务器设置虚拟主机的扩展配置文件，例如 C:\wamp\vhosts\httpd-vhosts.conf。这个目录用得不多，主要原因是可以在 Apache 的主配置文件中直接配置

其次，需要掌握核心组件的位置。默认的一些需要掌握的结构信息如下。

1. Apache 服务器

➢ 安装位置：C:\wamp\bin\apache\apache2.4.9。
➢ 主配置文件：C:\wamp\bin\apache\apache2.4.9\conf\httpd.conf。
➢ 扩展配置文件：C:\wamp\bin\apache\apache2.4.9\conf\extra 下面的配置文件。
➢ 网页存放位置：C:\wamp\www，可以直接将网页放入这个目录下访问。

2. MySQL 服务器

➢ 安装位置：C:\wamp\bin\mysql\mysql5.6.17。

- 配置文件：C:\wamp\bin\mysql\mysql5.6.17\my.ini。
- 数据文件存放位置：C:\wamp\bin\mysql\mysql5.6.17\data。

3．PHP 模块

- 安装位置：C:\wamp\bin\php\php5.5.12。
- 配置文件：C:\wamp\bin\apache\apache2.4.9\bin\php.ini。

4．phpMyAdmin 数据库管理软件

- 安装位置：C:\AppServ\www\phpMyAdmin。
- 配置文件：C:\AppServ\www\phpMyAdmin\config.inc.php。

安装完成后，如果不出现端口冲突等问题，则会自动开启服务。也可以通过菜单命令"所有程序→WampServer→start WampServer"启动 WampServer，同时也开启了所有服务。在状态栏的右下角会出现一个"W"图标，图标颜色由红变绿则说明开启所有服务成功。打开浏览器，在地址栏中输入 http://localhost/进行测试，如果一切顺利，看到如图 2-5 所示的结果，则表示安装成功。

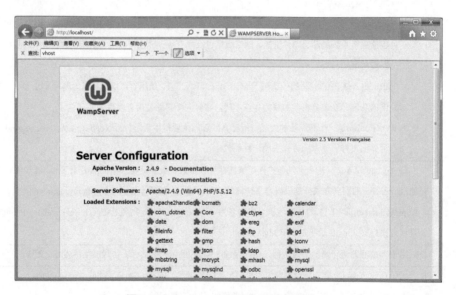

图 2-5　AppServ 安装结束测试结果窗口

要测试 PHP 环境是否可以正常运行，可以在文档根目录"C:\wamp\www\"下创建一个扩展名为.php 的文本文件 test.php，内容如下：

```
<?php
    phpinfo();
?>
```

打开浏览器，在地址栏中输入 http://localhost/test.php 运行该文件，如果出现如图 2-6 所示的内容，则表示 LAMP 环境安装成功。

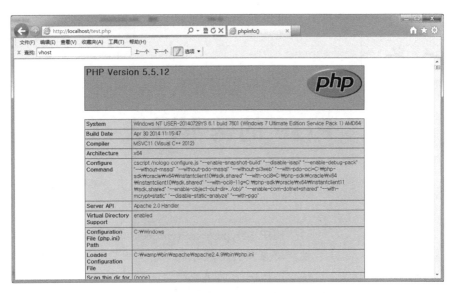

图 2-6 测试 PHP 是否安装并启动成功

上例中使用了 phpinfo()函数，其作用是输出有关 PHP 当前状态的大部分信息，包括 PHP 的编译和扩展信息、PHP 版本、服务器信息和环境、PHP 的环境、PHP 当前所安装的扩展模块、操作系统信息、路径、主要的和本地配置选项的值、HTTP 头信息和 PHP 的许可等。因为每个系统的安装环境不同，phpinfo()函数可以用于检查某一特定系统的配置设置和可用的预定义变量等。它也是一个宝贵的调试工具，因为它包含了所有 EGPCS（Environment，GET，POST，Cookie，Server）数据。

最后的重点是测试一下图标按钮。当用鼠标右键单击状态栏上的"W"图标时，可以查看帮助、刷新、语言设置及退出。单击可以启动、重启和停止所有服务，可以查看及设置 Apache、MySQL 和 PHP 的各种环境，还可以访问 phpMyAdmin 系统，也能直接进入项目存放的文档根目录。

2.4 改变文档根目录 www 的位置

单击状态栏上的"W"图标，再单击 www 目录，会打开安装 WampServer 默认存放网页的文件夹，但很多时候我们存放项目的文件夹并不是在这个目录下。对于了解 Apache 配置信息的读者，可以直接通过修改 Apache 配置文件 httpd.conf，将指令 DocumentRoot 重新指定一个文档根目录，然后重新启动 Apache 就可以实现切换了，但通过状态栏上的"W"图标进入的文档根目录还是原来的。

在 WampServer 系统中设置的办法是打开 WampServer 的安装目录，进入"script"文件夹，用记事本打开里面的 config.inc.php 文件，找到"$wwwDir = $c_installDir.'/www';"，然后修改项目所在目录就可以了。例如，改成"D:/website"，对应的代码就是"$wwwDir = 'D:/website';"，然后重新启动 WampServer 文档根目录就切换成功了。

第3章 PHP 的基本语法

PHP（Hypertext Preprocessor，超文本预处理器）是一种被广泛应用、开放源代码、多用途、运行在服务器端的脚本语言。PHP 可简单地视为一种较流行的开发动态网页用的程序语言，是一种服务器端的、嵌入 HTML 中的脚本语言，是开发 Web 应用程序的理想工具。它具有开源免费、语法简单、跨平台、功能强大、灵活易用及效率高等优点。可以说，PHP 已经成为 Web 脚本技术的先驱。在融合了现代编程语言（如 C、Java 和 Perl）的一些最佳特性后，PHP、Apache 和 MySQL 的组合已经成为 Web 服务器的一种配置标准。使用 PHP 的一大好处就是它对于初学者来说极其简单，同时也给专业的程序员提供了各种高级的特性。所以学习 PHP 可以很快入门，只需几个小时就可以自己编写一些简单的小功能。基本语法是学习编程语言的基石，是学习任何一门编程语言的第一步，PHP 当然也不例外，而且要求开发人员必须熟练掌握 PHP 的基本语法，这样才能更好地扩展下一步学习。对于 PHP 基本语法，读者只有反复练习，才能熟练掌握，也就能举一反三，编写出优秀的 PHP 程序代码。

3.1 PHP 在 Web 开发中的应用

3.1.1 就从认识 PHP 开始吧

我们在第 1 章中重点介绍了 Web 开发构件，PHP 是其中最重要的构件，是服务器端嵌入 HTML 中的脚本语言。在 PHP 的定义中共用到了 3 个形容词：服务器端的、嵌入 HTML 中的、脚本语言。分别介绍如下。

1. 服务器端的语言

开发 Web 应用这种 B/S 结构的软件，不仅需要有编写客户端界面的语言，还要有编写服务器端业务流程的语言。例如，编写界面使用的 HTML、CSS 和 JavaScript 都是在用户发出请求后，服务器再将代码发送到客户端，并在客户端自己计算机的浏览器中解析执行的程序。而 PHP 则是服务器端运行的语言，只能在服务器端运行，而不会传到客户端。在 PHP 代码中如果有对文件之类的操作，可以都是操作服务器上的文件，PHP 获取的时间也只能是服务器上的时间。只有当用户请求时才开始运行，并且有多少请求，PHP 程序就会在服务器中运行多少次。然后 PHP 根据不同用户的不同请求，完成在服务器中的业务操作，并将结果返回给用户。

2．嵌入 HTML 中的语言

在 HTML 代码中可以通过一些特殊的标识符号将各式各样的语言嵌入进来。例如，前面章节中介绍的 CSS、JavaScript 都可以嵌入 HTML 中，配合 HTML 一起完成一些 HTML 完成不了的功能，或者说是对 HTML 语言的扩展，而它们都是由浏览器解析的。PHP 程序虽然也是通过特殊的标识符号嵌入 HTML 代码中的，但和 CSS 或 JavaScript 不同的是，在 HTML 中嵌入的 PHP 代码需要在服务器中先运行完成。如果执行后有输出，则输出的结果字符串会嵌入原来的 PHP 代码处，再和 HTML 代码一起响应给客户端浏览器去解析。

3．脚本语言

脚本语言，又称动态语言，我们在第 1 章中已经阐述过了。脚本通常以文本（如 ASCII）保存，只在被调用时进行解释或编译。PHP 程序就是以文本格式保存在服务器端的，在请求时才由 Web 服务器中安装的 PHP 应用模块解析，并从上到下一步步地执行程序。

3.1.2　PHP 都能做什么

PHP 能做很多事，但 PHP 主要是在 Web 开发中用于服务器端的脚本程序。PHP 需要安装 PHP 应用程序服务器去解释执行，是用来协助 Web 服务器工作的编程语言，也可以说，是对 Web 服务器功能的扩展，并外挂在 Web 服务器上一起工作。用户如果通过浏览器访问 Web 服务器需要得到动态响应的结果，Web 服务器就要委托 PHP 脚本编程语言来完成了。本书中可以用 PHP 来完成以下工作，但 PHP 的功能远不局限于此，如图 3-1 所示。

1．收集表单数据

表单（Form）是网络编程中最常用的数据输入界面。表单通常可以在提交时使用 GET 或 POST 方法将数据发送给 PHP 程序脚本。在 PHP 脚本中，可以以 PHP 变量的形式访问每一个表单域在 PHP 脚本中的使用。根据 PHP 版本和设置的不同，通过变量可以有 3 种方法来访问表单数据。所以在 PHP 中，获得用户输入的具体数据是非常简单的。

2．生成动态网页

PHP 脚本程序和客户端的 JavaScript 脚本程序不同的是，PHP 代码是运行在服务器端的。PHP 脚本程序可以根据用户在客户端的不同输入请求，在服务器端运行该脚本后，动态输出用户请求的内容。这样客户端就能接收到想得到的结果，但无法得知其背后的代码是如何运作的。甚至可以将 Web 服务器设置成让 PHP 来处理所有的 HTML 文件，这样一来，用户就无法得知服务器端到底做了什么。

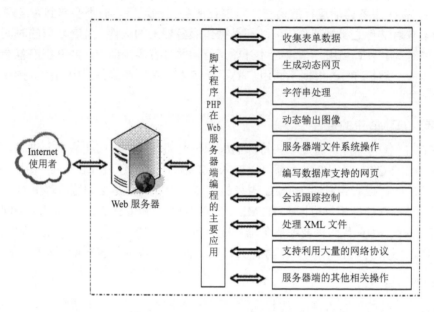

图 3-1　PHP 在 Web 中的功能展示

3．字符串处理

在编写程序代码或是进行文本处理时，经常需要操作字符串，所以字符串处理一直是程序员使用最多的技术之一。PHP 是把字符串作为一种基本的数据类型来处理的。在 PHP 中提供了丰富的字符串处理函数，并使用强大的正则表达式来对字符串或文本进行搜索、查找、匹配、替换等操作。

4．动态输出图像

使用 PHP 并不局限于输出 HTML 文本。PHP 通过使用 GD 扩展库还能用来动态输出图像，例如文字按钮、验证码、数据统计图等，还可以轻松地编辑图像，例如处理缩略图、为图片添加水印等，具有强大的图像处理功能。

5．服务器端文件系统操作

要想让数据可以长期保留，可以使用数据库或是文件系统来存取信息。在某些存取数据相对简单的应用中，或是一些特定的应用中，没有必要使用数据库，就可以采用文件操作。PHP 可以利用文件系统函数任意操作服务器中的目录或文件，包括目录或文件的打开、编辑、复制、创建、删除，以及文件属性等操作。

6．编写数据库支持的网页

PHP 最强大、最显著的特性之一是它支持很大范围的数据库。用户会发现利用 PHP 编写数据库支持的网页简单得难以置信。目前，PHP 可以连接任何支持世界标准的数据库。

7. 会话跟踪控制

我们访问 Web 服务器通常是使用 HTTP 协议完成的，但它是一个无状态的协议，没有一个内建机制来维护两个事务之间的状态。也就是说，当一个用户在请求一个页面后再请求另一个页面时，HTTP 将无法告诉我们这两个请求是来自同一个用户。所以可以在 PHP 中使用会话控制功能在网站中跟踪一个用户，这样就可以很容易地做到用户登录的支持，并根据某个用户的授权级别和个人喜好显示相应的内容，也可以根据会话控制记录该用户的行为。

8. 处理 XML 文件

PHP 具有极其有效的文本处理特性，支持从 POSIX 扩展或者 Perl 正则表达式到 XML 文档解析。为了解析和访问 XML 文档，PHP 4 支持 SAX 和 DOM 标准，也可以使用 XSLT 扩展库来转换 XML 文档。PHP 5 基于强健的 libxm2 标准化了所有的 XML 扩展，并添加了 SimpleXML 和 XMLReader 支持，扩展了其在 XML 方面的功能。

9. 支持利用大量的网络协议

PHP 还支持利用诸如 LDAP、IMAP、SNMP、NNTP、POP3、HTTP、COM（Windows 环境）等不计其数的协议的服务。还可以开放原始网络端口，使得任何其他的协议能够协同工作。PHP 支持和所有 Web 开发语言之间的 WDDX 复杂数据交换。关于相互连接，PHP 已经支持了对 Java 对象的即时连接，并且可以将它们自由地用作 PHP 对象。甚至可以用 CORBA 扩展库来访问远程对象。

10. 服务器端的其他相关操作

如果将 PHP 用于电子商务领域，会发现其 Cybercash 支付、CyberMUT、VeriSign Payflow Pro 及 MCVE 函数对于在线交易程序来说是非常有用的。另外，还有很多其他有趣的扩展库，例如 mnoGoSearch 搜索引擎函数、IRC 网关函数、多种压缩工具（gzip、bz2）、日历转换、翻译……

PHP 能够用在所有的主流操作系统上，包括 Linux、UNIX 的各种变种（包括 HP-UX、Solaris 和 OpenBSD）、Microsoft Windows、Mac OS X、RISC OS 等。今天，PHP 已经支持了大多数的 Web 服务器，包括 Apache、Microsoft Internet Information Server（IIS）、Personal Web Server（PWS）、Netscape，以及 iPlant Server、Oreilly Website Pro Server、Caudium、Xitami、OmniHTTPd 等。对于大多数的服务器，PHP 提供了一个模块；还有一些 PHP 支持 CGI 标准，使得 PHP 能够作为 CGI 处理器来工作。

综上所述，使用 PHP 可以自由地选择操作系统、Web 服务器及合适的数据库管理系统。同时，还可以在开发时选择使用面向过程和面向对象，或者二者混合的方式。尽管 PHP 4 不支持 OOP 所有的标准，但很多代码仓库和大型的应用程序（包括 PEAR 库）仅使用 OOP 代码来开发。PHP 5 弥补了 PHP 4 的这一弱点，引入了完全的对象模型。

3.2 第一个 PHP 脚本程序

读者也许迫不及待地想编写第一个 PHP 脚本程序。为了帮助读者熟悉 PHP 的运行过程，以下包含了一个 PHP 小型程序，让我们快速地完成。现在，读者也许无法理解其中的所有内容，但不用担心，尽管去编写并运行它。

每个程序开发都有其自己的步骤。PHP 的开发只有三步：第一步，使用编辑器创建一个包含源代码的磁盘文件；第二步，将文件上传到 Web 服务器；第三步，通过浏览器访问 Web 服务器运行该文件。以后每个 PHP 程序要想运行都采用同样的运行方式。具体步骤说明如下。

1. 使用编辑器创建一个包含源代码的磁盘文件

PHP 的源代码是一系列的语句或命令，用于指示服务器执行你期望的任务。编写 PHP 的源代码可以使用任意的文本编辑器，例如 Linux 系统下的 vi、Windows 系统下的记事本，还有像 Zend Studio 等专用的 PHP 编辑工具等。但编写的 PHP 源代码文件一定要是以.php 结尾的文件，这样才能由 PHP 引擎来处理。在大部分的服务器上，这是 PHP 的默认扩展名。不过，也可以在 Apache 等 Web 服务器中指定其他的扩展名。

2. 将文件上传到 Web 服务器

要将编写完成的 PHP 文件上传到 Web 服务器的根目录下（如 Apache 服务器的文档根目录 /usr/local/apache2/htdocs 下）。在本教程中，假设用户的服务器已经安装并运行了 PHP。

3. 通过浏览器访问 Web 服务器运行程序

如果已经将 PHP 文件成功上传到 Web 服务器，开启一个浏览器，在地址栏里输入 Web 服务器的 URL 访问这个文件，服务器将神奇地自动解析这些文件，并将解析的结果返回给请求的浏览器。不用编译任何东西，也不用安装任何其他的工具，只需把这些使用了 PHP 的文件想象成简单的 HTML 文件，其中只不过多了一种新的标识符，在这里可以做各种各样的事情。

具体操作过程如下面的示例所示。打开文本编辑器并用 PHP 编写一个 HTML 脚本，其中嵌入了一些代码来做一些事情。PHP 代码被包含在特殊的"起始符"和"结束符"中，就可以进入"PHP 模式"。程序代码如下所示：

```
1  <html>
2      <head>
3          <meta http-equiv="content-type" content="text/html; charset=utf-8">
4          <title>第一个PHP程序（获取服务器信息）</title>
5      </head>
6      <body>
7  <?php
8      $sysos = $_SERVER["SERVER_SOFTWARE"];          //获取服务器标识的字符串
9      $sysversion = PHP_VERSION;                     //获取PHP服务器版本
```

```php
10
11      //以下两条代码连接MySQL数据库并获取MySQL数据库版本信息
12      mysql_connect("localhost", "root", "123456");
13      $mysqlinfo = mysql_get_server_info();
14
15      //从服务器中获取GD库的信息
16      if(function_exists("gd_info")){
17          $gd = gd_info();
18          $gdinfo = $gd['GD Version'];
19      }else {
20          $gdinfo = "未知";
21      }
22
23      //从GD库中查看是否支持FreeType字体
24      $freetype = $gd["FreeType Support"] ? "支持" : "不支持";
25
26      //从PHP配置文件中获得是否可以远程获取文件
27      $allowurl= ini_get("allow_url_fopen") ? "支持" : "不支持";
28
29      //从PHP配置文件中获得最大上传限制
30      $max_upload = ini_get("file_uploads") ? ini_get("upload_max_filesize") : "Disabled";
31
32      //从PHP配置文件中获得脚本的最大执行时间
33      $max_ex_time= ini_get("max_execution_time")."秒";
34
35      //以下两条代码用于获取服务器时间,中国大陆采用的是东八区的时间,设置时区写成Etc/GMT-8
36      date_default_timezone_set("Etc/GMT-8");
37      $systemtime = date("Y-m-d H:i:s",time());
38
39      /* **************************************************************** */
40      /*      以HTML表格的形式将以上获取到的服务器信息输出给客户端浏览器        */
41      /* **************************************************************** */
42      echo "<table align=center cellspacing=0 cellpadding=0>";
43      echo "<caption> <h2> 系统信息  </h2> </caption>";
44      echo "<tr> <td> Web服务器:      </td> <td> $sysos        </td> </tr>";
45      echo "<tr> <td> PHP版本:        </td> <td> $sysversion   </td> </tr>";
46      echo "<tr> <td> MySQL版本:      </td> <td> $mysqlinfo    </td> </tr>";
47      echo "<tr> <td> GD库版本:       </td> <td> $gdinfo       </td> </tr>";
48      echo "<tr> <td> FreeType:       </td> <td> $freetype     </td> </tr>";
49      echo "<tr> <td> 远程文件获取:   </td> <td> $allowurl     </td> </tr>";
50      echo "<tr> <td> 最大上传限制:   </td> <td> $max_upload   </td> </tr>";
51      echo "<tr> <td> 最大执行时间:   </td> <td> $max_ex_time  </td> </tr>";
52      echo "<tr> <td> 服务器时间:     </td> <td> $systemtime   </td> </tr>";
53      echo "</table>";
54  ?>
55      <body>
56  </html>
```

  这是我们编写的第一个 PHP 脚本实例,用来获取服务器端的相关信息,并将获取到的结果利用 PHP 的 echo 语句以 HTML 表格的形式,动态响应给用户在客户端请求的浏览器。这个实例看起来有一点复杂,但读者暂时不用理会上例 PHP 脚本程序中所使用的语法含义,通过本书后面内容的学习,读者就会理解其中的代码。将本例以扩展名为.php 保存在 Web 服务器的文档根目录下,如 info.php。在浏览器的地址栏中输入 Web 服务器的 URL,访问在结尾加上"/info.php"的文件。如果是本地开发,这个 URL 一般是 http://localhost/info.php 或者 http://127.0.0.1/info.php,当然这取决于 Web 服务器的设置。如果所有的设置都正确,这个文件将被 PHP 解析,浏览器中将会输出如图 3-2 所示的结果。

图 3-2 利用 PHP 获取服务器的信息

如果试过了这个例子，但是没有得到任何输出，或者浏览器弹出了下载框，再或者浏览器以文本方式显示了源文件，可能的原因是服务器还没有支持 PHP，或者没有进行正确配置，请重新配置安装，使得服务器支持 PHP。如果运行程序时得到的结果与期望的不同，则需要回到第一步，必须找出导致问题的原因，并在源代码中进行更正。修改源代码后，需要重新上传到 Web 服务器，并刷新浏览器。你要不断地沿这样的循环进行下去，直到程序的执行情况与期望的完全相符。如果出现如图 3-2 所示的结果，则表示运行成功。用鼠标右键单击浏览器，在弹出的快捷菜单中选择"查看源文件"命令，会看到如下内容：

```
<html>
    <head>
        <meta http-equiv="content-type" content="text/html; charset=utf-8">
        <title>第一个PHP程序(获取服务器信息)</title>
    </head>
    <body>
        <table align="center" cellspacing="0" cellpadding="0">
            <caption> <h2> 系统信息 </h2> </caption>
            <tr> <td> Web服务器： </td> <td> Apache/2.2.8 (Win32) PHP/5.2.6 </td> </tr>
            <tr> <td> PHP版本： </td> <td> 5.2.6 </td> </tr>
            <tr> <td> MySQL版本： </td> <td> 5.0.51b-community-nt-log </td> </tr>
            <tr> <td> GD库版本： </td> <td> bundled (2.0.34 compatible) </td> </tr>
            <tr> <td> FreeType： </td> <td> 支持 </td> </tr>
            <tr> <td> 远程文件获取 </td> <td> 支持 </td> </tr>
            <tr> <td> 最大上传限制： </td> <td> 200M </td> </tr>
            <tr> <td> 最大执行时间： </td> <td> 30秒 </td> </tr>
            <tr> <td> 服务器时间： </td> <td> 2012-03-03 14:17:01 </td> </tr>
        </table>
    <body>
</html>
```

通过在客户端查看源代码会出现上面的内容，所以用户在客户端只能看到 PHP 脚本被服务器解析后动态输出的 HTML 内容。用户看不到任何 PHP 脚本代码，就无法得知其背后的代码是如何运作的，也就无法得知服务器端到底做了什么。

现在我们已经成功建立了一个简单的 PHP 脚本，还可以建立一个最著名的 PHP 脚本。调用函数 phpinfo()，将会看到很多有关自己系统的有用信息，以及预定义变量、已经加载的 PHP 模块和配置信息。请花一些时间来查看这些重要的信息。

3.3 PHP 语言标记

前面的例子是为了显示 PHP 特殊标识符的格式，用<?php 来表示 PHP 标识符的起始，然后放入 PHP 语句并加上一个终止标识符?>来退出 PHP 模式。用户可以根据自己的需要在 HTML 文件中像这样来开启或关闭 PHP 模式。大多数的嵌入式脚本语言都是这样嵌入 HTML 中并和 HTML 一起使用的，例如 CSS、JavaScript、PHP、ASP、JSP 等。示例如下：

```html
1  <html>
2      <head>
3          <!-- 在HTML中使用style标记嵌入CSS脚本 -->
4          <style>
5              body {
6                  margin:0px;
7                  background:#ccc;
8              }
9          </style>
10     </head>
11
12     <body>
13         <!-- 在HTML中使用script标记嵌入JavaScript脚本 -->
14         <script>
15             alert("客户端的时间"+(new Date()));
16         </script>
17         <!-- 在HTML中使用以下标记嵌入PHP脚本 -->
18         <?php
19             echo "服务器的时间".date("Y-m-d H:i:s")."<br>";
20         ?>
21     </body>
22 </html>
```

当 PHP 解析一个文件时，会寻找开始和结束标记，标记告诉 PHP 开始和停止解释其中的代码。此种方式的解析可以使 PHP 嵌入各种不同的文档中，凡是在一对开始和结束标记之外的内容都会被 PHP 解析器忽略。大多数情况下 PHP 都是嵌入 HTML 文档中的。

3.3.1 将 PHP 代码嵌入 HTML 中的位置

可以将 PHP 语言嵌入扩展名为.php 的 HTML 文件中的任何地方，只要在文件中使用起始标识符 "<?php" 和终止标识符 "?>" 就可以开启 PHP 模式。在 PHP 模式中写入 PHP 语法就可以将 PHP 语言嵌入 HTML 文件中。不仅可以在两个 HTML 标记对的开始和结束标记中嵌入 PHP，也可以在某个 HTML 标记的属性位置处嵌入 PHP。而且在一个 HTML 文档中可以嵌入任意多个 PHP 标记。示例如下：

```html
1  <html>
2      <head>
3          <!-- 在HTML标记对中嵌入PHP脚本，使用echo()输出标题 -->
4          <title> <?php echo "PHP语言标记的使用" ?> </title>
5      </head>
```

```
 6        <!-- 可以在HTML属性位置处嵌入PHP脚本，使用echo()输出网页背景颜色 -->
 7        <body <?php echo 'bgcolor="#cccccc"' ?> >
 8
 9        <!--以下是在HTML中更高级的分离术 -->
10        <?php
11            if ($expression) {
12        ?>
13            <!-- 也可以在HTML标记属性的双引号中嵌入PHP标记 -->
14            <p align="<?php echo 'center' ?>">This is true.</p>
15        <?php
16            } else {
17        ?>
18            <p>This is false.</p>
19        <?php
20            }
21        ?>
22        </body>
23 </html>
```

上例可正常工作，因为当 PHP 碰到结束标记?>时，就简单地将其后的内容原样输出，直到遇到下一个开始标记为止。所以在一个文件中的不同位置使用多个 PHP 标记时，这些标记之间的语法是一个整体，只不过需要按内容的执行顺序将它们使用 PHP 标记分开。当然，上面的例子很难做，但是对输出大块的文本而言，脱离 PHP 解析模式通常比将所有内容在 PHP 模式中用 echo 或者 print 输出更有效率。

3.3.2 解读开始和结束标记

当脚本中带有 PHP 代码时，可以使用<?php ?>、<? ?>或<% %>等标记来界定 PHP 代码；在 HTML 页面中嵌入纯变量时，还可以使用<?=$variablename ?>这样的形式。其中，<?php ?>和<script language="php"> </script>总是可用的。另外两种是短标记和 ASP 风格标记，可以在 PHP 的配置文件 php.ini 中打开或关闭。4 对不同的开始和结束标记使用示例如下：

```
 1 <html>
 2     <head>
 3         <title>开启PHP模式的四对不同的开始和结束标记</title>
 4     </head>
 5     <body>
 6         <?php
 7             echo "1. 这个标记是标准的PHP语言标记";
 8         ?>
 9
10         <script language="php">
11             echo "2. 这个标记是脚本风格，是最长的标记。";
12         </script>
13
14         <? echo "3. 这个标记风格是最简单的简短风格" ?>
15
16         <?=$expression ?> 这也是一种简写方式，等价于 <? echo $expression ?>
17
18         <% echo "4. 这个标记风格类似于ASP标签的写法" %>
19
20         <%=$expression %> 这也是一种简写方式，等价于 <% echo $expression %>
21     </body>
22 </html>
```

1. 以<?php 开始和以?>结束的标记是标准风格的标记，属于 XML 风格

这是 PHP 推荐使用的标记风格。服务器管理员不能禁用这种风格的标记。如果将 PHP 嵌入 XML 或 XHTML 中，则需要使用<?php ?>以保证符合标准。如果没有什么特殊要求，在开发过程中一般使用这种风格。

2. 以<script language="php">开始和以</script>结束是长风格标记

这种标记是最长的，如果读者使用过 JavaScript 或 VBScript 等客户端脚本，就会熟悉这种风格。如果读者所使用的 HTML 编辑器无法支持其他的标记风格，则可以使用它。这种风格也总是可用的，但并不常用。

3. 以<?开始和以?>结束的标记是简短风格的标记

这种标记风格是最简单的，它遵循 SGML（标准通用置标语言）处理说明的风格。但是系统管理员偶尔会禁用它，因为它会干扰 XML 文档的声明。只有通过 php.ini 配置文件中的指令 short_open_tag 打开，或者在 PHP 编译时加入了--enable-short-tags 选项后才可用。

4. 以<%开始和以%>结束的标记是 ASP 风格的标记

如果在 php.ini 配置文件设定中启用了 asp_tags 选项，就可以使用它。这是为习惯了 ASP 或 ASP.NET 编程风格的人设计的。在默认情况下该标记被禁用，所以移植性也较差，通常不推荐使用。

注意：为了防止短标记<? ?>和 ASP 风格的标记<% %>与一些技术发生冲突，有时需要在 PHP 配置文件中将其关闭，因而导致这样的标记不总是可用。所以在编写 PHP 脚本时不允许使用短标记，所有脚本全部使用完整的、标准的、PHP 定界标签<?php ?>作为 PHP 开始和结束标记。而对于只包含 PHP 代码的文件，结束标志（"?>"）是不允许存在的，因为 PHP 自身不需要（"?>"）。这样做可以防止它的末尾被意外地注入，从而导致当使用 header()、setCookie()、session_start()等设置头信息的函数时发生错误。

3.4 指令分隔符"分号"

与 C、Perl 及 Java 一样，PHP 语句分为两种：一种是在程序中使用结构定义语句，例如流程控制、函数定义、类的定义等，是用来定义程序结构使用的语句，在结构定义语句后面不能使用分号作为结束；另一种是在程序中使用功能执行语句，例如变量的声明、内容的输出、函数的调用等，是用来在程序中执行某些特定功能的语句，这种语句也称为指令，PHP 需要在每条指令后用分号结束。一段 PHP 代码中的结束标记?>隐含表示一个分号，所以在一个 PHP 代码段中的最后一行可以不用分号结束。如果后面还有新行，则代码段的结束标记包含了行结束。示例如下：

```
1 <?php
2     echo "This is a test";         //这是一个PHP指令，后面一定要加上分号表示结束
3 ?>
4 <?php  echo "This is a test" ?>    <!-- 最后的结束标记?>隐含表示一个分号，所以这里可以不用分号结束 -->
```

3.5 程序注释

注释在程序设计中是相当重要的一部分，严格意义上说一份代码应该有一半的内容为注释内容。注释的内容会被 Web 服务器引擎忽略，不会被解释执行。程序员在程序中书写注释是一种良好的习惯。注释的作用有以下几点。

- 可以将写过的觉得不合适的代码暂时注释掉，不要急于删除，如果再想使用，可以打开注释重新启用。
- 注释的主要目的在于说明程序，给自己或他人在阅读程序时提供帮助，使程序更容易理解，也就是增强程序代码的可读性，以方便维护人员的维护。
- 注释对调试程序和编写程序也可起到很好的帮助作用。
- PHP 支持 C、C++和 UNIX Shell 风格（Perl 风格）的注释。PHP 的注释符号有三种：以"/*"和"*/"闭合的多行注释符，以及用"//"和"#"开始的单行注释符。注释一定要写在被注释代码的上面或是右面，不要写在代码的下面。例如：

```php
<?php
    /* 这是一个多行注释
       可以有多行文字 */
    echo "This is a test";
    echo "This is yet another test";    //这是一行C++风格的注释
    echo "One Final Test";               # 这是UNIX Shell风格的注释
```

以上几种代码注释风格，可以任意选择使用。和 C 语言一样，多行注释以/*开始和以*/结束，可以注释多行代码。但要注意，多行注释是无法嵌套的。当注释大量代码时，可能会犯该错误。如下所示：

```php
<?php
    /*
    echo "This is a test"; /* 这个多行注释就写在另一个多行注释里面，嵌套注释会引起问题 */
    */
```

但是在多行注释里可以包括单行注释，在单行注释里也可以包括多行注释。下面的注释使用都是正确的：

```php
<?php
    // echo "This is a test"; /* 这个多行注释写在另一个单行注释里面，是正确的注释 */
    /* echo "This is a test"; // 这个单行注释写在另一个多行注释里面，是正确的注释 */
```

在使用行注释符号#或//之后到行结束之前，或 PHP 结束标记?>或%>之前的所有内容都是注释内容。这意味着在// ?>之后的 HTML 代码将被显示出来：?>跳出了 PHP 模式并返回了 HTML 模式。如果启用了 asp_tags 配置选项，其行为和// %>相同。不过，</script>标记在单行注释中不会跳出 PHP 模式。在如下所示的代码行中，关闭标记之前的代码"echo 'simple';"被注释，而关闭标记之后的文本"example."将被当作 HTML 输出，因为它位于关闭标记之外。

```
1 <h1>This is an <?php # echo 'simple'; ?> example.</h1>
2 <h1>This is an <?php // echo 'simple'; ?> example.</h1>
```

注释最常见的作用就是给那些容易忘记作用的代码添加简短的介绍性内容。除了上面介绍的注释方法，还可以在 PHP 脚本中使用以"/* *"开始和以"*/"结束的多行文档注释（PHPDocumentor），这也是推荐使用的注释方法。PHPDocumentor 是一个用 PHP 脚本编写的工具，对于有规范注释的 PHP 程序，它能够快速生成具有相互参照、索引等功能的 API 文档。可以通过在客户端浏览器上操作生成文档，文档可以转换为 PDF、HTML、CHM 几种形式，非常方便。PHPDocument 是从源代码的注释中生成文档，因此给程序做注释的过程，也就是编制文档的过程。从这一点上讲，PHPDocumentor 促使程序员要养成良好的编程习惯，尽量使用规范、清晰的文字为程序做注释，同时也可以避免事后编制文档和文档的更新不同步等问题。在 PHPDocumentor 中，注释分为文档性注释和非文档性注释。所谓文档性注释，是指那些放在特定关键字前面的多行注释，特定关键字是指能够被 PHPDocumentor 分析的关键字，如 class、var 等。那些没有在关键字前面或者不规范的注释就称为非文档性注释，这些注释将不会被 PHPDocumentor 所分析，也不会出现在产生的 API 文档中。文档注释的应用如下：

```
1  <?php
2      /**
3       * 向memcache中添加数据
4       * @param  string  $tabName   需要缓存数据表的表名
5       * @param  string  $sql       使用sql作为memcache的key
6       * @param  mixed   $data      需要缓存的数据
7       * @return mixed              返回缓存中的数据
8       */
9      function addCache($tabName, $sql, $data) {
10         ...
11     }
```

3.6 在程序中使用空白的处理

一般来说，空白符（包括空格、Tab 制表符、换行）在 PHP 中无关紧要，会被 PHP 引擎忽略。可以将一个语句展开成任意行，或者将语句紧缩在一行。空格与空行的合理运用（通过排列分配、缩进等）可以增强程序代码的清晰性与可读性，但如果不合理运用，便会适得其反。空行将逻辑相关的代码段分隔开，以提高程序可读性。

➢ 下列情况应该总是使用两个空行：
  ◆ 一个源文件的两个代码片段之间。
  ◆ 两个类的声明之间。
➢ 下列情况应该总是使用一个空行：
  ◆ 两个函数声明之间。
  ◆ 函数内的局部变量和函数的第一条语句之间。
  ◆ 块注释或单行注释之前。

- 一个函数内的两个逻辑代码段之间，用来提高可读性。
- 空格的应用规则是可以通过代码的缩进来提高可读性。
  - 空格一般应用于关键字与括号之间。不过需要注意的是，函数名称与左括号之间不应该用空格分开。
  - 一般在函数的参数列表中的逗号后面插入空格。
  - 数学算式的操作数与运算符之间应该添加空格（二进制运算与一元运算除外）。
  - for 语句中的表达式应该用逗号分开，后面添加空格。
  - 强制类型转换语句中的强制类型的右括号与表达式之间应该用逗号隔开，并添加空格。

3.7 变量

简言之，变量是用于临时存储值的容器。这些值可以是数字、文本，或者复杂得多的排列组合。变量在任何编程语言中都居于核心地位，理解它们是使用 PHP 的关键所在。变量又是指在程序的运行过程中随时可以发生变化的量，是程序中数据的临时存放场所。在代码中可以只使用一个变量，也可以使用多个变量。由于变量能够把程序中准备使用的每一段数据都赋予一个简短、易于记忆的名字，因此它们十分有用。变量可以保存程序运行时用户输入的数据、特定运算的结果，以及要输出到网页上显示的一段数据等。简而言之，变量是用于跟踪几乎所有类型信息的简单工具。

PHP 中最基本的数据存储单元就是变量和常量，它们可以存储不同类型的数据。另外，PHP 脚本语言是一种弱类型检查的语言。和其他语言不同的是，变量或常量的数据类型由程序的上下文决定。基于这个原因，使得 PHP 的语法和一些强类型语言（C、Java 等）有很大的不同。

3.7.1 变量的声明

在 PHP 中我们可以声明并使用自己的变量，PHP 的特性之一就是它不要求在使用变量之前声明变量。当第一次给一个变量赋值时，你才创建了这个变量。变量用于存储值，比如数字、文本字符串或数组。一旦设置了某个变量，我们就可以在脚本中重复地使用它。在 PHP 中的变量声明必须使用一个美元符号"$"后跟变量名来表示，使用赋值操作符（=）给一个变量赋值。如果在程序中使用声明的变量，就会将变量替换成前面赋值过的值。如下所示：

```
1  <?php
2      $a = 100;              //声明一个变量$a赋上一个整型数据值100
3      $b = "string";         //声明一个变量$b赋上一个字符串值"string"
4      $c = true;             //声明一个变量$c赋上一个布尔数据值true
5      $d = 99.99;            //声明一个变量$d赋上一个浮点型数据值99.99
6
7      $key1 = $a;            //声明一个变量$key1,将$a变量的值赋给它
```

```
8       $key2 = $b;                           //声明一个变量$key2,将$b变量的值赋给它
9
10      $a = $b = $c = $d = "value";          //同时声明多个变量,并赋上相同的值
```

PHP 的变量声明以后有一定的使用范围,变量的范围即它定义的上下文背景(也就是它的生效范围)。大部分的 PHP 变量如果不是在函数里面声明的,则只能在声明处到文件结束的一个单独的范围内使用。这个单独的范围跨度不仅是在<?php 标记开始处到?>结束标记处使用,可以在一个页面的所有开启的 PHP 模式下使用,也包含了 include 和 require 引入的文件。如果使用 Cookie 或 Session,还可以在多个页面中应用。

在变量的使用范围内,我们可以借助 unset()函数释放指定的变量,使用 isset()函数检测变量是否设置,使用 empty()函数检查一个变量是否为空。可以通过以下方式使用这几个函数控制变量。

```
1  <?php
2      $var = '';                                    //声明变量$var赋予一个空值
3      if(empty($var)) {                             //结果为true,因为$var为空
4          echo "$var is either 0 or not set at all";
5      }
6
7      if(!isset($var)) {                            //结果为false,因为$var已设置
8          echo "$var is not set at all";
9      }
10
11     unset($var);                                  //销毁单个变量$var,在内存中释放
12
13     if(isset($var)) {                             //结果为false,因为前面已经销毁了这个变量
14         echo "This var is set so I will print."
15     }
```

注意:如果 emtpy()函数的参数是非空或非零的值,则返回 FALSE。换句话说,""、0、"0"、NULL、FALSE、array()、var $var;及没有任何属性的对象都将被认为是空的,如果参数为空,则返回 TRUE;如果函数 isset()的参数存在,则返回 TRUE,否则返回 FALSE。若使用 isset()测试一个被设置成 NULL 的变量或使用 unset()释放了一个变量,将返回 FALSE。同时要注意的是,一个 NULL 字节("\0")并不等同于 PHP 的 NULL 常数。这里笔者推荐使用!empty($var)方法去判断一个变量存在且不能为空。

3.7.2 变量的命名

首先,我们必须给变量取一个合适的名字,就必须知道如何给变量命名,就好像每个人都有自己的名字一样,否则就难以区分了。在声明变量时要遵循一定的规则,因为变量名是严格区分大小写的,但内置结构和关键字及用户自定义的类名和函数名是不区分大小写的。例如 echo、while、class 名称、function 名称等都可以任意大小写。如下所示:

```
1  <?php
2      echo "this is a test";                 //使用全部小写的echo
3      Echo "this is a test";                 //使用首字母大写的echo
4      ECHO "this is a test";                 //使用全部大写的echo
5
```

```php
6    phpinfo();              //使用全部小写的字母调用phpinfo()函数
7    Phpinfo();              //使用首字母大写调用phpinfo()函数
8    PhpInfo();              //使用每个单词首字母大写调用phpinfo()函数
9    PHPINFO();              //使用全部大写的字母调用phpinfo()函数
```

变量名是严格区分大小写的，所以就不能采用上面的方式。相同单词组成的变量，但大小写不同就是不同的变量。如下所示：

```php
1  <?php
2     $name = "tarzan";      //使用全部小写字母定义变量
3     $Name = "skygao";      //使用首字母大写定义变量
4     $NAME = "tom";         //使用全部大写字母定义变量
5
6     echo $name;            //输出 tarzan
7     echo $Name;            //输出 skygao
8     echo $NAME;            //输出 tom
```

上面定义的$name、$Name 和$NAME 是三个不同的变量。除了区分大小写，变量名与 PHP 中的其他标签一样需要遵循相同的命名规则。一个有效的变量名由字母或者下画线开头，后面跟上任意数量的字母、数字或者下画线。按照正常的正则表达式，它将被表述为：'[a-zA-Z_\x7f-\xff][a-zA-Z0-9_\x7f-\xff]*'。但要注意，变量名的标识符一定不要以数字开头，中间不能使用空格，不能使用点分开等。如下所示：

```php
1  <?php
2     $var = 'Bob';
3     $Var = 'Joe';
4     echo "$var,$Var";           //输出 "Bob,Joe"
5
6     $4site = 'not yet';         //非法变量名，以数字开头
7     $_4site = 'not yet';        //合法变量名，以下画线开头
8     $i站点is = 'brophp';         //合法变量名，可以用中文
```

PHP 中有一些标识符是系统定义的，也称为关键字，它们是 PHP 语言的组成部分，因此不能使用它们中的任何一个作为常量、函数名或类名。但是和其他语言不同的是，系统关键字可以在 PHP 中作为变量名称使用，不过这样容易混淆，所以最好还是不要以 PHP 的关键字作为变量名称。如表 3-1 所示是 PHP 中常用的关键字列表。

表 3-1 PHP 常用关键字

and	or	xor	if	else	for
foreach	while	do	switch	case	break
continue	default	as	elseif	declare	endif
endfor	endforeach	endwhile	endswitch	enddeclare	array
static	const	class	extends	new	exception
global	function	exit	die	echo	print
eval	isset	unset	return	define	defined
include	include_once	require	require_once	cfunction	use
var	Public	private	protected	implements	interface
extends	abstract	clone	try	catch	throw

变量命名除了要注意以上所涉及的内容，还需要具有一定的含义，以便让阅读者和自己了解变量所存储的内容。好的变量名为了尽量表达清晰的含义，通常由一个或几个简单的英文单词构成。如果变量是由一个单词构成的，通常采用全部小写方式作为变量名。如果变量是由多个单词构成的，则第一个单词采用全部小写字母，以后的每个单词首字母采用大写的风格，如$aaaBbbCcc，后面章节中介绍的函数命名和变量命名均采用同样的规则。

3.7.3 可变变量

有时使用可变变量名是很方便的。也就是说，一个变量的变量名可以动态地设置和使用。一个普通的变量通过声明来设置，而一个可变变量获取了一个普通变量的值作为这个可变变量的变量名，如下所示：

```php
<?php
    $hi = "hello";              //声明一个普通的变量$hi, 值为hello
    $$hi = "world";             //声明一个可变变量$$hi, $hi的值是hello,相当于声明$hello的值是"world"

    echo "$hi $hello";          //输出两个单词 hello world
    echo "$hi ${$hi}";          //输出两个单词 hello world
```

在上面的例子中，"hi"使用了两个美元符号（$）以后，就可以作为一个可变变量了。这时，两个变量都被定义了，$hi 的内容是"hello"，并且$hello 的内容是"world"。上面的两条输出指令都会输出"hello world"。也就是说，$$hi 和$hello 是等价的。

3.7.4 变量的引用赋值

变量总是传值赋值。也就是说，当将一个表达式的值赋予一个变量时，整个原始表达式的值被赋值到目标变量。这意味着，当一个变量的值赋予另外一个变量时，改变其中一个变量的值，将不会影响到另一个变量。

PHP 中提供了另一种方式给变量赋值：引用赋值。这意味着新的变量简单地引用（换言之，"成为其别名"或者"指向"）了原始变量。改动新的变量将影响到原始变量，反之亦然。这同样意味着其中没有执行复制操作，因而这种赋值操作更加快速。不过只有在密集的循环中或者对很大的数组或对象赋值时才有可能注意到速度的提升。使用引用赋值，简单地将一个"&"符号加到将要赋值的变量前（源变量）。例如下列代码片段所示：

```php
<?php
    $foo = 'Bob';                       //将字符串"Bob"赋给变量$foo
    $bar = &$foo;                       //将变量$foo的引用赋值给变量$bar

    $bar = "My name is Tom";            //改变变量$bar的值
    echo $bar;                          //变量$bar的值被改变, 输出 "My name is Tom"
    echo $foo;                          //变量$foo的值也被改变, 输出 "My name is Tom"

    $foo = "Your name is Bob";          //改变变量$foo的值
```

```
10    echo $bar;              //变量$bar的值被改变，输出 "Your name is Bob"
11    echo $foo;              //变量$foo的值被改变，输出 "Your name is Bob"
```

在上面的代码中，我们并不是将变量$foo 的值赋给变量$bar，而是将$foo 的引用赋值给了$bar，这时，$bar 相当于$foo 的别名。只要其中的任何一个变量有所改变，都会影响到另一个变量。有一个重要事项必须指出，那就是只有有名字的变量才可以引用赋值。如下所示：

```
1  <?php
2      $foo =25;
3      $bar = &$foo;          //这是一个有效的引用赋值
4      $bar = &(24 * 7);      //此引用赋值无效，不能将表达式作为引用赋值
5
6      function test() {
7          return 25;
8      }
9
10     $bar = &test();        //此引用赋值也无效，也是没有名字的变量
```

另外，PHP 的引用并不是像 C 语言中的地址指针。例如，在表达式$bar=&$foo 中，不会导致$bar 和$foo 在内存上同体，只是把各自的值相关联起来。基于这一点，使用 unset() 则不会导致所有引用变量消失。

```
1  <?php
2      $foo = 25;
3      $bar = &$foo;          //这是一个有效的引用赋值
4      unset($bar);           //这条语句会让$bar和$foo这两个变量消失吗？
5      echo $foo;             //值为25
```

在执行 unset()后，变量$bar 和$foo 仅仅是互相取消值关联，$foo 并没有因为$bar 的释放而消失。

3.8 变量的类型

变量类型是指保存在该变量中的数据类型。计算机操作的对象是数据，在计算机编程语言世界里，每一个数据也都有它的类型，具有相同类型的数据才能彼此操作。例如书柜是装书用的、大衣柜是放衣服的、保险柜是存放贵重物品的、档案柜是存放文件用的……

PHP 中提供了一个不断扩充的数据类型集，可以将不同数据保存在不同的数据类型中。但 PHP 语言是一种弱类型检查的语言。和其他语言不同的是，变量或常量的数据类型由程序的上下文决定。在强类型语言中，变量要先指定类型，然后才可以存储对应指定类型的数据。而在 PHP 等弱类型语言中，变量的类型是由存储的数据决定的。例如，强类型语言就好比在制作一个柜子之前就要决定这个柜子是什么类型的，如果确定了是书柜，那么就只能用来装书。而在弱类型语言中，同一个柜子，你用来装书，它就是书柜，用来装衣服，它就是大衣柜，具体是什么类型由存放的内容决定。

3.8.1 类型介绍

变量有多种类型，PHP 中支持 8 种原始类型，如图 3-3 所示。为了确保代码的易读性，本书中还介绍了一些伪类型，例如 mixed、number、callback。

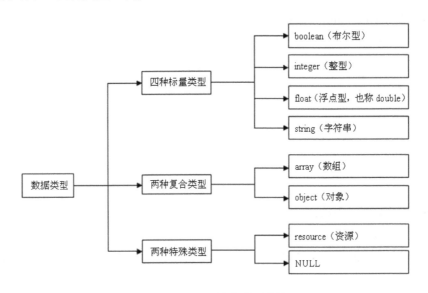

图 3-3　PHP 数据类型结构

变量的类型通常不是由程序员设定的，确切地说，是由 PHP 根据该变量使用的上下文在运行时决定的。如果想查看某个表达式的值和类型，可以使用函数 var_dump()。如下所示：

```php
<?php
    $bool = TRUE;               //一个布尔类型
    $str = "foo";               //一个字符串类型
    $int = 12;                  //一个整数类型

    var_dump($bool);            //直接输出变量$bool的类型和值bool(true)
    var_dump($str);             //直接输出变量$str的类型和值string(3) "foo"
    var_dump($int);             //直接输出变量$int的类型和值int(12)
```

3.8.2 布尔型（boolean）

布尔型是 PHP 中的标量类型之一，这是最简单的类型。boolean 表达了 TRUE 或 FALSE，即 "真" 或 "假"。在 PHP 进行关系运算（也称比较运算）及布尔运算（也称逻辑运算）时，返回的都是布尔结果，它是构成 PHP 逻辑控制的判断依据。

在 PHP 中，布尔型不是只有 TRUE 或 FALSE 两个值，当运算符、函数或者流程控制需要一个 boolean 参数时，任何类型的值 PHP 都会自动转换成布尔型的值。将其他类型作为 boolean 时，以下值被认为是 FALSE，所有其他值都被认为是 TRUE（包括任何资源）：

➢ 布尔值 FALSE。

- 整型值 0（零）为假，-1 和其他非零值（不论正负）一样，被认为是 TRUE。
- 浮点型值 0.0（零）。
- 空白字符串和字符串"0"。
- 没有成员变量的数组。
- 没有单元的对象（仅适用于 PHP 4）。
- 特殊类型 NULL（包括尚未设定的变量）。

声明布尔型数据如下所示：

```php
<?php
    var_dump((bool) "");            //bool(false)
    var_dump((bool) 1);             //bool(true)
    var_dump((bool) -2);            //bool(true)
    var_dump((bool) "foo");         //bool(true)
    var_dump((bool) 2.3e5);         //bool(true)
    var_dump((bool) array(12));     //bool(true)
    var_dump((bool) array());       //bool(false)
    var_dump((bool) "false");       //bool(true)
```

3.8.3 整型（integer）

整型也是 PHP 中的标量类型之一。整型变量用于存储整数，例如{..., -2, -1, 0, 1, 2, ...} 中的一个数。在计算机语言中，整型数据不仅是在前面加上可选的符号（+或者-）表示正数或者负数，也不是只有我们常用的十进制数（基数为 10），还可以用十六进制（基数为 16）或八进制（基数为 8）符号指定。如果用八进制符号，数字前必须加上"0"（零）；用十六进制符号，数字前必须加上"0X"。声明整型数据如下所示：

```php
<?php
    $int = 1234;        //十进制数
    $int = -123;        //一个负数
    $int = 0123;        //八进制数（等于十进制的83）
    $int = 0X1A;        //十六进制数（等于十进制的26）
```

其中八进制、十进制和十六进制都可以用"+"或"-"开头来表示数据的正负，其中"+"都可以省略。八进制与十进制一致，但由 0~7 的数字序列组成。十六进制数是由 0~9 的数字或 A~F 的字母组成的序列。但在表达式中计算的结果均以十进制数字输出。

整型数值有最大的使用范围。整型数的字长和平台有关，对于 32 位的操作系统而言，最大值整数为二十多亿，具体为 2 147 483 647。PHP 不支持无符号整数，所以不能像其他语言那样将整数都变成正数，也就不能将最大值翻一番。整型的最小值为-2 147 483 648。如果给定的一个数超出了 integer 这个范围，将会被解释为 float。同样，如果执行的运算结果超出了 integer 这个范围，也会返回 float。如下所示：

```php
<?php
    $large_number = 2147483647;
    var_dump($large_number);            //输出为：int(2147483647)

    $large_number = 2147483648;
    var_dump($large_number);            //输出为：float(2147483648)
```

```
7
8    var_dump(0x80000000);                    //输出为: float(2147483648)
9
10       $million = 1000000;
11       $large_number = 50000 * $million;
12    var_dump($large_number);                 //输出为: float(50000000000)
```

3.8.4 浮点型（float 或 double）

浮点数（也称双精度数或实数）是包含小数部分的数，也是 PHP 中的标量类型之一，通常用来表示整数无法表示的数据，例如，金钱值、距离值、速度值等。浮点数的字长也是和平台相关的，允许表示的范围为 1.7E–38～1.7E+38，精确到小数点后 15 位。可以用以下任何语法定义：

```
1  <?php
2     $float = 1.234;       //这是一个正常的浮点数，也可以使用正负的形式
3     $float = 1.2e3;       //使用科学计数法表示的浮点数，相当于1.2*10的3次方，即1200
4     $float = 7E-10;       //使用科学计数法表示的浮点数，相当于7*10的-10次方，即0.0000000007
```

浮点数只是一种近似的数值，如果使用浮点数表示 8，则该结果内部的表示其实类似 7.999 999 999 9……所以永远不要相信浮点数结果精确到了最后一位，也永远不要比较两个浮点数是否相等。如果确实需要更高的精度，应该使用任意精度数学函数或者 gmp() 函数。

3.8.5 字符串（string）

字符串也是 PHP 中的标量类型之一，它是一系列字符。在 PHP 中，字符和字节是一样的，一个字符串可以只是一个字符，也可以变得非常巨大，由任意多个字符组成。PHP 没有给字符串的大小强加实现范围，所以完全没有理由担心字符串的长度。比如一个人的名字、一首诗词、一篇文章等都可以定义成一个字符串。字符串可以使用单引号、双引号、定界符三种字面上的方法定义。虽然这三种方法都可以定义相同的字符串，但它们在功能上有明显的区别，所以我们可以根据它们之间的区别选择不同的字符串定义方式。这 3 种字符串的定义和区别如下。

1．单引号

指定一个简单字符串的最简单的方法是用单引号（'）括起来。在单引号引起来的字符串中不能再包含单引号，试图包含会有错误发生。如果有必要在单引号中表示一个单引号的话，则需要用反斜线（\）转义。如果在单引号之前或字符串结尾需要出现一个反斜线，则需要用两个反斜线表示。注意，如果试图转义任何其他字符，反斜线本身也会被显示出来。所以在单引号中可以使用转义字符（\），但只能转义在单引号中引起来的单引号和转义字符本身。

另外，在单引号字符串中出现的变量不会被变量的值替代。即 PHP 不会解析单引号中的变量，而是将变量名原样输出。单引号的应用如下所示：

```php
1  <?php
2    //这是一个使用单引号引起来的简单字符串
3    echo 'this is a simple string';
4
5    //在单引号中如果再包含单引号需要使用转义字符(\)转义
6    echo 'this is a \'simple\' string';
7
8    //只能将最后的反斜杠转义输出一个反斜杠，其他的转义都是无效的，会原样输出
9    echo 'this \n is \r a \t simple string\\';
10
11   $str=100; //定义一个整型变量$str
12
13   //会将变量名$str原样输出，并不会在单引号中解析这个变量
14   echo 'this is a simple $str string';
```

所以在定义简单字符串时，使用单引号效率会更高，因为 PHP 解析时不会花费一些处理字符转义和解析变量上的开销。因此，如果没有特别需求，应使用单引号定义字符串。

2. 双引号

如果用双引号（"）括起字符串，PHP 懂得更多特殊字符的转义序列。另外，双引号字符串最重要的一点是其中的变量名会被变量值替代，即可以解析双引号中的包含变量。

转义字符"\"与其他字符合起来表示一个特殊字符，通常是一些非打印字符。如果试图转义任何其他字符，反斜线本身也会被显示出来，如表 3-2 所示。

表 3-2　在字符串中常用的转义字符

转义字符	含　　义
\n	换行符（LF 或 ASCII 字符 0x0A (10)）
\r	回车符（CR 或 ASCII 字符 0x0D (13)）
\t	水平制表符（HT 或 ASCII 字符 0x09 (9)）
\\	反斜线
\$	美元符号
\"	双引号
\[0-7]{1,3}	此正则表达式序列匹配一个用八进制符号表示的字符
\x[0-9A-Fa-f]{1,2}	此正则表达式序列匹配一个用十六进制符号表示的字符

当用双引号指定字符串时，其中的变量会被解析。它提供了解析变量、数组值或者对象属性的方法。如果是复杂的语法，可以用花括号括起一个表达式。例如遇到美元符号($)，解析器会尽可能多地取得后面的字符以组成一个合法的变量名。如果想明示指定名字的结束，可以用花括号把变量名括起来。如下所示：

```php
1  <?php
2    //定义一个变量名为$beer的变量
3    $beer = 'Heineken';
4
5    //可以将下面的变量$beer解析，因为（'）在变名中是无效的
6    echo "$beer's taste is great";
7
8    //不可以解析变量$beers，因为"s"在变量名中是有效的，没有$beers这个变量
9    echo "He drank some $beers";
```

```
10
11      //使用{}包含起来，就可以将变量分离出来解析了
12      echo "He drank some ${beer}s";
13
14      //可以将变量解析，{}的另一种用法
15      echo "He drank some {$beer}s";
```

3. 定界符

另一种给字符串定界的方法是使用定界符语法（<<<）。应该在"<<<"之后提供一个标识符开始，然后是包含的字符串，最后是同样的标识符结束字符串。结束标识符必须从行的第一列开始，并且后面除了分号不能包含任何其他的字符，空格及空白制表符都不可以。同样，定界标记使用的标识符也必须遵循 PHP 中其他任何标签的命名规则：只能包含字母、数字、下画线，而且必须以下画线或非数字字符开始。如下所示：

```
1 <?php
2     //以标识符EOT开始和以标识符EOT结束定义的一个字符串，当然可以使用其他合法的标识符
3     $string=<<<EOT
4         这里是包含在定界符中的字符串，指出了定界符的一些使用时注意的事项。
5         很重要的一点必须指出，结束标识符EOT所在的行不能包含任何其他字符。这尤其意味着该标识符
6         不能被缩进，而且在结束标记的分号之前和之后都不能有任何空格或制表符。
7         同样重要的是，要意识到在结束标识符之前的第一个字符必须是你的操作系统中定义的换行符。
8         如果破坏了这条规则使得结束标识符不"干净"，则它不会被视为结束标识符，PHP将继续寻找下去。
9         如果在这种情况下找不到合适的结束标识符，将会导致一个在脚本最后一行出现的语法错误。
10 EOT;
11
12     echo $string;    //输出上面使用定界符定义的字符串
```

定界符文本除了不能初始化类成员，表现得就和双引号字符串一样，只是没有双引号。这意味着在定界符文本中不需要转义引号，不过仍然可以使用以上列出来的在双引号中可以使用的转义符号。而且定界符中的变量也会被解析，但当在定界符文本中表达复杂变量时和字符串一样同样也要注意。所以能够很容易地使用定界符定义较长的字符串，通常用于从文件或者数据库中大段地输出文档。如下所示：

```
1 <?php
2     $name = 'MyName';     //定义一个变量$name
3
4     /* 以下代码是直接输出定界符中的字符串                           */
5     /* 在定界符中可以使用任意转义字符，直接使用双引号以及解析其中的变量   */
6     echo <<<EOT
7         My name is $name. I am printing a "String" \n.
8         \tNow, I am printing some new line \n\r.
9         \tThis should print a capital 'A'
10 EOT;
11
12     //以下是一个非法的例子，不能使用定界符初始化类成员
13     class foo {
14         public $bar = <<<EOT
15             bar
16 EOT;
17     }
```

3.8.6 数组（array）

数组是 PHP 中一种重要的复合数据类型。前面介绍过的一个标量只能存入一个数据，

而数组可以存放多个数据，并且可以存放任何类型的数据。PHP 中的数组实际上是一张有序图。图是一种把 values 映射到 keys 的类型，此类型在很多方面进行了优化，因此可以把它当成真正的数组或列表（矢量）、散列表（图的一种实现）、字典、集合、栈、队列来使用，以及更多可能性。因为可以用另一个 PHP 数组作为值，也可以很容易地模拟树。本书将用一章内容来介绍数组的声明与使用，这里仅做简要的说明。

在 PHP 中，可以使用多种方法构造一个数组，在这里只用 array()语言结构来新建一个 array，它接受一定数量的用逗号分隔的 key => value 参数对。如下所示：

```
<?php
    /*
        array(
            key1 => value1,
            key2 => value2,
            ...
        )
        key 可以是 integer 或者 string
        value 可以是任何值
    */
    $arr = array("foo" => "bar", 12 => true);
    print_r($arr);                          //使用print_r()函数查看数组中的全部内容
    echo $arr["foo"];                       //通过数组下标访问数组中的单个数据
    echo $arr[12];                          //通过数组下标访问数组中的单个数据
```

3.8.7　对象（object）

在 PHP 中，对象和数组一样都是一种复合数据类型，但对象是一种更高级的数据类型。一个对象类型的变量，是由一组属性值和一组方法构成的。其中属性表明对象的一种状态，方法通常用来表明对象的功能。本书将用一章的内容介绍对象的使用，这里仅做简要的说明。要初始化一个对象，用 new 语句将对象实例化到一个变量中。对象的声明和使用如下所示：

```
<?php
    class Person {                          //使用class关键字定义一个类为Person
        var $name;                          //在类中定义一个成员属性$name;

        function say() {                    //在类中定义一个成员方法say()
            echo "Doing foo.";              //在成员方法中输出一条语句
        }
    }

    $p = new Person;                        //使用new语句实例化类Person的对象放在变量$p中

    $p->name = "Tom";                       //通过对象$p访问对象中的成员属性$name
    $p->say();                              //通过对象$p访问对象中的成员方法
```

3.8.8　资源类型（resource）

资源是一种特殊类型的变量，保存了到外部资源的一个引用。资源是通过专门的函数来建立和使用的。使用资源类型变量保存有为打开文件、数据库连接、图形画布区域等的特殊句柄，并由程序员创建、使用和释放。任何资源在不需要时都应该被及时释放，如果程序员忘记了释放资源，系统将自动启用垃圾回收机制，以避免内存的消耗殆尽。因此，很少需要用某些 free-result 函数来手工释放内存。在下面的实例中，使用相应的函数创建不同的资源变量。如果创建成功，则返回资源引用赋给变量；如果创建失败，会返回布尔型 false，所以很容易判断资源是否创建成功。如下所示：

```php
<?php
    //使用fopen()函数以写的方式打开本目录下的info.txt文件，返回文件资源赋给变量$file_handle
    $file_handle = fopen("info.txt", "w");
    var_dump($file_handle);                 //输出resource(3) of type (stream)

    //使用opendir()函数打开Windows系统下的C:\\WINDOWS\\Fonts目录，返回目录资源
    $dir_handle = opendir("C:\\WINDOWS\\Fonts");
    var_dump($dir_handle);                  //输出resource(4) of type (stream)

    //使用mysql_connect()函数连接本机的MySQL管理系统，返回MySQL的连接资源
    $link_mysql = mysql_connect("localhost", "root", "123456");
    var_dump($link_mysql);                  //输出resource(5) of type (mysql link)

    //使用imagecreate()函数创建一个100×50像素的画板，返回图像资源
    $im_handle = imagecreate(100, 50);
    var_dump($im_handle);                   //输出resource(6) of type (gd)

    //使用xml_parser_create()函数返回XML解析器资源
    $xml_parser = xml_parser_create();
    var_dump($xml_parser);                  //输出resource(7) of type (xml)
```

用户虽然无法获知某个资源的细节，但某些函数必须引用相应的资源才能工作。例如上例中使用 mysql_connect() 函数创建了一个 MySQL 数据库连接资源，如果需要获取 MySQL 数据库管理系统的信息、选择数据库，以及执行 SQL 语句等操作，所使用的函数都必须对此资源进行引用。

3.8.9　NULL 类型

特殊的 NULL 值表示一个变量没有值，NULL 类型唯一可能的值就是 NULL。NULL 不表示空格，也不表示零，也不是空字符串，而是表示一个变量的值为空。NULL 不区分大小写，在下列情况下一个变量被认为是 NULL：

➢ 将变量直接赋值为 NULL。
➢ 声明的变量尚未被赋值。
➢ 被 unset() 函数销毁的变量。

示例代码如下所示：

```php
<?php
    $a = NULL;                  //将变量直接赋值为 NULL
    $b = "value";
    unset($b);                  //使用unset()函数销毁变量$b

    var_dump($a);               //将变量直接赋值为 NULL，输出NULL
```

```
7    var_dump($b);           //被unset()函数销毁的变量，输出NULL
8    var_dump($c);           //声明的变量尚未被赋值，输出NULL
```

3.8.10 伪类型介绍

伪类型并不是 PHP 语言中的基本数据类型，只是因为 PHP 是弱类型语言，所以在一些函数中，一个参数可以接受多种类型的数据，还可以接受其他函数作为回调函数使用。为了确保代码的易读性，在本书中将介绍一些伪类型的使用。在本书中常用的伪类型有如下几种。

- mixed：说明一个参数可以接受多种不同的（但并不必须是所有的）类型。例如 gettype() 可以接受所有的 PHP 类型，str_replace()可以接受字符串和数组。
- number：说明一个参数可以是 integer 或者 float。
- callback：有些诸如 call_user_function()或 usort()函数接受用户自定义的函数作为一个参数。callback 函数不仅可以是一个简单的函数，还可以是一个对象的方法，包括静态类的方法。一个 PHP 函数用函数名字符串来传递。可以传递任何内置的或者用户自定义的函数，除了 array()、echo()、empty()、eval()、exit()、isset()、list()、print() 和 unset()。

3.9 数据类型之间相互转换

类型转换是指将变量或值从一种数据类型转换成其他数据类型。转换的方法有两种：一种是自动转换；另一种是强制转换。在 PHP 中可以根据变量或值的使用环境自动将其转换为最合适的数据类型，也可以根据需要强制转换为用户指定的类型。因为 PHP 在变量定义中不需要（或不支持）明示的类型定义，变量类型是根据使用该变量的上下文所决定的。所以在 PHP 中如果没有明确地要求类型转换，都可以使用默认的类型自动转换。

3.9.1 自动类型转换

每一个数据都有它的类型，具有相同类型的数据才能彼此操作。在 PHP 中，自动转换通常发生在不同数据类型的变量进行混合运算时。若参与运算量的类型不同，则先转换成同一类型，然后再进行运算。通常只有 4 种标量类型（integer、float、string、boolean）才能使用自动类型转换。注意，这并没有改变这些运算数本身的类型，改变的仅是这些运算数如何被求值。自动类型转换虽然是由系统自动完成的，但在混合运算时，自动转换要遵循转换按数据长度增加的方向进行，以保证精度不降低。规则如图 3-4 所示。

- 有布尔值参与运算时，TRUE 将转换为整型 1、FALSE 将转化为整型 0 后再参与运算。
- 有 NULL 值参与运算时，NULL 值将转换为整型 0 再参与运算。

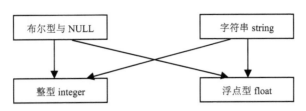

图 3-4 数据类型自动转换的关系

- 有 integer 型和 float 型的值参与运算时，先把 integer 型变量转换成 float 类型后再参与运算。
- 有字符串和数值型（integer, float）数据参与运算时，字符串先转换为数字，再参与运算。转换后的数字是从字符串开始的数值型字符串，如果在字符串开始的数值型字符串不带小数点，则转换为 integer 类型的数字；如果带有小数点，则转换为 float 类型的数字。例如，字符串"123abc"转换为整数 123，字符串"123.45abc"转换为浮点数 123.45，字符串"abc"转换为整数 0。

以下是 PHP 自动类型转换的一个例子，是使用加号"+"进行运算的。如果任何一个运算数是浮点数，则所有的运算数都被当成浮点数，结果也是浮点数；否则运算数会被解释为整数，结果也是整数。如下所示：

```php
<?php
    $foo = "100page";              // $foo声明为一个字符串
    $foo += 2;                     // $foo现在是一个整型，值为102
    $foo = $foo + 1.3;             // $foo现在是一个浮点数，值为103.3
    $foo = null + "10 Little Piggies";  // $foo现在是一个整型，值为10
    $foo = 5 + "10.05 yuan";       // $foo现在是一个浮点型，值为15.05
```

3.9.2 强制类型转换

PHP 中的类型强制转换和其他语言类似，可以在要转换的变量之前加上用括号括起来的目标类型，也可以使用具体的转换函数，即 intval()、floatval()和 strval()等，或是使用 settype() 函数转换类型。在变量之前加上用括号括起来的目标类型如下代码所示：

```php
<?php
    $foo = 10;                     // $foo 是一个整型
    $bar = (boolean)$foo;          // $bar 是一个布尔型
```

在上例的括号内允许有空格和制表符，在括号中允许的强制类型转换如下。
- (int), (integer)：转换成整型。
- (bool), (boolean)：转换成布尔型。
- (float), (double), (real)：转换成浮点型。
- (string)：转换成字符串。
- (array)：转换成数组。
- (object)：转换成对象。

使用具体的转换函数 intval()、floatval()和 strval()转换变量的类型。函数 intval()用于获取变量的整数值；函数 floatval()用于获取变量的浮点值；函数 strval()用于获取变量的字符串值。如下所示：

```php
<?php
    $str = "123.45abc";              //声明一个字符串
    $int = intval($str);             //获取变量$str的整型值123
    $flo = floatval($str);           //获取变量$str的浮点值123.45
    $str = strval(123.45);           //获取变量$flo的字符串值"123.45"
```

以上两种类型的强制转换都没有改变这些被转换变量本身的类型，而是通过转换将得到的新类型的数据赋给新的变量，原变量的类型和值不变。如果需要将变量本身的类型转变成其他类型，可以使用 settype()函数来设置变量的类型。如下所示：

```php
<?php
    $foo = "5bar";                   //string
    $bar = true;                     //boolean

    settype($foo, "integer");        //$foo 现在是 5 (integer)
    settype($bar, "string");         //$bar 现在是 "1" (string)
```

注意：自 PHP 5 起，如果试图将对象转换为浮点数，将会发出一条 E_NOTICE 错误。

3.9.3 类型转换细节

整数转换为浮点型，由于浮点型的精度范围远大于整型，所以转换后的精度不会改变。浮点型转换为整型，将自动舍弃小数部分，只保留整数部分。如果一个浮点数超过整型数字的有效范围，其结果将是不确定的。整型的最大值约为 2.147e9。当字符串转换为数字时，转换后的数字是从字符串开始部分的数值型字符串，数值型字符串包括用科学计数法表示的数字。NULL 值转换为字符串，为空字符" "。

3.9.4 变量类型的测试函数

在上面的介绍中，我们使用函数 var_dump()来查看某个表达式的值和类型，在 PHP 中有很多可变函数用来测试变量的类型。如果只是想得到一个易读懂的类型的表达方式用于调试，可以使用 gettype()函数，但必须先给这个函数传递一个变量，它将确定变量的类型并且返回一个包含名称的字符串。如果变量的类型不是前面所讲的 8 种标准类型之一，该函数就会返回"unknown type"。但要查看某个类型，不要用 gettype()函数，而要用 is_type()函数，它是 PHP 提供的一些特定类型的测试函数之一。每个函数都使用一个变量作为其参数，并返回 true 或 false。这些函数如下。

- is_bool()：判断是否是布尔型。
- is_int()、is_integer()和 is_long()：判断是否是整型。
- is_float()、is_double()和 is_real()：判断是否是浮点数。

- is_string()：判断是否是字符串。
- is_array()：判断是否是数组。
- is_object()：判断是否是对象。
- is_resource()：判断是否是资源类型。
- is_null()：判断是否为空。
- is_scalar()：判断是否是标量，也就是一个整数、浮点数、布尔型或字符串。
- is_numeric()：判断是否是任何类型的数字或数字字符串。
- is_callable()：判断是否是有效的函数名。

变量类型测试函数的使用方法如下所示：

```php
<?php
    $bool = TRUE;                  //一个布尔型
    $str  = "foo";                 //一个字符串类型
    $int  = 12;                    //一个整型

    echo gettype($bool);           //使用gettype()函数通过echo输出变量$bool的类型
    var_dump($str);                //使用var_dump()函数直接输出变量$str的类型和值

    //通过is_int()函数用条件判断，如果变量$int是整型，累加4
    if(is_int($int)) {
        $int += 4;
        echo "Integer $int";
    }

    //如果判断变量$bool是字符串类型，就打印输出,但变量$bool是布尔类型，所以不会输出
    if(is_string($bool)) {
        echo "String: $bool";
    }

    //如果判断变量$bool是布尔类型，就打印输出
    if (is_bool($bool)) {
        echo "boolean: $bool";
    }
```

3.10 常量

常量一般用于一些数据计算中固定的数值，例如数学的 π=3.141 592 6……可以定义为常量。常量是一个简单值的标识符，如同其名称所暗示的，在脚本执行期间一个常量一旦被定义，就不能再改变或者取消定义。常量的作用域是全局的，可以在脚本的任何地方声明和访问到常量，这也是在应用上我们经常选择常量使用的主要原因。另外，虽然常量和变量都是 PHP 的存储单元，但常量声明的类型只能是标量数据（boolean、integer、float 和 string）。其实对于整型这种简单的数据类型常量来说，要比声明变量效率高一点，也节约空间。如果是复杂数据类型，例如字符串，就差不多了。另外，常量可以避免因为错误或失误赋值而带来的运行错误，所以如果有不需要在程序运行过程中改变的量，我们首选使用常量。总之，在 PHP 中常量非常多见，不仅可以自定义常量使用，更主要的是几乎在每个 PHP 扩展中都默认提供了大量可供使用的常量，而且 PHP 也提供了一些比较实用的魔术常量。

3.10.1 常量的定义和使用

声明常量和声明变量的方式不同，在 PHP 中是通过 define()函数来定义常量的。常量的命名与变量相似，也要遵循 PHP 标识符的命名规则。另外，声明常量默认还跟变量一样大小写敏感，按照惯例常量名称总是大写的，但是不要在常量前面加上"$"符号。define()函数的格式如下：

```
boolean define (string name, mixed value [, bool case_insensitive]);        //常量定义函数
```

此函数的第一个参数为字符串类型的常量名，第二个参数为常量的值或是表达式，第三个参数是可选的。如果把第三个参数 case_insensitive 设为 TRUE，则常数将会定义成不区分大小写。预设是区分大小写的。如果只想检查是否定义了某个常量，则用 defined()函数。常量的声明与使用如下所示：

```php
<?php
    define("CON_INT", 100);             //声明一个名为CON_INT的常量，值为整型100
    echo CON_INT;                       //使用常量，输出整数值100

    define("FLO", 99.99);               //声明一个名为FLO的常量，值为浮点数99.99
    echo FLO;                           //使用常量，输出浮点数值99.99

    define("BOO", true);                //声明一个名为BOO的常量，值为布尔型true
    echo BOO;                           //使用常量，输出整数1

    //声明一个名为CONSTANT的常量，值为字符串Hello world.
    define("CONSTANT", "Hello world.");
    echo CONSTANT;                      //输出字符串 "Hello world."
    echo Constant;                      //输出字符串 "Constant" 和问题通知

    //声明一个字符串常量GREETING，使用第三个参数传入true值，常数将会定义成不区分大小写
    define("GREETING", "Hello you.", true);
    echo GREETING;                      //输出字符串 "Hello you."
    echo Greeting;                      //输出字符串 "Hello you."

    //使用defined()函数，检查常量CONSTANT是否存在，如果存在则输出常量的值
    if (defined('CONSTANT')) {
        echo CONSTANT;
    }
```

注意：如果使用一个没有声明的常量，则常量名称会被解析为一个普通字符串，但会比直接使用字符串慢近 8 倍左右，所以在声明字符串时一定要加上单引号或双引号。

3.10.2 常量和变量

常量和变量都是 PHP 的存储单元，但名称、作用域及声明方式都有所不同。以下是常量和变量的不同点。

➢ 常量前面没有美元符号（$）。
➢ 常量只能用 define()函数定义，而不能通过赋值语句定义。

- 常量可以不用理会变量范围的规则而在任何地方定义和访问。
- 常量一旦定义就不能被重新定义或者取消定义，直到脚本运行结束自动释放。
- 常量的值只能是标量（boolean、integer、float 和 string 这 4 种类型之一）。

3.10.3 系统中的预定义常量

在 PHP 中，除了可以自己定义常量，还预定义了一系列系统常量，可以在程序中直接使用来完成一些特殊功能。不过很多常量都是由不同的扩展库定义的，只有在加载了这些扩展库时才会出现，或者动态加载后，或者在编译 PHP 时已经包括进去了。这些分布在不同扩展模块中的预定义常量有多种不同的开头，决定了各种不同的类型。一些在系统中常见的预定义常量如表 3-3 所示。

表 3-3 PHP 中常见的预定义常量

常 量 名	常 量 值	说 明
PHP_OS	UNIX 或 WINNT 等	执行 PHP 解析的操作系统名称
PHP_VERSION	5.2.6 等	当前 PHP 服务器的版本
TRUE	TRUE	代表布尔值，真
FALSE	FALSE	代表布尔值，假
NULL	NULL	代表空值
DIRECTORY_SEPARATOR	\或/	根据操作系统决定目录的分隔符
PATH_SEPARATOR	;或:	根据操作系统决定环境变量的目录列表分隔符
E_ERROR	1	错误，导致 PHP 脚本运行终止
E_WARNING	2	警告，不会导致 PHP 脚本运行终止
E_PARSE	4	解析错误，由程序解析器报告
E_NOTICE	8	非关键的错误，例如变量未初始化
M_PI	3.141 592 653 589 8	数学中的π

3.10.4 PHP 中的魔术常量

PHP 中还有 5 个常量会根据它们使用的位置而改变，这样的常量在 PHP 中被称为"魔术常量"。例如 __LINE__ 的值就依赖于它在脚本中所处的行来决定。另外，这些特殊的常量不区分大小写。PHP 中的几个魔术常量如表 3-4 所示。

表 3-4 PHP 中的几个魔术常量

常 量 名	常 量 值	说 明
__FILE__	当前的文件名	在哪个文件中使用，就代表哪个文件名称
__LINE__	当前的行数	在代码的哪行使用，就代表哪行的行号

续表

常 量 名	常 量 值	说 明
__FUNCTION__	当前的函数名	在哪个函数中使用，就代表哪个函数名
__CLASS__	当前的类名	在哪个类中使用，就代表哪个类的类名
__METHOD__	当前对象的方法名	在对象中的哪个方法中使用，就代表这个方法名

部分预定义常量和"魔术常量"的简单使用如下：

```php
<?php
    echo "当前系统操作系统是：".PHP_OS."<br>";
    echo "当前使用PHP的版本是：".PHP_VERSION."<br>";
    echo "当前的PHP文件名是：".__FILE__."<br>";
    echo "当前的行号是：".__LINE__."<br>";
```

输出结果如图 3-5 所示。

图 3-5 预定义几个常量的输出值

3.11 PHP 中的运算符

运算符和变量是每种计算机语言语法中必须有的一部分，是一个命令解释器对一个或多个操作数（变量或数值）执行某种运算的符号，也称操作符，如图 3-6 所示。

图 3-6 PHP 运算符号的关系

如图 3-6 所示，可以根据操作数的个数分为一元运算符、二元运算符、三元运算符。一元运算符只运算一个值，例如!（取反运算符）或++（加一运算符）。二元运算符可以运算两个值，PHP 支持的大多数运算符都是这种二元运算符。而三元运算符只有一个（?:）。如果按运算符的不同功能去分类，可以分为算术运算符、字符串运算符、赋值运算符、比较运算符、逻辑运算符、位运算符和其他运算符。

3.11.1 算术运算符

算术运算符是最常用的符号，就是常见的数学操作符，用来处理简单的算术运算，包括加、减、乘、除、取余等。PHP 中的算术运算符如表 3-5 所示。

表 3-5 PHP 中的算术运算符

运算符	意　义	示　例	结　果
+	加法运算	$a + $b	$a 和 $b 的和
-	减法/取负运算	$a - $b	$a 和 $b 的差
*	乘法运算	$a * $b	$a 和 $b 的积
/	除法运算	$a / $b	$a 和 $b 的商
%	求模运算（也称取余运算符）	$a % $b	$a 和 $b 的余数
++	累加 1	$a++ 或 ++$a	$a 的值加 1
--	递减 1	$a-- 或 --$a	$a 的值减 1

算术运算符的使用非常容易，与我们在数学中使用运算符号的方式是一样的。但使用算术运算符应该注意，除号（/）和取余运算符（%）的除数部分不能为 0。另外，对于非数值类型的操作数，PHP 在算术运算时会自动将非数值类型的操作数转换成一个数字，转换的规则可以参考前面自动类型转换的章节。

在这里重点介绍一下"%"、"++"和"--"三个算术运算符的使用。求模运算符（%）也称取余运算符，在 PHP 语言中在做求模运算时首先会将 % 运算符两边的操作数转换为整型，然后返回第一个操作数除以第二个操作数后所得到的余数。在程序开发时使用求模运算符通常有两个目的：第一个目的是做整除运算，例如在计算闰年时，能被 4 整除并且不能被 100 整除，或者能被 400 整除的就是闰年；另一个目的是让输入的数不超过某个数的范围。例如，让任意一个随机数在 10 以内，就可以让这个随机数和 10 取余，得到的余数就永远不会超过 10。求模运算符的使用如下所示：

```php
<?php
    $a = 10%3;                          //使用两个整型数进行求模运算
    var_dump($a);                       //输出整型的余数1

    $b = 10.9%3.3;                      //使用两个浮点数进行求模运算
    var_dump($b);                       //输出整型的余数1

    $c = "10ren"%"3ren";                //使用两个字符串进行求模运算
    var_dump($c);                       //输出整型的余数1

    $year = 2008;                       //定义一个年份的整型变量

    //使用求模运算符做整除使用
    if(($year%4 == 0 && $year%100 != 0) || ($year%400 == 0)) {
        echo "$year 年为闰年 <br>";
    }else {
        echo "$year 年是平年 <br>";
    }
```

```
19
20      //使用求模运算符限定一个数的范围
21      $num = rand()%10;           //让一个随机数不超过10
22      echo $num;                  //输出不会超过10的一个数
```

在编程中，最常见的运算是对一个变量进行加 1 或减 1 的操作。前面介绍了如何使用赋值运算符修改变量，也可以使用下面要讲到的"+="运算符递增变量的值，还可以使用"-="运算符递减变量的值。PHP 也提供了另外两个不寻常的算术运算符来执行递增和递减任务，分别称为递增和递减运算符，即"++"和"--"。递增和递减运算符常用于循环之中。

递增和递减运算符是一元运算符，这两个运算符并不只是递增和递减的另一个选项，在进一步应用 PHP 的过程中，就可以看出它们的价值。例如，下面的语句完成的任务是一样的：

```
1  <?php
2      $count = $count + 1;        //变量加1后再赋值给这个变量
3      $count += 1;                //使用赋值运算符在原变量上加1
4      ++$count;                   //使用自增运算符直接加1
```

这三条语句都使变量$count 递增 1。最后一种形式使用了递增运算符，显然是最简洁的一种。这个运算符的操作不同于前面介绍的其他运算符，因为它直接修改其操作数的值。表达式的结果是递增变量的值，再在表达式中使用已递增的值。

递增和递减运算符都可以在变量的前面使用（前缀模式），也可以在变量的后面使用（后缀模式）。这样就决定了变量是先运算后使用，还是先使用再运算，如表 3-6 所示。

表 3-6 递增和递减运算

使用示例	说　　明	等　同　于
$a++	采用后缀模式，先计算表达式的值，再执行递增的操作	$a=$a+1
++$a	采用前缀模式，先执行递增运算，再计算表达式的值	$a=$a+1
$a--	采用后缀模式，先计算表达式的值，再执行递减的操作	$a=$a-1
--$a	采用前缀模式，先执行递减运算，再计算表达式的值	$a=$a-1

我们通过一个例子来说明这一点，请看下面的两条语句：

```
1  <?php
2      $a = 10;                    //声明一个整型变量$a，值为10
3      $b = $a++;                  //采用后缀模式将$a自增1
```

以上两条语句被执行后，$a 的值为 11，而$b 的值为 10。首先将$a 的值赋给$b，然后将$a 的值加 1。而下面的语句被执行后，$a 和$b 的值都是 11，即首先将$a 的值加 1，然后将$a 的值赋给$b。

```
1  <?php
2      $a = 10;                    //声明一个整型变量$a，值为10
3      $b = ++$a;                  //采用前缀模式将$a自增1
```

下面的程序说明了前缀模式和后缀模式的区别：

```php
<?php
    $a = 10;                    //声明一个整型变量$a，值为10
    $b = $a++ + ++$a;           //先使用$a的值10加上$a自增1后再自增1的值12，再赋值给$b

    echo $a;                    //输出12
    echo $b;                    //输出22

    $b = $a-- - --$a;           //先使用$a的值12减去$a自减1后再自减1的值10，再赋值给$b

    echo $a;                    //输出10
    echo $b;                    //输出2
```

另外，在处理字符变量的算术运算时，PHP 沿袭了 Perl 的习惯，而非 C 的。例如，在 Perl 中，'Z'+1 将得到'AA'；而在 C 中，'Z'+1 将得到 '['（ord('Z') == 90，ord('[') == 91）。注意字符变量只能递增，不能递减，并且只支持纯字母（a~z 和 A~Z）。例如，涉及字符变量的算术运算如下。

```php
<?php
    $i = 'a';                   //声明一个变量$a，值是字母'a'
    for($n = 0; $n < 52; $n++) { //使用for循环52次
        echo ++$i . "\n";       //$i通过++进行递增
    }

    /*
        输出结果为：
        b c d e f g h i j k l m n o p q r s t u v w x y z
        aa ab ac ad ae af ag ah ai aj ak al am an ao ap aq ar as at au av aw ax ay az ba
    */
```

注意：递增/递减运算符不影响布尔值。递减 NULL 值也没有效果，但是递增 NULL 的结果是 1。

3.11.2 字符串运算符

在 PHP 中字符串运算符只有一个，是英文的句号（.），也称为连接运算符。它是一个二元运算符，返回其左右参数连接后的字符串。这个运算符不仅可以将两个字符串连接起来，变成合并的新字符串；也可以将一个字符串和任何标量数据类型相连接，合并成的都是新的字符串。示例如下：

```php
<?php
    $name = "Tom";              //定义一个人的名字为字符串类型的变量
    $age = 27;                  //定义一个人的年龄为整型的变量
    $height = 1.71;             //定义一个人的身高为浮点型的变量

    //将以上不同类型的变量使用点操作符和字符串连接起来，一起输出
    echo "我的名字是：".$name."，我的年龄是：".$age."，我的身高".$height."米。"."<br>";
```

3.11.3 赋值运算符

赋值运算符也是一个二元运算符，它左边的操作数必须是变量，右边可以是一个表达式。它是把其右边表达式的值赋给左边变量，或者说是将原表达式的值复制到新变量中。前面已经接触了一个基本的赋值运算符（=），这个符号总是用作赋值操作符，其读法为"被设置为"或"被赋值"。除了这个基本的赋值运算符，还有一些复合赋值运算符，如表 3-7 所示。

表 3-7　PHP 中的赋值运算符

运算符	意义	示例
=	将一个值或表达式的结果赋给变量	$x=3;
+=	将变量与所赋的值相加后的结果再赋给该变量	$x+=3 等价于 $x=$x+3;
-=	将变量与所赋的值相减后的结果再赋给该变量	$x-=3 等价于 $x=$x - 3;
*=	将变量与所赋的值相乘后的结果再赋给该变量	$x*=3 等价于 $x=$x*3;
/=	将变量与所赋的值相除后的结果再赋给该变量	$x/=3 等价于 $x=$x/3;
%=	将变量与所赋的值求模后的结果再赋给该变量	$x%=3 等价于 $x=$x%3;
.=	将变量与所赋的值相连后的结果再赋给该变量	$x.="3"等价于 $x=$x."3";

赋值运算符中"+="和"++"的用法极为类似，使用"+="累加的数就不仅仅是 1 了，其他的赋值运算符也是如此。等号（=）并不是判断左右两边的操作数是否相等，要看作"复制"运算符，并且可以使用"="运算符连续声明相同值的多个变量。以下是赋值运算符的使用示例：

```php
<?php
    $a = $b = $c = $d = 100;        //$a、$b、$c、$d的值都为100

    $a += 10;                       //等价于 $a = $a+10;
    $b -= 10;                       //等价于 $b = $b-10;
    $c *= 10;                       //等价于 $c = $c*10;
    $d /= 10;                       //等价于 $d = $d/10;
    $e %= 10;                       //等价于 $e = $e%10;

    $result="结果是: ";
    $result .= "\$a自加10以后的值为: ${a}, ";
    $result .= "\$b自减10以后的值为: ${b}, ";
    $result .= "\$c自乘10以后的值为: ${c}, ";
    $result .= "\$d自除10以后的值为: ${d}, ";
    $result .= "\$e自取余10以后的值为: ${e}. ";

    echo $result;                   //输出全部相连后的字符串结果
```

3.11.4 比较运算符

比较运算符也称关系运算符，又称条件运算符，也是一种经常用到的二元运算符，用于对运算符两边的操作数进行比较。比较运算符的结果只能是布尔值。如果比较的关系为真，则结果为 TRUE；否则结果为 FALSE。表 3-8 列出了 PHP 中的比较运算符。

表 3-8　PHP 中的比较运算符

运算符	描述	说　　明	示　　例
>	大于	当左边操作数大于右边操作数时返回 TRUE，否则返回 FALSE	$a>$b
<	小于	当左边操作数小于右边操作数时返回 TRUE，否则返回 FALSE	$a<$b
>=	大于等于	当左边操作数大于等于右边操作数时返回 TRUE，否则返回 FALSE	$a>=$b
<=	小于等于	当左边操作数小于等于右边操作数时返回 TRUE，否则返回 FALSE	$a<=$b
==	等于	当左边操作数等于右边操作数时返回 TRUE，否则返回 FALSE	$a==$b
===	全等于	当左边操作数等于右边操作数，并且它们的类型也相同时返回 TRUE，否则返回 FALSE	$a===$b
<>或!=	不相等	当左边操作数不等于右边操作数时返回 TRUE，否则返回 FALSE	$a<>$b $a!=$b
!==	非全等于	当左边操作数不等于右边操作数，或者它们的类型也不相同时返回 TRUE，否则返回 FALSE	$a !==$b

比较运算符经常用于 if 条件和 while 循环等流程控制语句中,用来判断程序执行的条件。需要注意的是，在 PHP 中提供了一个等号（=）的赋值运算符、两个等号（==）和三个等号的比较运算符。一定不要将比较运算符"=="误写成"="。一旦书写有误，程序并不会出现错误提示用户修改。因为"="也是一个合法的运算符，误当作比较运算符使用时，将会根据被赋的值返回真还是假，并不是比较判断的结果，不容易被发现。

比较运算符"=="和"==="的区别在于，当使用"=="运算符比较其两边的操作数时，它只关心参与比较的两个操作数的"值"是否相等，而无论类型是否相同。实际上"=="运算符是先将两个操作数自动转换为相同类型，然后再进行比较，这是非常有效而且简便的方式。如果不仅要比较两个操作数的内容，而且还要比较两个操作数的类型，这时就可以使用 PHP 中提供的全等比较运算符"==="。一些比较运算符的简单使用示例如下所示：

```php
 1  <?php
 2      $a=0;                            //声明一个整型变量$a值为0
 3      var_dump( $a > 0);               //比较的结果为bool(false), 0不大于0
 4      var_dump( $a < true );           //比较的结果为bool(true), ture会自动转为1, 0小于1
 5      var_dump( $a >= 0.01 );          //比较的结果为bool(false), 0小于0.01
 6      var_dump( $a <= "0.10yuan" );    //比较的结果为bool(true), "0.10yuan"会自动转成0.10再比较
 7      var_dump( $a = 0 );              //比较的结果为int(0), 这是一个赋值语句, 值为0
 8      var_dump( $a == 0 );             //比较的结果为bool(true), 0等于0
 9      var_dump( $a == "0" );           //比较的结果为bool(true), "0"会自动转为0再比较, 相等
10      var_dump( $a === "0" );          //比较的结果为bool(false), 内容虽然相同, 但不是同一类型的值
11      var_dump( $a === 0 );            //比较的结果为bool(true), 内容相同, 类型也相同
12      var_dump( $a <> 0 );             //比较的结果为bool(false), 0等于0, 所以为假
13      var_dump( $a != 0 );             //同上
14      var_dump( $a != 1 );             //比较的结果为bool(true), 0不等于10
15      var_dump( $a !== "0" );          //比较的结果为bool(true), 虽然内容相同, 但类型不同
```

3.11.5 逻辑运算符

逻辑运算用来判断一件事情是"对"的还是"错"的，或者说是"成立"还是"不成立"。逻辑运算符只能操作布尔型数值，处理后的结果值也是布尔型数值。经常使用逻辑运算符把各个运算式连接起来组成一个逻辑表达式，即通过逻辑运算符来组合多个条件，并返回逻辑条件的布尔型结果。在表 3-9 中列出了 PHP 中的逻辑运算符及示例说明。

表 3-9　PHP 中的逻辑运算符

运算符	描述	说明	示例
and 或&&	逻辑与	当左右两边操作数都为 TRUE 时，返回 TRUE，否则返回 FALSE	$a and $b $a && $b
or 或||	逻辑或	当左右两边操作数都为 FALSE 时，返回 FALSE，否则返回 TRUE	$a or $b $a || $b
not 或!	逻辑非	当操作数为 TRUE 时返回 FALSE，否则返回 TRUE	not $a !$a
xor	逻辑异或	当左右两边操作数只有一个为 TRUE 时，返回 TRUE，否则返回 FALSE	$a xor $b

- **逻辑与**：逻辑与表示"并且"的关系，两边的表达式必须都为 TRUE，结果才能为真，否则整个表达式为假。逻辑与可以使用"and"和"&&"两种运算符运算，但在开发时使用"&&"的时候要多一点。
- **逻辑或**：逻辑或表示"或者"的关系，两边的表达式只要有一个为 TRUE，结果就为真，否则整个表达式为假。逻辑或可以使用"or"和"||"两种运算符运算，但在开发时使用"||"的时候要多一点。
- **逻辑非**：逻辑非表示"取反"的关系，如果表达式为 TRUE，结果就变为 FALSE；如果表达式为 FALSE，结果则为 TRUE。逻辑非可以使用"not"和"!"两种运算符运算，它是一元运算符，只能放在表达式的前面使用。在开发时使用"!"的时候要多一点。
- **逻辑异或**：逻辑异或在运算时两边的表达式不同时才为 TRUE，即必须是一边为 TRUE 另一边为 FALSE。两边的表达式相同时，不管都是 TRUE 还是都是 FALSE，结果都为 FALSE。逻辑异或使用"xor"运算符运算。

这 4 种逻辑运算符虽然只能操作 boolean 类型的值，但很少直接操作 boolean 值。通常都是使用条件运算符（>、<、==等）比较后的 TRUE 或 FALSE 的结果，再使用这些逻辑运算符连接起来做逻辑判断，或者和一些返回布尔型函数一起使用。它们也经常用于 if 条件和 while 循环等流程控制语句中。每种逻辑运算符可以单独使用，也可以在一个表达式中使用多个，还可以将多个不同逻辑运算符混合在一起使用，使用括号来指定优先级。逻辑运算符的一些简单应用如下所示：

```php
1 <?php
2     $username = "gaolf";          //将用户名gaolf保存在变量$username中
3     $password = "123456";         //将用户密码123456保存在变量$password中
```

```
4     $email = "gaolf@brophp.com";          //将用户电子邮件gaolf@brophp.com保存在变量$email中
5     $phone = "010-7654321";               //将用户电话010-7654321保存在变量$phone中
6
7     //使用一个"逻辑与"运算符,和比较运算符一起使用作为条件判断
8     if( $username == "gaolf" && $password == "123456" ) {
9         echo "用户名和密码输入正确";
10    }
11
12    //使用多个"逻辑或"运算符,和比较运算符一起使用作为条件判断
13    if( $username == "" || $password == "" || $email == "" || $phone == "" ) {
14        echo "所有的值一个都不能为空";
15    }
16
17    //多个不同的逻辑运算符混合使用,和返回boolean值的函数一起使用作为条件判断
18    if( (isset($email) && !empty($email)) || (isset($phone) && !empty($phone)) ) {
19        echo "最少有一种联系方式";
20    }
```

3.11.6 位运算符

任何信息在计算机中都是以二进制数的形式保存的,位运算符允许对整型数中指定的位进行置位。如果左右参数都是字符串,则位运算符将操作字符的 ASCII 值,浮点数也会自动转换为整型再参与位运算。位运算用于对操作数中的每个二进制位进行运算,包括位逻辑运算符和位移运算符,没有借位和进位,如表 3-10 所示。

表 3-10 PHP 中的位运算符

运算符	描述	说明	示例
&	按位与	只有参与运算的两位都为1,运算的结果才为1,否则为0	$a & $b
|	按位或	只有参与运算的两位都为0,运算的结果才为0,否则为1	$a | $b
^	按位异或	只有参与运算的两位不同,运算的结果才为1,否则为0	$a ^ $b
~	按位非	将用二进制表示的操作数中的 1 变成 0,0 变成 1	~ $a
<<	左移	将左边操作数在内存中的二进制数据左移右边操作数指定的位数,右边移空的部分补 0	$a << $b
>>	右移	将左边操作数在内存中的二进制数据右移右边操作数指定的位数,左边移空的部分补 0	$a >> $b

位运算符还可与赋值运算符相结合,进行位运算赋值操作。例如:

$a &= $b   等价于 $a = $a & $b
$a >>= $b   等价于 $a = $a >> $b

注意:位运算时的数据类型为 string/integer,分析时要转换为二进制形式,但在程序中书写及输出结果时仍为 string/integer 类型。

位运算虽然用于对操作数中的每个二进制位进行运算,可以完成一些底层的系统程序设计,但是在程序开发时很少用到这些位运算,因为使用 PHP 程序很少参与到计算机底层的技术。在这里重点介绍两个位运算符:"&"和"|"。

1. 按位与（&）

规则是参与运算的两运算量相应位均为1时该位为1，否则为0。即 0 & 0 = 0；0 & 1 = 0；1 & 0 = 0；1 & 1 = 1，如下所示：

```php
<?php
    $a = 20;          //整数20的二进制表示为：00000000 00000000 00000000 00010100
    $b = 30;          //整数30的二进制表示为：00000000 00000000 00000000 00011110

    $c = $a & $b;     //让变量$a和变量$b进行按位与操作，将结果赋值给变量$c
    /*
            00000000 00000000 00000000 00010100  ($a)
         &  00000000 00000000 00000000 00011110  ($b)
         ----------------------------------------
            00000000 00000000 00000000 00010100  ($c)
    */
    echo $c;          //将二进制00000000 00000000 00000000 00010100再转为整数20输出
```

2. 按位或（|）

规则是参与运算的两运算量相应位有一位为1时该位为1，否则为0。即 0 | 0 = 0；0 | 1 = 1；1 | 0 = 1；1 | 1 = 1，如下所示：

```php
<?php
    $a = 20;          //整数20的二进制表示为：00000000 00000000 00000000 00010100
    $b = 30;          //整数30的二进制表示为：00000000 00000000 00000000 00011110

    $c = $a | $b;     //将变量$a和变量$b进行按位或运算，并将结果赋值给变量$c
    /*
            00000000 00000000 00000000 00010100  ($a)
         |  00000000 00000000 00000000 00011110  ($b)
         ----------------------------------------
            00000000 00000000 00000000 00011110  ($c)
    */
    echo $c;          //将二进制00000000 00000000 00000000 00011110再转为整数30输出
```

位运算符也可将 boolean 类型的值转换为整型再进行按位运算。例如，将 TRUE 转换为 1，再将 1 转换成对应的二进制位；将 FALSE 转换为 0，再将 0 转换为对应的二进制位。所以就可以使用位运算符中的按位与"&"和按位或"|"作为逻辑运算符使用。逻辑判断之后的结果为 1 或 0，在 PHP 中又可以作为布尔型的真和假使用。如下所示：

```php
<?php
    var_dump( true && true );    //输出bool(true)
    var_dump( true & false );    //输出int(0)，可以当作布尔型的false使用

    var_dump( false || false );  //输出bool(false)
    var_dump( false | true );    //输出int(1)，可以当作布尔型的true使用
```

逻辑判断是我们在开发时必不可少的应用，现在有两种符号可以用于逻辑判断，那么，在开发时使用哪种会比较好呢？其实不仅是逻辑判断有两种方式，在以后课程的学习中，也有很多重复的方式用来完成同样的功能，例如 for 和 while 结构都可以用来完成同样的循环功能。如果能找到它们之间的区别，就会知道在什么情况下，选择相同方式中的哪一种方式应用效果会更好。所以运算符"&&"与"&"，还有"||"与"|"作为逻辑判断时，它们之间是有区别的。

逻辑运算符中的逻辑与"&&"和逻辑或"||"存在短路的问题。例如，逻辑与"&&"两边的布尔类型操作数都为 TRUE 时，结果才能为真。如果运算符"&&"前面的布尔类型操作数为 FALSE，它就不去执行"&&"后面的表达式，结果也一样为 FALSE，这样就形成了短路，"&&"后边的表达式没有执行到。如果"&&"前面的表达式为 TRUE，这时才去执行它后面的表达式。同样，逻辑或"||"也存在短路的情况。如果"||"前面的表达式为 TRUE 时，它就不去执行"||"后面的表达式，结果也一样为 TRUE，这样也形成了短路。只有"||"前面的表达式为 FALSE 时，才会执行"||"后面的表达式。

位运算符中的按位与"&"和按位或"|"作为逻辑判断时则不存在短路的问题。它们不会判断其前面的表达式是 TRUE 还是 FALSE，两边的表达式都会执行。如下所示：

```php
<?php
    $bool = false;              //声明一个boolean型变量，值为假
    $num = 10;                  //声明一个整型的变量做计数使用，初始值为10

    if( $bool && ($num++ >0) ) {  //"&&"前面的表达式为false，发生短路，$num++没有执行到，$num的值保持不变
        echo "条件不成立<br>";
    }
    echo $num;                  //$num没有执行递增，输出的结果仍为$num的原值10

    if( $bool & ($num++ >0) ) {  //"&"不会发生短路，两边都会执行到，$num++被执行，$num自增1
        echo "条件不成立<br>";
    }
    echo $num;                  //$num执行了递增，输出的结果为$num递增后的值11

    $bool = true;               //声明一个boolean型变量，值为真
    $num = 10;                  //声明一个整型的变量做计数使用，初始值为10

    if( $bool || ($num++ >0) ) {  //"||"前面的表达式为true，发生短路，$num++没有执行到，$num的值保持不变
        echo "条件成立<br>";
    }
    echo $num;                  //$num没有执行递增，输出的结果仍为$num的原值10

    if( $bool | ($num++ >0) ) {  //"|"不会发生短路，两边都会执行到，$num++被执行，$num自增1
        echo "条件成立<br>";
    }
    echo $num;                  //$num执行了递增，输出的结果为$num递增后的值11
```

如下是逻辑运算符短路情况常用到的技巧：

```php
<?php
    //如果逻辑或"or"前面的数据库连接不成功，才执行die输出错误信息并退出程序，or同 || 一样
    $link = mysql_connect("localhost", "root", "123456") or die("数据库连接失败!");

    //如果逻辑或"||"前面的文件打开不成功，才执行die输出错误信息并退出程序，|| 同 or 一样
    $file = fopen("http://www.lampbrother.net/index.php", "r") || die("文件打开失败!");

    $num = "10";                //声明一个字符串

    //如果$num是整型就执行后面的运算，不是就不执行后面的表达式，and同使用&&一样
    is_int($num) and $num += 10;

    var_dump($num);             //$num+=10没有被执行，所以输出string(2) "10"
```

3.11.7 其他运算符

在 PHP 中除了可以使用以上介绍的运算符,还有一些其他的运算符用于某些特定功能的使用,如表 3-11 所示。

表 3-11 PHP 中的特殊运算符

运算符	描　　述	示　　例
?:	三元运算符,可以提供简单的逻辑判断	$a<$b ? $c=1:$c=0
``	反引号(``)是执行运算符,PHP 将尝试将反引号中的内容作为外壳命令来执行,并将其输出信息返回	$a=`ls -al`
@	错误控制运算符,当将其放置在一个 PHP 表达式之前时,该表达式可能产生的任何错误信息都将被忽略	@表达式
=>	数组下标指定符号,通过此符号指定数组的键与值	键=>值
->	对象成员访问符号,访问对象中的成员属性或成员方法	对象->成员
instanceof	类型运算符,用来测定一个给定的对象是否来自指定的对象类	对象 instanceof 类名

这里主要介绍一下表 3-11 中前三个运算符,其余三个和在表 3-11 中没有列出来的一些运算符,在后面的章节中遇到时都会详细讲解。

1. 三元运算符(?:)

"?:"可以提供简单的逻辑判断,在 PHP 中是唯一的三元运算符。类似于条件语句"if…else…",但三元运算符使用更加简洁。其语法格式如下所示:

```
(expr1) ? (expr2) : (expr3)                    //三元运算符
```

在 expr1 求值为 TRUE 时,执行 "?" 和 ":" 之间的 expr2 并获取其值;在 expr1 求值为 FALSE 时,执行 ":" 之后的 expr3 并获取其值。如下所示:

```php
<?php
    //使用三元运算符判断表单传过来的action是否为空,如果为空则$action="default",否则$action为传过来的值
    $action = !empty($_POST['action']) ? $_POST['action'] : 'default';

    //和以上是相同的功能,只不过是对比使用if…else…条件语句
    if(empty($_POST['action'])) {
        $action = $_POST['action'];          //如果$_POST['action']不为空则$action = $_POST['action']
    } else {
        $action = 'default';                 //如果$_POST['action']为空则$action='default'
    }
```

2. 执行运算符(``)

PHP 支持一个执行运算符:反引号(``)。注意这不是单引号!PHP 将尝试将反引号中的内容作为操作系统命令来执行,并将其输出信息返回(例如,可以赋给一个变量而不是简单地丢弃到标准输出)。使用反引号运算符"`"的效果与函数 shell_exec()相同。如下所示:

```php
1 <?php
2     //使用反引号(``)执行服务器操作系统的命令,并将结果赋给变量$output
3     $output = `ls -al`;
4
5     //输出操作系统命令返回的结果
6     echo "<pre> $output </pre>";
```

使用执行运算符（``）或是一些函数执行操作系统命令时，所执行的命令是根据操作系统决定的，不同的操作系统命令有所不同。为了保证程序可以跨平台和系统安全，在开发时能使用 PHP 函数完成的功能就不要去调用操作系统命令来完成。

3．错误控制运算符

PHP 支持一个错误控制运算符：@。当将其放置在一个 PHP 表达式之前时，该表达式可能产生的任何警告信息都将被忽略。使用错误控制运算符"@"时要注意，它只对表达式有效。对新手来说，一个简单的规则就是：如果能从某处得到值，就能在它前面加上"@"运算符。例如，可以把它放在变量、函数调用及常量等之前。不能把它放在函数或类的定义之前，也不能用于条件结构如 if 和 foreach 等。如下所示：

```php
1  <?php
2     //当打开一个不存在的文件时会产生警告,使用@将其忽略掉
3     $my_file = @file ('non_existent_file');
4
5     //除数为0会产生警告,使用@将其忽略掉
6     @$num = 100/0;
7
8     echo " ";              //输出空
9     //使用头发送函数前面不能有任何输出,空格、空行都不行,否则会产生警告,使用@将其忽略掉
10    @header("Location: http://www.brophp.com/");
```

PHP 程序在遇到一些错误情况时，都会产生一些信息报告，这对于程序调试是非常有用的。尽量根据这些信息报告将遇到的错误解决掉，而不是直接使用"@"将其屏蔽。如果直接屏蔽掉这些警告信息，只是警告信息不会输出给浏览器，而存在的错误并没有解决。

3.11.8 运算符的优先级

所谓运算符的优先级，是指在表达式中哪一个运算符应该先计算，就和算术中四则运算时的"先乘除，后加减"是一样的。例如，表达式 1+5*3 的结果是 16 而不是 18，是因为乘号（*）的优先级比加号（+）高。必要时可以用括号来强制改变优先级。例如，表达式 (1+5)*3 的值为 18。如果运算符优先级相同，则使用从左到右的左联顺序。表 3-12 从高到低列出了运算符的优先级。同一行中的运算符具有相同的优先级，此时它们的结合方向决定求值顺序。

表 3-12 PHP 中运算符的优先级

级别（从高到低）	运　算　符	结合方向
1	New	非结合
2	[	从左到右

续表

级别（从高到低）	运 算 符	结合方向
3	++、--	非结合
4	!、~、-、(int)、(float)、(string)、(array)、(object)、@	非结合
5	*、/、%	从左到右
6	+、-	从左到右
7	<<、>>	从左到右
8	<、<=、>、>=	非结合
9	==、!=、===、!==	非结合
10	&	从左到右
11	^	从左到右
12	|	从左到右
13	&&	从左到右
14	||	从左到右
15	?:	从左到右
16	=、+=、-=、*=、/=、.=、%=、&=、|=、^=、<<=、>>=	从右到左
17	and	从左到右
18	xor	从左到右
19	or	从左到右
20	,	从左到右

PHP 会根据表 3-12 中运算符的优先级确定表达式的求值顺序，同时还可以引用小括号"()"来控制运算顺序，任何在小括号内的运算将最优先进行。在以后的程序开发中尽量使用小括号来强制改变优先级，不用强记表 3-12 中列出来的优先级顺序。通常使用小括号改变优先级的表达式更加易懂。

3.12 表达式

表达式是 PHP 最重要的基石。在 PHP 中，几乎所编写的任何代码都可以看作一个表达式，通常是变量、常量和运算符号的组合。简单却最精确地定义一个表达式的方式就是"任何有值的东西"。以下列出一些比较常用的表达式：

➢ 最基本的表达式形式是常量和变量，例如赋值语句$a=5。
➢ 稍微复杂的表达式就是函数，例如$a=foo()。
➢ 使用算术运算符中的前、后递增和递减也是表达式，例如$a++、$a--、++$a、--$a。
➢ 常用的表达式类型是"比较表达式"，例如$a>5、$a===5、$a>=5 && $a<=10。
➢ 组合的运算赋值也是常用的表达式，例如$a+=5、$a*=5、$b=($a+= 5)。
➢ 三元运算符（?:）也是一种表达式，例如$v=($a?$b=5:$c=10)。

第4章 PHP 的流程控制结构

流程控制对于任何一门编程语言来说都是至关重要的,它提供了控制程序步骤的基本手段,是程序的核心部分。可以说,缺少了控制流程,就不会有程序设计语言,因为现在没有哪一种程序只是线性地执行语句序列。程序中需要与用户相互交流,需要根据用户的输入决定执行序列,需要有循环将代码反复执行等,这些都少不了流程控制。在任何一门程序设计语言中,都需要支持满足程序结构化所需要的三种基本结构:顺序结构、分支结构(选择结构或条件结构)和循环结构。在 PHP 中,为支持这三种结构,提供了实现这三种结构所需的语句。在程序结构中,最基本的就是顺序结构。顺序结构就是语句按出现的先后次序顺序执行。在 PHP 的程序设计语言中,顺序结构的语句主要是赋值语句、输入/输出语句等,所以对于顺序结构就不必过多介绍了。

4.1 分支结构

顺序结构的程序虽然能解决计算、输出等问题,但不能先做判断再选择。对于要先做判断再选择的问题就要使用分支结构,又称为选择结构或条件结构。分支结构的执行是依据一定的条件选择执行路径,而不是严格按照语句出现的物理顺序执行。分支结构的程序设计方法的关键在于构造合适的分支条件和分析程序流程,根据不同的程序流程选择适当的分支语句。分支结构适合带有逻辑或关系比较等条件判断的计算。即程序在执行过程中依照条件的结果来改变程序执行的顺序。满足条件时执行某一叙述块,反之则执行另一叙述块。在程序中使用分支结构可以有以下几种形式:
- 单一条件分支结构。
- 双向条件分支结构。
- 多向条件分支结构。
- 巢状条件分支结构。

以上 4 种分支结构都是对条件进行判断,然后根据判断结果,选择执行不同的分支。但是要根据程序的不同需求和不同时机，选择以上不同形式的分支结构使用。每种分支结构都是通过相应的 PHP 语句来完成的。下面讲述各种语句类型。

4.1.1 单一条件分支结构（if）

if 结构是单一条件分支结构。PHP 程序中的语句通常是按其在源代码文件中出现的顺序从前到后依次执行的。而 if 结构用于改变语句的执行顺序，是包括 PHP 在内的很多语言最重要的特性之一。if 语句的基本格式是，对一个表达式进行计算，根据计算结果决定是否执行后面的语句。if 语句的格式如下：

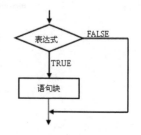

```
if( 表达式 )              //如果在后面加上分号会出现错误
    语句块;               //条件成立则执行的一条语句
```

在上面的 if 语句的格式中，允许按照条件执行代码片段。if 后面小括号中的"表达式"就是执行的条件，条件只能是布尔型值。通常是由比较运算符或者逻辑运算符组成的表达式所计算的结果值，或是一些返回布尔型的函数等。如果是传入其他类型的值，也会自动转换为布尔型的 TRUE 或 FALSE。如果"表达式"为 TRUE，则执行"语句块"，否则不执行。不论结果如何，接着都将执行 if 后面的语句。可以这么说，是否执行"语句块"取决于"表达式"的结果。"if (表达式)和语句块;"一起组成了完整的 if 语句，它们并非两条独立的语句。

下例中就是 if 结构的简单使用。如果$a 大于$b，则以下例子将显示"a 大于 b"，否则没有任何输出。

```php
1  <?php
2      if($a > $b)                //如果变量$a大于变量$b条件才成立
3          echo "$a 大于 $b";     //条件成立后才会执行这一条语句
```

通过使用复合语句（代码块），if 语句能够控制执行多条语句。代码块是一组用花括号"{ }"括起来的多条语句。任何可以使用单条语句的地方都可以使用语句块。因此，可以像下面这样编写语句：

```
if( 表达式 ) {                    //如果表达式的条件成立则可以执行下面多条语句
    语句 1;
    语句 2;
    …
    语句 n;
}
```

如果使用 if 语句控制是否执行一条语句，可以使用花括号括起来，也可以不用。但要想使用 if 语句控制是否执行多条语句，就必须使用花括号括起来形成代码块。例如，已知两个数$x 和$y，比较它们的大小，使得$x 大于$y；如果$x 小于$y 则调换其值，代码如下：

```
1  <?php
2      $x = 10;                          //定义一个整型变量$x,值为10
3      $y = 20;                          //定义一个整型变量$y,值为20
4      if ( $x < $y )  {                 //$x 是小于$y的,所以执行下面的语句块
5          $t = $x ;                     //先将$x的值放到临时变量$t中
6          $x = $y ;                     //再将变量$y的值赋给变量$a
7          $y = $t ;                     //再将临时变量$t中的值赋给变量$y
8      }                                 //语句块结束的花括号
9      var_dump($x > $y );               //两个变量的值已经交换,输出true
```

4.1.2 双向条件分支结构（else 子句）

if 语句中也可以包含 else 子句，经常需要在满足某个条件时执行一条语句，而在不满足该条件时执行其他语句，这正是 else 子句的功能。else 延伸了 if 语句，可以在 if 语句中的表达式的值为 FALSE 时执行语句。这里要注意一点，else 语句是 if 语句的子句，必须和 if 一起使用，不能单独存在。else 语法格式如下所示：

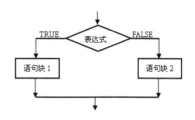

```
if( 表达式 )                              //if 主句用来判断表达式是否成立
    语句块 1;                             //条件成立则执行的一条语句
else                                    //if 语句的 else 子句
    语句块 2;                             //条件不成立则执行的一条语句
```

在上面的格式中，如果"表达式"为真，则执行"语句块 1"语句；否则执行"语句块 2"语句。"语句块 1"和"语句块 2"都可以是复合语句（代码块）；如果是复合语句，则必须使用花括号"{ }"括起来。其语法格式如下所示：

```
if( 表达式) {                             //if 主句用来判断表达式是否成立
    语句块 1;
    …
    语句块 n;
} else {                                 //if 语句的 else 子句
    语句块 1;
    …
    语句块 n;
}
```

例如，以下代码对变量$a 和变量$b 进行判断，当变量$a 的值大于变量$b 的值时，显示"变量$a 大于变量$b"；当变量$a 的值小于变量$b 的值时，显示"变量$a 小于变量$b"。条件判断之后的代码将继续往下执行。代码如下所示：

```
1  <?php
2      $a = 10;                          //定义一个整型变量$a,值为10
3      $b = 20;                          //定义一个整型变量$b,值为20
4      if( $a > $b ) {                   //使用if语句判断$a和$b的大小
5          echo "变量\$a 大于变量 \$b <br>";    //判断的条件不成立,此句不会执行
6      } else {                          //使用else子句执行条件不成立的语句块
7          echo "变量\$a 小于变量 \$b <br>";    //判断的条件不成立,此句会被执行
8      }                                 //语句块结束的花括号
9      echo "变量\$a和变量\$b比较完毕 <br>";    //这条语句不在条件判断中,会被执行
```

该程序执行后输出结果如下所示:

```
变量$a 小于变量 $b
变量$a 和变量$b 比较完毕
```

4.1.3 多向条件分支结构(elseif 子句)

elseif 子句,和此名称暗示的一样,是 if 和 else 的组合。和 else 一样,它延伸了 if 语句,elseif 子句会根据不同的表达式值确定执行哪个语句块。在 PHP 中也可以将 elseif 分开成两个关键字"else if"来使用。elseif 语句的语法格式如下所示:

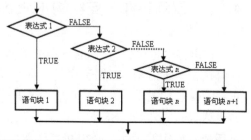

```
if( 表达式 1)              //如果"表达式 1"为 TRUE,则执行"语句块 1"语句
    语句块 1;
elseif( 表达式 2)          //如果"表达式 2"为 TRUE,则执行"语句块 2"语句
    语句块 2;
…                        //elseif 语句的个数没有规定,可以无限增加
elseif( 表达式 n)          //如果第 n 个"表达式 n"为 TRUE,则执行"语句块 n"语句
    语句块 n;
else                     //如果表达式的条件都不为 TRUE,则执行"语句块 n+1"语句
    语句块 n+1;
```

在上面的 elseif 的语法中,如果判断第一个"表达式 1"为 TRUE,则执行"语句块 1"语句;如果判断第二个"表达式 2"为 TRUE,则执行"语句块 2"语句;以此类推,判断第 n 个"表达式 n"为 TRUE,则执行"语句块 n"语句;如果表达式的条件都不为 TRUE,则执行 else 子语中的"语句块 n+1"语句,当然最后的 else 语句也可以省略。

在 elseif 语句中同时只能有一个表达式为 TRUE,即在 elseif 语句中只能有一个语句块被执行,即多个 elseif 从句是排斥关系。在应用开发中,这种多向条件分支结构适合对同一个变量的值在不同范围内进行判断。例如下面分时问候的代码,通过获取服务器中当前的时间,在不同的时间段输出不同的问候。

```php
1  <?php
2      date_default_timezone_set("Etc/GMT-8");        //设置时区,中国大陆采用的是东八区的时间
3      echo "当前时间".date("Y-m-d H:i:s",time())." ";  //通过date()函数获取当前时间,并输出
4
5      $hour = date("H");                              //获取服务器时间中当前的小时,作为分时问候的条件
6
7      if( $hour < 6 ) {                               //如果当前时间在6点以前,执行下面的语句块
8          echo "凌晨好!";
9      } elseif ( $hour < 9 ) {                        //如果当前时间在6点之后和9点以前,执行下面的语句块
10         echo "早上好!";
11     } elseif ( $hour < 12 ) {                       //如果当前时间在9点之后和12点以前,执行下面的语句块
```

```
12            echo "上午好!";
13        } elseif ( $hour < 14 ) {        //如果当前时间在12点之后和14点以前, 执行下面的语句块
14            echo "中午好!";
15        } elseif ( $hour < 17 ) {        //如果当前时间在14点之后和17点以前, 执行下面的语句块
16            echo "下午好!";
17        } elseif ( $hour < 19 ) {        //如果当前时间在17点之后和19点以前, 执行下面的语句块
18            echo "傍晚好!";
19        } elseif ( $hour < 22 ) {        //如果当前时间在19点之后和22点以前, 执行下面的语句块
20            echo "晚上好!";
21        } else {                          //如果当前时间在22点之后和次日1点以前, 执行下面的语句块
22            echo "夜里好!";
23        }
```

使用 elseif 语句有一条基本规则，即总是优先把包含范围小的条件放在前面处理。如 $hour<6 和$hour<9 两个条件，明显$hour<6 的范围更小，所以应该先处理$hour<6 的情况。

和前面的 if 语句一样，使用 elseif 语句控制是否执行一条语句，可以使用花括号括起来，也可以不用。但要想使用 elseif 语句能够控制是否执行多条语句，则必须使用花括号括起来形成代码块。通常建议不要省略 if、else、elseif 后执行块的花括号，即使条件执行体只有一行代码。因为保留花括号会有更好的可读性，而且会减少发生错误的可能。

4.1.4 多向条件分支结构（switch 语句）

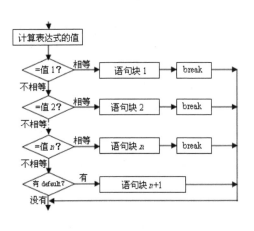

switch 语句和 elseif 相似，也是一种多向条件分支结构，但 if 和 elseif 语句使用布尔表达式或布尔值作为分支条件来进行分支控制；而 switch 语句则用于测试一个表达式的值，并根据测试结果选择执行相应的分支程序，从而实现分支控制。switch 语句由一个控制表达式和多个 case 标签组成，case 标签后紧跟一个代码块，case 标签作为这个代码块的标识。switch 语句的语法格式如下：

```
switch( 表达式 )          //使用 switch 关键字, 对后面小括号中的表达式求值
{                        //switch 语句必须由花括号开始
    case 值 1:            //如果表达式的值和 "值 1" 匹配则执行下面的语句块
        语句块 1;          //匹配成功则执行的语句块, 可以是多条语句
        break;            //break 用于退出 switch 语句
    case 值 2:            //如果表达式的值和 "值 2" 匹配则执行下面的语句块
        语句块 2;          //匹配成功则执行的语句块, 可以是多条语句
        break;            //break 用于退出 switch 语句
    ...                   //case 语句的个数没有规定, 可以无限增加
    case 值 n:            //如果表达式的值和 "值 n" 匹配则执行下面的语句块
        语句块 n;          //匹配成功则执行的语句块, 可以是多条语句
        break;            //break 用于退出 switch 语句
    default:              //它匹配了任何和其他 case 都不匹配的情况, 要放在最后一个 case 之后, 可以省略
        语句块 n+1;         //匹配成功则执行的语句块, 可以是多条语句
}                         //switch 语句必须由花括号结束
```

这种分支语句的执行是先对 switch 后面括号中的"表达式"求值，然后依次匹配 case 标签后的值 1,值 2,…,值 n 等值，遇到匹配的值即执行对应的执行体；如果所有 case 标签后的值与"表达式"的值都不相等，则执行 default 标签后的代码块。在使用 switch 语句时应该注意以下几点。

（1）和 if 语句不同的是，switch 语句后面的控制表达式的数据类型只能是整型或字符串，不能是 boolean 型。通常这个控制表达式是一个变量名称，虽然 PHP 是弱类型语言，在 switch 后面控制表达式的变量可以是任意类型数据，但为了保证匹配执行的准确性，最好只使用整型或字符串中的一种类型。

（2）和 if 语句不同的是，switch 语句后面的花括号是必须有的。而 switch 语句中各 case 标签前后代码块的开始点和结束点非常清晰，因此完全没有必要为 case 后的代码块加花括号。

（3）case 语句的个数没有规定，可以无限增加。但 case 标签和 case 标签后面的值之间应有一个空格，值后面必须有一个冒号，这是语法的一部分。

（4）switch 匹配完成以后，将依次逐条执行匹配的分支模块中的语句，直到 switch 结构结束或者遇到 break 语句才停止执行。所以，如果一条分支语句的后面没有写上 break 语句，则程序将继续执行下一条分支语句的内容。

（5）与 if 语句中的 else 类似，switch 语句中的 default 标签直接在后面加上一个冒号，看似没有条件，其实是有条件的，条件就是"表达式"的值不能与前面任何一个 case 标签后的值相等,这时才处理 default 分支中的语句。default 标签和 if 中的 else 子句一样，它不是 switch 语句中必需的，可以省略。

下面两个例子使用两种不同的方法实现同样的功能，即都是通过 date()函数获取服务器端时间格式中的星期值，并将其转换为中文的星期值。只是一个用一系列的 elseif 语句，另一个用 switch 语句。如下所示：

```php
<?php
    $week = date("D");  //获取当前的星期值，如Mon、Tue、Wed等

    if ( $week == "Mon" ) {
        echo "星期一";
    } elseif ( $week == "Tue" ) {
        echo "星期二";
    } elseif ( $week == "Wed" ) {
        echo "星期三";
    } elseif ( $week == "Thu" ) {
        echo "星期四";
    } elseif ( $week == "Fri" ) {
        echo "星期五";
    } elseif ( $week == "Sat" ) {
        echo "星期六";
    } elseif ( $week == "Sun" ) {
        echo "星期日";
    }
```

```php
<?php
    $week = date("D");
    switch( $week ) {
        case "Mon": echo "星期一"; break;
        case "Tue": echo "星期二"; break;
        case "Wed": echo "星期三"; break;
        case "Thu": echo "星期四"; break;
        case "Fri": echo "星期五"; break;
        case "Sat": echo "星期六"; break;
        case "Sun": echo "星期日"; break;
    }
```

可以看到 switch 语句和具有同样表达式的一系列的 elseif 语句相似，但用 switch 使程序更清晰，可读性更强。两种多路分支结构的使用时机：如果是通过判断一个"表达式的范围"进行分支处理，就要选择使用一系列的 elseif 语句，例如上一节中的分时问候就是对小时变量进行范围判断而采用的 elseif 语句。但很多场合下需要把同一个"变量（或表达式）与很多不同的值比较"，并根据它等于哪个值来执行不同的代码，这正是 switch 语句的用途。在

switch 语句中条件只求值一次并用来和每个 case 语句比较；而在 elseif 语句中条件会再次求值。如果条件比一个简单的比较要复杂得多或者在一个很多次的循环中，那么用 switch 语句可能会快一些。

在使用 switch 语句时，还可以在匹配多个值时执行同一个语句块，只要将 case 中的语句设置为空即可，最重要的是不要加 break 语句，这样就将控制转移到了下一个 case 中的语句。例如，当和值 1、2 或 3 任意一个匹配上时，都会执行相同的语句块。如下所示：

```php
<?php
    switch( $i ) {                              //条件表达式是一个变量$i
        case 1:                                 //和值1匹配时，没有break，将控制转移到下一个case中的语句
        case 2:                                 //和值2匹配时，没有break，将控制转移到下一个case中的语句
        case 3:                                 //和值3匹配时，执行下面的语句块
            echo "\$i和值1、2或3任一个匹配";
            break;                              //退出switch语句
        case 4:
            echo "\$i和值4匹配时，才会执行";    //和值为4匹配上时，执行下面的语句块
            break;                              //退出switch语句
        default:                                //匹配任何和其他case都不匹配的情况，要放在最后一个case之后
            echo "\$i没有匹配的值时，才会执行";
    }
```

4.1.5　巢状条件分支结构

巢状条件分支结构就是 if 语句的嵌套，即指 if 或 else 后面的语句块中又包含 if 语句。if 语句可以无限层地嵌套在其他 if 语句中，这给程序的不同部分的条件执行提供了充分的弹性，是程序设计中经常使用的技术。其语法格式如下所示：

```
if( 表达式 1 ){
    if( 表达式 2 ){
        ...                    //还可以无限层地嵌套下去
    } else {
        ...                    //还可以无限层地嵌套下去
    }
} else {
    if( 表达式 3 ){
        ...                    //还可以无限层地嵌套下去
    } else {
        ...                    //还可以无限层地嵌套下去
    }
}
```

当流程进入某个选择分支后又引出新的选择时，就要用嵌套的 if 语句。对于多重嵌套 if，最容易出现的就是 if 与 else 的配对错误。嵌套中的 if 与 else 的配对关系非常重要。从最内层开始，else 总是与它上面相邻最近的不带 else 的 if 配对。在使用 if 语句的嵌套时，避免 if 与 else 配对错位的最佳办法是加大括号；同时，为了便于阅读，使用适当的缩进。

例如，输入一个人的年龄，判断他是退休了还是在工作。分析一下，男士 60 岁退休，女士 55 岁退休。因此要判断一个人是否已退休，首先判断性别，然后判断年龄，才能得出正确的结论。代码如下所示：

```php
1  <?php
2      $sex = "MAN";                                      //用户输入的性别
3      $age = 43;                                         //用户输入的年龄
4
5      if ( $sex == "MAN" ) {                             //如果用户输入的是男性则执行下面的区块
6          if ( $age >= 60 ) {                            //如果是男性并且年龄在60以上则执行下面的区块
7              echo "这个男士已退休".($age-60)."年了";
8          } else {                                       //如果是男性并且年龄在60以下则执行下面的区块
9              echo "这个男士在工作,还有".(60-$age)."年才能退休";
10         }
11     } else {                                           //如果用户输入的是女性则执行下面的区块
12         if( $age >= 55 ) {                             //如果是女性并且年龄在55以上则执行下面的区块
13             echo "这个女士已退休".($age-55)."年了";
14         } else {                                       //如果是女性并且年龄在55以下则执行下面的区块
15             echo "这个女士在工作,还有".(55-$age)."年才能退休";
16         }
17     }
```

学习分支结构不要被分支嵌套迷惑,只要正确绘制出流程图,弄清各分支所要执行的功能,嵌套结构也就不难了。嵌套只不过是分支中又包括分支语句而已,不是新知识。

4.1.6 条件分支结构实例应用(简单计算器)

本节主要是通过一个简单的计算器实例来应用前几节中介绍过的分支结构,并没有实用价值。本例中使用 HTML 代码编写一个用户操作的计算器界面,使用 PHP 代码的分支结构判断用户操作的各种情况、计算用户输入的值,并动态输出计算结果。其中使用了外部全局数组$_POST 获取从表单中传过来的资料内容。在这里只需了解一下$_POST 数组即可,在后面"数组"一章中会有大篇幅的介绍。

```php
1  <html>
2      <head>
3          <title>PHP实现简单计算器(使用分支结构)</title>
4      </head>
5
6      <body>
7          <?php
8              $mess = "";                                //如果输入有误将错误消息放入该变量
9              if( isset( $_POST["sub"] ) ) {             //判断用户是否有提交操作
10                 if( $_POST["num1"] == "" ) {           //如果第一个数值没有输入
11                     $mess .= "第一个数不能为空!<br>";
12                 } else {                               //如果第一个数值不为空
13                     if( !is_numeric( $_POST["num1"] ) ) { //如果第一个输入的不是数字
14                         $mess .= "第一个数必须是数字! <br>";
15                     }
16                 }
17
18                 if( $_POST["num2"] =="" ) {            //如果第二个值没有输入
19                     $mess .= "第二个数不能为空! <br>";
20                 } else {                               //如果第二个值不为空
21                     if( !is_numeric( $_POST["num2"] ) ) { //如果第二个值录入的不是数字
22                         $mess .= "第二个数必须是数字!<br>";
23                     } else {                           //如果第二个数值录入的是数字,但不能为0
24                         if( $_POST["opt"] == "/" && $_POST["num2"] == 0 ) {
25                             $mess .= "除数不能为0";
26                         }
27                     }
28                 }
29             }
30         ?>
```

```php
31 <table border="1" align="center" width="400">
32     <form action="" method="post">
33         <caption><h1>计算器</h1></caption>
34         <tr>
35             <td>
36                 <input type="text" size="4" name="num1" value="<?php echo $_POST["num1"] ?>" />
37             </td>
38
39             <td>
40                 <select name="opt">
41                     <option value="+" <?php echo $_POST["opt"]=="+" ? "selected" : "" ?>>+</option>
42                     <option value="-" <?php echo $_POST["opt"]=="-" ? "selected" : "" ?>>-</option>
43                     <option value="x" <?php echo $_POST["opt"]=="x" ? "selected" : "" ?>>x</option>
44                     <option value="/" <?php echo $_POST["opt"]=="/" ? "selected" : "" ?>>/</option>
45                     <option value="%" <?php echo $_POST["opt"]=="%" ? "selected" : "" ?>>%</option>
46                 </select>
47             </td>
48
49             <td>
50                 <input type="text" size="4" name="num2" value="<?php echo $_POST["num2"] ?>" />
51             </td>
52
53             <td>
54                 <input type="submit" name="sub" value="计算" />
55             </td>
56         </tr>
57     </form>
58     <?php
59         if( isset( $_POST["sub"] ) ) {                      //表单式提交，条件成立
60             echo '<tr><td colspan="4">';
61
62             if( !$mess ) {                                  //如果没有错误才计算
63                 $sum = 0;
64                 switch( $_POST["opt"] ) {                   //判断用户的计算操作
65                     case "+":                               //相加计算
66                         $sum = $_POST["num1"] + $_POST["num2"]; break;
67                     case "-":                               //相减计算
68                         $sum = $_POST["num1"] - $_POST["num2"]; break;
69                     case "x":                               //相乘计算
70                         $sum = $_POST["num1"] * $_POST["num2"]; break;
71                     case "/":                               //相除计算
72                         $sum = $_POST["num1"] / $_POST["num2"]; break;
73                     case "%":                               //求模计算
74                         $sum = $_POST["num1"] % $_POST["num2"]; break;
75                 }
76
77                 echo "结果：{$_POST['num1']} {$_POST['opt']} {$_POST['num2']} = {$sum}";
78             } else {
79                 echo $mess;                                 //输入错误，提示报告
80             }
81
82             echo '</td></tr>';
83         }
84     ?>
85     </table>
86 </body>
87 </html>
```

该程序操作后输出结果如图 4-1 所示。

图 4-1　简单计算器

4.2　循环结构

　　计算机最擅长的功能之一就是按规定的条件重复执行某些操作。循环结构可以减少源程序重复书写的工作量，用来描述重复执行某段算法的问题，这是程序设计中最能发挥计算机特长的程序结构。循环结构可以看成一个条件判断语句和一个向回转向语句的组合。其特点是，在给定条件成立时，反复执行某程序段，直到条件不成立为止。给定的条件称为循环条件，反复执行的程序段称为循环体。在 PHP 中提供了 while、do-while 和 for 三种循环。这三种循环可以用来处理同一问题，一般情况下它们可以互相替换。常用的三种循环结构学习的重点在于弄清它们的相同与不同之处，以便在不同场合下使用。这就需要清楚三种循环的格式和执行顺序，将每种循环的流程图理解透彻后就会明白如何替换使用。例如把while 循环的例题用 for 语句重新编写一个程序，这样能更好地理解它们的作用。

　　特别要注意在循环体内应包含趋于结束的语句（即循环变量值的改变），否则就可能成为死循环，这是初学者易犯的一个常见错误。所以使用循环时一定要有一个停止的条件。根据循环停止的条件不同，在 PHP 中提供了两种类型的循环语句。

　　➢ 一种是计数循环语句，通常使用 for 循环语句完成。
　　➢ 另一种是条件型循环语句，通常使用 while 或 do-while 循环语句完成。

　　计数循环语句是指按指定的次数执行循环。例如，在游戏中指定一个机器人走 100 步停止，则走一步就计数一次，反复执行走路的代码 100 次就结束。所谓的条件型循环语句是指遇到特定的条件才停止循环，循环的次数是不固定的。例如，在游戏中指定一个机器人走路，当遇到障碍物时停止，这样循环的次数就不是固定的。

4.2.1　while 语句

　　while 语句也称 while 循环，是 PHP 中最简单的循环类型。与 if 语句相同，while 语句也需要设定一个布尔型条件，当条件为真时，它不断地执行一个语句块，直到条件为假为止。if 语句只执行后续代码一次，而 while 循环中只要条件为真，就会不断

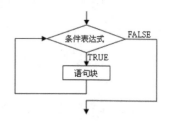

地执行后续的代码。while 循环通常用于控制循环次数未知的循环结构。while 语句的格式如下：

```
while ( 表达式 )              //while 语句的声明
    语句块;                   //循环体，可以是一条语句，也可以是多条语句
```

其中 while 语句中"表达式"的计算结果一定要是布尔型的 TRUE 值或 FALSE 值，如果是其他类型的值也会自动转换为布尔类型的值。通常这个表达式是使用比较运算符或者逻辑运算符计算后的值。"语句块"是一条语句或一条复合语句（代码块）。当 while 语句控制执行一条语句时可以加花括号"{ }"，也可以不加。如果是多条语句的代码块，则一定要用花括号"{ }"括起来，才能一起被 while 语句控制执行。程序执行到 while 语句后，将发生以下事件。

（1）计算表达式的值，确定是 TRUE 还是 FALSE。

（2）如果表达式的值为 FALSE，while 语句将结束，然后执行 while 语句之后的语句。有时候，如果 while 表达式的值一开始就是 FALSE，则循环语句一次都不会执行。

（3）如果表达式的值为 TRUE，则执行 while 语句控制的语句块。

（4）返回到第（1）步执行。

以下示例将执行 10 次输出语句。虽然 while 循环通常用于控制循环次数未知的循环结构，但也可以使用计数的方式控制循环执行次数。代码如下所示：

```php
<?php
    //循环次数累加所需的初始条件，必须在while循环之前对变量进行初始化
    $count = 1;

    //这是while语句，其中包含了循环条件
    while( $count <= 10 ) {
        echo "这是第<b> $count </b>次循环执行输出的结果<br>";
        //将$count的值递增，作为循环次数的计数使用
        $count++;
    }
```

上面的 while 语句的含义很简单，它告诉 PHP，只要 while 表达式的值为 TRUE，就重复执行嵌套中的循环语句。表达式的值在每次开始循环时检查，所以即使这个值在循环语句中改变了，语句也不会停止执行，直到本次循环结束。该程序执行后输出结果如图 4-2 所示。

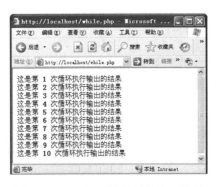

图 4-2 while 循环执行后的输出结果

while 语句与 if 语句一样也可以多层嵌套，通常是在有矩阵形式的输出时使用。例如，输出 10 行 10 列的表格时，就可以使用两层循环嵌套，内层的循环执行一次输出一个单元格，连续执行 10 次则输出一行表格。外层循环执行一次，则内层循环就执行 10 次输出一行；外层循环执行 10 次，则输出 10 行，共输出 100 个单元格。代码如下所示：

```
1  <html>
2      <head><title>使用while循环嵌套输出表格</title></head>
3      <body>
4          <table align="center" border="1" width=600>
5              <caption><h1>使用while循环嵌套输出表格</h1></caption>
6              <?php
7                  $out = 0;                                  //外层循环需要计数的累加变量
8                  while( $out < 10 ) {                       //指定外层循环，并且循环次数为10次
9                      $bgcolor = $out%2 == 0 ? "#FFFFFF" : "#DDDDDD";
10
11                     echo "<tr bgcolor=".$bgcolor.">";      //执行一次则输出一个行开始标记，并指定背景色
12
13                     $in = 0;                               //内层循环需要计数的累加变量
14                     while( $in < 10 ) {                    //指定内层循环，并且循环次数为10次
15                         echo "<td>".($out*10+$in)."</td>"; //执行一次，输出一个单元格
16                         $in++;                             //内层的计数变量累加
17                     }
18
19                     echo "</tr>";                          //输出行关闭标记
20                     $out++;                                //外层的计数变量累加
21                 }
22             ?>
23         </table>
24     </body>
25 </html>
```

该程序执行后输出结果如图 4-3 所示。

图 4-3　使用 while 循环嵌套输出表格

while 语句还可嵌套多层，如果没有必要，最好不要超过三层以上。因为循环层次过多，则循环次数会成倍增长，会影响 PHP 的执行效率。如果需要输出 10 个上例中的表格，只需要在上例代码中的外层循环的外面再加上一层 10 次的循环即可。这样，循环次数将变为 1000 次。

4.2.2 do…while 循环

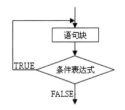

do…while 循环和 while 循环非常相似，区别在于表达式的值是在每次循环结束时而不是在开始时检查。和正规的 while 循环的主要区别是：do…while 循环语句保证会执行一次，因为表达式的真值在每次循环结束后检查。然而在正规的 while 循环中就不一定了，表达式的值在循环开始时检查，如果一开始就为 FALSE，则整个循环立即终止。do…while 语句的格式如下：

```
do {                    //使用 do 关键字开始循环
    语句块;              //循环体
} while ( 表达式 );      //别忘记还有个分号一定要加上
```

其中 while 语句中"表达式"的计算结果也一定要是布尔型的 TRUE 值或 FALSE 值。"语句块"也可以是一条语句或一条复合语句（代码块）。当 do…while 语句控制执行一条语句时，也可以不加花括号"{ }"。使用 do…while 循环时最后一定要有一个分号，分号是 do…while 语法的一部分。程序执行到 do…while 语句后，将发生以下事件：

（1）执行 do…while 语句控制的语句块。

（2）计算表达式的值，确定是 TRUE 还是 FALSE。如果为真，则返回到第（1）步执行；否则循环结束。

在下面的示例中循环将正好运行一次，因为经过第一次循环后，当检查表达式的值时，其值为 FALSE（$count 不大于 0）而导致循环终止。

```
1  <?php
2      $count = 0;              //初始化变量
3      do {                     //循环开始执行
4          echo $count;         //输出变量的值
5      } while ($count > 0);    //检查表达式的值为false，退出循环
```

do…while 循环与 while 和 for 循环相比，在 PHP 中使用得很少，它最适合循环中的语句至少必须执行一次的情况。当然，也可以使用 while 循环完成同样的工作，只不过使用 do…while 循环更为简单明了。

4.2.3 for 语句

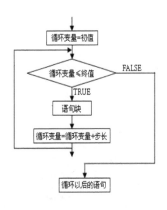

虽然前面介绍的 while 和 do…while 循环是使用计数方式控制循环的执行，但这两种循环通常用于条件型循环，即遇到特定的条件才停止循环。而 for 循环语句适用于明确知道重复执行次数的情况，它的格式和前两种循环语句不一样，for 语句将循环次数的变量预先定义好。虽然 for 语句是 PHP 中最复杂的循环结构，但用于计数方式控制循环，其使用更为方便。for 语句的格式如下：

```
for( 初始化； 条件表达式； 增量 ){
    语句块；                    //循环体
}
```

for 语句是由分号分隔的三部分组成的，其中的初始化、条件表达式和增量都是表达式。初始化总是一个赋值语句，它用来给循环控制变量赋初值；条件表达式是一个关系表达式，它决定什么时候退出循环；增量定义循环控制变量，每循环一次后按什么方式变化。而语句块可以是单条语句和复合语句，如果是单条语句也可以不使用花括号"{}"。程序执行到 for 语句时，将发生以下事件：

（1）第一次进入 for 循环时，对循环控制变量赋初值。

（2）根据判断条件的内容检查是否要继续执行循环。如果判断条件为真，则继续执行循环；如果判断条件为假，则结束循环执行下面的语句。

（3）执行完循环体内的语句后，系统会根据循环控制变量增减方式，更改循环控制变量的值，再回到步骤 2 重新判断是否继续执行循环。

例如，我们将 while 语句的一个示例使用 for 语句改写，代码如下所示：

```
1  <?php
2      //一定不要在这条语句后面加上分号
3      for( $i = 1;  $i <= 10;  $i++ )
4          echo "这是第<b> $count </b>次循环执行输出的结果<br>";
```

从上例中可以看到，for 语句这种计数型循环要比 while 语句制作计数循环简便得多。上例中先给变量$i 赋初值 1，接着判断变量$i 是否小于等于 10，若是则执行输出语句；之后变量$i 的值增加 1，再重新判断，直到条件为假，即 i>10 时结束循环。

在 for 语句的三个表达式中，一个或多个表达式为空是允许的，通常被称为 for 循环的退化形式。可以将上面的示例改写成以下几种形式：

```
1  <?php
2      //使用花括号"{}"将代码块括起来，通常代码块为一条时可以不加花括号
3      for( $i = 1;  $i <= 10;  $i++ ) {
4          echo "这是第<b> $i </b>次循环执行输出的结果<br>";
5      }
6
7      //将for语句中第一部分初始化条件提出来，放到for语句前面执行，但for语句中的分号要保留
8      $i = 1;
9      for( ;  $i <= 10;  $i++ ) {
10         echo "这是第<b> $i </b>次循环执行输出的结果<br>";
11     }
12
13     //再将第三部分的增量提出来，放到for语句的执行体最后，但也要将分号保留
14     $i = 1;
15     for( ;  $i <= 10; ) {
16         echo "这是第<b> $i </b>次循环执行输出的结果<br>";
17         $i++;
18     }
19
20     /* 再把第二部分条件表达式放到语句体中，在for语句中两个分号是必须存在的，
21        这样就是一个死循环，必须在语句体中有退出的条件，这里使用break退出 */
22     $i = 1;
23     for( ; ; ) {
24         if( $i > 10 )
25             break;
```

```
26          echo "这是第<b> $i </b>次循环执行输出的结果<br>";
27          $i++;
28      }
```

当然，第一个例子看上去最正常，但用户可能会发现在 for 循环中用空的表达式在很多场合都很方便，不仅可以将 for 语句中的一个或多个表达式设置为空，还可以在每个表达式中编写多条语句。如下所示：

```
<?php
    /* 在第一个表达式中初始化三个变量，它们之间使用逗号隔开。
       在第三个表达式中，分别将三个变量设置成不同的增量值
       在第二个表达式中，不管怎样编写，最后一定要是一个布尔值 */
    for($i=1,$j=5, $k=10;  $i <= 10 ;   $i++, $j+=5, $k+=10 ) {
        echo "\$i = $i, \$j = $j, \$k = $k <br>";
    }
```

在上例中，不仅是多写几个初始条件或是多写几个增量，只要是合法的表达式，都可以写在 for 语句的三个表达式中，中间使用逗号分隔开即可。该程序执行后输出结果如图 4-4 所示。

图 4-4　使用 for 循环的示例结果

for 语句也可以像 while 语句一样嵌套使用，即在 for 语句中包含另一条 for 语句。通过对 for 语句进行嵌套，可以完成一些复杂的编程。在下例中虽然不是一个复杂的程序，但它演示了如何嵌套 for 语句。使用双层嵌套 for 语句输出乘法表，代码如下所示：

```
<?php
    for( $i = 1; $i <= 9; $i++ ) {                      //外层循环执行9次，用来输出9行
        for( $j = 1; $j <=$i; $j++ ) {                  //内层循环执行次数由外层循环决定
            echo "$j x $i = ".$j*$i."  ";     //执行一次输出一个乘法等式和两个空格
        }
        echo "<br>";                                    //内层循环执行后换行
    }
```

该程序执行后输出结果如图 4-5 所示。

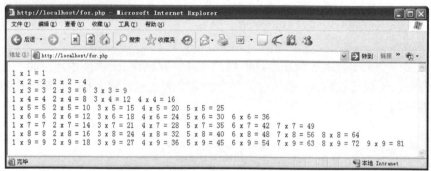

图 4-5 使用 for 循环输出九九乘法表

另外，在编写计数控制循环语句时，计数的变量不仅可以递增，还可以递减。将上例中的乘法表的递增条件改为递减，输出的结果就会是从大到小。改写后的代码如下所示：

```php
<?php
    //在外层for语句中将初始化条件设置为大值,增量设置为递减
    for( $i = 9; $i >= 1; $i-- ) {
        //在内层for语句中将初始化条件也设置为大值,增量也设置为递减
        for( $j = $i; $j >=1; $j-- ) {
            echo "$j x $i = ".$j*$i."  ";
        }
        echo "<br>";
    }
```

该程序执行后输出结果如图 4-6 所示。

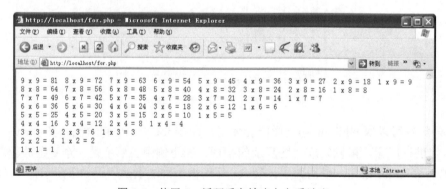

图 4-6 使用 for 循环反向输出九九乘法表

4.3 特殊的流程控制语句

在前几节介绍的循环结构中，都是通过循环语句本身提供的条件表达式来指定循环次数，或是遇到特殊情况停止循环。如果想在循环体执行过程中终止循环，或是跳过一些循环继续执行其他循环，就需要使用本节介绍的特殊的流程控制语句。

4.3.1 break 语句

break 可以结束当前 for、foreach、while、do...while 或者 switch 结构的执行。下面以 for 语句为例来说明 break 语句的基本使用方法及其功能。将上面介绍的双层嵌套 for 语句输出的乘法表改写一下，外层 for 循环执行第 5 次时使用 break 退出，内层 for 循环也使用了 break 退出。代码如下所示：

```php
<?php
   for( $i = 9; $i >= 1; $i-- ){
       if( $i < 5 )                                //如果$i小于5则退出
           break;                                  //条件成立时使用break退出,也可以使用break 1退出
       for( $j = $i; $j >=1; $j-- ) {
           if( $j < 5 )                            //如果$j小于5则退出
               break 1;                            //条件成立时使用break 1退出,也可以直接使用break退出
           echo "$j x $i = ".$j*$i."  ";
       }
       echo "<br>";
   }
```

该程序执行后输出结果如图 4-7 所示。

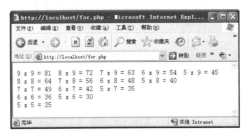

图 4-7　在 for 循环中使用 break 语句

使用 break 语句可以将深埋在嵌套循环中的语句退出到指定层数或直接退出到最外层。break 通过接受一个可选的数字参数来决定跳出几重循环语句或是几重 switch 语句。代码如下所示：

```php
<?php
   $i = 0;
   while ( ++$i ) {                                //外层使用一个while语句的循环
       switch ($i) {                               //内层使用一个switch语句
           case 5:
               echo "变量为5时,只退出switch语句<br>";
               break 1;                            //使用break 1退出1层
           case 10:
               echo "当变量为10时,不仅退出switch而且还退出while循环<br>";
               break 2;                            //使用break 2退出2层
       }
   }
```

4.3.2 continue 语句

continue 语句只能用在循环语句内部，功能是跳过该次循环，继续执行下一次循环结构。

在 while 和 do...while 语句中，continue 语句跳转到循环条件处开始继续执行，对于 for 循环随后的动作是变量更新。示例：求整数 1~100 的累加值，但要求跳过所有个位为 3 的数。

```php
<?php
    $sum = 0;                           //声明一个存储和的变量,初值为0
    for ( $i=1; $i <= 100; $i++ ) {
        if ($i%10 == 3)                 //找到个位是3的数
            continue;                   //跳过本次循环
        $sum += $i;                     //累加结果
    }
    echo "结果为: $sum";                //输出结果为: 4570
```

上例在循环体中加入了一个判断，如果该数个位是 3，就跳过该数不加。如何判断 1~100 中哪些整数的个位是 3 呢？还是使用取余运算符"%"。如果将一个正整数除以 10 后余数是 3，就说明这个数的个位为 3。在示例中检查$i 除以 10 的余数是否等于 3，如果是，将使用 continue 语句跳过后续语句，然后转向 for 循环的"增量"表达式更新循环变量，继续下一次循环。continue 语句的功能如下：

➢ 和 break 语句一样，continue 语句通常在循环中使用，也可以接受一个可选的数字参数来决定跳出多重语句。
➢ 在循环中遇到 continue 语句后，就不会执行该循环中位于 continue 后的任何语句。
➢ continue 语句用于结束当次循环，继续下一次循环。

4.3.3　exit 语句

当前的脚本中只要执行到 exit 语句，不管它在哪个结构中，都会直接退出当前脚本。exit() 是一个函数，前面使用过的 die()函数是 exit()函数的别名，它可以带有一个参数输出一条消息，并退出当前脚本。例如下面的示例中连接数据库、选择数据库，以及执行 SQL 语句中如果有失败的环节，则可以使用 3 种方式输出错误消息，并退出脚本。如下所示：

```php
<?php
    //如果连接MySQL数据库失败则使用exit()函数输出错误消息,并退出当前脚本
    $conn = mysql_connect("localhost", "root", "123456") or exit("连接数据库失败!");

    //如果连接后选择数据库失败则使用die()函数输出错误消息,并退出当前脚本
    mysql_select_db("db") or die("选择数据库失败!");

    $result = mysql_query("select * from table");
    if(!$result){
        echo "SQL语句执行失败!";
        //直接退出当前脚本
        exit;
    }
```

顺序结构、分支结构和循环结构并不是彼此孤立的，在循环中可以有分支、顺序结构，在分支中也可以有循环、顺序结构。其实不管是哪种结构，我们均可广义地把它们看成一条语句。在实际编程过程中常将这 3 种结构相互结合以实现各种算法，设计出相应程序。但是

要编程的问题较大，编写出的程序就往往很长、结构重复多，造成可读性差、难以理解。解决这个问题的方法是将 PHP 程序设计成模块化结构，就要用到我们第 5 章要介绍的函数。

4.4 PHP 的新版特性——goto 语句

开发语言中不是都能用 goto 语句，因为对 goto 的应用一直有争议。支持 goto 的人认为，goto 语句使用起来比较灵活，而且有些情形能提高程序的效率。若完全删去 goto 语句，有些情形反而会使程序过于复杂，增加一些不必要的计算量。持反对意见的人认为，goto 语句使程序的静态结构和动态结构不一致，从而使程序难以理解、难以查错。去掉 goto 语句后，可直接从程序结构上反映程序运行的过程，程序结构清晰、便于理解、便于查错。其实错误是程序员自己造成的，不是 goto 的过错。PHP 从 5.3 以后的版本增加了 goto 语句，有些方面选择使用 goto 语句是有优势的。例如，从多重循环中直接跳出、出错时清除资源，有些情况也可以增加程序的清晰度。使用 goto 语句编写循环的代码如下所示：

```php
<?php
    /* 使用goto语句，循环10次    */
    $i = 1;                                    //声明一个变量用于计数

    st:                                        //声明一个标记st，标记名称可以自定义
        echo "第 {$i} 次循环<br>";              //普通的输出语句

        if($i++ == 10)                         //判断退出条件
            goto end;                          //如果符合条件，直接使用goto语句跳到end标记处，离开循环

    goto st;                                   //使用goto语句跳转到st标记位置

    end:                                       //又声明一个标记end，标记名称可以自定义，用于退出循环
        echo "语句结束。";                      //普通的输出语句
```

goto 关键字后面带上目标位置的标志，在目标位置上用目标名加冒号标记。例如在第 5 行声明一个目标位置（自定义目标名称），在第 11 行使用 goto 语句跳转到第 5 行的目标位置，再执行到第 11 行又跳转到第 5 行形成循环。在循环中不能使用 break 退出，而是再次使用 goto 语句，跳到循环外的目标位置处结束循环。非 goto 的循环如果有多层，需要从多层循环中直接跳出，goto 语句也是最好的选择。示例代码如下所示：

```php
<?php
    for($i=0,$j=50; $i<100; $i++) {            //双层循环的外层for循环
        while($j--) {                          //内层循环while
            if($j==17) {                       //判断退出双层循环的条件
                goto end;                      //如果条件成立，则使用goto跳转到end位置，直接退出双层循环
            } else {
                echo "变量i = {$i}, 变量j = {$j}<br>";
            }
        }
    }
    echo "i = $i";                             //本条语句也会被忽略

    end:                                       //为goto语句设置一个自定义标记，跳转到此结束退出双层循环
```

87

除了使用 goto 语句编写循环，比较常用的是通过 goto 语句实现程序跳转。示例代码如下所示：

```php
<?php
    $var = 2;                                  //该变量作为用户输出值，分别设置1、2、3运行查看结果

    switch($var) {
        case 1:
            goto one;                          //使用goto语句跳转至one标记处
            echo "one";                        //goto已经跳转，这条代码不会执行到
        case 2:
            goto two;                          //使用goto语句跳转至two标记处
            echo "two";                        //goto已经跳转，这条代码不会执行到
        case 3:
            goto three;                        //使用goto语句跳转至three标记处
            echo "three";                      //goto已经跳转，这条代码不会执行到
    }

    one:                                       //为goto语句声明第一个跳转标记，名称定义为one
        echo "如果变量的值是1,将跳转到此处执行！";
        exit;

    two:                                       //为goto语句声明第二个跳转标记，名称定义为two
        echo "如果变量的值是2,将跳转到此处执行！";
        exit;

    three:                                     //为goto语句声明第三个跳转标记，名称定义为three
        echo "如果变量的值是3,将跳转到此处执行！";
        exit;
```

另外，PHP 中的 goto 语句使用时也有一定限制，只能在同一个文件和作用域中跳转，也就是说无法跳出一个函数或类方法，也无法跳入另一个函数，更无法跳入任何循环或者 switch 结构中。goto 语句常见的用法是跳出循环或者 switch 语句，可以代替多层的 break。goto 语句的一种错误用法代码如下所示：

```php
<?php
    goto loop;                                 //使用goto语句跳转至loop标记处（loop在循环中）

    for($i=0,$j=50; $i<100; $i++) {            //for循环结构
        while($j--) {                          //while循环结构
            loop:                              //在循环中设置goto的标记
        }
    }
```

第5章

PHP 的函数应用

函数就是有一定功能的一些语句组织在一起的一种形式,定义函数的目的是将程序按功能分块,方便程序的使用、管理、阅读和调试。函数有两种,一种是别人写好的或系统内部提供的函数,你只要知道这个函数是干什么用的,自己会用就行了,不用管里面究竟是怎么实现的;另一种函数是自己定义的,用来实现自己独特的需求。函数的概念比较抽象,会有一些读者觉得难以理解。例如,我们可以把函数理解成一个"自动取款机",如果你需要取款,则需要提供一些"参数"(银行卡、密码、取款金额),之后自动取款机在内部做了一些事,并会从出口有"返回值"(一打钱)。对于这个"取款机"(内部函数),你可以不知道它内部是怎么工作的,但你要知道它的功能,知道怎么使用。如果你自己水平够高,自己可以制作一个"吐钱机器"(自定义函数)。本章重点讲解 PHP 中函数的定义和使用方法,并通过大量适用的示例进行分析说明。

5.1 函数的定义

像数学中的函数一样,在数学中,$y=f(x)$是基本的函数表达形式,x可看作参数,y可看作返回值,所以函数定义就是一个被命名的、独立的代码段,它执行特定的任务,并可能给调用它的程序返回一个值。该定义中的各部分含义如下。

- ➢ **函数是被命名的**:每个函数都有唯一的名称,在程序的其他部分使用该名称,可以执行函数中的语句,称为调用函数。
- ➢ **函数是独立的**:无须程序其他部分的干预,函数便能够单独执行其任务。
- ➢ **函数执行特定的任务**:任务是程序运行时所执行的具体工作,如将一行文本输出到浏览器、对数组进行排序、计算立方根等。
- ➢ **函数可以将一个返回值返回给调用它的程序**:程序调用函数时,将执行该函数中的语句,而这些语句可以将信息返回给调用它们的程序。

PHP 的模块化程序结构都是通过函数或对象来实现的,函数则是将复杂的 PHP 程序分为若干个功能模块，每个模块都编写成一个 PHP 函数，然后通过在脚本中调用函数，以及在函数中调用函数来实现一些大型问题的 PHP 脚本编写。使用函数的优越性如下：

➢ 提高程序的重用性。
➢ 提高软件的可维护性。
➢ 提高软件的开发效率。
➢ 提高软件的可靠性。
➢ 控制程序设计的复杂性。

函数是程序开发中非常重要的内容。因此，对函数的定义、调用和值的返回等，要尤其注重理解和应用，并通过上机调试加以巩固。

5.2 自定义函数

编写函数时首先要明白你希望函数做什么，知道这一点后，编写起来便不会太困难。在 PHP 中除了已经提供给我们使用的数以千计的系统函数，还可以根据模块需要自定义函数。所谓的系统函数是在 PHP 中提供的可以直接使用的函数，每一个系统函数都是一个完整的可以完成指定任务的代码段。多学会一个系统函数，就多会一个 PHP 的功能。在开发时，一些常用的功能都可以借助调用系统函数来完成。如果某些功能模块在 PHP 中没有提供系统函数，就需要自己定义函数。完成同样的任务，使用系统函数的执行效率会比自定义函数高，但两种函数在程序中的调用方式是没有区别的。

5.2.1 函数的声明

在 PHP 中声明一个自定义的函数可以使用下面的语法格式：

```
function 函数名 ([参数 1,参数 2,...,参数 n])      //函数头
{                                                //函数体开始的花括号
    函数体;                                      //任何有效的 PHP 代码都可以作为函数体使用
    return 返回值;                               //可以从函数中返回一个值
}                                                //函数体结束的花括号
```

函数的语法格式说明如下。

（1）每个函数的第一行都是函数头，由声明函数的关键字 function、函数名和参数列表三部分组成，其中每一部分完成特定的功能。

（2）每个自定义函数都必须使用 "function" 关键字声明。

（3）函数名可以代表整个函数，可以将函数命名为任何名称，只要遵循变量名的命名规则即可。每个函数都有唯一的名称，但需要注意的是，在 PHP 中不能使用函数重载，所以不能定义重名的函数，也包括不能和系统函数同名。给函数指定一个描述其功能的名称是个不错的主意。

（4）声明函数时函数名后面的括号也是必须有的，在括号中表明了一组可以接受的参数列表，参数就是声明的变量，然后在调用函数时传递给它值。参数列表可以没有，也可以有一个或多个参数，多个参数使用逗号分隔。

（5）函数体位于函数头后面，用花括号括起来。实际的工作是在函数体中完成的。函数被调用后，首先执行函数体中的第一条语句，执行到 return 语句或最外面的花括号后结束，返回到调用的程序。在函数体中可以使用任何有效的 PHP 代码，甚至是其他的函数或类的定义也可以在函数体中声明。

（6）使用关键字 return 可以从函数中返回一个值。在 return 后面加上一个表达式，程序执行到 return 语句时，该表达式将被计算，然后返回到调用程序处继续执行。函数的返回值为该表达式的值。

因为参数列表和返回值在函数定义时都是可选的，其他的部分是必须有的，所以声明函数时通常有以下几种方式。

（1）在声明函数时可以没有参数列表。

```
function 函数名 () {
     函数体;
     return    返回值;
}
```

（2）在声明函数时可以没有返回值。

```
function 函数名 ([参数 1, 参数 2, ..., 参数 n])
     函数体;
}
```

（3）在声明函数时可以没有参数列表和返回值。

```
function 函数名 () {
     函数体;
}
```

在第 4 章中介绍过一个使用双层循环输出 10 行 10 列表格的示例，如果在一个程序中的不同地方多次输出同样的表格，显然在每次输出的地方都定义这样的双层循环不太合适。软件会变得很复杂，不仅代码会非常臃肿，而且可维护性也非常差，开发效率和可靠性都会降低。解决这样的问题就是将这个特定的任务编写成一个模块，也就是将完成输出表格的所有代码使用花括号括起来，并起一个名字，然后使用 function 关键字声明为一个函数。这样，在需要输出此表格的地方，只要通过函数名调用一下，就会执行一次函数内部的代码，并在调用的位置输出表格。函数只被声明一次，就可以在任何需要的地方调用执行，提高了代码的可重用性。而且只要函数内部的代码有所改动，所有调用该函数的地方都会随着改变，提高了代码的可维护性，因此开发效率和可靠性都会提高。将输出表格的示例声明为一个函数，如下所示：

```php
<?php
    /* 将使用双层for循环输出表格的代码声明为函数, 函数名为table */
    function table() {                                              //函数名为table
        echo "<table align='center' border='1' width='600'>";       //输出表格
        echo "<caption><h1>通过函数输出表格</h1></caption>";         //输出表格标题

        for($out=0; $out < 10; $out++ ) {                           //使用外层循环输出表格行
            $bgcolor = $out%2 == 0 ? "#FFFFFF" : "#DDDDDD";         //设置隔行换色
            echo "<tr bgcolor=".$bgcolor.">";

            for($in=0; $in <10; $in++) {                            //使用内层循环输出表格列
                echo "<td>".($out*10+$in)."</td>";
            }

            echo "</tr>";
        }
        echo "</table>";
    }                                                               //table函数结束花括号
```

在上面的示例中声明一个函数名为 table 的函数,将使用双层 for 循环输出的表格代码作为函数体声明在函数中。声明的 table 函数没有参数列表也没有返回值,是最简单的自定义函数。

5.2.2 函数的调用

不管是自定义的函数还是系统函数,如果函数不被调用,就不会执行。只要在需要使用函数的位置,使用函数名称和参数列表进行调用即可。函数被调用后开始执行函数体中的代码,执行完毕返回到调用的位置继续向下执行。所以在函数调用时函数名称可以总结出以下三个作用。

(1)通过函数名称去调用函数,并让函数体的代码运行,调用几次函数体就会执行几次。

(2)如果函数有参数列表,还可以通过函数名后面的小括号传入对应的值给参数,在函数体中使用参数来改变函数内部代码的执行行为。

(3)如果函数有返回值,当函数执行完毕时就会将 return 后面的值返回到调用函数的位置处,这样就可以把函数名称当作函数返回的值使用。

只要声明的函数在脚本中可见,就可以通过函数名在脚本的任意位置调用。在 PHP 中可以在函数的声明之后调用,也可以在函数的声明之前调用,还可以在函数中调用函数。在上例中虽然声明了函数 table(),但如果没有被调用,就不会执行。如果我们在函数 table()声明的前面和后面分别调用一次,函数就会被执行两次,在两个调用的位置输出两张表格。如下所示:

```php
<?php
    table();                        //在函数声明之前通过函数名加上小括号调用下面自定义的函数

    function table() {
        … …                         //函数体部分省略
    }

    table();                        //在函数声明之后通过函数名加上小括号调用上面自定义的函数
```

该程序执行后输出结果如图 5-1 所示。

图 5-1　通过函数输出两张表格

5.2.3　函数的参数

参数列表是由 0 个、一个或多个参数组成的。每个参数是一个表达式，用逗号分隔。对于有参函数，在 PHP 脚本程序中和被调用函数之间有数据传递关系。定义函数时，函数名后面括号内的表达式称为形式参数（简称"形参"），被调用函数名后面括号中的表达式称为实际参数（简称"实参"），实参和形参需要按顺序对应传递数据。如果函数没有参数列表，则函数执行的任务就是固定的，用户在调用函数时不能改变函数内部的一些执行行为。例如，前面介绍的 table() 函数就是没有参数列表的函数，每次调用 table() 函数时都会输出固定的表格，用户连最基本的表名、表的行数和列数都不能改变。

如果函数使用参数列表，函数参数的具体数值就会从函数外部获得。也就是用户在调用函数时，在函数体还没有执行之前，将一些数据通过函数的参数列表传递到函数内部，这样函数在执行函数体时，就可以根据用户传递过来的数据决定函数体内部如何执行。所以说，函数的参数列表就是给用户调用函数时提供的操作接口。我们将上例中的 table() 函数修改一下，在参数列表中加上三个参数，让用户调用 table() 函数时可以改变表格的表名、行数和列数。如下所示：

```
1  <?php
2      /**
3       自定义函数table()时，声明三个参数，参数之间使用逗号分隔
4       @param  string  $tableName    需要一个字符串类型的表名
5       @param  int     $rows         需要一个整型数值设置表格的行数
6       @param  int     $cols         需要另一个整型数值设置表格的列数
7      */
8      function table( $tableName, $rows, $cols ) {              //函数声明时，声明三个参数
9          echo "<table align='center' border='1' width='600'>";
10         echo "<caption><h1> $tableName </h1></caption>";      //使用第一个参数$tableName作为输出表名
11
```

```
12      for($out=0; $out < $rows; $out++ ) {                //使用第二个参数$rows指定表行数
13          $bgcolor = $out%2 == 0 ? "#FFFFFF" : "#DDDDDD";
14          echo "<tr bgcolor=".$bgcolor.">";
15
16          for($in=0; $in < $cols; $in++) {                //使用第三个参数$cols指定表列数
17              echo "<td>".($out*$cols+$in)."</td>";
18          }
19
20          echo "</tr>";
21      }
22      echo "</table>";
23  }
```

在定义函数 table() 时，添加了三个形参：第一个参数需要一个字符串类型的表名；第二个参数是表格的行数，需要一个整型数值；第三个参数是输出表格的列数，也需要一个整型数值。这三个形参分别在函数体中以变量的形式使用，在用户调用时才被赋值并在函数体执行期间使用。调用带有参数列表的 table() 函数，如下所示：

```
1  <?php
2      table( "第一个3行4列的表", 3, 4 );      //第一次调用table()函数，对应形参传入三个实参
3      table( "第二个2行10列的表", 2, 10 );    //第二次调用table()函数，对应形参传入三个实参
4      table( "第三个5行5列的表", 5, 5 );      //第三次调用table()函数，对应形参传入三个实参
```

该程序执行后输出结果如图 5-2 所示。

图 5-2　利用函数的不同参数输出表格

在函数中使用的参数列表，是用户调用函数时传递数据到函数内部的接口。可以根据声明函数时的需要设置多个参数。上例中已经设置了三个参数，用来在调用时改变表格的表名、行数和列数。如果还想让用户调用 table() 函数，可以改表格的宽度、背景颜色及表格边框的宽度，只要在声明函数时，在参数列表中多设置三个参数即可。

5.2.4　函数的返回值

在定义函数时，函数名后面括号中的参数列表是用户在调用函数时用来将数据传递到函

数内部的接口,而函数的返回值则将函数执行后的结果返回给调用者。如果函数没有返回值,就只能算一个执行过程。只依靠函数做一些事情还不够,有时更需要在程序脚本中使用函数执行后的结果。由于变量的作用域的差异,调用函数的脚本程序不能直接使用函数体里面的信息,但可以通过关键字 return 向调用者传递数据。return 语句在函数体中使用时,有以下两个作用:

> return 语句可以向函数调用者返回函数体中任意确定的值。
> 将程序控制权返回到调用者的作用域,即退出函数。在函数体中如果执行了 return 语句,它后面的语句就不会被执行。

再次修改 table()函数,把该函数单纯的输出表格的功能修改成创建表格的功能。上例中的 table()函数只要被调用,就必须输出用户通过传递参数指定表名、行数和列数的表格。如果将函数体中所有输出的内容都放到一个字符串里,并使用 return 语句返回这个存有表格数据的字符串,在调用 table()函数时,就不是必须输出用户指定的表格了,而是获取到用户制定的表格字符串。用户不仅可以将获取的字符串直接输出显示表格,还可以将获取到的表格存储到数据库或文件中,或者有其他的字符串处理方式。如下所示:

```php
<?php
    /**
     * 制定的表格字符串
     * @return String 返回表格代码字符串
     */
    function table( $tableName, $rows, $cols ) {
        $str_table = "";                                            //声明一个空字符串存入表格
        $str_table .= "<table align='center' border='1' width='600'>";
        $str_table .=  "<caption><h1> $tableName </h1></caption>";

        for($out=0; $out < $rows; $out++ ) {                        //使用第二个参数$rows指定表行数
            $bgcolor = $out%2 == 0 ? "#FFFFFF" : "#DDDDDD";
            $str_table .= "<tr bgcolor=".$bgcolor.">";

            for($in=0; $in < $cols; $in++) {                        //使用第三个参数$cols指定表列数
                $str_table .= "<td>".($out*$cols+$in)."</td>";
            }

            $str_table .= "</tr>";
        }
        $str_table .= "</table>";
        return $str_table;                                          //返回生成的表格字符串
    }

    $str = table( "第一个3行4列的表", 3, 4 );                        //将返回的结果赋给变量$str
    echo table( "第二个2行10列的表", 2, 10 );                       //直接将返回结果输出
    echo $str;                                                      //将从函数获取的$str字符串输出
```

该程序执行后输出结果如图 5-3 所示。

在上例中将 table()函数中所有输出的内容都累加到了一个字符串$str_table 中,并在函数的最后使用 return 语句将$str_table 返回。这样,在调用函数 table()时,不仅将一些数据以参数的形式传到了函数的内部,还执行了函数,并且在调用函数处还可以使用 return 语句返回的值,而且这个从函数返回的值可以在脚本中像使用其他值一样使用。例如,将其赋给一个变量、直接输出或是参与运算等。

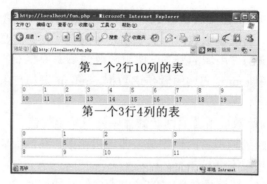

图 5-3　利用函数的返回值输出表格

通常在函数中使用 return 语句可以很容易地返回一个值。如果需要返回多个值，则不能采用连续写多个 return 语句的方式。因为函数执行到第一个 return 语句就会退出，不会执行其后面的任何代码。但可以将多个值添加到一个数组中，再使用 return 返回这个数组，在调用函数时就可以接收到这个数组，并在程序中像使用其他数组一样。

5.3 函数的工作原理和结构化编程

仅当函数被调用后，函数中的语句才会被执行，目的是完成一些特定的任务。而函数执行完毕后，控制权将返回到调用函数的地方，函数就能够以返回值的方式将信息返回给程序。通过在程序中使用函数，可以进行结构化编程。在结构化编程中，各个任务是由独立的程序代码段完成的。而函数正是实现"独立的程序代码段"最理想的方式，所以函数和结构化编程的关系非常紧密。结构化编程之所以卓越，有如下两个重要原因：

➢ 结构化程序更容易编写，因为复杂的编程问题被划分为多个更小、更简单的任务。每个任务由一个函数完成，而函数中的代码和变量独立于程序的其他部分。通过每次处理一个简单的任务，编程速度将更快。

➢ 结构化程序更容易调试。如果程序中有一些无法正确运行的代码，结构化设计则使得将问题缩小到特定的代码段（如特定的函数）。

结构化编程的一个显著优点是可以节省时间。如果你在一个程序中编写一个执行特定任务的函数，则可以在另一个需要执行相同任务的程序中使用它。即使新程序需要完成的任务稍微不同，但修改一个已有的函数比重新编写一个函数更容易。想想看，你经常使用函数 echo() 和 var_dump()，虽然你可能还不知道它们的代码，但在程序中使用它们可以很容易地完成单个任务。编写结构化程序之前，首先应确定程序的功能，必须做一些规划，在规划中必须列出程序要执行的所有具体任务。然后使用函数编写每个具体的任务，在主程序中按执行顺序调用每个任务函数，就组成了一个完整的结构化程序。图 5-4 所示是一个包含三个函数的程序，其中每个函数都执行特定的任务，可以在主程序中调用一次或多次。每当函数被调用时，控制权便被传递给函数。函数执行完毕后，控制权返回到调用该函数的位置。

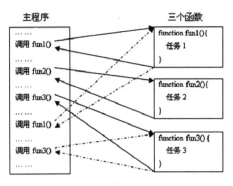

图 5-4　函数据调用过程

5.4　PHP 变量的范围

变量的范围也就是它的生效范围。大部分的 PHP 变量只有一个单独的使用范围，也包含了 include 和 require 引入的文件。当一个变量执行赋值动作后，会随着声明区域位置的差异而有不同的使用范围。大致上来说，变量会依据声明的位置分为局部变量和全局变量两种。

5.4.1　局部变量

局部变量也称为内部变量，是在函数内部声明的变量，其作用域仅限于函数内部，离开该函数后再使用这种变量是非法的。不仅在函数中声明的变量是局部变量，为声明函数设置的参数因为只能在本函数的内部使用，所以也是局部变量。区别在于函数的参数具体数值从函数外部获得（函数被调用时传入的值），而直接在函数中声明的变量只能在函数内部被赋值。但它们的作用域都仅限于函数内部，因为当每次函数被调用时，函数内部的变量才被声明，执行完毕后函数内部的变量都被释放。如下所示：

```php
<?php
    /**
        测试局部变量的演示函数
        $param   int $one 需要一个整型的参数，测试是否为局部变量
    */
    function demo( $one ) {
        $two = 100;                                           //在函数内部声明一个变量
        echo "在函数内部执行: $one + $two =".($one+$two)."<br>";  //在函数内部使用两个局部变量
    }

    demo( 200 );                                              //调用demo函数传入200赋值给参数$one
    echo "在函数外部执行: $one + $two =".($one+$two);          //在函数外部使用两个变量，非法访问
```

该程序执行后输出结果如下所示：

```
在函数内部执行：200 + 100 =300        //在函数内部可以访问内部变量，输出的结果
在函数外部执行：+ =0                  //在函数外部不能访问函数内部的两个变量，所以无法输出结果
```

在上例中声明了一个 demo() 函数，当调用 demo() 函数时才会声明两个变量 $one 和 $two，这两个变量都是局部变量。变量 $one 是在参数中声明的并在调用时被赋值 200，另一个变量 $two 是在函数中声明的并直接赋值 100，这两个局部变量只能在函数的内部使用，输出计算结果。当 demo() 函数执行结束时，这两个变量就会被释放。因此，在函数外部访问这两个变量时是不存在的，所以没有输出结果。如果在函数外部需要调用该变量值，必须通过 return 指令将其值传回至主程序区块以做后续处理。如下所示：

```php
<?php
    /**
        测试局部变量的演示函数
        $param    int  $one    需要一个整型的参数，测试是否为局部变量
    */
    function demo( $one ) {                              //声明一个函数demo，需要传入一个整型参数
        $two = 100;                                      //在函数内部声明一个变量
        return $one+$two;                                //将函数的运算结果使用return语句返回到函数调用处
    }

    $sum = demo(200);                                    //调用demo函数传入200赋值给参数$one，返回值赋给变量$sum
    echo "在函数外部使用函数中的运算结果：$sum <br>";     //在函数外部可以使用函数返回的结果
```

该程序执行后输出结果如下所示：

在函数外部使用函数中的运算结果：300   //获得函数内部执行结果，在函数外部使用

5.4.2　全局变量

全局变量也称为外部变量，是在函数的外部定义的，它的作用域为从变量定义处开始，到本程序文件的末尾。和其他编程语言不同，全局变量不是自动设置为可用的。在 PHP 中，由于函数可以视为单独的程序片段，所以局部变量会覆盖全局变量的能见度，因此在函数中无法直接调用全局变量。如下所示：

```php
<?php
    $one = 200;                                          //在函数外部声明一个全局变量$one值为200
    $two = 100;                                          //在函数外部声明一个全局变量$two值为100

    /**
        用于测试在函数内部不能直接使用全局变量$one和$two
    */
    function demo(){
        echo "运算结果：".($one+$two)."<br>";             //相当于在函数内部新声明并且没赋初值的两个变量
    }

    demo();                                              //调用函数demo
```

该程序执行后输出结果如下所示：

运算结果：0   //两个变量没有赋初值为NULL，执行两个空值相加后的结果为0

在上例中，函数 demo() 外面声明了两个全局变量 $one 和 $two，但在 PHP 中，不能直接在函数中使用全局变量。所以在 demo() 函数中使用的变量 $one 和 $two，相当于新声明的两个变量，并且没有被赋初值，是两个空值运算，所以得到的结果为 0。在函数中若要使用全

局变量，必须要利用 global 关键字定义目标变量，以告诉函数主体此变量为全局变量。如下所示：

```php
<?php
    $one = 200;                          //在函数外部声明一个全局变量$one值为200
    $two = 100;                          //在函数外部声明一个全局变量$two值为100

    /**
        用于测试在函数内部使用global关键字加载全局变量$one和$two
    */
    function demo(){
        //在函数内部使用global关键字加载全局变量,加载多个使用逗号分隔
        global $one, $two;

        echo "运算结果: ".($one+$two)."<br>";   //用到了函数外部声明的全局变量
    }

    demo();                              //调用函数demo
```

该程序执行后输出结果如下所示：

运算结果：300   //使用global关键字就可以加载全局变量在函数中使用

在函数中使用全局变量，除了使用关键字 global，还可以用特殊的 PHP 自定义 $GLOBALS 数组。前面的例子可以写成使用$GLOBALS替代global。如下所示：

```php
<?php
    $one = 200;                          //在函数外部声明一个全局变量$one值为200
    $two = 100;                          //在函数外部声明一个全局变量$two值为100

    /**
        用于测试在函数内部使用$GLOBALS访问全局变量
    */
    function demo(){
        $GLOBALS['two'] = $GLOBALS['one'] + $GLOBALS['two'];
    }

    demo();                              //调用函数demo
    echo $two;                           //输出结果300,说明全局变量被访问到,重新被赋值
```

在$GLOBALS 数组中，每一个变量是一个元素，键名对应变量名，值对应变量的内容。$GLOBALS 之所以在全局范围内存在，是因为它是一个超全局变量。关于超全局变量，将在后面的章节详细介绍。

5.4.3 静态变量

局部变量从存储方式上可分为动态存储类型和静态存储类型。函数中的局部变量，如不专门声明为 static 存储类别，默认都是动态地分配存储空间的。其中的内部动态变量在函数调用结束后自动释放。如果希望在函数执行后，其内部变量依然保存在内存中，应使用静态变量。在函数执行完毕后，静态变量并不会消失，而是在所有对该函数的调用之间共享，即在函数再次执行时，静态变量将接续前次的结果继续运算，并且仅在脚本的执行期间函数第

一次被调用时被初始化。要声明函数变量为静态的，需用关键字 static。如下所示：

```php
<?php
    /**
     * 声明一个名为test的函数，测试在函数内部声明的静态变量的使用
     */
    function test() {              //声明一个名为test的函数
        static $a = 0;             //定义一个静态变量$a，并赋初值为0
        echo $a;                   //输出变量$a的值
        $a++;                      //将变量$a自增1
    }
    test();                        //第一次运行，输出0
    test();                        //第二次运行，输出1
    test();                        //第三次运行，输出2
```

在上例中，将函数 test()中的局部变量$a 使用 static 关键字声明为静态变量，并赋初值为 0。函数在第一次执行时，静态变量$a 经运算后，从初值 0 变为 1。当函数第一次执行完毕后，静态变量$a 并没有被释放，而是将结果保存在静态内存中。第二次执行时，$a 从内存中获取上一次计算的结果 1，继续运算，并将结果 2 存于静态内存空间中。以后每次函数执行时，静态变量将从自己的内存空间中获取前次的存储结果，并以此为初值进行计算。

5.5 声明及应用各种形式的 PHP 函数

编写 PHP 程序时，可以自己定义函数，当然如果 PHP 系统中有直接可用的函数是最好的了，没有时才去自己定义。在 PHP 系统中有很多标准的函数可供使用，但有一些函数需要和特定的 PHP 扩展模块一起编译，否则在使用它们的时候就会得到一个致命的"未定义函数"错误。例如，要使用图像函数 imagecreatetruecolor()，需要在编译 PHP 的时候加上 GD 的支持；或者，要使用 mysql_connect()函数，就需要在编译 PHP 的时候加上 MySQL 的支持。有很多核心函数已包含在每个版本的 PHP 中，如字符串和变量函数。调用 phpinfo()或者 get_loaded_extensions()函数可以得知 PHP 加载了哪些扩展库。同时还应该注意，很多扩展库默认就是有效的。

调用系统函数和调用自定义函数的方式相同。系统中为我们提供的每一个函数，都会有详细的帮助信息，所以使用函数时没有必要花费大量的时间去研究函数内部是如何执行的，只要参考帮助文档完成函数的调用，能实现我们需要的功能即可。当然，如果声明一个函数让其他人去应用，也应该提供一份该函数的详细使用说明。如果想通过帮助文档成功地应用一个函数，则介绍函数使用的帮助文档就必须包括以下几点。

> **函数的功能描述（决定是否使用这个函数）**。使用哪个函数去完成什么样的任务，都是需要对号入座的，所以通过函数的功能描述就可以让我们决定在自己的脚本中是否去使用它。

> **参数说明（决定怎么使用这个函数）**。参数的作用就是在执行函数前导入某些数值，以提供函数处理执行。通过函数的参数传值可以改变函数内部的执行行为，所以怎么传值、传什么值、传什么类型的值、传几个值等的详细说明才是决定如何使用函数的关键。

> **返回值（调用后如何处理）**。在脚本中通过获取函数调用后的返回值来决定程序的下一步执行，所以就必须要了解函数是否有返回值、返回什么样的值、返回什么类型的值。

例如下面是自己定义的函数，就包括了这三方面的帮助信息：

```php
<?php
    /**
        定义一个计算两个整数平方和的函数
        @param    int $i       第一个整数参数，作为一个运算数
        @param    int $j       第二个整数参数，作为另一个运算数
        @return   int          返回一个整数，是计算后平方和的值
    */
    function test( $i, $j ) {
        $sum = 0;                         //声明一个变量用于保存计算后的结果
        $sum = $i*$i + $j*$j;             //计算两个数的平方和
        return $sum;                      //返回值，返回计算后的结果
    }

    echo test(2, 5);                      //应用函数
```

PHP 函数的参数才是决定如何成功应用一个函数或是控制一个函数执行行为的标准。又因为 PHP 是弱类型语言，参数的设置和应用会有多种方式，所以学会声明具有不同参数的函数，以及可以成功调用各同形式参数的函数，才是学习 PHP 函数的关键。本节将通过 PHP 函数的参数这个特点，分别介绍相应函数的声明和详细应用。

5.5.1 常规参数的函数

常规参数的函数格式说明如下所示：

```
string example( string name, int age, double height )        //常规参数的函数格式说明
```

所谓的常规参数的函数，就是实参和形参应该个数相等、类型一致，像 C 或 Java 等强类型语言中的参数使用方法一样。这类函数的调用比较容易，因为灵活性不大，像强类型语言一样要求比较严格（参数个数是固定的，每个参数的类型也是固定的）。在 PHP 中，如果声明这样的函数就发挥不了 PHP 弱类型语言的优势。例如，在上面常规参数的函数语法格式示例中，声明一个名为 example 的函数，函数执行后返回一个字符串类型的值。该函数有三个参数，调用时传递的参数个数和顺序必须一致，并且第一个参数必须是字符串类型，第二个参数必须是整型，第三个参数必须是双精度类型。例如，上例中定义的求两个整数平方和的函数 test() 就是一个常规参数的函数，要求必须有两个整型的参数。系统函数也有很多属于这种类型。一些使用常规参数的系统函数如下所示：

```
string chr ( int ascii )                              //必须使用一个整数作为参数
float ceil ( float value )                            //必须使用一个浮点数作为参数
array array_combine ( array keys, array values )      //必须使用两个数组作为参数
int strnatcmp ( string str1, string str2 )            //必须使用两个字符串作为参数
string implode ( string glue, array pieces )          //第一个参数必须是字符串，第二个参数必须是数组
string readdir ( resource dir_handle )                //必须使用一个资源类型作为参数
```

5.5.2 伪类型参数的函数

伪类型参数的函数格式说明如下所示：

mixed **funName** (mixed $args)	#在参数列表中出现类型使用 mixed 描述的参数
number **funName** (number $args)	#在参数列表中出现类型使用 number 描述的参数

PHP 是弱类型的语言，不仅在声明变量时不需要指定类型，在声明函数时参数也不需要指定类型，所以在 PHP 中函数的每个参数都可以为其传递任意类型的值。因为弱类型是 PHP 语言的最大特点，所以在声明一个函数时，可以让同一个参数接受任意类型的值。而在 C 或 Java 等强类型编程语言中，如果要声明对数组进行排序的方法，就必须为每一种类型的数组写一个排序的方法，这就是所谓的函数重载，而 PHP 这种弱类型参数则不存在重载的概念。在 PHP 中，如果对各种类型的数组进行排序，只要声明一个函数就够了，所以伪类型参数的函数是 PHP 中最常见的函数应用形式。前面我们介绍过 PHP 的伪类型，包括 mixed、number 和 callback 三种，所以这里就不做过多的阐述。在声明函数时，如果参数能接受多种不同但并不必须是所有类型的值，在函数的说明文档中就可以使用 mixed 标记这个参数类型。如果说明一个参数可以是 integer 或 float，就可以使用 number 标记参数。除了参数可以传递伪类型的参数，函数的返回值也可以根据参数类型的不同返回不同类型的值。在 PHP 中，像 empty()、pow()等都是这样的函数。

5.5.3 引用参数的函数

引用参数的函数格式说明如下所示：

void **funName** (array &arg)	#在参数列表中出现使用&描述的参数

在 PHP 中默认是按值传递参数，而且函数的参数也属于局部变量，所以即使在函数内部改变参数的值，它并不会改变函数外部的值。函数为子程序，调用函数的程序可以称为父程序。父程序直接传递指定的值或变量给函数使用。由于所传递的值或变量与函数里的数值分别存储于不同的内存区块，所以如果函数对所导入的数值做了任何变动，并不会对父程序造成直接影响。如下所示：

```php
<?php
    /**
     *  声明一个函数test，用于测试参数
     *  @param   int  $arg     需要一个整型值参数
     */
    function test( $arg ) {
        $arg = 200;              //在函数中改变参数$a的值为200
    }

    $var = 100;                  //在父程序中声明一个全局变量$var，初值为100
    test($var);                  //调用test函数，并将变量$var的值100传给函数的参数$arg
    echo $var;                   //输出100。$var的值没有变化
```

在上面的程序中，在调用 test() 函数时，将全局变量 $var 的"值"传给函数 test()。虽然在 test() 函数中对变量 $arg 指定了新值 200，但是并不能改变函数外变量 $var 的值。调用 test() 函数结束后，变量 $var 的输出值仍为 100。如果希望允许函数修改它的参数值，则必须通过引用传递参数。相对于按值传递模式，并不会将父程序中的指定数值或目标变量传递给函数，而是把该数值或变量的内存存储区块相对地址导入函数之中。因此，当该数值在函数中有任何变动时，会连带对父程序造成影响。如果想要函数的一个参数总是通过引用传递，则在函数定义中，在参数的前面预先加上符号"&"即可。如下所示：

```php
<?php
    /**
        声明一个函数test,用于测试参数
        @param  int $arg      需要一个整型值参数,使用'&'将按引用方式传递参数,参数必须是变量
    */
    function test( &$arg ) {
        $arg = 200;                   //在函数中改变参数$a的值为200,$arg是引用参数,外部变量$var也被修改
    }

    $var = 100;                       //在父程序中声明一个全局变量$var,初值为100
    test($var);                       //调用test函数,并将变量$var的引用传给函数的参数$arg
    echo $var;                        //输出200。$var的值在函数中修改变量$arg时被修改
```

在上面的程序中，调用 test() 函数时，并不是将全局变量 $var 的值 100 传递给函数 test()。可以看到，在 test() 函数的定义中，使用了引用符号"&"指定变量 $arg 为按引用传递方式。在函数体中对变量 $arg 指定了新值 200，由于按引用方式会修改外部数据，所以外部变量 $var 的值也一起被修改为 200。调用函数结束后，可以看到变量 $var 的输出值为 200。

注意：如果在函数的形参中有使用"&"修饰的参数，则在调用该函数时就必须传入一个变量给这个参数，而不能传递一个值。

在 PHP 的系统函数中有很多这样的函数，都需要传递一个变量给引用参数，在函数中改变参数变量的值，则传递的这个参数变量本身的值也会在父程序中被改变。例如，在数组处理函数中的 next()、sort()、shuffle、key() 等函数都是引用参数的函数。其中 sort() 函数的使用及说明如下所示：

```php
<?php
    $arr = array( 1, 5, 8, 4, 6, 2, 9 );    //声明一个数组,元素成员的顺序是打乱的
    print_r( $arr );                         //输出排序前数据的顺序

    sort( $arr );                            //使用sort()函数排序,必须传入一个数组变量
    print_r( $arr );                         //数组$arr排序后的结果输出
```

可以看到使用 sort() 函数成功对数组 $arr 进行了排序，只需要直接将数组变量 $arr 作为参数调用 sort() 函数处理，原数组就是排序后的顺序。因为 sort() 使用的是一个引用参数，所以在 sort 内部对传入的数组参数进行排序，父程序向该函数传入的数组变量值也就被改变了。

5.5.4 默认参数的函数

默认参数的函数格式说明如下所示：

mixed **funName** (string name [, string value [, int expire]])   #在参数列表中出现使用［］描述的参数

在定义函数时声明了参数,而在调用函数时没有指定参数或是少指定了参数,就会出现缺少参数的警告。在 PHP 中,支持函数的默认方式调用,即为参数指定一个默认值。在调用函数时如果没有指定参数的值,在函数中会使用参数的默认值。默认值必须是常量表达式,不能是变量、类成员或者函数调用。PHP 还允许使用数组和特殊类型 NULL 作为默认参数。如下所示:

```php
<?php
    /**
     * 自定义一个函数名称为person,用于打印一个人的属性
     * @param  string  $name   人的名字属性字符串,默认值为"张三"
     * @param  int     $age    人的年龄属性,默认值为20
     * @param  string  $sex    人的性别属性,默认值为"男"
     */
    function person( $name="张三", $age=20, $sex="男" ){
        echo "我的名字是: {$name}, 我的年龄为: {$age}, 性别: {$sex} <br>";
    }

    person();                      //在调用函数时三个参数都没有传值,全部使用默认参数
    person("李四");                //第一个默认参数被传入的值覆盖,后两个参数使用默认参数
    person("王五", 22);            //前两个默认参数被传入的值覆盖,最后一个参数使用默认参数
    person("贾六", 18, "女");      //在调用函数时,三个默认参数都被传入的值覆盖
```

该程序执行后输出结果如下所示:

```
我的名字是: 张三, 我的年龄为: 20, 性别: 男
我的名字是: 李四, 我的年龄为: 20, 性别: 男
我的名字是: 王五, 我的年龄为: 22, 性别: 男
我的名字是: 赵六, 我的年龄为: 18, 性别: 女
```

在上例中声明了一个名为 person()并带有三个参数的函数,其中的三个参数都被默认赋上初值,即默认参数。在调用该函数时,如果少传或不传参数,参数将使用默认的值。如果用户在调用函数时传值,则使用传入的值。

当调用函数传递参数时,实参和形参是按顺序对应传递数据的,如果实参个数少于形参,则最右边的形参不会被传值。当使用默认参数时,任何默认参数必须放在任何非默认参数的右侧,否则,可能函数将不会按照预期的情况工作。例如,下面的函数声明就是函数默认参数不正确的用法。后面两个参数没有被传值,也没有默认值,在调用时出现警告。如下所示:

```php
<?php
    /**
     * 自定义一个函数名称为person,用于打印一个人的属性
     * @param  string  $name   人的名字属性字符串,默认值为"张三"
     * @param  int     $age    人的年龄属性
     * @param  string  $sex    人的性别属性
     */
    function person( $name="张三", $age, $sex){
        echo "我的名字是: {$name}, 我的年龄为: {$age}, 性别: {$sex} <br>";
    }

    person("李四");                //第一个默认参数被传入的值覆盖,后两个参数没有传值,会出现2条警告报告
```

只需将函数头部的参数列表中，默认参数列在所有没有默认值参数的后面，该程序即可正确执行。如下所示：

```php
<?php
    /**
        自定义一个函数名称为person，用于打印一个人的属性
        @param  string  $name  人的名字属性字符串
        @param  int     $age   人的年龄属性
        @param  string  $sex   人的性别属性,默认值为"男"
    */
    function person( $name=, $age, $sex="男" ){
        echo "我的名字是：{$name}，我的年龄为：{$age}，性别：{$sex} <br>";
    }

    person("李四", 20);                    //前两个参数传值，没有为最后一个参数传值，则使用默认值"男"
```

在上面的代码中，函数 person()在调用时，前两个参数是必须传值的参数，如果不传值则会出现错误；而最后一个参数是可选的参数，如果不传值则使用默认值。在 PHP 的系统函数中有很多这样的函数，前面是必须传值的参数，后面是可选参数。例如 printf()、explode()、mysql_query()、setCookie()等函数都有必选和可选参数。

5.5.5 可变个数参数的函数

可变参数的函数格式说明如下所示：

mixed **funName** (string arg1 [, string ...])   #在参数列表中出现使用 "…" 描述的参数

使用默认参数适合实参个数少于形参的情况，而可变参数列表则适合实参个数多于形参的情况。如果在函数中用不到多传入的参数则没有意义。通常，用户在定义函数时，设置的参数数量是有限的。如果希望函数可以接受任意数量的参数，则需要在函数中使用 PHP 系统提供的 func_get_args()函数，它将所有传递给脚本函数的参数当作一个数组返回。如下所示：

```php
<?php
    /**
        声明一个函数more_args()，用于打印参数列表的值
        虽然没有声明参数列表，但可以传入任意个数、任意类型的参数值
    */
    function more_args() {
        $args = func_get_args();                    //将所有传递给脚本函数的参数当作一个数组返回
        for($i=0; $i<count($args); $i++) {          //使用for循环遍历数组$args
            echo "第".$i."个参数是".$args[$i]."<br>";   //分别输出传入函数的每个参数
        }
    }
    more_args("one", "two", "three", 1, 2, 3);      //调用函数并输入多个参数
```

除此之外，也可以使用 func_num_args()函数返回参数的总数，使用 func_get_arg()函数接受一个数字参数，返回指定的参数。上面的函数可以改写为下面的形式：

```php
1  <?php
2      /**
3       * 声明一个函数more_args()，用于打印参数列表的值
4       * 虽然没有声明参数列表，但可以传入任意个数、任意类型的参数值
5       */
6      function more_args() {
7          for($i=0; $i<func_num_args(); $i++) {      //使用for循环遍历数组$args
8              echo "第".$i."个参数是".func_get_arg($i)."<br>";  //分别输出传入函数的每个参数
9          }
10     }
11     more_args("one", "two", "three", 1, 2, 3);     //调用函数并输入多个参数
```

上面的两个例子实现了相同的功能，都可以在函数中获取任意个数的参数列表，并在函数中使用。在 PHP 的系统函数中，也有很多这样的可变参数的函数，例如 array()、echo()、array_merge ()等函数都可以传递任意多个参数。

5.5.6 回调函数

回调函数的格式说明如下所示：

mixed **funName** (**callback** arg)　　　　　　#在参数列表中使用伪类型 callback 描述

所谓的回调函数，就是指调用函数时并不是传递一个标准的变量作为参数，而是将另一个函数作为参数传递到调用的函数中。如果在函数的格式说明中出现"callback"类型的参数，则该函数就是回调函数。callback 也属于 PHP 中伪类型的一种，说明函数的参数需要接受另一个函数作为实参。一个很重要的问题是为什么要使用函数作为参数呢？前面介绍过，通过参数的传递可以改变调用函数的执行行为，但有时仅将一个值传递给函数能力还是有限的。如果可以将一个用户定义的"执行过程"传递到函数中使用，就大大增加了用户对函数功能的扩展。而如何声明和使用回调函数也是比较关键的问题，如果需要声明回调函数，就需要先了解一下变量函数。

1. 变量函数

变量函数也称为可变函数。如果一个变量名后有圆括号，PHP 将寻找与变量的值同名的函数，并且将尝试执行它。例如，声明一个函数 test()，将函数名称字符串"test"赋给变量$demo。如果直接打印$demo 变量，输出的值一定是字符串"test"；但如果在$demo 变量后加上圆括号"$demo()"，则为调用对应$demo 变量值"test"的函数。这样就可以将不同的函数名称赋给同一个变量，再通过变量去调用这个函数，类似于面向对象中多态特性的应用。如下所示：

```php
1  <?php
2      /** 声明第一个函数one，计算两个数的和
3       * @param   int $a   计算和的第一个运算元
4       * @param   int $b   计算和的第二个运算元
5       * @return  int      返回计算后的结果
6       */
7      function one( $a, $b ) {
8          return $a + $b;
```

```php
 9      }
10
11      /** 声明第二个函数two，计算两个数的平方和
12          @param    int  $a     计算平方和的第一个运算元
13          @param    int  $b     计算平方和的第二个运算元
14          @return   int         返回计算后的结果
15      */
16      function two($a, $b) {
17          return $a*$b + $b*$b;
18      }
19
20      /** 声明第三个函数three，计算两个数的立方和
21          @param    int  $a     计算立方和的第一个运算元
22          @param    int  $b     计算立方和的第二个运算元
23          @return   int         返回计算后的结果
24      */
25      function three($a, $b) {
26          return $a*$a*$a + $b*$b*$b;
27      }
28
29      $result = "one";                    //将函数名"one"赋给变量$result，执行$result()时则调用函数one()
30      //$result = "two";                  //将函数名"two"赋给变量$result，执行$result()时则调用函数two()
31      //$result = "three";                //将函数名"three"赋给变量$result，执行$result()时则调用函数three()
32
33      echo "运算结果是："  .$result(2, 3);   //变量$result接收到哪个函数名的值，就调用哪个函数
```

在上例中声明了 one()、two()和 three()三个函数，分别用于计算两个数的和、平方和及立方和。并将三个函数的函数名（不带圆括号）以字符串的方式赋给变量$result，然后使用变量名$result 后面加上圆括号并传入两个整型参数，就会寻找与变量$result 的值同名的函数执行。大多数函数都可以将函数名赋值给变量，形成变量函数。但变量函数不能用于语言结构，例如 echo()、print()、unset()、isset()、empty()、include()、require()及类似的语句。

2．使用变量函数声明和应用回调函数

如果要自定义一个可以回调的函数，可以选择使用变量函数帮助实现。在定义回调函数时，函数的声明结构是没有变化的，只要声明的参数是一个普通变量即可。但在函数的内部应用这个参数变量时，如果加上圆括号就可以调用到和这个参数值同名的函数了，所以以其传递的参数一定要是另一个函数名称字符串才行。使用回调函数的目的是可以将一段自己定义的功能传到函数内部使用。如下所示：

```php
 1  <?php
 2      /** 声明回调函数filter，在0~100的整数中通过自定义条件过滤不要的数字
 3          @param    callback    $fun        需要传递一个函数名称字符串作为参数
 4      */
 5      function filter( $fun ) {
 6          for($i=0; $i <= 100; $i++) {
 7              //将参数变量$fun加上一个圆括号$fun()，则为调用和变量$fun值同名的函数
 8              if( $fun($i) )
 9                  continue;
10
11              echo $i.'<br>';
12          }
13      }
14
15      /** 声明一个函数one，如果参数是3的倍数就返回true，否则返回false
16          @param    int  $num     需要一个整数作为参数
17      */
```

```
18    function one($num) {
19        return $num%3 == 0;
20    }
21
22    /** 声明一个函数two,如果参数是一个回文数(翻转后还等于自己的数)返回true,否则返回false
23     *  @param    int $num       需要一个整数作为参数
24     */
25    function two($num) {
26        return $num == strrev($num);
27    }
28
29    filter("one");          //打印出100以内非3的倍数,参数"one"是函数one()的名称字符串,是一个回调
30    echo '--------------------<br>';
31    filter('two');          //打印出100以内的非回文数,参数"two"是函数two()的名称字符串,是一个回调
```

在上面的示例中,如果声明的函数 filter() 只是接受普通的值作为参数,则用户能过滤掉的数字就会比较单一。而本例在定义的函数 filter() 中调用到了通过参数传递进来的一个函数作为过滤条件,这样函数的功能就强大多了,可以在 filter() 函数中过滤掉你不喜欢的任意数字。在函数 filter() 内部通过参数变量$fun 加上一个圆括号"$fun()",就可以调用和变量$fun 值相同的函数作为过滤的条件。例如,本例中声明了 one() 和 two() 两个函数,分别用于过滤掉 100 之内 3 的倍数和回文数时,只要在调用 filter() 时将函数名称"one"和"two"字符串传递给参数,即将这两个函数传递给 filter() 函数内部使用。

3. 借助 call_user_func_array() 函数自定义回调函数

虽然可以使用变量函数去声明自己的回调函数,但最多的还是通过 call_user_func_array() 函数去实现。函数 call_user_func_array() 是 PHP 中的内置函数,其实它也是一个回调函数,格式说明如下:

mixed **call_user_func_array** (callback function, array param_arr)

该函数有两个参数:第一个参数因为使用伪类型 callback,所以这个参数需要是一个字符串,表示要调用的函数名;第二个参数则是一个数组类型的参数,表示参数列表,按照顺序依次会传递给要调用的函数。该函数的应用示例如下:

```
1  <?php
2      /** 声明一个函数fun(),功能是输出两个字符串,目的是作为call_user_func_array()函数的回调参数
3       *  @param    string    $msg1       需要传递一个字符串作为参数
4       *  @param    string    $msg2       需要传递另一个字符串作为参数
5       */
6      function fun($msg1, $msg2) {
7          echo '$msg1 = '.$msg1;
8          echo '<br>';
9          echo '$msg2 = '.$msg2;
10     }
11
12     /** 通过系统函数call_user_func_array()调用函数fun()
13      *  第一个参数为函数fun()的名称字符串
14      *  第二个参数则是一个数组,每个元素值会按顺序传递给调用的fun()函数参数列表中
15      */
16     call_user_func_array('fun', array('LAMP', '兄弟连'));
```

在上例的第 16 行通过系统函数 call_user_func_array() 调用了自己定义的函数 fun(),将函

数 fun()的名称字符串传递给了 call_user_func_array()函数中的第一个参数，第二个参数则需要一个数组，数组中的元素个数必须和 fun()函数的参数列表个数相同。因为这个数组参数中的每个元素值都会通过 call_user_func_array()函数，按顺序依次传递给回调到的函数 fun()参数列表中。所以我们可以将前面通过变量函数实现的自定义回调函数，改成借助 call_user_func_array()函数的方式实现。代码如下所示：

```php
<?php
    /** 声明回调函数filter, 在0~100的整数中通过自定义条件过滤不要的数字
        @param    callback    $fun       需要传递一个函数名称字符串作为参数
    */
    function filter( $fun ) {
        for($i=0; $i <= 100; $i++) {
            //使用系统函数call_user_func_array(),调用和变量$fun值相同的函数
            if( call_user_func_array($fun, array($i)) )
                continue;

            echo $i.'<br>';
        }
    }
```

本例的第 8 行，在自定义的函数 filter()内部，将原来的变量函数位置改写为 call_user_func_array()函数的调用方式，而函数 filter()的应用方式没有变化。

4．类静态函数和对象的方法回调

前面介绍的都是通过全局函数（没有在任何对象或类中定义的函数）声明和应用的回调函数，但如果遇到回调类中的静态方法，或是对象中的普通方法，则会有所不同。面向对象技术将在本书后面的章节中介绍，所以对于本节介绍的这种应用方式，可以在后面的学习和应用中需要时，再回来翻开本页查阅。回调的方法，如果是一个类的静态方法或对象中的一个成员方法，怎么办呢？我们再来看一下 call_user_func_array()函数的应用。可以将第一个参数"函数名称字符串"改为"数组类型的参数"，如下所示：

```php
<?php
    /* 声明一个类Demo,类中声明一个静态的成员方法fun() */
    class Demo {
        static function fun($msg1, $msg2) {
            echo '$msg1 = '.$msg1;
            echo '<br>';
            echo '$msg2 = '.$msg2;
        }
    }

    /* 声明一个类Test, 类中声明一个普通的成员方法fun()  */
    class Test {
        function fun($msg1, $msg2) {
            echo '$msg1 = '.$msg1;
            echo '<br>';
            echo '$msg2 = '.$msg2;
        }
    }

    /** 通过系统函数call_user_func_array()调用Demo类中的静态成员方法fun(),
        回调类中的成员方法:第一个参数必须使用数组, 并且这个数组需要指定两个元素。
        第一个元素为类名称字符串, 第二个元素则是该类中的静态方法名称字符串。
        第二个参数也是一个数组, 这个数组中每个元素值会按顺序传递给调用Demo类中的fun()方法参数列表中
    */
```

```
25      call_user_func_array( array("Demo", 'fun'), array('LAMP', '兄弟连') );
26
27      /** 通过系统函数call_user_func_array()调用Test类的实例对象中的成员方法fun()，
28          回调类中的成员方法:第一个参数必须使用数组，并且这个数组需要指定两个元素，
29          第一个元素为对象引用，在本例也可以是$obj=new Test()中的$obj，第二个元素则是该对象中的成员方法名称字符串
30          第二个参数也是一个数组，这个数组中每个元素值会按顺序传递给调用new Test()对象中的fun()方法参数列表中
31      */
32      call_user_func_array( array(new Test(), 'fun'), array('BroPHP', '学习型PHP框架') );
```

所有使用 call_user_func_array() 函数实现的自定义回调函数，或者 PHP 系统中为我们提供的所有回调函数，都可以像该函数一样，在第一个参数中使用数组类型值，而且数组中必须使用两个元素：如果调用类中的成员方法，就需要在这个数组参数中指定第一个元素为类名称字符串，第二个元素则是该类中的静态方法名称字符串；如果调用对象中的成员方法名称，则这个数组中的第一个元素为对象的引用，第二个元素则是该对象中的成员方法名称字符串。call_user_func_array() 函数的第二个参数使用没有变化。回调函数的说明格式总结如下所示，其中 callback() 代表所有回调函数：

```
callback ("函数名称字符串")                              #回调全局函数
callback (array("类名称字符串","类中静态方法名称字符串"));   #回调类中的静态成员方法
callback (array(对象引用,"对象中方法名称字符串"));          #回调对象中的成员方法
```

系统为我们提供的回调函数和我们自定义的回调函数在调用方法上都是完全相同的。在 PHP 中提供的带有回调函数的系统函数有很多，但大多数的应用都会涉及后面章节的知识点，所以这里就不再过多阐述，不过会在后面章节中看到它们的具体应用。

5.6 递归函数

递归函数即自调用函数，在函数体内部直接或间接地自己调用自己，即函数的嵌套调用是函数本身。通常在此类型的函数体之中会附加一个条件判断叙述，以判断是否需要执行递归调用，并且在特定条件下终止函数的递归调用动作，把目前流程的主控权交回上一层函数执行。因此，当某个执行递归调用的函数没有附加条件判断叙述时，可能会造成无限循环的错误情形。

函数递归调用最大的好处在于可以精简程序中的繁杂重复调用程序，并且能以这种特性来执行一些较为复杂的运算动作。例如，列表、动态树型菜单及遍历目录等操作。相应的非递归函数虽然效率高，但却比较难编程，而且相对来说可读性差。现代程序设计的目标主要是可读性好。随着计算机硬件性能的不断提高，程序在更多的场合优先考虑可读而不是高效，所以，鼓励用递归函数实现程序思想。一个简单的递归调用如下所示：

```
1  <?php
2      /**
3          声明一个名称为test的函数，用于测试递归
4          $param   int $n   需要一个整数作为参数
5      */
6      function test( $n ) {                   //声明一个名为test的函数，有一个参数
7          echo $n."  ";              //在函数开始处输出参数的值和两个空格
8
```

```
9       if($n>0)                              //判断参数是否大于0
10          test($n-1);                       //如果参数大于0则调用自己,并将参数减1后再次传入
11      else                                  //判断参数不大于0
12          echo " <--> ";                    //输出分界字符串
13
14      echo $n."  ";               //在函数结束处输出参数的值和两个空格
15  }
16
17  test(10);                                 //调用test()函数将整数10传给参数
```

该程序执行后输出结果如下所示:

10 9 8 7 6 5 4 3 2 1 0 <--> 0 1 2 3 4 5 6 7 8 9 10 #找到结果中后半部分的数字正向顺序输出的原因

在上例中声明了一个 test()函数,该函数需要一个整型的参数。在函数外面通过传递整数 10 作为参数调用 test()函数。在 test()函数体中,第一条代码输出参数的值和两个空格。然后判断条件是否成立,成立则调用自己并将参数减 1 再次传入。开始调用时,它是外层调内层,内层调更内一层,直到最内层由于条件不允许必须结束。最内层结束了,输出"<-->"作为分界符,执行调用之后的代码输出参数的值和两个空格,它就会回到稍外一层继续执行。稍外一层再结束时,退到再稍外一层继续执行,层层退出,直到最外层结束。执行后的结果就是我们上面所看到的。

5.7 使用自定义函数库

函数库并不是定义函数的 PHP 语法,而是编程时的一种设计模式。函数是结构化程序设计的模块,是实现代码重用的核心。为了更好地组织代码,使自定义的函数可以在同一个项目的多个文件中使用,通常将多个自定义的函数组织到同一个文件或多个文件中。这些收集函数定义的文件就是创建的 PHP 函数库。如果在 PHP 的脚本中想使用这些文件中定义的函数,就需要使用 include()、include_once()、require()或 require_once()中的一个函数,将函数库文件载入脚本程序中。

require()语句的性能与 include()类似,都是包括并运行指定文件。不同之处在于,对 include()语句来说,在执行文件时每次都要进行读取和评估;而对于 require()语句来说,文件只处理一次(实际上,文件内容替换了 require()语句)。这就意味着如果可能执行多次的代码,则使用 require()效率比较高。另外,如果每次执行代码时读取不同的文件,或者有通过一组文件迭代的循环,就使用 include()语句。

require()语句的使用方法如 require("myfile.php"),这条语句通常放在 PHP 脚本程序的最前面。PHP 程序在执行前就会先读入 require()语句所引入的文件,使它变成 PHP 脚本文件的一部分。include()语句的使用方法和 require()语句一样,如 include("myfile.php")。而这条语句一般放在流程控制的处理区段中。PHP 脚本文件在读到 include()语句时,才将它包含的文件读进来。采用这种方式,可以把程序执行时的流程简单化。如下所示:

```php
1  <?php
2      require 'config.php';              //使用require语句包含并执行config.php文件
3
4      if ($condition)                    //在流程控制中使用include语句
5          include 'file.txt';            //使用include语句包含并执行file.txt文件
6      else                               //条件不成立则包含下面的文件
7          include ('other.php');         //使用include语句包含并执行other.php文件
8
9      require ('somefile.txt');          //使用require语句包含并执行somefile.txt文件
```

上例中在一个脚本文件中使用了 require()和 include()两种语句，include()语句放在流程控制的处理区段中使用，当 PHP 脚本文件读到它时，才将它包含的文件读进来。而在文件的开头和结尾处使用 require()语句，在这个脚本执行前，就会先读入它所引入的文件，使它包含的文件成为 PHP 脚本文件的一部分。

require()和 include()语句是语言结构，不是真正的函数，可以像 PHP 中其他的语言结构一样，例如 echo()可以使用 echo("abc")形式，也可以使用 echo "abc"形式输出字符串 abc。require()和 include()语句也可以不加圆括号而直接加参数，例如 include 语句可以使用 include("file.php")包含 file.php 文件，也可以使用 include "file.php"形式。

include_once()和 require_once()语句也是在脚本执行期间包括并运行指定文件。此行为和 include()及 require()语句类似，使用方法也一样。唯一区别是如果该文件中的代码已经被包括了，则不会再次包括。这两条语句应该用于在脚本执行期间，同一个文件有可能被包括超过一次的情况下，确保它只被包括一次，以避免函数重定义及变量重新赋值等问题。

5.8 PHP 匿名函数和闭包

PHP 支持回调函数（callback），和其他高级语言相比是增分比较多的一项功能。但和 JavaScript 相比，PHP 5.3 以前的回调函数使用并不是很灵活的，只有"字符串的函数名"和"使用 create_function 的返回值"两种选择。而在 PHP 5.3 以后，我们又多了一个选择——匿名函数（Anonymous functions），也叫闭包函数（closures），它允许临时创建一个没有指定名称的函数，常用作回调函数参数的值。当然，也有其他应用的情况。匿名函数的示例代码如下所示：

```php
1  <?php
2      /**
3       * 匿名函数或闭包函数示例
4       */
5      $fun = function($param){           //将一个没有名字的函数赋值给一个变量$fun
6          echo $param;
7      };
8
9      $fun('www.ydma.com');              //变量后加括号并传参数，调用匿名函数，输出：www.ydma.com
```

匿名函数也可以作为变量的值来使用。直接将匿名函数作为参数传给回调函数，是匿名函数最常见的用法，最后别忘记要加上分号。调用回调函数时将匿名函数作为参数的代码示例如下所示：

```php
<?php
    /**
     * 声明函数callback,需要传递一个匿名函数作为参数
     */
    function callback($callback){
        $callback();                        //参数只有是一个函数时才能在这里调用
    }

    callback(function(){                    //调用函数的同时直接传入一个匿名函数
        echo "闭包函数测试";
    });
```

闭包的一个重要概念就是在内部函数中可以使用外部变量,需要通过关键字 use 来连接闭包函数和外界变量,这些变量都必须在函数或类的头部声明。闭包函数是从父作用域中继承变量,与使用全局变量是不同的。全局变量存在于一个全局的范围,无论当前正在执行的是哪个函数。而闭包的父作用域是定义该闭包的函数,不一定是调用它的函数。关键字 use 的使用代码如下所示:

```php
<?php
    /**
     * 声明函数callback,需要传递一个匿名函数作为参数
     */
    function callback($callback){
        $callback();
    }

    $var = '字符串';

    //闭包的一个重要概念就是内部函数中可以使用外部变量，通过use关键字才能实现
    //use引用的变量是$var的副本，如果要完全引用，像上面一样，加上&
    callback(function() use (&$var){
        echo "闭包函数传参数测试{$var}";
    });
```

注意：上例中,use 引用的变量是$var 的副本,如果要完全引用,要像上例一样加上"&"。

第6章 PHP中的数组与数据结构

数组是PHP中最重要的数据类型之一,它在PHP中的应用非常广泛。因为PHP是弱数据类型的编程语言,所以PHP中的数组变量可以存储任意多个、任意类型的数据,并且可以实现其他强数据类型中的堆、栈、队列等数据结构的功能。使用数组的目的就是将多个相互关联的数据组织在一起形成集合,作为一个单元使用,以达到批量处理数据的目的。本章主要包括PHP数组的作用、数组变量的声明方式、PHP遍历数组的方式,以及多而强大的PHP内置的处理数据的函数。另外,本章还介绍了PHP中预定义数组的应用,并结合实际的案例分析介绍了数组的使用方法。

6.1 数组的分类

数组的本质是存储、管理和操作一组变量。数组也是 PHP 提供的 8 种数据类型中的一种,属于复合数据类型。前面我们介绍了标量变量,一个标量变量就是一个用来存储数值的命名区域。同样,数组是一个用来存储一系列变量值的命名区域。因此,可以使用数组组织多个变量。对数组的操作,也就是对这些基本组成部分的操作。

PHP 的数组在学习时感觉有些复杂,但功能却比许多其他高级语言中的数组更强大。和其他语言不一样的是,可以将多种类型的变量组织在同一个数组中,并且 PHP 数组存储数据的容量还可以根据里面元素个数的增减自动调整。还可以使用数组完成其他强类型语言里面数据结构的功能,例如 C 语言中的链表、堆、栈、队列,Java 中的集合等,在 PHP 中都可以使用数组实现。

表 6-1 为联系人列表,每一条记录为一个联系人信息,每条联系人信息都可以由多个不同类型的数据组成。

表 6-1 联系人列表

ID	姓名	公司	地址	电话	E-mail
1	高某	A 公司	北京市	(010)98765432	gm@linux.com

续表

ID	姓名	公司	地址	电话	E-mail
2	洛某	B公司	上海市	(021)12345678	lm@apache.com
3	峰某	C公司	天津市	(022)24680246	fm@mysql.com
4	书某	D公司	重庆市	(023)13579135	sm@php.com

在表 6-1 中只有 4 条记录，每条记录中有联系人的 6 列信息。如果要在程序中使用这些数据，需要声明 24 个变量，将每个数据分别存放在一个变量中，以供程序操作。那么如果在表 6-1 中有 10 000 条或更多的记录呢？如果还使用单个变量去存储每个数据，显然不太现实。不仅声明这些变量需要大量的时间，在程序对这些数据进行操作时也会出现混乱。解决的办法就是使用复合数据类型去声明表 6-1 中的数据。数组和对象都是 PHP 中的复合数据类型，都可以完成表 6-1 中数据的声明。本章我们主要介绍数组处理，所以这里就使用数组来声明联系人列表。

使用数组的目的就是将多个相互关联的数据组织在一起形成集合，作为一个单元使用。例如，将表 6-1 中的每一条记录使用一个数组声明，这样就可以将每个联系人的 6 列数据只使用一个复合类型变量声明，组成一个"联系人"数组。当对每个联系人数组进行处理时，即对表 6-1 中的每一条记录进行操作。还可以将多个联系人数组存放在另外一个"联系人列表"的数组中，就组成了存放数组的数组，即二维数组。实现了将表 6-1 中所有的数据使用一个变量来声明的目的，只要对这一个联系人列表的二维数组进行处理，就可以对表 6-1 中的每个数据进行操作了。例如，使用双层循环将二维数组中的每个数据遍历出来，以用户定义的格式输出给浏览器。也可以将数组中的数据一起插入数据库中，还可以很方便地将数组转换成 XML 文件使用等。

存储在数组中的单个值称为数组的元素，每个数组元素都有一个相关的索引，可以视为数据内容在此数组中的识别名称，通常也被称为数组下标。可以用数组中的下标来访问和下标相对应的元素。也可以将下标称为键名，键和值之间的关联通常称为绑定，键和值之间相互映射。在 PHP 中，根据数组提供下标的不同方式，可将数组分为索引数组（indexed）和关联数组（associative）两种。

> 索引数组的索引值是整数。在大多数编程语言中，数组都具有数字索引，以 0 开始，依次递增。当通过位置来标识数组元素时，可以使用索引数组。
> 关联数组以字符串作为索引值。在其他编程语言中非常少见，但在 PHP 中使用以字符串作为下标的关联数组非常方便。当通过名称来标识数组元素时，可以使用关联数组。

如图 6-1 所示，分别使用索引数组和关联数组表示联系人列表中的一条记录。可以很清晰地看到索引数组是一组有序的变量，下标只能是整型数字，默认从 0 开始索引。而关联数组是键和值对的无序集合。在使用数组时，不应期望关联数组的键按特定的顺序排列，每个键都是一个唯一的字符串，与一个值相关联并用于访问该值。

图 6-1 索引数组和关联数组对比

6.2 数组的定义

在 PHP 中定义数组非常灵活。与其他许多编程语言中的数组不同，PHP 不需要在创建数组时指定数组的大小，甚至不需要在使用数组前先行声明，也可以在同一个数组中存储任何类型的数据。PHP 支持一维和多维数组，可以由用户创建，也可以由一些特定的数据库处理函数从数据库查询中生成数组，或者从一些其他函数返回数组。在 PHP 中自定义数组可以使用以下两种方法：

> 直接为数组元素赋值即可声明数组。
> 使用 array()函数声明数组。

使用上面两种方法声明数组时，不仅可以指定元素的值，也可以指定元素的下标，即键和值都可以由使用者定义。

6.2.1 直接赋值的方式声明数组

数组中索引值（下标）只有一个的数组称为一维数组，在数组中这是最简单的一种，也是最常用的一种。使用直接为数组元素赋值的方法声明一维数组的语法如下所示：

`$数组变量名[下标] = 资料内容`   //其中索引值（下标）可以是一个字符串或一个整数

由于 PHP 中数组没有大小限制，所以在为数组初始化的同时对数组进行了声明。在下例中声明了两个数组变量，数组变量名分别是 contact1 和 contact2。在变量名后面通过方括号"[]"中使用数字声明索引数组，使用字符串声明关联数组。代码如下所示：

```
1 <?php
2     $contact1[0] = 1;
3     $contact1[1] = "高某";
4     $contact1[2] = "A公司";
5     $contact1[3] = "北京市";
6     $contact1[4] = "(010)98765432";
7     $contact1[5] = "gao@brophp.com";
```

```
1 <?php
2     $contact2["ID"] = 2;
3     $contact2["姓名"] = "峰某";
4     $contact2["公司"] = "B公司";
5     $contact2["地址"] = "上海市";
6     $contact2["电话"] = "(021)12345678";
7     $contact2["EMAIL"] = "feng@lampbrother.com";
```

在上面的代码中声明了 $contact1 和 $contact2 两个数组，每个数组中都有 6 个元素。因为 PHP 中数组没有大小限制，所以可以在上面的两个数组中用同样的声明方法继续添加新元素。数组声明之后，访问的方式也是通过在变量名后面使用方括号"[]"传入下标，即可访问到数组中具体的元素。如下所示：

```php
<?php
    echo "第一个联系人的信息如下：<br>";
    echo "编号：".$contact1[0]."<br>";
    echo "姓名：".$contact1[1]."<br>";
    echo "公司：".$contact1[2]."<br>";
    echo "地址：".$contact1[3]."<br>";
    echo "电话：".$contact1[4]."<br>";
    echo "EMAIL:".$contact1[5]."<br>";
```

```php
<?php
    echo "第二个联系人的信息如下：<br>";
    echo "编号：".$contact2["ID"]."<br>";
    echo "姓名：".$contact2["姓名"]."<br>";
    echo "公司：".$contact2["公司"]."<br>";
    echo "地址：".$contact2["地址"]."<br>";
    echo "电话：".$contact2["电话"]."<br>";
    echo "EMAIL:".$contact2["EMAIL"]."<br>";
```

输出的结果如下所示：

第一个联系人的信息如下：	第二个联系人的信息如下：
编号：1	编号：2
姓名：高某	姓名：峰某
公司：A 公司	公司：B 公司
地址：北京市	地址：上海市
电话：(010)98765432	电话：(021)12345678
EMAIL：gao@brophp.com	EMAIL：feng@lampbrother.com

有时在调试程序时，如果只想在程序中查看一下数组中所有元素的下标和值，可以使用 print_r() 或 var_dump() 函数打印数组中所有元素的内容。如下所示：

```php
<?php
    print_r( $contact1 );     //输出数组$contact1中所有元素的下标和值
    var_dump( $contact1 );    //输出数组$contact1中所有元素的下标和值，同时输出每个元素的类型
    print_r( $contact2 );     //输出数组$contact2中所有元素的下标和值
    var_dump( $contact2 );    //输出数组$contact2中所有元素的下标和值，同时输出每个元素的类型
```

在声明数组变量时，还可以在下标中使用数字和字符串混合。但对于一维数组来说，下标由数字和字符串混合声明的数组很少使用。代码如下所示：

```php
<?php
    $contact[0] = 1;                //声明数组使用的下标为整数0
    $contact["ID"] = 1;             //声明数组使用的下标为字符串
    $contact[1] = "高某";           //使用下标为整数1向数组中添加元素
    $contact["姓名"] = "峰某";      //使用下标为字符串"姓名"向数组中添加元素
    $contact[2] = "A公司";          //使用下标为整数2向数组中添加元素
    $contact["公司"] = "A公司";     //使用下标为字符串"公司"向数组中添加元素
```

在上面的代码中声明了一个数组 $contact，其中下标使用了数字和字符串混合。这样，同一个数组既可以使用索引方式访问，又可以使用关联方式操作。声明索引数组时，如果索引值是递增的，可以不在方括号内指定索引值，默认的索引值从 0 开始依次增加。如下所示：

```php
<?php
    $contact[ ] = 1;                    //索引下标为 0
    $contact[ ] = "高某";               //索引下标为 1
    $contact[ ] = "A公司";              //索引下标为 2
    $contact[ ] = "北京市";             //索引下标为 3
    $contact[ ] = "(010)98765432";      //索引下标为 4
    $contact[ ] = "gao@brophp.com";     //索引下标为 5
```

声明数组变量$contact 的索引值为 0,1,2,3,4,5。这种简单的赋值方法，可以非常简便地初始化索引值为连续递增的索引数组。在 PHP 中，索引数组的下标可以是非连续的值，只要在初始化时指定非连续的下标值即可。如果指定的下标值已经声明过，则属于对变量重新赋值。如果没有指定索引值的元素与指定索引值的元素混在一起赋值，没有指定索引值的元素的默认索引值将紧跟指定索引值元素中的最高的索引值递增。代码如下所示：

```
1  <?php
2      $contact[ ] = 1;                          //默认的下标为 0
3      $contact[14] = "高某";                    //指定非连续的下标为 14
4      $contact[ ] = "A 公司";                   //将紧跟最高的下标值增1后的下标为 15
5      $contact[ ] = "北京市";                   //下标再次增1为 16
6      $contact[14] = "(010)98765432";           //前面已声明过下标为14的元素，重新为下标为14的元素赋值
7      $contact[ ] = "gao@brophp.com";           //还会紧跟最高的下标值增1后的下标为 17
```

以上代码混合声明的数组$contact，其下标和值的形式为 0,14,15,16 和 17，如下所示：

Array ([0] => 1 [14] => (010)98765432 [15] => A 公司 [16] => 北京市 [17] => gao@brophp.com)

6.2.2 使用 array()语言结构新建数组

初始化数组的另一种方法是使用 array()语言结构来新建一个数组。它接受一定数量用逗号分隔的 key => value 参数对。其语法格式如下所示：

$数组变量名 = array(key1 => value1, key2 => value2, …, keyN => valueN);

如果不使用"=>"符号指定下标，默认为索引数组。默认的索引值也是从 0 开始依次增加。使用 array()结构声明存放联系人的索引数组$contact1，代码如下所示：

$contact1 = array(1, "高某", "A 公司", "北京市", "(010)98765432", "gao@brophp.com");

以上代码创建一个名为$contact1 的数组，其中包含 6 个元素，默认的索引是从 0 开始递增的整数。如果使用 array()结构在初始化数组时不希望使用默认的索引值，就可以使用"=>"运算符指定非连续的索引值。和直接使用赋值方法声明数组一样，也可以和不指定索引值的元素一起使用。没有使用"=>"运算符指定索引值的元素，默认索引值也是紧跟指定索引值元素中的最高的索引值递增。同样，如果指定的下标值已经声明过，则属于对变量重新赋值。代码如下所示：

$contact1 = array(1, 14=>"高某", "A 公司", "北京市", 14=>"(010)98765432", "gao@brophp.com");

以上代码混合声明的数组$contact1，和前面使用直接赋值方法声明的数组一样，下标和值的打印结果为：

Array ([0] => 1 [14] => (010)98765432 [15] => A 公司 [16] => 北京市 [17] => gao@brophp.com)

如果使用 array()语言结构声明关联数组，就必须使用"=>"运算符指定字符串下标。例如，下例声明一个联系人的关联数组$contact2，左右两边使用两种方法声明的数组代码等同。代码如下所示：

```php
<?php
    $contact2 = array(
            "ID"    => 1,
            "姓名"  => "峰某",
            "公司"  => "B公司",
            "地址"  => "上海市",
            "电话"  => "(020)12345678",
            "EMAIL" => "feng@lampbrother.com"
        );
```

```php
<?php
    $contact2["ID"]    = 2
    $contact2["姓名"]  = "峰某";
    $contact2["公司"]  = "B公司";
    $contact2["地址"]  = "上海市";
    $contact2["电话"]  = "(021)12345678";
    $contact2["EMAIL"] = "feng@lampbrother.com";
```

6.2.3 多维数组的声明

数组是一个用来存储一系列变量值的命名区域。在 PHP 中，数组可以存储 PHP 中支持的所有类型的数据，也包括在数组中存储数组类型的数据。如果数组中的元素仍为数组，就构成了包含数组的数组，即多维数组。

例如，在表 6-1 中有 4 条记录，可以将这 4 条联系人信息声明成 4 个一维数组。对其中的一个一维数组进行处理，即可以对联系人列表中的一条记录进行操作。但如果在联系人列表中联系人的数量比较多，就需要声明很多个一维数组，在程序中对大量的一维数组进行操作也是一件非常烦琐的事情。所以我们可以将这些一维数组全部存放到另外一个数组中，这个存放多个联系人数组的数组就是二维数组。这样就可以在程序中使用一个变量存储联系人列表中的所有数据，只要在程序中对这个二维数组进行处理，即可对整个联系人列表进行操作。

二维数组的声明和一维数组的声明方式一样，只是将数组中的每个元素也声明为一个数组，也有直接为数组元素赋值和使用 array()函数两种声明数组的方法。代码如下所示：

```php
<?php
    $contact1 = array(
            array(1, '高某', 'A公司', '北京市', '(010)98765432', 'gm@linux.com'),
            array(2, '洛某', 'B公司', '上海市', '(021)12345678', 'lm@apache.com'),
            array(3, '峰某', 'C公司', '天津市', '(022)24680246', 'fm@mysql.com'),
            array(4, '书某', 'D公司', '重庆市', '(023)13579135', 'sm@php.com')
        );
```

在上面的代码中，可以看到使用 array()函数创建的二维数组$contact1，其中包含的 4 个元素也是使用 array()函数声明的子数组。这个数组默认采用了数字索引方式，也可以使用"=>"运算符指定二维数组中每个元素的下标。代码如下所示：

```php
<?php
    $contact2 = array(
            "北京联系人" => array(1, '高某', 'A公司', '北京市', '(010)98765432', 'gm@linux.com'),
            "上海联系人" => array(2, '洛某', 'B公司', '上海市', '(021)12345678', 'lm@apache.com'),
            "天津联系人" => array(3, '峰某', 'C公司', '天津市', '(022)24680246', 'fm@mysql.com'),
            "重庆联系人" => array(4, '书某', 'D公司', '重庆市', '(023)13579135', 'sm@php.com')
        );
```

前面介绍过，访问一维数组是使用数组的名称和索引值，二维数组的访问方式和一维数组是一样的。二维数组是数组的数组，例如通过$contact1[0]可以访问到数组$contact1 中的第一个元素，而访问到的这个元素还是一个数组，所以可以再通过索引值访问子数组中的元素。例如$contact1[0][1]，第一个索引值 0 访问数组$contact1 中的第一个元素，再通过一个索引

值 1 访问数组$contact1[1]中的第二个元素。访问二维数组中的元素代码如下所示:

```php
<?php
    echo "第一个联系人的公司:".$contact1[0][2]."<br>";            //输出A公司
    echo "上海联系人的EMAIL:".$contact2["上海联系人"][5]."<br>";    //输出1m@apache.com
```

如果在二维数组的二维元素中仍包含数组，就构成了一个三维数组，以此类推，可以创建四维数组、五维数组等多维数组。但三维以上的数组并不常用。以下是某家公司的市场部、产品部和财务部三个部门 10 月份的员工工资表，将三张表中的数据使用一个三维数组变量存储。各部门的工资表如表 6-2～表 6-4 所示。

表 6-2 市场部 10 月份工资表

编 号	姓 名	职 位	工资（单位：元）
1	高某	市场部经理	5000.00
2	洛某	职员	3000.00
3	峰某	职员	2400.00

表 6-3 产品部 10 月份工资表

编 号	姓 名	职 位	工资（单位：元）
1	李某	产品部经理	6000.00
2	周某	职员	4000.00
3	吴某	职员	3200.00

表 6-4 财务部 10 月份工资表

编 号	姓 名	职 位	工资（单位：元）
1	郑某	财务部经理	4500.00
2	王某	职员	2000.00
3	冯某	职员	1500.00

创建一个三维数组存储上面三个部门的工资报表，代码如下：

```php
<?php
    $wage = array(
        "市场部" => array(
            array(1, "高某", "市场部经理", 5000.00),
            array(2, "洛某", "职员", 3000.00),
            array(3, "峰某", "职员", 2400.00),
        ),

        "产品部" => array(
            array(1, "李某", "产品部经理", 6000.00),
            array(2, "周某", "职员", 4000.00),
            array(3, "吴某", "职员", 3200.00),
        ),

        "财务部" => array(
            array(1, "郑某", "财务部经理", 4500.00),
            array(2, "王某", "职员", 2000.00),
```

```
18              array(3, "冯某", "职员", 1500.00)
19          )
20      );
21
22      print_r( $wage["市场部"] );          //访问数组$wage中的第一个元素
23      print_r( $wage["市场部"][1] );       //访问数组$wage["市场部"]中的第二个元素
24      print_r( $wage["市场部"][1][3] );    //访问数组$wage["市场部"][1]中的第四个元素，输出3000
```

上面的代码中声明了一个三维数组变量$wage，在数组$wage 中存放三个数组用于存储三个部门的工资，在每个部门的数组中又声明了三个数组用于存储三个员工的工资数据。三维数组的访问需要三个下标来完成。例如，使用$wage["市场部"]可以访问数组$wage 中的第一个元素，使用$wage["市场部"] [1]访问数组$wage["市场部"]中的第二个元素，使用$wage["市场部"][1][3]访问数组$wage["市场部"][1]中的第四个元素，即访问了市场部职员洛某的工资 3000.00 元。

6.3 数组的遍历

在 PHP 中，很少需要自己动手将大量的数据声明在数组中，而是通过调用系统函数获取，例如 mysql_fetch_row()函数是从结果集中取得一行作为枚举数组返回。也有很少部分是在程序中直接访问数组中的每个成员，而大部分数组都需要使用遍历一起处理数组中的每个元素。在其他编程语言中，数组的遍历通常都是使用 for 循环语句，通过数组的下标来访问数组中的每个成员元素，但要求数组的下标必须是连续的数字索引。而在 PHP 中，不仅可以指定非连续的数字索引值，而且还存在以字符串为下标的关联数组。所以在 PHP 中很少使用 for 语句来循环遍历数组。PHP 4 引入了 foreach 结构，是 PHP 中专门为遍历数组而设计的语句，和 Perl 及其他语言很像，是一种遍历数组的简便方法。使用 foreach 语句遍历数组时与数组的下标无关，不管是连续的数字索引数组，还是以字符串为下标的关联数组，都可以使用 foreach 语句遍历。foreach 只能用于数组，自 PHP 5 起，还可以遍历对象。当试图将其用于其他数据类型或者一个未初始化的变量时会产生错误。foreach 语句有两种语法格式，第二种比较次要，但却是第一种有用的扩展。

第一种语法格式：
foreach (array_expression as $value) {
    循环体
}

第二种语法格式：
foreach (array_expression as $key => $value) {
    循环体
}

左边第一种格式遍历给定的 array_expression 数组。每次循环中，当前元素的值被赋给变量$value（$value 是自定义的任意变量），并且把数组内部的指针向后移动一步，因此下一次循环中将会得到该数组的下一个元素，直到数组的结尾停止循环，结束数组的遍历。代码如下所示：

```
1  <?php
2      //使用array()结构声明一个无序的一维数组$contact
3      $contact = array( 1, 14=>"高某", "A公司", "北京市", 14=>"(010)98765432", "gao@brophp.com" );
4      //声明一个变量$num初始值为0，作为循环的计数使用
```

```
5     $num = 0;
6
7     //使用foreach语句遍历一维数组$contact，将数组中每个元素输出
8     foreach($contact as $value){
9         echo "在数组\$contact中第 $num 元素是： $value <br>";    //每次循环输出一次当前元素
10        $num++;                                                   //计数变量累加
11    }
```

在上面的代码中声明了一个一维数组$contact，并使用运算符号"=>"将数组$contact中的元素重新指定了索引下标，接着使用 foreach 语句循环遍历数组$contact。第一次循环时，将数组$contact 中的第一个元素的值赋给变量$value，并输出变量$value 的值，并且把数组内部的指针移动到第二个元素；第二次循环时再将第二个元素的值重新赋给变量$value，再次输出变量$value 的值；以此类推，直到数组结尾停止 foreach 语句的循环。代码的运行结果如下所示：

```
在数组$contact 中第 0 元素是：1
在数组$contact 中第 1 元素是：(010)98765432
在数组$contact 中第 2 元素是：A 公司
在数组$contact 中第 3 元素是：北京市
在数组$contact 中第 4 元素是：gao@brophp.com
```

foreach 语句的第二种格式和第一种格式是做同样的事，只是当前元素的键名也会在每次循环中被赋给变量$key（$key 也是自定义的任意变量）。代码如下所示：

```
1   <?php
2       //声明一个一维的关联数组$contact，使用"=>"运算符指定了每个元素的字符串下标
3       $contact = array(
4           "ID"   => 1,
5           "姓名" => "高某",
6           "公司" => "A公司",
7           "地址" => "北京市",
8           "电话" => "(010)98765432",
9           "EMAIL" => "gao@brophp.com"
10      );
11
12      //以HTML列表的方式输出数组中每个元素的信息
13      echo '<dl>一个联系人信息：';
14
15      foreach( $contact as $key => $value ){    //使用foreach的第二种格式，可以获取数组元素的键/值对
16          echo "<dd> $key : $value </dd>";       //输出每个元素的键/值对
17      }
18
19      echo '</dl>';
```

在上面的代码中声明了一个一维的关联数组$contact，指定了字符串索引下标，并使用 foreach 语句的第二种格式遍历数组$contact。遍历到每个元素时都把元素的值赋给变量$value，同时把元素的下标值赋给变量$key，并在 foreach 语句的循环体中输出键/值对。代码的运行结果如下所示：

```
一个联系人信息：
    ID：1
    姓名：高某
    公司：A 公司
```

```
        地址：北京市
        电话：(010)98765432
        EMAIL：gao@brophp.com
```

使用 foreach 语句遍历多维数组时也需要使用嵌套来完成。我们使用三层 foreach 语句嵌套，将前面介绍过的三维数组遍历并形成三张 HTML 表格输出到浏览器。代码如下所示：

```php
<?php
    //将三个部门的工资表格存储在三维数组$wage中
    $wage = array(
            "市场部" => array(
                array(1, "高某", "市场部经理", 5000.00),
                array(2, "洛某", "职员", 3000.00),
                array(3, "峰某", "职员", 2400.00),
            ),
            "产品部" => array(
                array(1, "李某", "产品部经理", 6000.00),
                array(2, "周某", "职员", 4000.00),
                array(3, "吴某", "职员", 3200.00)
            ),
            "财务部" => array(
                array(1, "郑某", "财务部经理", 4500.00),
                array(2, "王某", "职员", 2000.00),
                array(3, "冯某", "职员", 1500.00)
            )
    );

//使用三层foreach语句嵌套遍历三维数组，输出三张表格
foreach( $wage as $sector => $table ) {           //最外层foreach语句遍历出三张表格，遍历出键和值
    echo '<table border="1" width="600" align="center">';
    echo '<caption><h2> '.$sector.'10月份工资表 </h2></caption>';
    echo '<tr bgcolor="#dddddd"><th>编号</th><th>姓名</th><th>职务</th><th>工资</th></tr>';
    foreach( $table as $row ) {                    //中层foreach语句遍历出每个表格中的行
        echo '<tr>';

        foreach($row as $col) {                    //内层foreach语句遍历出每条记录中的列值
            echo '<td>'.$col.' </td>';
        }
        echo '</tr>';
    }
    echo '</table><br>';
}
```

上面的代码中使用三层 foreach 语句嵌套遍历三维数组$wage。最外层 foreach 语句遍历时，将数组$wage 中元素的下标赋给变量$sector，并将元素的值赋给变量$table。变量$table 也是一个数组，又使用一层 foreach 语句遍历数组$table，并将数组$table 中的元素值赋给变量$row。变量$row 也是一个数组，再使用一层 foreach 语句进行遍历，以表格的形式输出数组$row 中每个元素的值。代码的运行结果如图 6-2 所示。

遍历数组的另外一种简便方法就是使用 list( )、each( )和 while 语句联合，也是忽略数组元素下标就可以遍历数组的方法。

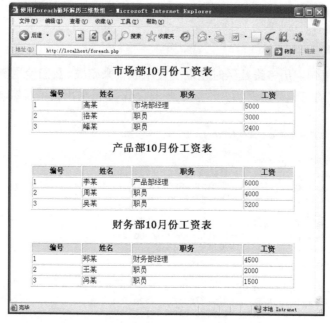

图 6-2 使用 foreach 循环遍历三维数组

6.4 预定义数组

从 PHP 4.1.0 开始，PHP 提供了一套附加的预定义数组，这些数组变量包含了来自 Web 服务器、客户端、运行环境和用户输入的数据。这些数组非常特别，通常被称为自动全局变量或者"超"全局变量，它们具有以下几个特性：

➢ 就是一种特殊的数组，操作方式没有区别。
➢ 不用去声明它们，在每个 PHP 脚本中默认存在，因为在 PHP 中用户不用自定义它们，所以在自定义变量时应避免和预定义的全局变量同名。
➢ 它们在全局范围内自动生效，即在函数中直接就可以使用，且不用使用 global 关键字访问它们。

表 6-5 中列出了 PHP 预定义的全部全局数组及说明。

表 6-5 PHP 预定义的超全局数组变量

预定义数组	说明
$_SERVER	变量由 Web 服务器设定或者直接与当前脚本的执行环境相关联
$_ENV	执行环境提交至脚本的变量
$_GET	经由 URL 请求提交至脚本的变量
$_POST	经由 HTTP POST 方法提交至脚本的变量
$_REQUEST	经由 GET、POST 和 Cookie 机制提交至脚本的变量，因此该数组并不值得信任
$_FILES	经由 HTTP POST 文件上传而提交至脚本的变量

续表

预定义数组	说　明
$_COOKIE	经由 HTTP Cookies 方法提交至脚本的变量
$_SESSION	当前注册给脚本会话的变量
$GLOBALS	包含一个引用指向每个当前脚本的全局范围内有效的变量。该数组的键名为全局变量的名称

用户可以直接利用表 6-5 中的超全局数组来访问预定义变量。而且，你也会注意到旧的预定义数组（$HTTP_*_VARS）仍旧存在，其中"*"根据不同的变量类别使用不同的内容。例如，$HTTP_GET_VARS 类似于$_GET、$HTTP_SERVER_VARS 类似于$_SERVER 等。这种长格式的旧数组依然有效，但反对使用。自 PHP 5 起，长格式的 PHP 预定义变量可以通过在 php.ini 文件中设置 register_long_arrays 选项来屏蔽。另外，在 PHP 脚本中，所有这些超全局数组相似，都有简短风格。可以以 PHP 变量的形式访问使用每个超全局数组中的元素，其中 PHP 变量名称必须与超全局数组下标名称一致，使用非常方便。例如，$_POST["username"]可以直接使用$username 进行操作。但是需要在 PHP 的配置文件 php.ini 中，将 register_globals 配置选项设置为 on。在默认情况下，该选项的默认设定值与 PHP 的版本相关。在 PHP 4.2.0 以后的所有版本中，该配置选项的默认值为 off。以前的版本中默认值设置为 on 是开启的。这个风格可能会使你遇到代码有不安全的错误，因此不推荐使用这种简短风格，要确保配置文件中的 register_globals 选项是关闭状态。

6.4.1　服务器变量：$_SERVER

$_SERVER 是一个包含诸如头信息、路径和脚本位置的数组。数组的实体由 Web 服务器创建，并不能保证所有的服务器都能产生所有的信息，服务器可能忽略了一些信息，或者产生了一些其他的新的信息。和其他的超全局数组一样，这是一个自动的全局变量，在所有的脚本中都有效，在函数或对象的方法中不需要使用 global 关键字访问它。在下面的示例中使用 foreach 语句，将当前 Web 服务器创建的超全局数组$_SERVER 中的信息全部遍历出来，供用户查看。代码如下所示：

```php
<?php
    //使用foreach语句遍历数组$_SERVER
    foreach( $_SERVER as $key => $value ){
        echo '$_SERVER['.$key.'] = '.$value.'<br>';
    }

    //因为所有超全局数组也是数组，如果只想查看内容，直接使用print_r()函数即可
    echo '<pre>';
    print_r( $_SERVER );
    echo '</pre>';

    //只访问$_SERVER中的一个成员，获取客户端的IP地址
    echo $_SERVER['REMOTE_ADDR'];
```

$_SERVER 数组中的数据可以根据自己声明的脚本情况选择使用。在上面的代码中，使用 foreach 语句遍历出由 Web 服务器创建的所有全局变量，当然也可以使用 print_r()函数直

接输出数组中的全部内容。但在程序中只需使用$_SERVER 数组中个别的数据，通过下标单独访问即可。

6.4.2 环境变量：$_ENV

$_ENV 数组中的内容是在 PHP 解析器运行时，从 PHP 所在服务器中的环境变量转变为 PHP 全局变量的。它们中的许多都是由 PHP 所运行的系统决定的，完整的列表是不可能的，需要查看 PHP 所在服务器的系统文档以确定其特定的环境变量。和$_SERVER 一样，$_ENV 也是一个自动全局变量，在所有的脚本中都有效，在函数或对象的方法中不需要使用 global 关键字访问它。在下面的示例中也使用 foreach 语句，将 PHP 中能使用的 PHP 所在服务器的环境相关信息全部输出，以供用户查看。代码如下所示：

```php
<?php
    foreach($_ENV as $key => $value){            //使用foreach语句遍历数组$_ENV
        echo '$_ENV['.$key.'] = '.$value.'<br>'; //输出数组$_ENV中每个元素的下标和值
    }
```

6.4.3 URL GET 变量：$_GET

$_GET 数组也是超全局变量数组，是通过 URL GET 方法传递的变量组成的数组。它属于外部变量，即在服务器页面中通过$_GET 超全局数组获取 URL 或表单的 GET 方式传递过来的参数。例如下面的一个 URL：

http://www.brophp.com/index.php?action=1&user=lamp&tid=10&page=5

可以将上面的 URL 加到 A 链接标记的 href 属性中使用，也可以是在 form（表单）的 method 属性中通过指定 GET 方法传递到服务器的参数，还可以是直接在浏览器地址栏中输入的地址等，都是将请求的变量参数使用 URL 的 GET 方法传递到服务器 www.brophp.com 的 index.php 页面中。在 index.php 文件中就可以使用$_GET 全局变量数组，获取客户端通过 URL 的 GET 方式传过来的参数。代码如下所示：

```php
<?php
    //服务器页面 index.php ,虽然特性是超全局数组，但操作方式就是普通数组的操作方式
    echo '参数为 action 为: '.$_GET["action"].'<br>';   //在$_GET中使用下标action访问输出 1
    echo '参数为 user 为: '.$_GET["user"].'<br>';       //在$_GET中使用下标user访问输出 lamp
    echo '参数为 tid 为: '.$_GET["tid"].'<br>';         //在$_GET中使用下标tid访问输出 10
    echo '参数为 page 为: '.$_GET["page"].'<br>';       //在$_GET中使用下标page访问输出 5

    //如果在调试程序时，想看看$_GET数组中的数据，可以使用print_r()，加上<pre>标记输出原格式
    echo '<pre>';
    print_r( $_GET );
    echo '</pre>';
```

在上面的代码中使用$_GET 超全局变量数组，获取 URL 中的 4 个参数 action、user、tid 和 page 在 index.php 页面中使用。

6.4.4　HTTP POST 变量：$_POST

　　$_POST 数组是通过 HTTP POST 方法传递的变量组成的数组。$_POST 和$_GET 数组之一都可以保存表单提交的变量，使用哪一个数组取决于提交表单时，在表单（form）标记中的 method 属性使用的方法是 POST 还是 GET。使用$_POST 数组只能访问以 POST 方法提交的表单数据。例如，以下代码用于编写一个简单的用于添加联系人的表单页面：

```html
<html>
    <head><title>添加联系人</title></head>
    <body>
        <form action="add.php" method="post">        <!-- 将表单以POST方法提交到add.php -->
            编号：<input type="text" name="id"><br>        <!-- 表单域的名称为id        -->
            姓名：<input type="text" name="name"><br>      <!-- 表单域的名称为name      -->
            公司：<input type="text" name="company"><br>   <!-- 表单域的名称为company   -->
            地址：<input type="text" name="address"><br>   <!-- 表单域的名称为address   -->
            电话：<input type="text" name="phone"><br>     <!-- 表单域的名称为phone     -->
            EMAIL：<input type="text" name="email"><br>    <!-- 表单域的名称为email     -->
            <input type="submit" value="添加新联系人">
        </form>
    </body>
</html>
```

　　在上面的文件中定义了一个添加联系人信息的表单页面，当用户单击提交按钮时，将所有表单域的内容以 POST 方式提交到 add.php 页面中。在服务器端的 add.php 页面中，可以通过$_POST 超全局变量数组获取客户端提交的所有表单域中的值。可以通过表单域的名称作为$_POST 数组的下标得到每个表单输入域中的内容。例如，使用$_POST["address"]获取表单中输入的用户地址信息。以下代码使用 foreach 语句，从$_POST 超全局变量数组中遍历出所有表单中输入的信息：

```php
<?php
    /**
     *   文件名 add.php    该脚本用于获取和输出所有表单以POST方式提交的数据
     */
    echo "用户添加的联系人信息如下：<br>";
    foreach( $_POST as $key => $value ) {        //使用foreach语句遍历超全局变量数组$_POST
        echo $key.' : '.$value.'<br>';           //输出$_POST数组中的键和值，键即是表单域的名称
    }
```

　　该程序的执行结果如图 6-3 所示。

图 6-3　预定义的数组变量$_POST 的应用

6.4.5 request 变量：$_REQUEST

此关联数组包含$_GET、$_POST 和$_COOKIE 中的全部内容。如果表单中有一个输入域的名称为 name="address"，表单是通过 POST 方法提交的，则 address 文本输入框中的数据保存在$_POST["address"]中；如果表单是通过 GET 方法提交的，数据将保存在$_GET["address"]中。不管是 POST 还是 GET 方法提交的所有数据，都可以通过$_REQUEST["address"]获得。但$_REQUEST 的速度比较慢，不推荐使用。

6.4.6 HTTP 文件上传变量：$_FILES

使用表单的 file 输入域上传文件时，必须使用 POST 方法提交。但在服务器文件中，并不能通过$_POST 超全局变量数组获取表单中 file 输入域的内容。而$_FILES 超全局变量数组是表单通过 POST 方法传递的已上传文件项目组成的数组。$_FILES 是一个二维数组，包含 5 个子数组元素，其中第一个下标是表单中 file 输入域的名称，第二个下标用于描述上传文件的属性。具体文件上传的说明将在后面文件处理的章节中详细介绍。

6.4.7 HTTP Cookies：$_COOKIE

$_COOKIE 超全局变量数组是经由 HTTP Cookies 方法提交至脚本的变量。通常这些 Cookies 是由以前执行的 PHP 脚本通过 setCookie()函数设置到客户端浏览器中的，当 PHP 脚本从客户端浏览器提取了一个 Cookie 后，它将自动地把它转换成一个变量，可以通过这个$_COOKIE 超全局变量数组和 Cookie 的名称来存取指定的 Cookie 值。具体 Cookie 的应用和$_COOKIE 超全局变量数组的使用，将在后面会话控制的章节中详细介绍。

6.4.8 Session 变量：$_SESSION

在 PHP 5 中，会话控制是在服务器端使用 Session 跟踪用户。当服务器页面中使用 session_start()函数开启 Session 后，就可以使用$_SESSION 数组注册全局变量，用户就可以在整个网站中访问这些会话信息。如何使用$_SESSION 数组注册全局变量，和$_COOKIE 数组一起将在后面会话控制的章节中详细介绍。

6.4.9 Global 变量：$GLOBALS

$GLOBALS 是由所有已定义的全局变量组成的数组，变量名就是该数组的索引。该数组在所有的脚本中都有效，在函数或对象的方法中不需要使用 global 关键字访问它。所以在函数中使用函数外部声明的全局变量时，可以使用$_GLOBALS数组替代global关键字。代码如下所示：

```php
<?php
    $a = 1;                                              //声明一个全局变量$a，初始值为1
    $b = 2;                                              //声明一个全局变量$b，初始值为2

    /**
        声明一个函数Sum()，在函数体中使用全局变量$a和$b
    */
    function Sum() {
        $GLOBALS['b'] = $GLOBALS['a'] + $GLOBALS['b'];   //使用$GLOBALS数组访问全局变量
    }

    Sum();                                               //调用函数Sum()
    echo $b;                                             //全局变量$b值在函数内部被改变，输出3
```

在$GLOBALS数组中，每一个变量是一个元素，键名对应变量名，值对应变量的内容。$GLOBALS数组之所以在全局范围内存在，是因为它是一个超全局变量。

6.5 数组的相关处理函数

PHP中的数组功能非常强大，是在开发中非常重要的数据类型之一。数组的处理函数也有着强大、灵活、高效的特点。在 PHP 5 中提供了近百个操作数组的系统函数，包括排序函数、替换函数、数组计算函数，以及其他一些有用的数组函数。也可以自定义一些函数对数组进行操作。本节主要介绍一些常用的系统函数。

1. 函数 in_array()

in_array()函数的作用是检查数组中是否存在某个值，即在数组中搜索给定的值。本函数中有三个参数，前两个参数是必需的，最后一个参数是可选的。其函数的原型如下：

bool in_array (mixed needle, array haystack [, bool strict])

第一个参数 needle 是规定要在数组中搜索的值，第二个参数 haystack 是规定要被搜索的数组，如果给定的值 needle 存在于数组 haystack 中则返回 TRUE。如果第三个参数设置为TRUE，函数只有在元素存在于数组中且数据类型与给定值相同时才返回 TRUE；如果没有在数组中找到参数，函数返回 FALSE。要注意如果 needle 参数是字符串，且 strict 参数设置为 TRUE，则搜索区分大小写。函数 in_array()使用的代码如下所示：

```php
<?php
    //in_array()函数的简单使用形式
    $os = array("Mac", "NT", "Irix", "Linux");

    if(in_array("Irix", $os)) {                    //这个条件成立，字符串Irix在数组$os中
        echo "Got Irix";
    }

    if(in_array("mac", $os)) {                     //这个条件失败，因为 in_array()是区分大小写的
        echo "Got mac";
```

```
11    }
12
13    //in_array() 严格类型检查例子
14    $a = array('1.10', 12.4, 1.13);
15
16    //第三个参数为true，所以字符串'12.4'和浮点数12.4类型不同
17    if (in_array('12.4', $a, true)) {
18        echo "'12.4' found with strict check\n";
19    }
20
21    if (in_array(1.13, $a, true)) {           //这个条件成立，执行下面的语句
22        echo "1.13 found with strict check\n";
23    }
24
25    //in_array()中还可以用数组当作第一个参数作为查询条件
26    $a = array(array('p', 'h'), array('p', 'r'), 'o');
27
28    if (in_array(array('p', 'h'), $a)) {       //数组array('p', 'h')在数组$a中存在
29        echo "'ph' was found\n";
30    }
31
32    if (in_array(array('h', 'p'), $a)) {       //数组array('h', 'p')在数组$a中不存在
33        echo "'hp' was found\n";
34    }
```

也可以使用 array_search()函数进行检索。该函数与 in_array()函数的参数相同，搜索给定的值，存在则返回相应的键名，也支持对数据类型的严格判断。函数 array_search()使用的代码如下所示：

```
1  <?php
2     $lamp = array( "a" => "Linux","b" => "Apache","c" => "MySQL","d" => "PHP" );
3     echo array_search("PHP", $lamp);      //输出：d（在数组$lamp中，存在字符串"php"则输出下标d）
4
5     $a = array( "a" => "8", "b" => 8,"c" => "8" );
6     echo array_search(8,$a,true);         //输出：b（严格按类型检索，整型8对应的下标为b）
```

此外，使用 array_key_exists()函数还可以检查给定的键名或索引是否存在于数组中。因为在一个数组中键名必须是唯一的，所以不需要对其数据类型进行判断。也可以使用 isset()函数完成对数组中的键名或索引进行检查，但 isset()对于数组中为 NULL 的值不会返回TRUE，而 array_key_exists()会。代码如下所示：

```
1  <?php
2     $search_array = array('first' => 1, 'second' => 4);//声明一个关联数组，其中包含两个元素
3
4     if (array_key_exists('first', $search_array)) {    //检查下标为first对应的元素是否在数组中
5         echo "键名为'first'的元素在数组中";
6     }
7
8     $search_array = array('first' => null, 'second' => 4);//声明一个关联数组，第一个元素的值为NULL
9
10    isset($search_array['first']);                     //用isset()检索下标为first的元素返回false
11    array_key_exists('first', $search_array);          //用array_key_exists()检索下标为first的元素返回true
```

2. 函数 array_reverse()

array_reverse()函数的作用是将原数组中的元素顺序翻转，创建新的数组并返回。该函数有两个参数，其原型如下：

array array_reverse (array array [, bool preserve_keys])

第一个参数是必选项，接收一个数组作为输入。第二个参数是可选项，如果指定为 TRUE，则元素的键名保持不变；否则键名将丢失。函数 array_reverse()使用的代码如下所示：

```php
<?php
    $lamp = array("OS"=>"Linux", "WebServer"=>"Apache", "Database"=>"MySQL", "Language"=>"PHP");

    //使用array_reverse()函数将数组$lamp中元素的顺序翻转
    print_r(array_reverse($lamp));

    /* 输出结果Array ([Language]=>PHP [Database]=>MySQL [WebServer]=>Apache [OS]=>Linux) */
```

有些函数可以用来确定数组中的值总数及唯一值的个数。在前面的例子中，我们使用了函数 count()对元素个数进行统计，sizeof()是函数 count()的别名，它们的功能是一样的。

3．函数 count()

count()函数的作用是计算数组中的元素数目或对象中的属性个数。对于数组，返回其元素的个数；对于其他值，则返回 1。如果参数是变量而变量没有定义或是变量包含一个空的数组，则该函数会返回 0。该函数有两个参数，其原型如下：

int count (mixed var [, int mode])

其中第一个参数是必需的，传入要计数的数组或对象。第二个参数是可选的，规定函数的模式是否递归地计算多维数组中的数组的元素个数。可能的值是 0 和 1，0 为默认值，不检测多维数组；为 1 则检测多维数组。函数 count()使用的代码如下所示：

```php
<?php
    $lamp = array( "Linux", "Apache", "MySQL", "PHP" );
    echo count( $lamp );               //输出数组的个数为4

    //声明一个二维数组，统计数组中元素的个数
    $web = array(
            'lamp'  => array('Linux', 'Apache', 'MySQL','PHP'),
            'j2ee'  => array('Unix', 'Tomcat','Oracle','JSP')
        );

    echo count( $web, 1 );             //第二个参数的模式为1则计算多维数组的个数，输出10
    echo count( $web );                //默认模式为0，不计算多维数组的个数，输出2
```

4．函数 array_filter()

array_filter()函数用回调函数过滤数组中的元素，返回按用户自定义函数过滤后的新数组。该函数有两个参数，其原型如下：

array array_filter (array input [, callback callback])

该函数的第一个参数是必选项，要求输入一个被过滤的数组。第二个参数是可选项，将用户自定义的函数名以字符串形式传入。如果自定义过滤函数返回 true，则被操作的数组的当前值就会被包含在返回的结果数组中，并将结果组成一个新的数组。如果原数组是一个关联数组，则键名保持不变。函数 array_filter()使用的代码如下所示：

```php
<?php
    /**
        自定义函数myFun，为数组过滤设置条件
        @param   int $var      数组中的一个元素值
        @return  bool          如果参数能被2整除则返回真
    */
    function myFun($var){
        if( $var % 2 == 0 )
            return true;
    }

    //声明值为整数序列的数组
    $array = array("a"=>1, "b"=>2, "c"=>3, "d"=>4, "e"=>5);

    //使用函数array_filter()将自定义的函数名以字符串的形式传给第二个参数
    print_r(array_filter($array, "myFun"));

    /* 过滤后的结果输出Array ( [b] => 2 [d] => 4 ) */
```

在上面的代码中，array_filter()函数依次将$array 数组中的每个值传递到 myFun()函数中，如果 myFun()函数返回 true，则$array 数组的当前值会被包含在返回的结果数组中，并将结果组成一个新的数组返回。

5．简单的数组排序函数

简单的数组排序，是指对一个数组元素的值进行排序，PHP 的 sort()和 rsort()函数实现了这个功能。这两个函数既可以按数字大小排列也可以按字母顺序排列，并具有相同的参数列表。其函数的原型分别如下：

```
bool sort ( array &array [, int sort_flags] )
bool rsort ( array &array [, int sort_flags] )
```

第一个参数是必需的，指定需要排序的数组。第二个参数是可选的，给出了排序的方式。可以用以下值改变排序的行为。

➢ SORT_REGULAR：默认值，将自动识别数组元素的类型进行排序。
➢ SORT_NUMERIC：用于数字元素的排序。
➢ SORT_STRING：用于字符串元素的排序。
➢ SORT_LOCALE_STRING：根据当前的 locale 设置来把元素当作字符串进行比较。

sort()函数对数组中的元素值按照由小到大的顺序进行排序，rsort()函数则按照由大到小的顺序对元素的值进行排序。这两个函数使用的代码如下所示：

```php
<?php
    $data = array( 5, 8, 1, 7, 2 );   //声明一个数组$data，存放5个整数元素

    sort( $data );                    //使用sort()函数将数组$data中的元素值按照由小到大的顺序进行排序
    print_r( $data );                 //输出：Array ( [0] => 1 [1] => 2 [2] => 5 [3] => 7 [4] => 8 )

    rsort( $data );                   //使用rsort()函数将数组$data中的元素值按照由大到小的顺序进行排序
    print_r( $data );                 //输出：Array ( [0] => 8 [1] => 7 [2] => 5 [3] => 2 [4] => 1 )
```

6．函数 array_slice()

array_slice()函数的作用是在数组中根据条件取出一段值并返回。如果数组有字符串键，

则所返回的数组将保留键名。该函数可以设置 4 个参数，其原型如下：

array array_slice (array array, int offset [, int length [, bool preserve_keys]])

第一个参数 array 是必选项，调用时输入要处理的数组。第二个参数 offset 也是必需的参数，需要传入一个数值，规定取出元素的开始位置。如果是正数，则从前往后开始取；如果是负值，则从后向前选取 offset 绝对值数目的元素。第三个参数是可选的，也需要传入一个数值，规定被返回数组的长度。如果是负数，则从后向前选取该值绝对值数目的元素；如果未设置该值，则返回所有元素。第四个参数也是可选的，需要一个布尔类型的值。如果为 TRUE 值，则所返回的数组将保留键名；设置为 FALSE 值，也是默认值，将重新设置索引键值。函数 array_slice()使用的代码如下所示：

```php
<?php
    //声明一个索引数组$lamp包含4个元素
    $lamp = array( "Linux", "Apache", "MySQL", "PHP" );

    //使用array_slice()从第二个开始取(0是第一个,1为第二个)，取两个元素从数组$lamp中返回
    print_r( array_slice( $lamp, 1, 2 ) );            //输出: Array ( [0] => Apache [1] => MySQL )

    //第二个参数使用负数参数为-2,从后面第二个开始取，返回一个元素
    print_r( array_slice( $lamp, -2, 1 ) );           //输出: Array ( [0] => MySQL )

    //最后一个参数设置为 true,保留原有的键值返回
    print_r( array_slice( $lamp, 1, 2, true ) );      //输出: Array ( [1] => Apache [2] => MySQL )

    //声明一个关联数组
    $lamp = array( "a"=>"Linux", "b"=>"Apache", "c"=>"MySQL", "d"=>"PHP" );

    //如果数组有字符串键，默认所返回的数组将保留键名
    print_r( array_slice($lamp, 1, 2) );              //输出: Array ( [b] => Apache [c] => MySQL )
```

6.6 操作 PHP 数组需要注意的一些细节

数组类型是 PHP 中非常重要的数据类型之一，在 PHP 的项目开发中至少有 30%的代码和数组的操作有关，所以熟练掌握 PHP 的数组技术是非常有必要的，当然也不要放过数据中每一个重要的细节操作。

6.6.1 数组运算符号

数据类型在前面章节中重点介绍过，但和其他计算机编程语言不同，在 PHP 这种弱类型语言中，数组这种复合类型的数据也可以像整型一样通过一些运算符号进行运算。例如，"+"运算符的使用就可以直接合并两个数组，把右边运算元的数组附加到左边运算元的数组后面，但是重复的键值不会被覆盖。示例如下所示：

```php
<?php
    //声明两个数组，前两个元素下标相同，测试是否后面的会覆盖前面的
    $a = array( "a"=>"Linux", "b"=>"Apache");
    $b = array( "a"=>"PHP", "b"=>"MySQL", "c"=>"web" );

    $c = $a + $b;      //使用"+"合并两个数组，$a在前，$b在后，因为前两个下标相同，$b会被覆盖
    echo "合并后的 \$a 和 \$b: \n";
    print_r($c);       //结果: Array ( [a] => Linux [b] => Apache [c] => web )

    $c = $b + $a;      //使用"+"合并两个数组，$b在前，$a在后，因为前两个下标相同，$a会被覆盖
    echo "合并后的 \$a 和 \$b: \n";
    print_r($c);       //结果: Array ( [a] => PHP [b] => MySQL [c] => web )
```

"+"运算符和前面介绍的 array_merge()函数作用差不多，都是用于合并两个数组，但使用上有很大的区别。array_merge()函数如果键名有重复，后面的将覆盖前面的；而"+"运算符合并的两个数组键值相同则不会被覆盖。另外，数组中的元素如果具有相同的键名和值，则也可以使用比较运算符直接进行比较。示例如下所示：

```php
<?php
    $a = array( "PHP", "MySQL" );
    $b = array( 1=>"MySQL", "0"=>"PHP" );

    var_dump( $a == $b );    //结果: bool(true) 相等
    var_dump( $a === $b );   //结果: bool(false) 不相等，"0"是字符串类型
```

数组运算符应用总结如表6-6所示。

表6-6 数组运算符

例 子	名 称	描 述
$a + $b	合并	$a 和$b 进行合并
$a == $b	相等	如果$a 和$b 具有相同的键/值对则为 TRUE
$a === $b	全等	如果$a 和$b 具有相同的键/值对并且顺序和类型都相同则为 TRUE
$a != $b	不等	如果$a 不等于$b 则为 TRUE
$a <> $b	不等	如果$a 不等于$b 则为 TRUE
$a !== $b	不全等	如果$a 不全等于$b 则为 TRUE

6.6.2 删除数组中的元素操作

前面在介绍使用数组模拟队列和栈等数据结构时，用到了 array_shift()和 array_pop()两个函数，分别用于从数组前面和数组后面删除一个元素。但如果需要删除数组中任意位置的一个元素，就需要对数组用函数 unset()进行操作。虽然 unset()函数允许取消一个数组中的元素，但要注意数组将不会重建索引。示例如下所示：

```php
<?php
    $a = array( 1=>'one', 2=>'two', 3=>'three' );

    //删除数组中下标为2的第二个元素
```

```
5      unset( $a[2] );
6
7      /*
8          数组是 $a = array( 1=>'one', 3=>'three' );
9          而不是 $a = array( 1=>'one', 2='trhee' );
10     */
11
12     //如果使用array_values()重新建立索引
13     $b = array_values( $a );
14
15     /* 现在变量$b是array(0=>'one', 1=>'three'),下标会重新建立索引 */
```

在上例中，使用 unset() 函数删除一个元素以后，并没有重新建立索引下标顺序。如果需要有顺序的索引下标，可以使用 array_values() 函数重新创建索引下标顺序。

6.6.3 关于数组下标的注意事项

虽然数组的值可以是任何值，但数组的键只能是 integer 或者 string。如果键名是一个 integer 的标准表达方法，则被解释为整数（例如"8"将被解释为 8，而"08"将被解释为"08"）。key 中的浮点数被取整为 integer。PHP 中数组的类型只有包含整型和字符串型的下标。应该始终在用字符串表示的数组索引上加上引号，例如用$foo['bar']而不是$foo[bar]。但是$foo[bar]错了吗？这样是错的，但可以正常运行。那么为什么错了呢？原因是此代码中有一个未定义的常量（bar）而不是字符串（'bar'，注意引号），而 PHP 可能会在以后定义此常量，不幸的是你的代码中有同样的名字。它能运行，是因为 PHP 自动将裸字符串（没有引号的字符串且不对应于任何已知符号）转换成一个其值为该裸字符串的正常字符串（效率会低 8 倍以上）。例如，如果没有常量定义为 bar，PHP 将把它替代为'bar'并使用之。但这并不意味着总是给键名加上引号，因为无须给键名为常量或变量的数组加上引号，否则会使 PHP 不能解析它们。示例如下所示：

```
1  <?php
2      $array = array( 1, 2, 3, 4, 5, 6, 7, 8, 9 );
3
4      for($i=0; $i<count($array); $i++) {
5          echo "<br>查看 $i: <br>";
6          echo "坏的: ".$array['$i']."<br>";    //给变量$i加引号了，有问题
7          echo "好的: ".$array[$i].'<br>';
8          echo "坏的: {$array['$i']}<br>";      //给变量$i加引号了，有问题
9          echo "好的: {$array[$i]}<br>";
10     }
```

如果在数组下标中给变量加上了引号，系统将认为没有定义这个下标，所以不能解析，也就打印不出结果。

注意：在双引号字符串中，不给索引加上引号是合法的，因此"$foo[bar]"是合法的（详见后面章节中的字符串处理）。

第7章

PHP 面向对象的程序设计

PHP 5 正式版本的发布，标志着一个全新的 PHP 时代的到来。PHP 5 的最大特点是引入了面向对象的全部机制，并且保留了向下兼容性。程序员不必再编写缺乏功能性的类，并且能够以多种方法实现类的保护。另外，在对象的继承等方面也不再存在问题。数组和对象在 PHP 中都属于复合数据类型中的一种。在 PHP 中数组的功能已经非常强大，但对象类型不仅可以像数组一样存储任意多个任意类型的数据，形成一个单位进行处理，而且可以在对象中存储函数。不仅如此，对象还可以通过封装保护对象中的成员，通过继承对类进行扩展，还可以使用多态机制编写"一个接口，多种实现"的方式。本章重点介绍 PHP 面向对象的应用、类和对象的声明与创建、封装、继承、多态、抽象类与接口，以及一些常用的魔术方法等。在本书后面的每个章节中，都会以 PHP 的面向对象技术讲解为主。

7.1 面向对象的介绍

面向对象程序设计（Object Oriented Programming，OOP）是一种计算机编程架构，它的一条基本原则是：计算机程序是由单个能够起到子程序作用的单元或对象组合而成的，为了实现整体运算，每个对象都能够接收信息、处理数据和向其他对象发送信息。OOP 达到了软件工程的三个目标：重用性、灵活性和扩展性，使其编程的代码更简洁、更易于维护，并且具有更强的可重用性。面向对象一直是软件开发领域比较热门的话题。首先，面向对象符合人类看待事物的一般规律。其次，采用面向对象的设计方式可以使系统各部分各司其职、各尽所能。PHP 和 C++、Java 类似，都可以采用面向对象方式设计程序。但 PHP 并不是一个真正的面向对象的语言，而是一个混合型语言，可以使用面向对象方式设计程序，也可以使用传统的过程化进行编程。然而，对于大型项目，可能需要在 PHP 中使用纯的面向对象的思想去设计。建议读者在学习 PHP 面向对象的程序设计时，分以下两个方向去学习：

➢ 面向对象技术的语法。
➢ 面向对象的编程思想。

PHP 面向对象技术的语法是很容易掌握的，本章基本会介绍到位。但面向对象这种编程思想是初学者最大的障碍，也是导致很多读者远离面向对象程序设计的一个原因。所以请读者将本章的内容完全掌握以后，再在以后的学习和实践中不断积累，慢慢地理解和掌握面向对象的程序设计思想。

7.1.1 类和对象之间的关系

类与对象的关系就如同模具和铸件的关系，类的实例化结果就是对象，而对象的抽象就是类。类描述了一组有相同特性（属性）和相同行为（方法）的对象。在开发时，要先抽象类再用该类去创建对象，而在我们的程序中直接使用的是对象而不是类。

1. 什么是类

在面向对象的编程语言中，类是一个独立的程序单位，是具有相同属性和服务的一组对象的集合。它为属于该类的所有对象提供了统一的抽象描述，其内部包括成员属性和服务的方法两个主要部分。

2. 什么是对象

在客观世界里，所有的事物都是由对象和对象之间的联系组成的。对象是系统中用来描述客观事物的一个实体，它是构成系统的一个基本单位。一个对象由一组属性和有权对这些属性进行操作的一组服务组成。

上面介绍的就是类和对象的定义。也许你是刚接触面向对象的读者，不要被概念的东西搞晕了，我们通过举例来理解一下这些概念吧。一个类最为突出的特性，或区别于其他类的特性是你能向它提出什么样的请求，它能为你完成哪些操作。例如，你去中关村电子城想买几台组装的 PC，你首先要做的事是什么？是装机的工程师和你坐在一起，按你的需求和你一起完成一个装机的配置单。可以把这个配置单看作一个类，也可以说是自定义的一个类型，它记录了你要买的 PC 的类型。如果按这个配置单组装 10 台 PC 出来，这 10 台 PC 就可以说是同一个类型的，也可以说是一类的。

那么什么是对象呢？类的实例化结果就是对象，按 PC 的配置单组装出来（实例化出来）的 PC 就是对象，是我们可以操作的实体。组装 10 台 PC，就创建了 10 个对象，每台 PC 都是独立的，只能说明它们是按同一类型配置的，对其中一个 PC 做任何动作都不会影响其他 9 台 PC。但是如果对类进行修改，也就是在这个 PC 的配置单上加一个或少一个配件，那么组装出来的 10 台 PC 都被改变。

通过上面的介绍，也许你理解了类和对象之间的关系。类其实就像我们现实世界将事物分类一样，有车类，所有的车都归属于这个类，例如，奔驰车、宝马车等；有人类，所有的人都归属这个类，例如中国人、美国人、工人、学生等；有球类，所有的球都归属这个类，例如篮球、足球、排球等。在程序设计中也需要将一些相关的变量定义和函数的声明归类，形成一个自定义的类型。通过这个类型可以创建多个实体，一个实体就是一个对象，每个对象都具有该类中定义的内容特性。

7.1.2 面向对象的程序设计

在早期的 PHP 4 中，面向对象功能很不完善，所以程序设计人员几乎采用的都是过程化的模块编程，程序的基本单位就是由函数组成的。而 PHP 5 版本的发布，标志着一个全新的 PHP 时代的到来，它的最大特点就是引入了面向对象的全部机制，并且保留了向下的兼容性。开发人员不必再编写缺乏功能性的类，并且能够以多种方式实现类的保护。程序设计人员在设计程序时，就可用以对象为程序的基本单位。

在面向对象的程序设计中，初学者比较难理解的并不是面向对象程序设计中用到的基本语法，而是如何使用面向对象的模式思想去设计程序。例如，一个项目要用到多少个类，定义什么样的类，每个类在什么时候去创建对象，哪里能用到对象，对象和对象之间的关系，以及对象之间如何传递信息等。

假设有这样一个项目：某大学需要建立 5 个多媒体教室，每个教室可以供 50 名学生使用。如果把这个项目交给你来完成，你该怎么做？是不是首先需要 5 个房间，每个房间里面摆放 50 张计算机桌和 50 把椅子，然后需要购买 50 台计算机、1 个白板和 1 个投影机等？这些是什么？能看到的这些实体就是对象，也可以说是这些多媒体教室的组成单位。多媒体教室需要的东西都知道了，怎么去准备呢？就要对所有需要的东西进行分类，可以分成房间类、桌子类、椅子类、计算机类、白板类和投影机类等。然后定义每个类别的详细信息，例如，房间类里面需要定义它的面积、桌子数量、计算机数量和椅子数量等，按这个房间类的设计就可以建立 5 个房间对象作为教室。桌子类需要定义它的长、宽、高及颜色，那么通过桌子类生产的所有桌子都是一样的类型。做一个计算机类，列出需要的计算机详细配置，这样购买的计算机就都属于这个类型了。以此类推，每个对象都可以这样准备。把这些创建完成的对象都放到各自的教室中，再由学生对象使用就可以将多个对象关联到一起了。

开发一个面向对象的系统程序和创建一个多媒体教室类似，都是把每个独立的功能模块抽象成类并实例化成对象，再由多个对象组成这个系统。这些对象之间能够接收信息、处理数据和向其他对象发送信息等，从而构成了面向对象的程序。

7.2 如何抽象一个类

在 PHP 中，对象也是 PHP 8 种数据类型中的一种，和数组一样属于复合数据类型。但对象比数组还要强大，在数组中只能存储多个变量，而在对象中不仅可以存储多个变量，还可以存储有权对存储在里面的变量进行操作的一组函数。

面向对象程序的单位就是对象，但对象又是通过类的实例化出来的，所以我们首先要做的就是如何来声明类。而在程序中直接应用的是对象并不是类。看上去好像有些矛盾，其实并不矛盾。就像我们前面举的例子那样，PC 的配置单就是一个类，按这个配置单组装出来的计算机就是对象。我们最终使用的是组装好的 PC，而不是配置单，它只是一张纸。但没有这张纸上的配置信息，我们就不知道要组装出什么配置的 PC。

7.2.1 类的声明

类的声明非常简单，和函数的声明比较相似。只需要使用一个关键字 class，后面加上一个自定义的类别名称，并加上一对花括号就可以了。有时也需要在 class 关键字的前面加一些修饰类的关键字，例如 abstract 或 final 等。类的声明格式如下：

```
[一些修饰类的关键字] class 类名{      //使用 class 关键字加空格再加上类名，后面加上一对花括号
    类中成员;                        //类中的成员可以是成员属性和成员方法
}                                   //使用花括号结束类的声明
```

类名、变量名及函数名的命名规则相似，都需要遵守 PHP 中自定义名称的命名规则。如果由多个单词组成，习惯上每个单词的首字母要大写。另外，类名的定义也要具有一定的意义，不要随便由几个字母组成。

在类的声明中，一对花括号之间要声明类的成员。但是在类里面声明什么成员、怎样声明才是一个完整的类呢？前面介绍过，类的声明是为了将来实例出多个对象提供给我们使用，因而首先要清楚程序中需要使用什么样的对象。像前面介绍过的一个装机配置单上列出什么配置，计算机组装后就实现了配置单中的配置。再例如，每个人都是一个对象，在创建人这个对象时先要声明"人类"，在人类中声明的信息就是创建出对象时每个人都具有的信息。如果要把人这个对象描述清楚，大概需要如下两方面的信息：

```
class Person {
    成员属性：
            姓名、性别、年龄、身高、体重、电话、家庭住址等
    成员方法：
            说话、学习、走路、吃饭、开车、可以使用计算机等
}
```

只要在类中多声明一个成员，别人对这个人就多一点了解。从上面人类的描述信息可以了解到，要想声明出一个人类，从定义的角度分为两部分：一是静态描述；二是动态描述。静态描述就是我们所说的属性，在程序中可以用变量实现，例如，人的姓名、性别、年龄、身高、体重、电话、家庭住址等。动态描述也就是对象的功能，例如，人可以开车、会说英语、可以使用计算机等。抽象成程序时，我们把动态描述写成函数。在对象中声明的函数叫作方法。所有类都是从属性和方法这两方面去声明，在为对象声明类时都是类似的。属性和方法都是类中的成员，属性又叫作对象的成员属性，方法又叫作对象的成员方法。

7.2.2 成员属性

在类中直接声明变量就称为成员属性，可以在类中声明多个变量，即对象中有多个成员属性，每个变量都存储对象不同的属性信息。成员属性可以使用 PHP 中的标量类型和复合类型，所以也可以是其他类实例化的对象，但在类中使用资源和空类型没有意义。另外，虽然在声明成员属性时可以给变量赋予初值，但是在声明类时是没有必要的。例如，如果声明

人这个类时,将人的姓名属性赋值为"张三",那么用这个类实例化出多个对象时,每个对象就都叫张三了。一般都是通过类实例化对象之后再给相应的成员属性赋上初值。下例中声明了一个 Person 类,在类中声明了三个成员属性:

```
class Person {
    var $name;           //第一个成员属性,用于存储人的名字
    var $age;            //第二个成员属性,用于存储人的年龄
    var $sex;            //第三个成员属性,用于存储人的性别
}
```

在 Person 类的声明中可以看到,变量前面多使用关键字"var"来声明。前面介绍过,声明变量时不需要任何关键字修饰,而在类中声明成员属性时,变量前面一定要使用一个关键字,例如使用 public、private、static 等关键字来修饰,但这些关键字修饰的变量都具有一定的意义。如果不需要有特定意义的修饰,就使用"var"关键字,一旦成员属性有其他的关键字修饰就需要去掉"var"。如下所示:

```
class Person {
    public $name;        //第一个成员属性声明为公有的权限
    private $age;        //第二个成员属性声明为私有的权限
    static $sex;         //第三个成员属性声明为静态的权限
}
```

7.2.3 成员方法

在对象中需要声明可以操作本对象成员属性的一些方法来完成对象的一些行为。在类中直接声明的函数就称为成员方法,可以在类中声明多个函数,对象中就有多个成员方法。成员方法的声明和函数的声明完全一样,只不过可以加一些关键字的修饰来控制成员方法的一些权限,例如 private、public、static 等。但声明的成员方法必须和对象相关,不能是一些没有意义的操作。例如,在声明人类时,如果声明了"飞行"的成员方法,实例化出来的每个人都可以飞了,这样就是一个设计上的错误。成员方法的声明如下所示:

```
class Person {
    function say(){      //声明第一个成员方法,定义人说话的功能
        //方法体
    }

    function eat($food){ //声明第二个成员方法,定义人可以吃饭的功能,使用一个参数
        //方法体
    }

    private function run() {  //定义人可以走路的功能,使用 private 修饰控制访问权限
        //方法体
    }
}
```

对象就是把相关属性和方法组织在一起形成一个集合,比数组的功能强大得多。在声明类时可以根据需求,有选择地声明成员。其中成员属性和成员方法都是可选的,可以只有成

员属性，也可以只有成员方法，也可以没有成员。下例中声明一个 Person 类，具有成员属性和成员方法。如下所示：

```php
<?php
    class Person{
        //下面声明的是人类的成员属性,通常成员属性都在成员方法的前面声明
        var $name;              //第一个成员属性，用于存储人的名字
        var $age;               //第二个成员属性，用于存储人的年龄
        var $sex;               //第三个成员属性，用于存储人的性别

        //下面声明了几个人的成员方法,通常将成员方法声明在成员属性的下面
        function say(){         //人可以说话的方法
            echo "人在说话";    //方法体
        }

        function run(){         //人可以走路的方法
            echo "人在走路";    //方法体
        }
    }
```

用同样的方法可以声明用户需要的类，只要能用属性和方法描述出来的事物都可以定义成类，然后实例化出对象供我们使用。为了加强读者对类和类声明的理解，这里再声明一个类。例如，声明一个手机的类，首先设想一下按电话的需求都有哪些成员属性和成员方法；然后按需求去抽象一个电话类，就可以通过声明的电话类创建几个电话对象，在程序中供我们使用。我们需要声明的电话类如下所示：

```
class 电话 {
    成员属性：
        厂商、颜色、电池容量、屏幕尺寸等和电话有关的属性都可以声明
    成员方法：
        打电话、接电话、发信息、播放音乐、拍照等和电话有关的功能都可以声明
}
```

声明一个电话的类 Phone，将上面设计的需求在程序中实现出来，如下所示：

```php
<?php
    /**
        声明一个电话类,类名为Phone
    */
    class Phone {
        //声明4个与电话有关的成员属性
        var $Manufacturers;         //第一个成员属性，用于存储电话的外观
        var $color;                 //第二个成员属性，用来设置电话的外观颜色
        var $Battery_capacity;      //第三个成员属性，用来定义电话的电池容量
        var $screen_size;           //第四个成员属性，用来定义电话的屏幕尺寸

        //第一个成员方法用来声明电话具有接打电话的功能
        function call(){
            echo "正在打电话";      //方法体，可以是打电话的具体内容
        }

        //第二个成员方法用来声明电话具有发信息的功能
        function message(){
            echo "正在发信息";      //方法体，可以是发送的具体信息
        }
```

```
22      //第三个成员方法用来声明电话具有播放音乐的功能
23      function playMusic() {
24          echo "正在播放音乐";     //方法体，可以是播放的具体音乐
25      }
26
27      //第四个成员方法用来声明电话具有拍照的功能
28      function photo() {
29          echo "正在拍照";         //方法体，可以是拍照的整个过程
30      }
31  }
```

通过上面声明的 Phone 类可以实例化出多个电话对象，每个电话对象都将具有在 Phone 类中定义的属性和方法，并且每个电话中的成员互相独立。

7.3 通过类实例化对象

面向对象程序的单位就是对象，但对象又是通过类的实例化产生出来的。所以同一个类的对象可以接受相同的请求，例如，所有的汽车都可以通过方向盘控制方向。如果你仅会声明一个类，这还不够，因为在程序中并不是直接在使用类，而是使用通过类创建的对象。所以在使用对象之前要通过声明的类实例化出一个或多个对象为我们所用。

7.3.1 实例化对象

将类实例化成对象非常容易，只需使用 new 关键字并在后面加上一个和类名同名的方法。当然，如果在实例化对象时不需要为对象传递参数，在 new 关键字后面直接使用类名称即可，就不需要再加上括号。对象的实例化格式如下：

```
$变量名 = new 类名称( [参数列表] );            //对象实例化格式
```

或者：

```
$变量名 = new 类名称;                         //对象实例化格式，不需要为对象传递参数
```

其中，"$变量名"是通过类所创建的一个对象的引用名称，将来通过这个引用来访问对象中的成员；new 表明要创建一个新的对象，类名称表示新对象的类型，而参数指定了类的构造方法用于初始化对象的值。如果类中没有定义构造函数，PHP 会自动创建一个不带参数的默认构造函数（后面章节中有详细介绍）。例如，通过 7.2 节中声明的 "Person" 和 "Phone" 两个类，分别实例化出几个对象。如下所示：

```
1  <?php
2      /**
3          声明一个电话类Phone
4      */
5      class Phone {
6          //类中成员同上（略）
7      }
```

```php
 8
 9    /**
10     *  声明一个人类Person
11     */
12    class Person {
13        //类中成员同上（略）
14    }
15
16    //通过Person类实例化三个对象$person1、$person2、$person3
17    $person1 = new Person();        //创建第一个Person类对象，引用名为$person1
18    $person2 = new Person();        //创建第二个Person类对象，引用名为$person2
19    $person3 = new Person();        //创建第三个Person类对象，引用名为$person3
20
21    //通过Phone类实例化三个对象$phone1、$phone2、$phone3
22    $phone1 = new Phone();          //创建第一个Phone类对象，引用名为$phone1
23    $phone2 = new Phone();          //创建第二个Phone类对象，引用名为$phone2
24    $phone3 = new Phone();          //创建第三个Phone类对象，引用名为$phone3
```

一个类可以实例化出多个对象，每个对象都是独立的。在上面的代码中，通过 Person 类实例化出三个对象$person1、$person2 和$person3，相当于在内存中开辟了三份空间用于存放每个对象。使用同一个类声明的多个对象之间是没有联系的，只能说明它们属于同一个类型，每个对象内部都有类中声明的成员属性和成员方法。就像独立的三个人，每个人都有自己的姓名、性别和年龄的属性，每个人都有说话、吃饭和走路的方法。在上例中，使用同样的方法通过"Phone"类也实例化出三个对象，对象的引用分别为$phone1、$phone2 和$phone3。也是在内存中使用三个独立的空间分别存储，就像三部电话之间的关系。

7.3.2 对象中成员的访问

对象中包含成员属性和成员方法，访问对象中的成员则包括成员属性的访问和成员方法的访问。而对成员属性的访问则又包括赋值操作和获取成员属性值的操作。访问对象中的成员和访问数组中的元素类似，只能通过对象的引用来访问对象中的每个成员。但还要使用一个特殊的运算符号"->"来完成对象成员的访问。访问对象中成员的语法格式如下所示：

$引用名 = new 类名称([参数列表]);	//对象实例化格式，例如$person1=new Person()
$引用名 -> 成员属性 = 值;	//对成员属性赋值的操作，例如$person1 ->name ="张三";
echo $引用名 -> 成员属性;	//获取成员属性的值，例如 echo $person1 ->name;
$引用名 -> 成员方法;	//访问对象中的成员方法，例如$person1 -> say()

在下面的实例中声明了一个 Person 类，其中包含三个成员属性和两个成员方法，并通过 Person 类实例化出三个对象，而且使用运算符号"->"分别访问三个对象中的每个成员属性和成员方法。代码如下所示：

```php
1  <?php
2      /**
3       *  声明一个人类Person，其中包含三个成员属性和两个成员方法
4       */
5      class Person {
```

```php
6      //下面是声明人的三个成员属性
7      var $name;                              //第一个成员属性$name定义人的名字
8      var $sex;                               //第二个成员属性$sex定义人的性别
9      var $age;                               //第三个成员属性$age定义人的年龄
10
11     //下面是声明人的两个成员方法
12     function say() {
13         echo "这个人在说话<br>";              //在说话的方法体中可以有更多内容
14     }
15
16     function run() {
17         echo "这个人在走路<br>";              //在走路的方法体中可以有更多内容
18     }
19 }
20
21 //下面三行通过new关键字实例化Person类的三个实例对象
22 $person1 = new Person();                    //通过类Person创建第一个实例对象$person1
23 $person2 = new Person();                    //通过类Person创建第二个实例对象$person2
24 $person3 = new Person();                    //通过类Person创建第三个实例对象$person3
25
26 //下面三行是给$person1对象中的属性初始化赋值
27 $person1->name = "张三";                     //将对象person1中的$name属性赋值为张三
28 $person1->sex = "男";                        //将对象person1中的$sex属性赋值为男
29 $person1->age = 20;                          //将对象person1中的$age属性赋值为20
30
31 //下面三行是给$person2对象中的属性初始化赋值
32 $person2->name = "李四";                     //将对象person2中的$name属性赋值为李四
33 $person2->sex = "女";                        //将对象person2中的$sex属性赋值为女
34 $person2->age = 30;                          //将对象person2中的$age属性赋值为30
35
36 //下面三行是给$person3对象中的属性初始化赋值
37 $person3->name = "王五";                     //将对象person3中的$name属性赋值为王五
38 $person3->sex = "男";                        //将对象person3中的$sex属性赋值为男
39 $person3->age = 40;                          //将对象person3中的$age属性赋值为40
40
41 //下面三行是访问$person1对象中的成员属性
42 echo "person1对象的名字是:".$person1->name."<br>";
43 echo "person1对象的性别是:".$person1->sex."<br>";
44 echo "person1对象的年龄是:".$person1->age."<br>";
45
46 //下面两行访问$person1对象中的方法
47 $person1->say();
48 $person1->run();
49
50 //下面三行是访问$person2对象中的成员属性
51 echo "person2对象的名字是:".$person2->name."<br>";
52 echo "person2对象的性别是:".$person2->sex."<br>";
53 echo "person2对象的年龄是:".$person2->age."<br>";
54
55 //下面两行访问$person2对象中的方法
56 $person2->say();
57 $person2->run();
58
59 //下面三行是访问$person3对象中的成员属性
60 echo "person3对象的名字是:".$person3->name."<br>";
61 echo "person3对象的性别是:".$person3->sex."<br>";
62 echo "person3对象的年龄是:".$person3->age."<br>";
63
64 //下面两行访问$person3对象中的方法
65 $person3->say();
66 $person3->run();
```

从上例中可以看到，只要是对象中的成员，都要使用"对象引用名->属性"或"对象引用名->方法"的形式访问。如果对象中的成员不是静态的，那么这是唯一的访问形式。

7.3.3 特殊的对象引用"$this"

通过上一节的介绍我们知道，访问对象中的成员必须通过对象的引用来完成。如果在对象的内部，在对象的成员方法中访问自己对象中的成员属性，或者访问自己对象内其他成员方法时怎么处理？答案只有一个，不管是在对象的外部还是在对象的内部，访问对象中的成员都必须使用对象的引用变量。但对象创建完成以后，对象的引用名称无法在对象的方法中找到。如果在对象的方法中再使用 new 关键字创建一个对象则是另一个对象，调用的成员也是另一个新创建对象的成员。

对象一旦被创建，在对象中的每个成员方法里面都会存在一个特殊的对象引用"$this"。成员方法属于哪个对象，$this 引用就代表哪个对象，专门用来完成对象内部成员之间的访问。this 的本意就是"这个"的意思，就像每个人都可以使用第一人称代词"我"代表自己一样。例如，别人想访问你的年龄，就必须使用"张三的年龄"的形式，相当于在对象外部使用引用名称"张三"访问它内部的成员属性"年龄"。如果自己想说出自己的年龄，则使用"我的年龄"的形式，相当于在对象的内部使用引用名称"我"访问自己内部的成员。

在上一节的示例中，在类 Person 中声明了两个方法 say()和 run()，通过类 Person 实例化的三个实例对象$person1、$person2 和$person3 中都会存在 say()和 run()这两个成员方法，则每个对象中的这两个成员方法各自存在一个$this 引用。在对象$person1 的两个成员方法中的$this 引用代表$person1，在对象$person2 的两个成员方法中的$this 引用代表$person2，在对象$person3 的两个成员方法中的$this 引用代表$person3，如图 7-1 所示。

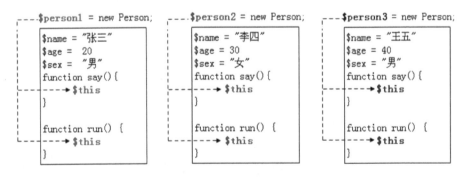

图 7-1 对象成员方法中的关键字$this 的使用形式

从图 7-1 中可以明显看到，特殊的对象引用$this 就是在对象内部的成员方法中，代表"本对象"的一个引用，但只能在对象的成员方法中使用。不管是在对象内部使用$this 访问自己对象内部的成员，还是在对象外部通过对象的引用名称访问对象中的成员，都需要使用特殊的运算符号"->"来完成访问。

修改一下上一节中的实例，在声明类 Person 时，成员方法 say()中使用$this 引用访问自己对象内部的所有成员属性。然后调用每个对象中的 say()方法，让每个人都能说出自己的名字、性别和年龄。代码如下所示：

```php
<?php
    /** 声明一个人类Person，其中包含三个成员属性和两个成员方法 */
    class Person {
        //下面是声明人的成员属性
        var $name;               //定义人的名字
        var $sex;                //定义人的性别
        var $age;                //定义人的年龄

        //下面是声明人的成员方法
        function say(){
            //在类中声明说话的方法，使用$this访问自己对象内部的成员属性
            echo "我的名字: ".$this->name."，性别: ".$this->sex."，年龄: ".$this->age."。<br>";
        }

        //在类中声明另一个方法
        function run(){
            echo $this->name."在走路<br>";    //使用$this访问$name属性
        }
    }

    //下面三行通过new关键字实例化Person类的三个实例对象
    $person1 = new Person();
    $person2 = new Person();
    $person3 = new Person();

    //下面三行是给$person1对象中的属性初始化赋值
    $person1->name = "张三";
    $person1->sex = "男";
    $person1->age = 20;

    //下面三行是给$person2对象中的属性初始化赋值
    $person2->name = "李四";
    $person2->sex = "女";
    $person2->age = 30;

    //下面三行是给$person3对象中的属性初始化赋值
    $person3->name = "王五";
    $person3->sex = "男";
    $person3->age = 40;

    $person1->say();    //使用$person1访问它中的say()方法，方法say()中的$this就代表这个对象$person1
    $person2->say();    //使用$person2访问它中的say()方法，方法say()中的$this就代表这个对象$person2
    $person3->say();    //使用$person3访问它中的say()方法，方法say()中的$this就代表这个对象$person3
```

该程序运行后输出的结果为：

```
我的名字叫：张三，性别：男，我的年龄是：20。    //使用$person1 访问 say()方法的输出结果
我的名字叫：李四，性别：女，我的年龄是：30。    //使用$person2 访问 say()方法的输出结果
我的名字叫：王五，性别：男，我的年龄是：40。    //使用$person3 访问 say()方法的输出结果
```

在上例中，$person1、$person2 和$person3 对象中都有 say()这个成员方法，访问哪个对象中的成员方法 say()，方法中的$this 引用就代表的是哪个对象，并通过$this 访问自己内部相应的成员属性。如果想在对象的成员方法 say()中调用自己的另一个成员方法 run()也是可以的，同样要在 say()方法中使用$this->run()的方式来完成访问。

7.3.4 构造方法与析构方法

构造方法与析构方法是对象中的两个特殊方法，它们都与对象的生命周期有关。构造方法是对象创建完成后第一个被对象自动调用的方法，这是我们在对象中使用构造方法的原因。而析构方法是对象在销毁之前最后一个被对象自动调用的方法，这也是我们在对象中使用析构方法的原因。所以通常使用构造方法完成一些对象的初始化工作，使用析构方法完成一些对象在销毁前的清理工作。

1. 构造方法

在每个声明的类中都有一个称为构造方法的特殊成员方法，如果没有显式地声明它，类中都会默认存在一个没有参数列表并且内容为空的构造方法。如果显式地声明它，则类中的默认构造方法将不会存在。当创建一个对象时，构造方法就会被自动调用一次，即每次使用关键字 new 来实例化对象时都会自动调用构造方法，不能主动通过对象的引用调用构造方法。所以通常使用构造方法执行一些有用的初始化任务，比如对成员属性在创建对象的时候赋初值等。

在类中声明构造方法与声明其他的成员方法相似，但是构造方法的方法名称必须是以两个下画线开始的"__construct()"，这是 PHP 5 中的变化。在 PHP 5 以前的版本中，构造方法的方法名称必须与类名相同，这种方式在 PHP 5 中仍然可以用。但在 PHP 5 中很少声明和类名同名的构造方法了，这样做的好处是可以使构造函数独立于类名，当类名发生变化时不需要更改相应的构造函数名称。为了向下兼容，在创建对象时，如果一个类中没有名为 __construct() 的构造方法，PHP 将搜索与类名相同的构造方法去执行。在类中声明构造方法的格式如下：

```
function __construct( [参数列表] ) {          //构造方法名称是以两个下画线开始的__construct()
    //方法体，通常用来对成员属性进行初始化赋值
}
```

在 PHP 中，同一个类中只能声明一个构造方法。原因是构造方法名称是固定的，在 PHP 中不能声明同名的两个函数，所以也就没有构造方法重载。但可以在声明构造方法时使用默认参数，实现其他面向对象的编程语言中构造方法重载的功能。这样，在创建对象时，如果在构造方法中没有传入参数，则使用默认参数为成员属性进行初始化。

在下面的例子中，将在前面声明过的类 Person 中添加一个构造方法，并使构造方法使用默认参数，用来在创建对象时为对象中的成员属性赋予初值。代码如下所示：

```php
<?php
    /** 声明一个人类Person，其中声明一个构造方法 */
    class Person {
        //下面是声明人的成员属性，都是没有初值的，在创建对象时，使用构造方法赋初值
        var $name;              //定义人的名字
        var $sex;               //定义人的性别
        var $age;               //定义人的年龄

        //声明一个构造方法，将来创建对象时，为对象的成员属性赋予初值，参数中都使用了默认参数
        function __construct($name="", $sex="男", $age=1) {
            $this->name = $name;    //在创建对象时，使用传入的参数$name为成员属性$this->name赋初值
```

```
12          $this->sex = $sex;        //在创建对象时，使用传入的参数$sex为成员属性$this->sex赋初值
13          $this->age = $age;        //在创建对象时，使用传入的参数$age为成员属性$this->age赋初值
14      }
15
16      //下面是声明人的成员方法
17      function say(){
18          echo "我的名字："..$this->name."，性别："..$this->sex."，年龄："..$this->age."。<br>";
19      }
20
21      function run(){
22          echo $this->name."在走路<br>";
23      }
24  }
25
26  //下面三行中实例化Person类的三个实例对象，并使用构造方法分别为新创建的对象成员属性赋予初值
27  $person1 = new Person("张三", "男", 20);    //创建对象$person1时会自动执行构造方法，将全部参数传给它
28  $person2 = new Person("李四", "女");        //创建对象$person2时会自动执行构造方法，传入前两个参数
29  $person3 = new Person("王五");              //创建对象$person3时会自动执行构造方法，只传入一个参数
30
31  $person1->say();
32  $person2->say();
33  $person3->say();
```

该程序运行后输出的结果为：

我的名字叫：张三，性别：男，我的年龄是：20。	//使用$person1 访问 say()方法的输出结果
我的名字叫：李四，性别：女，我的年龄是：1。	//使用$person2 访问 say()方法的输出结果
我的名字叫：王五，性别：男，我的年龄是：1。	//使用$person3 访问 say()方法的输出结果

在上例中，在 Person 类中声明一个构造方法，并在构造方法中将传入的三个参数的值分别赋给三个成员属性。如果在创建对象时没有为构造方法传入参数，则将使用默认参数为成员属性初始化。这样在使用如 "$person1=new Person("王五");" 创建对象时，将会自动调用构造方法并为对象的成员属性初始化，只传入一个参数，其他两个参数使用默认参数。

2. 析构方法

与构造方法相对应的就是析构方法，PHP 将在对象被销毁前自动调用这个方法。析构方法是 PHP 5 中新添加的内容，在 PHP 4 中并没有提供。析构方法允许在销毁一个对象之前执行一些特定操作，例如关闭文件、释放结果集等。

当堆内存段中的对象失去访问它的引用时，它就不能被访问了，也就成为垃圾对象了。通常对象的引用被赋予其他的值或者是在页面运行结束时，对象都会失去引用。在 PHP 中有一种垃圾回收的机制，当对象不能被访问时就会自动启动垃圾回收的程序，收回对象在堆中占用的内存空间。而析构方法正是在垃圾回收程序回收对象之前调用的。

析构方法的声明格式与构造方法相似，在类中声明的析构方法名称也是固定的，也是以两个下画线开头的方法名 "__destruct( )"，而且析构函数不能带有任何参数。在类中声明析构方法的格式如下：

```
function __destruct() {          //析构方法名称是以两个下画线开始的__destruct()
    //方法体，通常用来完成一些在对象销毁前的清理任务
}
```

在 PHP 中析构方法并不是很常用，它属于类中可选的一部分，只有需要时才在类中声

明。在下面的例子中，我们在原有 Person 类的最后添加一个析构方法，用来在对象销毁时输出一条语句。代码如下所示：

```php
<?php
    class Person {
        var $name;
        var $sex;
        var $age;

        function __construct($name, $sex, $age) {
            $this->name = $name;
            $this->sex = $sex;
            $this->age = $age;
        }

        function say(){
            echo "我的名字：".$this->name."，性别：".$this->sex."，年龄：".$this->age."。<br>";
        }

        function run() {
            echo $this->name."在走路<br>";
        }

        //声明的析构方法，在对象销毁前自动调用
        function __destruct() {
            echo "再见".$this->name."<br>";
        }
    }

    //下面三行通过new关键字实例化Person类的三个实例对象
    $person1 = new Person("张三", "男", 20);      //创建对象$person1
    $person1 = null;                              //第一个对象将失去引用
    $person2 = new Person("李四", "女", 30);      //创建对象$person2
    $person3 = new Person("王五", "男", 40);      //创建对象$person3
```

该程序运行后输出的结果为：

再见张三	//自动调用了第一个对象中的析构方法输出的结果
再见王五	//自动调用了第三个对象中的析构方法输出的结果
再见李四	//自动调用了第二个对象中的析构方法输出的结果

在上面的程序中，在类 Person 中的最后声明一个析构方法 __destruct()，并在析构方法中输出一条语句。对象的引用一旦失去，这个对象就成为垃圾，垃圾回收程序就会自动启动并回收对象占用的内存。在回收垃圾对象占用的内存之前就会自动调用这个析构方法，并输出一条语句。上面的程序执行后的结果都是析构方法被调用输出的结果。第一个对象在声明完成以后，它的引用就被赋予了空值，所以第一个对象最先失去了引用，不能再被访问了，然后自动调用了第一个对象中的析构方法输出"再见张三"。后面声明的两个对象都是在页面执行结束时失去了引用，也都自动调用了析构方法。但因为对象的引用都是存放在栈内存中的，由于栈的后进先出特点，最后创建的对象引用会被最先释放，所以先自动调用第三个对象的析构方法，最后才自动调用第二个对象的析构方法。

7.4 封装性

封装性是面向对象编程中的三大特性之一，就是把对象的成员属性和成员方法结合成一个独立的相同单位，并尽可能隐蔽对象的内部细节。其包含如下两个含义：

➢ 把对象的全部成员属性和全部成员方法结合在一起，形成一个不可分割的独立单位（即对象）。

➢ 信息隐蔽，即尽可能隐蔽对象的内部细节，对外形成一个边界（或者说形成一道屏障），只保留有限的对外接口使之与外部发生联系。

对象中的成员属性如果没有被封装，一旦对象创建完成，就可以通过对象的引用获取任意的成员属性的值，并能够给所有的成员属性任意赋值。在对象的外部任意访问对象中的成员属性是非常危险的，因为对象中的成员属性是对象本身具有的与其他对象不同的特征，是对象某个方面性质的表现。例如，"电话"的对象中有一些属性值是保密技术，是不想让其他人随意就能获取到的。再比如，在"电话"对象中的电压和电流等属性的值，需要规定在一定的范围内，是不能被随意赋值的。如果对这些属性赋一些非法的值，例如手机的电压赋上380V的值，就会破坏电话对象。

对象中的成员方法如果没有被封装，也可以在对象的外部随意调用，这也是一种危险的操作。因为对象中的成员方法只有部分是给外部提供的，保留有限的对外接口使之与外部发生联系，而有一些是对象自己使用的方法。例如，在"人"的对象中，提供了"走路"的方法，而"走路"的方法又是通过在对象内部调用"迈左腿"和"迈右腿"两个方法组成的。如果用户在对象的外部直接调用"迈左腿"或"迈右腿"的方法就没有意义，应该只让用户能调用"走路"的方法。

封装的原则就是要求对象以外的部分不能随意存取对象的内部数据（成员属性和成员方法），从而有效地避免了外部错误对它的"交叉感染"，使软件错误能够局部化，大大减小查错和排错的难度。

7.4.1 设置私有成员

只要在声明成员属性或成员方法时，使用 private 关键字修饰就实现了对成员的封装。封装后的成员在对象的外部不能被访问，但在对象内部的成员方法中可以访问到自己对象内部被封装的成员属性和成员方法，达到了保护对象成员的目的。即尽可能隐蔽对象的内部细节，对外形成一道屏障。在下面的例子中，我们使用 private 关键字将 Person 类中的部分成员属性和成员方法进行封装。代码如下所示：

```
1  <?php
2      class Person {
3          //下面是声明人的成员属性，全都使用了private关键字封装
4          private $name;              //第一个成员属性$name定义人的名字，此属性被封装
```

```php
5       private $sex;                           //第二个成员属性$sex定义人的性别，此属性被封装
6       private $age;                           //第三个成员属性$age定义人的年龄，此属性被封装
7
8       function __construct($name="", $sex="男", $age=1) {
9           $this->name = $name;
10          $this->sex = $sex;
11          $this->age = $age;
12      }
13
14      //在类中声明一个走路方法，调用两个内部的私有方法完成
15      function run(){
16          echo $this->name."在走路时".$this->leftLeg()."再".$this->rightLeg()."<br>";
17      }
18
19      //声明一个迈左腿的方法，被封装所以只能在内部使用
20      private function leftLeg() {
21          return "迈左腿";
22      }
23
24      //声明一个迈右腿的方法，被封装所以只能在内部使用
25      private function rightLeg() {
26          return "迈右腿";
27      }
28  }
29  $person1 = new Person();
30  $person1->run();                            //run()的方法没有被封装，所以可以在对象外部使用
31  $person1->name = "李四";                    //name属性被封装，不能在对象外部给私有属性赋值
32  echo $person1->age;                         //age属性被封装，不能在对象的外部获取私有属性的值
33  $person1->leftLeg();                        //leftLeg()方法被封装，不能在对象外面调用对象中私有的方法
```

该程序运行后输出的结果为：

在走路时迈左腿再迈右腿   //调用 run()方法输出的结果
Fatal error: Cannot access private property Person::$name in **/book/person.class.php** on line **29**
// **Fatal error**: Cannot access private property Person::$age in **/book/person.class.php** on line **30**
// **Fatal error**: Call to private method Person::leftLeg() from context " in **/book/person.class.php** on line **31**

在上面的程序中，使用 private 关键字将成员属性和成员方法封装成私有属性之后，就不可以在对象的外部通过对象的引用直接访问了，试图去访问私有成员将发生错误。如果在成员属性前面使用了其他的关键字修饰，就不要再使用 var 关键字修饰了。

7.4.2 私有成员的访问

对象中的成员属性一旦被 private 关键字封装成私有之后，就只能在对象内部的成员方法中使用，不能被对象外部直接赋值，也不能在对象外部直接获取私有属性的值。如果不让用户在对象的外部设置私有属性的值，但可以获取私有属性的值，或者允许用户对私有属性赋值，但需要限制一些赋值的条件，解决的办法就是在对象的内部声明一些操作私有属性的公有方法。因为私有的成员属性在对象内部的方法中可以访问，所以在对象中声明一个访问私有属性的方法，再把这个方法通过 public 关键字设置为公有的访问权限。如果成员方法没有加任何访问控制修饰，默认就是 public 的，在任何地方都可以访问。这样，在对象外部就可以将公有的方法作为访问接口，间接地访问对象内部的私有成员。

例如，在 Person 类中，所有的成员属性都使用 private 关键字封装以后，在对象的外部直接获取这个"人"对象中的属性是不允许的。但如果这个人将自己的私有属性自己说出去，对象外部就可以获取到这个对象中的私有属性。例如，在上例中我们通过构造方法将私有属性赋初值，以及在对象外部调用 run()方法访问对象中的私有属性$name 及两个私有方法 leftLeg()和 right()，都是间接地在对象外部通过对象中提供的公有方法访问私有属性。

在下面的例子中，通过在 Person 类中声明说话的方法 say()，将自己对象中所有的私有属性都说出去。还提供了几个获取属性的方法，让用户可以单独获取对象中某个私有属性的值，以及提供几个设置属性的方法，单独为某个私有属性重新设置值，而且限制了设置值的条件。代码如下所示：

```php
<?php
    class Person {
        //下面是声明人的成员属性，全都使用了private关键字封装
        private $name;              //第一个成员属性$name定义人的名字，此属性被封装
        private $sex;               //第二个成员属性$sex定义人的性别，此属性被封装
        private $age;               //第三个成员属性$age定义人的年龄，此属性被封装

        function __construct($name="", $sex="男", $age=1) {
            $this->name = $name;
            $this->sex = $sex;
            $this->age = $age;
        }

        //通过这个公有方法可以在对象外部获取私有属性$name的值
        public function getName() {
            return $this->name;              //返回对象的私有属性的值
        }

        //通过这个公有方法在对象外部为私有属性$sex设置值，但限制条件
        public function setSex($sex) {
            if($sex=="男" || $sex=="女")     //如果传入合法的值才为私有的属性赋值
                $this->sex=$sex;              //条件成立则将参数传入的值赋给私有属性
        }

        //通过这个公有方法在对象外部为私有属性$age设置值，但限制条件
        public function setAge($age) {
            if($age > 150 || $age <0)        //如果设置不合理的年龄则函数不往下执行
                return;                       //返回空值，退出函数
            $this->age=$age;                  //执行此语句则重新为私有属性赋值
        }

        //通过这个公有方法可以在对象外部获取私有属性$name的值
        public function getAge(){
            if($this->age > 30)              //如果年龄的成员属性大于30则返回虚假的年龄
                return $this->age - 10;      //返回当前的年龄减去10岁
            else                              //如果年龄在30岁以下则返回真实年龄
                return $this->age;           //返回当前的私有年龄属性
        }

        //下面是声明人的成员公有方法，说出自己所有的私有属性
        function say(){
            echo "我的名字: ".$this->name."，性别: ".$this->sex."，年龄: ".$this->age."。<br>";
        }
    }

    $person1 = new Person("王五", "男", 40);    //创建对象$person1
```

```
48    echo $person1->getName()."<br>";        //访问对象中的公有方法，获取对象中私有属性$name并输出
49    $person1->setSex("女");                  //通过公有的方法为私有属性$sex设置合法的值
50    $person1->setAge(200);                   //通过公有的方法为私有属性$age设置非法的值，赋值失败
51    echo $person1->getAge()."<br>";          //访问对象中的公有方法，获取对象中私有属性$age并输出
52    $person1->say();                         //访问对象中的公有方法，获取对象中所有的私有属性并输出
```

该程序运行后输出的结果为：

```
王五                                           //通过公有的方法 getName()访问的结果
30                                            //返回的是经过 getAge()方法中设置的虚假结果
我的名字叫：王五，性别：女，我的年龄是：40。   //通过 say()方法获取到的所有私有属性值
```

在上面的代码中，声明了一个 Person 类并将成员属性全部使用 private 关键字设置为私有属性，不让类的外部直接访问，但是在类的内部是有权限访问的。构造方法没有加关键字修饰，所以默认就是公有方法（构造方法不要设置成私有的权限），用户就可以使用构造方法创建对象并为私有属性赋初值。

在上例中，还提供了一些可以在对象外部存取私有成员属性的访问接口。构造方法就是一种为私有属性赋值的形式。但构造方法只能在创建对象时为私有属性赋初值，如果我们已经创建了一个对象，则在程序运行过程中对它的私有属性重新赋值。如果还是通过构造方法传值的形式赋值，则又创建了一个新的对象。所以需要在对象中提供一些可以改变或获取某个私有属性值的访问接口，这和前面直接访问公有属性的形式不同。如果没用使用 private 封装的成员属性，则可以随意被赋值，包括一些非法的值。如果对私有的成员属性通过公有的方法访问，则可以在公有的方法中增加一些限制条件，避免一些非法的操作。这样就能达到封装的目的，所有的功能都由对象自己来完成，给外面提供尽量少的操作。

在上例中，用户就可以在对象的外部通过对象中设置的公有方法 getName()，作为单独获取对象中的私有属性$name 的访问接口。但没有提供设置$name 属性值的接口，这就意味着一旦对象创建完成，就无法再改变对象中成员属性$name 的值。同样提供了设置年龄属性和获取年龄的访问接口，但在设置和获取值时都限制了一些条件。对象中的成员方法 say()没有添加访问控制权限，默认就是公有的访问权限，所以在对象的外面也可以直接访问，获取到对象中所有的私有属性。

7.4.3 __set()和__get()两个方法

PHP 系统中给我们提供了很多预定义的方法，这些方法大部分需要在类中声明，只有需要时才添加到类中。它们的作用、方法名称、使用的参数列表和返回值都是在 PHP 中规定好的，并且都是以两个下画线开始的方法名称。如果需要使用这些方法，方法体中的内容需要用户自己按需求编写。每个预定义的方法都有它特定的作用，使用时不需要用户直接调用，而是在特定的情况下自动被调用。这一节中用到的__set()和__get()两个方法，以及前面介绍过的构造方法__construct()和析构方法__destruct()都是这样的方法，通常也称为魔术方法。

一般来说，把类中的成员属性都定义为私有的，这更符合现实的逻辑，能够更好地对类中的成员起到保护作用。但是，对成员属性的读取和赋值操作是非常频繁的，而如果在类中为每个私有的属性都定义可以在对象的外部获取和赋值的公有方法，又是非常烦琐的。因此，

在 PHP 5.1.0 以后的版本中，预定义了两个方法__get()和__set()，用来完成对所用私有属性都能获取和赋值的操作。

1. 魔术方法__set()

在上一节中，我们在声明 Person 类时将所有的成员属性都使用了 private 关键字封装起来，使对象受到了保护。但为了在程序运行过程中可以按要求改变一些私有属性的值，我们在类中给用户提供了公有的类似 setXxx()方法这样的访问接口。这样做和直接为没有被封装的成员属性赋值相比，好处在于可以控制将非法值赋给成员属性。因为经过公有方法间接为私有属性赋值时，可以在方法中做一些条件限制。但如果对象中的成员属性声明得比较多，而且还需要频繁操作，那么在类中声明很多个为私有属性重新赋值的访问接口则会加大工作量，而且还不容易控制。而使用魔术方法__set()则可以解决这个问题。该方法能够控制在对象外部只能为私有的成员属性赋值，不能获取私有属性的值。用户需要在声明类时自己将它加到类中才可以使用，在类中声明的格式如下：

```
void __set ( string name, mixed value )    //是以两个下画线开始的方法名，方法体的内容需要自定义
```

该方法的作用是在程序运行过程中为私有的成员属性设置值，它不需要有任何返回值。但它需要两个参数，第一个参数需要传入在为私有属性设置值时的属性名，第二个参数则需要传入为属性设置的值。而且这个方法不需要我们主动调用，可以在方法前面也加上 private 关键字修饰，以防止用户直接去调用它。这个方法是在用户值为私有属性设置值时自动调用的。如果不在类中添加这个方法而直接为私有属性赋值，则会出现"不能访问某个私有属性"的错误。在类中使用__set()方法的代码如下所示：

```php
1  <?php
2      class Person {
3          //下面是声明人的成员属性，全都使用了private关键字封装
4          private $name;                  //此属性被封装
5          private $sex;                   //此属性被封装
6          private $age;                   //此属性被封装
7
8          function __construct($name="", $sex="男", $age=1) {
9              $this->name = $name;
10             $this->sex = $sex;
11             $this->age = $age;
12         }
13
14         /**
15          声明魔术方法需要两个参数，直接为私有属性赋值时自动调用，并且可以屏蔽一些非法赋值
16          @param  string  $propertyName    成员属性名
17          @param  mixed   $propertyValue   成员属性值
18         */
19         private function __set($propertyName, $propertyValue) {
20             //如果第一个参数是属性名sex则条件成立
21             if($propertyName == "sex"){
22                 //第二个参数只能是男或女
23                 if(!($propertyValue == "男" || $propertyValue == "女"))
24                     //如果是非法参数返回空，则结束方法执行
25                     return;
26             }
27
28             //如果第一个参数是属性名age则条件成立
```

```
29              if($propertyName == "age"){
30                  //第二个参数只能是0～150之间的整数
31                  if($propertyValue > 150 || $propertyValue <0)
32                      //如果是非法参数返回空，则结束方法执行
33                      return;
34              }
35
36              //根据参数决定为哪个属性赋值，传入不同的成员属性名，赋予传入的相应的值
37              $this->$propertyName = $propertyValue;
38          }
39
40          //下面是声明人类的成员方法，设置为公有的，可以在任何地方访问
41          public function say(){
42              echo "我的名字：".$this->name."，性别：".$this->sex."，年龄：".$this->age."。<br>";
43          }
44      }
45
46      $person1 = new Person("张三", "男", 20);
47      //以下三行自动调用了__set()函数，将属性名分别传给第一个参数，将属性值传给第二个参数
48      $person1->name = "李四";           //自动调用了__set()方法为私有属性name赋值成功
49      $person1->sex = "女";              //自动调用了__set()方法为私有属性sex赋值成功
50      $person1->age = 80;                //自动调用了__set()方法为私有属性age赋值成功
51
52      $person1->sex = "保密";            //"保密"是一个非法值，这条语句给私有属性sex赋值失败
53      $person1->age = 800;               //800是一个非法值，这条语句给私有属性age赋值失败
54
55      $person1->say();                   //调用$person1对象中的say()方法，查看一下所有被重新设置的新值
```

该程序运行后输出的结果为：

我的名字叫：李四，性别：女，我的年龄是：80。   //输出的是私有的成员属性被重新设置后的新值

在上面的 Person 类中，将所有的成员属性设置为私有的，并将魔术方法__set()声明在这个类中。在对象外面通过对象的引用就可以直接为私有的成员属性赋值了，看上去就像没有被封装一样。但在赋值过程中自动调用了__set()方法，并将直接赋值时使用的属性名传给了第一个参数，将值传给了第二个参数。通过__set()方法间接地为私用属性设置新值。这样就可以在__set()方法中通过两个参数为不同的成员属性限制不同的条件，屏蔽掉为一些私有属性设置的非法值。例如在上例中没有对对象中的成员属性$name 进行限制，所以可以为它设置任意的值。但对对象中的成员属性$sex 限制了只能有"男"或"女"两个值，而且限制了在为对象中的成员属性$age 设置值时，只能是 0～150 之间的整数。

2. 魔术方法__get()

如果在类中声明了__get()方法，则直接在对象的外部获取私有属性的值时，会自动调用此方法，返回私用属性的值。并且可以在__get()方法中根据不同的属性，设置一些条件来限制对私有属性的非法取值操作。和__set()一样，用户需要在声明类时自己将它加到类中才可以使用，在类中声明的格式如下：

mixed __get (string name)   //需要一个属性名作为参数，并返回处理后的属性值

该方法的作用是在程序运行过程中，通过它可以在对象的外部获取私有成员属性的值。它有一个必选的参数，需要传入在获取私有属性值时的属性名，并返回一个值，是在这个方法中处理后的允许对象外部使用的值。而且这个方法也不需要我们主动调用，也可以在方法

前面加上 private 关键字修饰,以防止用户直接去调用它。如果不在类中添加这个方法而直接获取私有属性的值,也会出现"不能访问某个私有属性"的错误。在类中使用__get()方法的代码如下所示:

```php
<?php
    class Person {
        private $name;                    //此属性被封装
        private $sex;                     //此属性被封装
        private $age;                     //此属性被封装

        function __construct($name="", $sex="男", $age=1) {
            $this->name = $name;
            $this->sex = $sex;
            $this->age = $age;
        }

        /**
         * 在类中添加__get()方法,在直接获取属性值时自动调用一次,以属性名作为参数传入并处理
         * @param  string  $propertyName  成员属性名
         * @return mixed                  返回属性值
         */
        private function __get($propertyName) {     //在方法前使用private修饰,防止对象外部调用
            if($propertyName == "sex") {            //如果参数传入的是"sex"则条件成立
                return "保密";                       //不让别人获取到性别,以"保密"替代
            } else if($propertyName == "age") {     //如果参数传入的是"age"则条件成立
                if($this->age > 30)                 //如果对象中的年龄大于30时条件成立
                    return $this->age-10;           //返回对象中虚假的年龄,比真实年龄小10岁
                else                                //如果对象中的年龄不大于30则执行下面代码
                    return $this->$propertyName;    //让访问都可以获取到对象中真实的年龄
            } else {                                //如果参数传入的是其他属性名则条件成立
                return $this->$propertyName;        //对其他属性都没有限制,可以直接返回属性的值
            }
        }
    }

    $person1 = new Person("张三", "男", 40);

    echo "姓名:".$person1->name."<br>";   //直接访问私有属性name,自动调用了__get()方法可以间接获取
    echo "性别:".$person1->sex."<br>";    //自动调用了__get()方法,但在方法中没有返回真实属性值
    echo "年龄:".$person1->age."<br>";    //自动调用了__get()方法,根据对象本身的情况会返回不同的值
```

该程序运行后输出的结果为:

```
姓名:张三      //输出直接获取到的 name 属性值,在__get()方法中没有对这个属性进行限制
性别:保密      //输出直接获取到的 sex 属性值,但在__get()方法中不允许用户获取真实值
年龄:30       //输出直接获取到的 age 属性值,但这个属性真实值大于 30,所以得到小于 10 的值
```

在上面的程序中声明了一个 Person 类,并将所有的成员属性使用 private 修饰,还在类中添加了__get()方法。在通过该类的对象直接获取私有属性的值时,会自动调用__get()方法间接地获取到值。在上例中的__get()方法中,没有对$name 属性进行限制,所以直接访问就可以获取到对象中真实的$name 属性的值。但并不想让对象外部获取到$sex 属性值,所以当访问它时在__get()方法中返回"保密"。而且也对$age 属性做了限制,如果对象中年龄大于 30 岁则隐瞒 10 岁,如果这个人的年龄在 30 岁以下则返回真实年龄。

7.5 继承性

继承性也是面向对象程序设计中的重要特性之一,在面向对象的领域有着极其重要的作用。它是指建立一个新的派生类,从一个先前定义的类中继承数据和函数,而且可以重新定义或加进新数据和函数,从而建立类的层次或等级关系。通过继承机制,可以利用已有的数据类型来定义新的数据类型。所定义的新的数据类型不仅拥有新定义的成员,同时还拥有旧的成员。我们称已存在的用来派生新类的类为基类,又称为父类或是超类。由已存在的类派生出的新类称为派生类或是子类。说得简单点,继承性就是通过子类对已存在的父类进行功能扩展。

在软件开发中,类的继承性使所建立的软件具有开放性、可扩充性,这是信息组织与分类的行之有效的方法。它简化了对象、类的创建工作量,增加了代码的可重用性。采用继承性,提供了类的规范的等级结构。通过类的继承关系,使公共的特性能够共享,提高了软件的可重用性。

在 C++语言中,一个派生类可以从一个基类派生,也可以从多个基类派生。从一个基类派生的继承称为单继承;从多个基类派生的继承称为多继承。但在 PHP 中和 Java 语言一样没有多继承,只能使用单继承模式。也就是说,一个类只能直接从另一个类中继承数据,但一个类可以有多个子类。单继承和多继承的比较如图 7-2 所示。

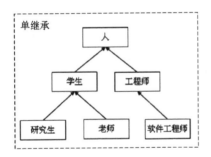
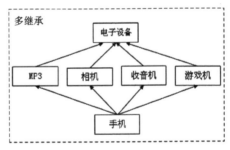

图 7-2 单继承(左)与多继承(右)的比较

在图 7-2 中,左边为单继承示意图,右边为多继承示意图,而在 PHP 中使用继承时只能采用左边的形式。单继承的好处是可以降低类之间的复杂性,有更清晰的继承关系,也就更容易在程序中发挥继承的作用。例如,在图 7-2 中,"教师"类是"学生"类的扩展,"学生"类又是"人"类的扩展。

7.5.1 类继承的应用

前面一直使用的 Person 类就可以派生出很多子类。在 Person 类中假设有两个成员属性"name"和"age",还有两个成员方法"say()"和"run()",当然还可以有更多的成员。如果

在程序中还需要声明一个学生类（Student），学生也具有所有人的特性，就可以让 Student 类继承 Person 类，把 Person 类中所有的成员都继承过来。这样，就不需要在 Student 类中重新声明一遍每个人都具有的属性了。而且在 Person 类中如果添加一个成员，所有派生它的子类都可以多一个成员，或者父类中修改的成员在子类中也会随之改变。并且在 Student 类中还可以增加一些自己的成员，例如所在的"学校名称"属性和"学习"方法，继承 Person 类的同时又对它进行了扩展。如果需要，可以从 Person 类中扩展出很多个子类，例如程序员类、医生类、司机类等。而且在子类中还可以派生出子类，例如学生类可以派生出班长类、教师类、校长类等。在下面的例子中使用"extends"关键字实现了多个类的单继承关系，代码如下所示：

```php
<?php
    //声明一个人类，定义人所具有的一些基本的属性和功能成员，作为父类
    class Person {
        var $name;                    //声明一个存储人的名字的成员
        var $sex;                     //声明一个存储人的性别的成员
        var $age;                     //声明一个存储人的年龄的成员

        function __construct($name="", $sex="男", $age=1) {
            $this->name = $name;
            $this->sex = $sex;
            $this->age = $age;
        }

        function say(){
            echo "我的名字: ".$this->name."，性别: ".$this->sex."，年龄: ".$this->age."。<br>";
        }

        function run() {
            echo $this->name."正在走路。<br>";
        }
    }

    //声明一个学生类，使用extends关键字扩展（继承）Person类
    class Student extends Person {
        var $school;                  //在学生类中声明一个所在学校school的成员属性

        //在学生类中声明一个学生可以学习的方法
        function study() {
            echo $this->name."正在".$this->school."学习<br>";
        }
    }

    //再声明一个教师类，使用extends关键字扩展（继承）Student类
    class Teacher extends Student {
        var $wage;                    //在教师类中声明一个教师工资wage的成员属性

        //在教师类中声明一个教师可以教学的方法
        function teaching() {
            echo $this->name."正在".$this->school."教学,每月工资为".$this->wage."。<br>";
        }
    }

    $teacher1 = new Teacher("张三", "男", 40);  //使用继承过来的构造方法创建一个教师对象

    $teacher1->school = "edu";        //将一个教师对象中的所在学校的成员属性school赋值
    $teacher1->wage = 3000;           //将一个教师对象中的成员属性工资赋值
```

```
48    $teacher1->say();            //调用教师对象中的说话方法
49    $teacher1->study();          //调用教师对象中的学习方法
50    $teacher1->teaching();       //调用教师对象中的教学方法
```

该程序运行后输出的结果为：

我的名字叫：张三，性别：男，我的年龄是：40。
张三正在 edu 学习
张三正在 edu 教学,每月工资为 3000。

在上面的例子中，声明了一个 Person 类，在类中定义了三个成员属性 name、sex 和 age，一个构造方法，以及两个成员方法 run()和 say()。当声明 Student 类时使用"extends"关键字将 Person 类中的所有成员都继承了过来，并在 Student 类中扩展了一个学生所在学校的成员属性 school 和一个学习的方法 study()。所以在 Student 类中现在存在四个成员属性和三个成员方法，以及一个构造方法。接着又声明了一个 Teacher 类，也是使用"extends"关键字去继承 Student 类，同样也将 Student 类的所有成员（包括从 Person 类中继承过来的）全部继承过来，又添加了一个成员属性工资 wage 和一个教学的方法 teaching()作为对 Student 类的扩展。这样在 Teacher 类中的成员包括从 Person 和 Student 类中继承过来的所有成员属性和成员方法，也包括构造方法，以及自己的类中新声明的一个属性和一个方法。当在 Person 类中对成员有所改动时，继承它的子类也都会随着变化。

通过类的继承性可以简化对象、类的创建工作量，增加了代码的可重用性。但在上面这一个例子中，"可重用性"及其他的继承性所带来的影响还不是特别的明显。但读者可以扩展地去想一下，无数个岗位中的人都是"人"类中的一种，都可以继承 Person 类。

7.5.2 访问类型控制

通过使用修饰符允许开发人员对类中成员的访问进行限制。这是 PHP 5 的新特性，也是 OOP 语言中的重要特性，大多数 OOP 语言都已支持此特性。PHP 5 支持三种访问修饰符，在类的封装中我们已经介绍过两种，在这里总结一下。访问控制修饰符包括 public（公有的、默认的）、private（私有的）和 protected（受保护的）三种，它们的作用及其之间的区别如表 7-1 所示。

表 7-1 访问控制修饰符的区别与联系

	private	protected	public（默认）
同一个类中	√	√	√
类的子类中		√	√
所有的外部成员			√

1. 公有的访问修饰符 public

使用这种修饰符则类中的成员将没有访问限制，所有的外部成员都可以访问这个类中的成员。在 PHP 5 之前的所有版本中，PHP 中类的成员都是公有的；而且在 PHP 5 中如果类的成员没有指定成员访问修饰符，也将被视为公有的。代码如下所示：

```
var $property;              //声明成员属性时,没有使用访问控制的修饰符,默认就是 public 的成员
public $property;           //使用 public 修饰符,控制此成员属性为公有的
function fun() { ... ... }  //声明成员方法时,没有使用访问控制的修饰符,默认就是 public 的成员
public function fun() { ... ... }  //使用 public 修饰符,控制此成员方法为公有的
```

2. 私有的访问修饰符 private

当类中的成员被定义为 private 时,对于同一个类中的所有成员都没有访问限制,但对于该类的外部代码是不允许改变甚至操作的,对于该类的子类,也不能访问 private 修饰的成员。代码如下所示:

```php
<?php
    //声明一个类作为父类使用,将它的成员都声明为私有的
    class MyClass {
        private $var1 = 100;              //声明一个私有的成员属性并赋初值为100

        //声明一个成员方法,使用private关键字设置为私有的
        private function printHello() {
            echo "hello<br>";             //在方法中只有一条输出语句作为测试使用
        }
    }

    //声明一个MyClass类的子类试图访问父类中的私有成员
    class MyClass2 extends MyClass {
        //在类中声明一个公有方法,访问父类中的私有成员
        function useProperty() {
            echo "输出从父类继承过来的成员属性值".$this->var1."<br>";  //访问父类中的私有属性
            $this->printHello();          //访问父类中的私有方法
        }
    }

    $subObj = new MyClass2();             //初始化出子类对象
    $subObj->useProperty();               //调用子类对象中的方法实现对父类私有成员的访问
```

在上面的代码中声明了一个类 MyClass,在类中声明了一个私有的成员属性和一个私有的成员方法,又声明了一个类 MyClass2 继承类 MyClass,并在子类 MyClass2 中访问父类中的私有成员。但父类中的私有成员只能在它的本类中使用,在子类中也不能访问,所以访问出错。

3. 保护的访问修饰符 protected

被修饰为 protected 的成员,对于该类的子类及子类的子类都有访问权限,可以进行属性、方法的读/写操作。但不能被该类的外部代码访问,该子类的外部代码也不具有访问其属性和方法的权限。将上例中父类的访问权限改为 protected 修饰,就可以在子类中访问父类中的成员了,但在类的外部也是不能访问的,所以也可以完成对对象的封装目的。代码如下所示:

```php
<?php
    //声明一个类作为父类使用,将它的成员都声明为保护的
    class MyClass {
        protected $var1=100;              //声明一个保护的成员属性并赋初值为100

        protected function printHello() { //声明一个成员方法,使用protected关键字设置为保护的
            echo "hello<br>";             //在方法中只有一条输出语句作为测试使用
        }
```

```
10
11      //声明一个MyClass类的子类试图访问父类中的保护成员
12      class MyClass2 extends MyClass {
13          //在类中声明一个公有方法,访问父类中的保护成员
14          function useProperty() {
15              echo "输出从父类继承过来的成员属性值".$this->var1."<br>";    //访问父类中受保护的属性
16              $this->printHello();                                        //访问父类中受保护的方法
17          }
18      }
19
20      $subObj = new MyClass2();                //初始化出子类对象
21      $subObj->useProperty();                  //调用子对象中的方法实现对父类保护成员的访问
22      echo $subObj->var1;                      //试图访问类中受保护的成员,结果出错
```

在上例中,将类 MyClass 中的成员使用 protected 修饰符设置为保护的,就可以在子类中直接访问。但在子类的外部去访问 protected 修饰的成员则出错。

7.5.3 子类中重载父类的方法

在 PHP 中不能定义重名的函数,也包括不能在同一个类中定义重名的方法,所以也就没有方法重载。但在子类中可以定义和父类同名的方法,因为父类的方法已经在子类中存在,这样在子类中就可以把从父类中继承过来的方法重写。

子类中重载父类的方法就是在子类中覆盖从父类中继承过来的方法。父类中的方法被子类继承过来不就可以直接使用吗?为什么还要重载呢?因为有一些情况是我们必须要覆盖的。例如,有一个"鸟"类,在这个类中定义了鸟的通用方法"飞翔"。将"鸵鸟"类作为它的子类,就会将"飞翔"的方法继承过来,但只要一调用"鸵鸟"类中的这个"飞翔"方法,鸵鸟就会飞走。虽然鸵鸟是不会飞的,但其他特性都具有"鸟"类的特性,所以在声明"鸵鸟"类时还是可以继承"鸟"类的,但必须在"鸵鸟"类中将从"鸟"类中继承过来的"飞翔"方法改写,就需要在子类中重载父类中的方法。

在下面的例子中,声明的 Person 类中有一个"说话"方法,Student 类继承 Person 类后可以直接使用"说话"方法。但 Person 类中的"说话"方法只能说出它自己的成员属性,而 Student 类对 Person 类进行了扩展,多添加了几个新的成员属性。如果使用继承过来的"说话"方法,也只能说出从 Person 类中继承过来的成员属性。而如果在子类 Student 中再定义一个新的方法用于"说话",则一个"学生"就有两种"说话"的方法,显然不太合理。所以在 Student 类中也定义了一个和它的父类 Person 中同名的方法,将其覆盖后重写。代码如下所示:

```
1   <?php
2       //声明一个人类,定义人所具有的一些基本的属性和功能成员,作为父类
3       class Person {
4           protected $name;
5           protected $sex;
6           protected $age;
7
8           function __construct($name="", $sex="男", $age=1) {
9               $this->name = $name;
10              $this->sex = $sex;
```

```
11              $this->age = $age;
12          }
13
14      //在人类中声明一个通用的说话方法,介绍一下自己
15      function say(){
16          echo "我的名字:".$this->name.",性别:".$this->sex.",年龄:".$this->age."。<br>";
17      }
18  }
19
20  //声明一个学生类,使用extends关键字扩展(继承)Person类
21  class Student extends Person {
22      private $school;                    //在学生类中声明一个所在学校school的成员属性
23
24      //覆盖父类中的构造方法,在参数列表中多添加一个学校属性,用来创建对象并初始化成员属性
25      function __construct($name="", $sex="男", $age=1, $school="") {
26          $this->name = $name;
27          $this->sex = $sex;
28          $this->age = $age;
29          $this->school = $school;
30      }
31
32      function study() {
33          echo $this->name."正在".$this->school."学习<br>";
34      }
35
36      //定义一个和父类中同名的方法,将父类中的说话方法覆盖并重写,多说出所在的学校名称
37      function say() {
38          echo "我的名字:".$this->name.",性别:".$this->sex.",年龄:".$this->age.
39              ",在".$this->school."学校上学<br>";
40      }
41  }
42
43  $student = new Student("张三","男",20, "edu");  //创建一个学生对象,并多传一个学校名称参数
44  $student->say();                                //调用学生类中覆盖父类的说话方法
```

该程序运行后输出的结果为:

我的名字叫:张三,性别:男,我的年龄是:20,在 edu 学校上学   //多说出一个所在学校的名称

在上面的例子中,声明的 Student 子类中覆盖了从父类 Person 中继承过来的构造方法和成员方法 say()。同时在子类的构造方法中多添加一条对 school 属性初始化赋值的代码,在子类的 say()方法中多添加一条说出自己所在学校的代码,都是将父类被覆盖的方法中原有的代码重新写一次,并在此基础上多添加一些内容。如果在 Person 类中的构造方法和 say()方法里有很多条代码,而在重载时也需要保留原有功能的同时多添加一点功能,如果还是按上例中的形式覆盖,就显得非常烦琐。另外,有些父类中的源代码并不是可见的,所以就不能在重载时复制被覆盖方法中的源代码。

在 PHP 中,提供了在子类重载的方法中调用父类中被覆盖方法的功能。这样就可以在子类重写的方法中继续使用从父类中继承过来并被覆盖的方法,然后再按要求多添加一些新功能。调用的格式是使用"parent::方法名"在子类的重载方法中调用父类中被它覆盖的方法。将上例中的代码修改一下,在子类重写的构造方法中使用"parent::__construct()"调用父类中被覆盖的构造方法,再多添加上一条对子类中新扩展的成员属性初始化的代码。在子类中重写的 say()方法中使用"parent::say()"调用父类中被覆盖的 say()方法,再添加上输出子类成员属性值的功能。代码如下所示:

```php
<?php
    class Person {
        protected $name;
        protected $sex;
        protected $age;

        function __construct($name="", $sex="男", $age=1) {
            $this->name = $name;
            $this->sex = $sex;
            $this->age = $age;
        }

        function say(){
            echo "我的名字: ".$this->name.", 性别: ".$this->sex.", 年龄: ".$this->age."。<br>";
        }
    }

    //声明一个学生类, 使用extends关键字扩展(继承)Person类
    class Student extends Person {
        private $school;

        //覆盖父类中的构造方法, 在参数列表中多添加一个学校属性, 用来创建对象并初始化成员属性
        function __construct($name="", $sex="男", $age=1, $school=""){
            //调用父类中被本方法覆盖的构造方法, 为从父类中继承过来的属性赋初值
            parent::__construct($name,$sex,$age);
            $this->school = $school;        //新添加一条为子类中新声明的成员属性赋初值
        }

        function study() {
            echo $this->name."正在".$this->school."学习<br>";
        }

        //定义一个和父类中同名的方法, 将父类中的说话方法覆盖并重写, 多说出所在的学校名称
        function say() {
            parent::say();                          //调用父类中被本方法覆盖掉的方法
            echo "在".$this->school."学校上学<br>";  //在原有的功能基础上多加一点功能
        }
    }

    $student = new Student("张三","男",20, "edu");  //创建一个学生对象, 并多传一个学校名称参数
    $student->say();                                //调用学生类中覆盖父类的说话方法
```

本例输出的结果和前一个例子是一样的，但在本例中通过在子类中直接调用父类中被覆盖的方法要简便得多。另外，在子类覆盖父类的方法时一定要注意，在子类中重写的方法的访问权限一定不能低于父类被覆盖的方法的访问权限。例如，如果父类中的方法的访问权限是 protected，那么在子类中重写的方法的权限就要是 protected 或 public。如果父类的方法是 public 权限，子类中要重写的方法只能是 public。总之，在子类中重写父类的方法时，一定要高于或等于父类被覆盖的方法的访问权限。

7.6 常见的关键字和魔术方法

在 PHP 5 的面向对象程序设计中提供了一些常见的关键字，用来修饰类、成员属性和成员方法，使它们具有特定的功能，例如 final、static、const 等关键字。还有一些比较适用的

魔术方法，用来提高类或对象的应用能力，例如__call()、__toString()、__autoload()等。

7.6.1 final 关键字的应用

在 PHP 5 中新增加了 final 关键字，它可以加在类或类中的方法前。但不能使用 final 标识成员属性。虽然 final 有常量的意思，但在 PHP 中定义常量是使用 define()函数来完成的。在类中将成员属性声明为常量也有专门的方式，在下一节中会详细介绍。final 关键字的作用如下：

> 使用 final 标识的类，不能被继承。
> 在类中使用 final 标识的成员方法，在子类中不能被覆盖。

在下面的例子中声明一个 MyClass 类并使用 final 关键字标识，MyClass 类就是最终的版本，不能有子类，也就不能对它进行扩展。代码如下所示：

```
1 <?php
2     final class MyClass {                         //声明一个类，并使用final关键字标识，使其不能有子类
3         //成员略...
4     }
5     class MyClass2 extends MyClass {              //声明另一个类并试图去继承final标识的类，结果出错
6         //成员略...
7     }
```

该程序运行后输出的结果为：

Fatal error: Class MyClass2 may not inherit from final class (MyClass)   //输出错误

在上例中，试图用 MyClass2 类去继承用 final 标识的类 MyClass 时，系统报错。如果在类中的成员方法前加 final 关键字标识，则在子类中不能覆盖它，被 final 标识的方法也是最终版本。代码如下所示：

```
1 <?php
2     //声明一个类MyClass作为父类，在类中只声明一个成员方法
3     class MyClass {
4         //声明一个成员方法并使用final标识，则不能在子类中覆盖
5         final function fun() {
6             //方法体中的内容略
7         }
8     }
9
10    //声明继承MyClass类的子类，在类中声明一个方法去覆盖父类中的方法
11    class MyClass2 extends MyClass {
12        //在子类中试图去覆盖父类中已被final标识的方法，结果出错
13        function fun() {
14            //方法体中的内容略
15        }
16    }
```

该程序运行后输出的结果为：

Fatal error: Cannot override final method MyClass::fun()   //系统报错

在上面的代码中声明一个 MyClass 类，并在类中声明一个成员方法 fun()，在 fun()方法前面使用 final 关键字标识。又声明一个 MyClass2 类去继承 MyClass 类，并在子类 MyClass2 中声明一个方法 fun()试图去覆盖父类中已被 final 标识的 fun()方法时，系统会出现报错信息。

7.6.2 static 关键字的使用

使用 static 关键字可以将类中的成员标识为静态的，既可以用来标识成员属性，也可以用来标识成员方法。普通成员作为对象属性存在。以 Person 类为例，如果在 Person 类中有一个"$country = 'china'"的成员属性，任何一个 Person 类的对象都会拥有自己的一份$country 属性，对象之间不会干扰。而 static 成员作为整个类的属性存在，如果将$country 属性使用 static 关键字标识，则不管通过 Person 类创建多少个对象（甚至可以是没有对象），这个 static 成员总是唯一存在的，在多个对象之间共享的。因为使用 static 标识的成员是属于类的，所以与对象实例和其他的类无关。类的静态属性非常类似于函数的全局变量。类中的静态成员是不需要对象而使用类名来直接访问的，格式如下所示：

```
类名::静态成员属性名;      //在类的外部和成员方法中都可以使用这种方式访问静态成员属性
类名::静态成员方法名();    //在类的外部和成员方法中都可以使用这种方式访问静态成员方法
```

在类中声明的成员方法中，也可以使用关键字"self"来访问其他静态成员。因为静态成员是属于类的，而不属于任何对象，所以不能用$this 来引用它，而在 PHP 中给我们提供的 self 关键字，就是在类的成员方法中用来代表本类的关键字。格式如下所示：

```
self::静态成员属性名;      //在类的成员方法中使用这种方式访问本类中的静态成员属性
self::静态成员方法名();    //在类的成员方法中使用这种方式访问本类中的静态成员方法
```

如果在类的外部访问类中的静态成员，可以使用对象引用和使用类名访问，但通常选择使用类名来访问。如果在类内部的成员方法中访问其他的静态成员，通常使用 self 的形式去访问，最好不要直接使用类名称。在下面的例子中声明一个 MyClass 类，为了让类中的 count 属性可以在每个对象中共享，将其声明为 static 成员，用来统计通过 MyClass 类一共创建了多少个对象。代码如下所示：

```php
<?php
    //声明一个MyClass类，用来演示如何使用静态成员
    class MyClass {
        static $count;                          //在类中声明一个静态成员属性count，用来统计对象被创建的次数

        function __construct() {                //每次创建一个对象就会自动调用一次这个构造方法
            self::$count++;                     //使用self访问静态成员count，使其自增1
        }

        static function getCount() {            //声明一个静态方法，在类外面直接使用类名就可以调用
            return self::$count;                //在方法中使用self访问静态成员并返回
        }
    }

    MyClass::$count=0;                          //在类外面使用类名访问类中的静态成员，为其初始化赋值0
```

```
17    $myc1 = new MyClass();           //通过MyClass类创建第一个对象，在构造方法中将count累加1
18    $myc2 = new MyClass();           //通过MyClass类创建第二个对象，在构造方法中又为count累加1
19    $myc3 = new MyClass();           //通过MyClass类创建第三个对象，在构造方法中再次为count累加1
20
21    echo MyClass::getCount();        //在类外面使用类名访问类中的静态成员方法，获取静态属性的值 3
22    echo $myc3->getCount();          //通过对象也可以访问类中的静态成员方法，获取静态属性的值 3
```

在上例的 MyClass 类中，在构造方法内部和成员方法 getCount()内部，都使用 self 访问本类中使用 static 标识为静态的属性 count，并在类的外部使用类名访问类中的静态属性。可以看到同一个类中的静态成员在每个对象中共享，每创建一个对象静态属性 count 就自增 1，用来统计实例化对象的次数。

另外，在使用静态方法时需要注意，在静态方法中只能访问静态成员。因为非静态的成员必须通过对象的引用才能访问，通常是使用$this 完成的。而静态的方法在对象不存在的情况下也可以直接使用类名来访问，没有对象也就没有$this 引用，没有了$this 引用就不能访问类中的非静态成员，但是可以使用类名或 self 在非静态方法中访问静态成员。

7.6.3 单态设计模式

单态模式的主要作用是保证在面向对象编程设计中，一个类只能有一个实例对象存在。在很多操作中，比如建立目录、数据库连接都有可能会用到这种技术。和其他面向对象的编程语言相比，在 PHP 中使用单态设计尤为重要。因为 PHP 是脚本语言，每次访问都是一次独立执行的过程，而在这个过程中一个类有一个实例对象就足够了。例如，后面的章节中我们将学习自定义数据库的操作类，设计的原则就是在一个脚本中，只需要实例化一个数据库操作类的对象，并且只连接一次数据库就可以了，而不是在一个脚本中为了执行多条 SQL 语句，单独为每条 SQL 语句实例化一个对象，因为实例化一次就要连接一次数据库，这样做效率非常低下，单态模式就为我们提供了这样实现的可能。另外，使用单态的另一个好处在于可以节省内存，因为它限制了实例化对象的个数。代码如下所示：

```
1  <?php
2      /**
3        声明一个类Db，用于演示单态模式的使用
4      */
5  class DB {
6      private static $obj = null;           //声明一个私有的、静态的成员属性$obj
7
8      /* 构造方法，使用private封装后则只能在类的内部使用new去创建对象 */
9      private function __construct() {
10         /* 在这个方法中去完成一些数据库连接等操作 */
11         echo "连接数据库成功<br>";
12     }
13
14     /* 只有通过这个方法才能返回本类的对象，该方法是静态方法，用类名调用 */
15     static function getInstance() {
16         if(is_null(self::$obj))           //如果本类中的$obj为空,说明还没有被实例化过
17             self::$obj = new self();      //实例化本类对象
18
19         return self::$obj;                //返回本类的对象
20     }
```

```
21
22          /* 执行SQL语句完成对数据库的操作 */
23          function query($sql) {
24              echo $sql;
25          }
26      }
27
28      //只能使用静态方法getInstance()去获取DB类的对象
29      $db = DB::getInstance();
30
31      //访问对象中的成员
32      $db -> query("select * from user");
```

要编写单态设计模式，就必须让一个类只能实例化一个对象；而要想让一个类只能实例化一个对象，就先要让一个类不能实例化对象。在上例中，不能在类的外部直接使用 new 关键字去实例化 DB 类的对象，因为 DB 类的构造方法使用了 private 关键字进行封装。但根据封装的原则，我们可以在类的内部方法中实例化本类的对象，所以声明了一个方法 getInstance()，并在该访问中实例化本类对象。但成员方法也是需要对象才能访问的，所以在 getInstance()方法前使用 static 关键字修饰，成为静态方法就不使用对象而是通过类名访问了。如果调用一次 getInstance()方法，就在该方法内实例化一次本类对象，这并不是我们想要的结果。所以就需要声明一个成员属性$obj，将实例化的对象引用赋值给它，再判断该变量，如果已经有值，就直接返回；如果值为 null，就去实例化对象，这样就能保证 DB 类只能被实例化一次。又因为 getInstance()方法是 static 修饰的静态方法，静态方法又不能访问非静态的成员，所以成员属性$obj 也必须是一个静态成员；而且又不想让类外部直接访问，所以也需要使用 private 关键字修饰封装起来。

7.6.4　const 关键字

虽然 const 和 static 的功能不同，但使用的方法比较相似。在 PHP 中定义常量是通过调用 define()函数来完成的，但要将类中的成员属性定义为常量，则只能使用 const 关键字。将类中的成员属性使用 const 关键字标识为常量，其访问的方式和静态成员一样，都是通过类名或在成员方法中使用 self 关键字访问，也不能用对象来访问。标识为常量的属性是只读的，不能重新赋值。如果在程序中试图改变它的值，则会出现错误。所以在声明常量时一定要赋初值，因为没有其他方式后期为常量赋值。注意，使用 const 声明的常量名称前不要使用 "$" 符号，而且常量名称通常都是大写的。在下面的示例中演示了在类中如何声明常量，并在成员方法中使用 self 和在类外面通过类名来访问常量。代码如下所示：

```
1   <?php
2       //声明一个MyClass类，在类中声明一个常量和一个成员方法
3       class MyClass {
4           const CONSTANT = 'CONSTANT value';      //使用const声明一个常量，并直接赋上初始值
5
6           function showConstant() {               //声明一个成员方法并在其内部访问本类中的常量
7               echo  self::CONSTANT."<br>";        //使用self访问常量，注意常量前不要加"$"
8           }
9       }
```

```
10
11    echo MyClass::CONSTANT . "<br>";           //在类外部使用类名称访问常量,也不要加"$"
12    $class = new MyClass();                    //通过类MyClass创建一个对象引用$class
13    $class->showConstant();                    //调用对象中的方法
14    // echo $class::CONSTANT;                  //通过对象名称访问常量是不允许的
```

7.6.5 instanceof 关键字

使用 instanceof 关键字可以确定一个对象是类的实例、类的子类,还是实现了某个特定接口,并进行相应的操作。例如,假设希望了解名为$man 的对象是否为类 Person 的实例,代码如下所示:

> $man = new Person();
> …
> if($man instanceof Person)
>   echo '$man 是 Person 类的实例对象';

在这里有两点值得注意:首先,类名没有任何定界符(不使用引号),使用定界符将导致语法错误;其次,如果比较失败,脚本将退出执行。instanceof 关键字在同时处理多个对象时特别有用,例如,你可能要重复地调用某个函数,但希望根据对象类型调整函数的行为。

7.6.6 克隆对象

PHP 5 中的对象模型是通过引用来调用对象的,但有时需要建立一个对象的副本,改变原来的对象时不希望影响到副本。如果使用"new"关键字重新创建对象,再为属性赋上相同的值,这样做会比较烦琐而且容易出错。在 PHP 中可以根据现有的对象克隆出一个完全一样的对象,克隆以后,原本和副本两个对象完全独立、互不干扰。在 PHP 5 中使用"clone"关键字克隆对象,代码如下所示:

```
1   <?php
2       //声明类Person,并在其中声明了三个成员属性、一个构造方法以及一个成员方法
3       class Person {
4           private $name;                  //第一个私有成员属性$name用于存储人的名字
5           private $sex;                   //第二个私有成员属性$sex用于存储人的性别
6           private $age;                   //第三个私有成员属性$age用于存储人的年龄
7
8           //构造方法在对象诞生时为成员属性赋初值
9           function __construct($name="", $sex="", $age=1) {
10              $this->name = $name;
11              $this->sex = $sex;
12              $this->age = $age;
13          }
14
15          //一个成员方法用于打印出自己对象中全部的成员属性值
16          function say() {
17              echo "我的名字: ".$this->name.", 性别: ".$this->sex.", 年龄: ".$this->age."<br>";
18          }
19      }
20
```

```php
21     $p1 = new Person("张三", "男", 20);      //创建一个对象并通过构造方法为对象中所有成员属性赋初值
22     $p2 = clone $p1;                         //使用clone关键字克隆（复制）对象，创建一个对象的副本
23     // $p3=$p1                               //这不是复制对象，而是为对象多复制出一个访问该对象的引用
24     $p1 -> say();                            //调用原对象中的说话方法，打印原对象中的全部属性值
25     $p2 -> say();                            //调用副本对象中的说话方法，打印出克隆对象的全部属性值
```

该程序运行后输出的结果为：

```
我的名字叫：张三 性别：男 我的年龄是：20      //原对象中打印的全部属性值
我的名字叫：张三 性别：男 我的年龄是：20      //副本对象中打印的全部属性值
```

在上面的程序中共创建了两个对象，其中有一个对象是通过 clone 关键字克隆出来的副本。两个对象完全独立，但它们中的成员及成员属性的值完全一样。如果需要对克隆后的副本对象在克隆时重新为成员属性赋初值，则可以在类中声明一个魔术方法"__clone()"。该方法是在对象克隆时自动调用的，所以就可以通过此方法对克隆后的副本重新初始化。__clone()方法不需要任何参数，该方法中自动包含$this 对象的引用，$this 是副本对象的引用。将上例中的代码改写一下，在类中添加魔术方法__clone()，对副本对象中的成员属性重新初始化。代码如下所示：

```php
1  <?php
2      class Person {
3          private $name;
4          private $sex;
5          private $age;
6
7          function __construct($name="", $sex="", $age=1) {
8              $this->name = $name;
9              $this->sex = $sex;
10             $this->age = $age;
11         }
12
13         //声明此方法则在对象克隆时自动调用，用来为新对象重新赋值
14         function __clone() {
15             $this->name = "我是".$that->name."的副本";   //为副本对象中的name属性重新赋值
16             $this->age = 10;                              //为副本对象中的age属性重新赋值
17         }
18
19         function say() {
20             echo "我的名字：".$this->name."，性别：".$this->sex."，年龄：".$this->age."<br>";
21         }
22     }
23
24     $p1 = new Person("张三", "男", 20);      //创建一个对象并通过构造方法为对象中所有成员属性赋初值
25     $p2 = clone $p1;                         //使用clone克隆（复制）对象，并自动调用类中的__clone()方法
26
27     $p1 -> say();                            //调用原对象中的说话方法，打印原对象中的全部属性值
28     $p2 -> say();                            //调用副本对象中的说话方法，打印出克隆对象的全部属性值
```

该程序运行后输出的结果为：

```
我的名字叫：张三 性别：男 我的年龄是：20           //原对象中的属性值没有变化
我的名字叫：我是张三的副本 性别：男 我的年龄是：10  //副本对象中的 name 和 age 属性都被赋上新值
```

7.6.7 类中通用的方法__toString()

"魔术"方法__toStriing()是快速获取对象的字符串表示的最便捷的方式，它是在直接输出对象引用时自动调用的方法。通过前面的介绍我们知道，对象引用是一个指针，即存放对象在堆内存中的首地址的变量。例如，在"$p=new Person()"语句中，$p 就是一个对象的引用，如果直接使用 echo 输出$p，则会输出"**Catchable fatal error**: Object of class Person could not be converted to string"错误。如果在类中添加了"__toString()"方法，则直接输出对象的引用时就不会产生错误，而是自动调用该方法，并输出"__toString()"方法中返回的字符串。所以__toString()方法中一定要有一个字符串作为返回值，通常在此方法中返回的字符串是使用对象中多个属性值连接而成的。在下面的例子中声明一个测试类，并在类中添加了__toString()方法，该方法中将成员属性的值转换为字符串后返回。代码如下所示：

```php
<?php
    //声明一个测试类，在类中声明一个成员属性和一个__toString()方法
    class TestClass {
        private $foo;                          //在类中声明的一个成员方法

        function __construct($foo) {           //通过构造方法传值为成员属性赋初值
            $this->foo = $foo;                 //为成员属性赋值
        }

        public function __toString() {         //在类中定义一个__toString方法
            return $this->foo;                 //返回一个成员属性$foo的值
        }
    }

    $obj = new TestClass('Hello');             //创建一个对象并赋值给对象引用$obj
    echo $obj;                                 //直接输出对象引用则自动调用了对象中的__toString()方法输出Hello
```

7.6.8 __call()方法的应用

如果尝试调用对象中不存在的方法，一定会出现系统报错，并退出程序不能继续执行。在 PHP 中，可以在类中添加一个"魔术"方法__call()，则调用对象中不存在的方法时就会自动调用该方法，并且程序也可以继续向下执行。所以我们可以借助__call()方法提示用户，例如，提示用户调用的方法及需要的参数列表不存在。__call()方法需要两个参数：第一个参数是调用不存在的方法时，接收这个方法名称字符串；而参数列表则以数组的形式传递到__call()方法的第二个参数中。下面的例子声明的类中添加了__call()方法，用来解决用户调用对象中不存在的方法的情况。代码如下所示：

```php
<?php
    //声明一个测试类，在类中声明printHello()和__call()方法
    class TestClass {
        function printHello() {                //声明一个方法，可以让对象能成功调用
            echo "Hello<br>";                  //执行时输出一条语句
        }

        /**
         * 声明魔术方法__call(),用来处理调用对象中不存在的方法
```

第 7 章 PHP 面向对象的程序设计

```php
         @param   string   $functionName   访问不存在的成员方法名称字符串
         @param   array    $args           访问不存在的成员方法中传递的参数数组
     */
     function __call($functionName, $args) {
         echo "你所调用的函数: ".$functionName."(参数: ";   //输出调用不存在的方法名
         print_r($args);                                    //输出调用不存在的方法时的参数列表
         echo ")不存在! <br>\n";                            //输出附加的一些提示信息
     }
 }

 $obj = new TestClass();                    //通过类TestClass实例化一个对象
 $obj -> myFun("one", 2, "three");          //调用对象中不存在的方法,则自动调用了对象中的__call()方法
 $obj -> otherFun(8,9);                     //调用对象中不存在的方法,则自动调用了对象中的__call()方法
 $obj -> printHello();                      //调用对象中存在的方法,可以成功调用
```

该程序运行后输出的结果为:

```
你所调用的函数: myFun(参数: Array ( [0] => one [1] => 2 [2] => three ))不存在!
你所调用的函数: otherFun(参数: Array ( [0] => 8 [1] => 9 ))不存在!
Hello           //调用对象中存在的方法时输出的结果,如果方法存在则不会自动调用__call()方法
```

在上例声明的 TestClass 类中有两类方法,一类是可以让对象正常调用的测试方法 printHello(),其他的方法则是类中没有声明的方法,但当调用时并没有退出程序,而是自动调用了__call()方法并给用户一些提示信息,当调用存在的方法时一切正常。大家需要注意的是,"魔术"方法__call()不仅用于提示用户调用的方法不存在,每个"魔术"方法都有其存在的意义,只不过我们为了说明某些功能的应用,经常会选择简单的提示信息作为实例进行演示。在下面的例子中,通过编写一个 DB 类的功能模型来说明一下"魔术"方法__call()更高级的应用,并向大家介绍一下"连贯操作"。DB 类的声明代码如下所示:

```php
<?php
    //声明一个DB类(数据库操作类)的简单操作模型
    class DB {

        //声明一个私有成员属性数组,主要是通过下标来定义可以参加连贯操作的全部方法名称
        private $sql = array(
            "field" => "",
            "where" => "",
            "order" => "",
            "limit" => "",
            "group" => "",
            "having" => ""
        );

        //连贯操作调用field()、where()、order()、limit()、group()、having()方法,组合SQL语句
        function __call($methodName, $args) {
            //将第一个参数(代表不存在方法的方法名称)全部转换成小写方式,获取方法名称
            $methodName = strtolower($methodName);
            //如果调用的方法名和成员属性数组$sql下标相对应,则将第二个参数赋给数组中下标对应的元素
            if(array_key_exists($methodName, $this->sql)) {
                $this->sql[$methodName] = $args[0];
            } else {
                echo '调用类'.get_class($this).'中的方法'.$methodName.'()不存在';
            }

            //返回自己的对象,则可以继续调用本对象中的方法,形成连贯操作
            return $this;
        }
```

```
31        //简单的应用,没有实际意义,只是输出连贯操作后组合的一条SQL语句,是连贯操作最后调用的一个方法
32        function select() {
33            echo "SELECT FROM {$this->sql['field']} user {$this->sql['where']} {$this->sql['order']}
34                {$this->sql['limit']} {$this->sql['group']} {$this->sql['having']}";
35        }
36    }
37
38    $db = new DB;
39
40    //连贯操作,也可以分为多行去连续调用多个方法
41    $db -> field('sex, count(sex)')
42        -> where('where sex in ("男", "女")')
43        -> group('group by sex')
44        -> having('having avg(age) > 25')
45        -> select();
46
47    //如果调用的方法不存在,也会有提示,下面演示的就是调用一个不存在的方法query()
48    $db -> query('select * from user');
```

在本例中,虽然调用 DB 类中的一些方法不存在,但因为在类中声明了"魔术"方法__call(),所以不仅没有出错退出程序,反而自动调用了在类中声明的__call()方法,并将这个调用的不存在的方法名称传给了__call()方法的第一个参数。在__call()方法中,将传入的方法名称和成员属性数组$sql 的下标进行比对,如果有和数组$sql 下标相同的方法名称,则为合法的调用方法。如果调用的方法没有在 DB 类中声明,方法名称又没有在成员属性$sql 数组下标中出现,则提示调用的方法不存在。所以在上例中虽然 DB 类中没有声明 field()、where()、order()、limit()、group()、having()方法,但可以直接调用。在本例中,不仅调用指定的 6 个 DB 类中没有声明的方法是通过 DB 类中声明的"魔术"方法__call()实现的,在声明__call()方法中,最后我们还返回"$this"引用。所以凡是用到__call()方法的位置都会返回调用该方法的对象,这样就可以继续调用该对象中的其他成员。像本例演示的一样,可以形成多个方法连续调用的情况,也就是我们常说的"连贯操作"。

7.6.9 自动加载类

在设计面向对象的程序开发时,通常为每个类的定义都单独建立一个 PHP 源文件。当你尝试使用一个未定义的类时,PHP 会报告一个致命错误。可以用 include 包含一个类所在的源文件,毕竟你知道要用到哪个类。如果一个页面需要使用多个类,就不得不在脚本页面开头编写一个长长的包含文件的列表,将本页面需要的类全部包含进来。这样处理不仅烦琐,而且容易出错。

PHP 提供了类的自动加载功能,这样可以节省编程的时间。当你尝试使用一个 PHP 没有组织到的类时,它会寻找一个名为__autoload()的全局函数(不是在类中声明的函数)。如果存在这个函数,PHP 会用一个参数来调用它,参数即类的名称。

在下例中说明了__autoload()是如何使用的。它假设当前目录下每个文件对应一个类,当脚本尝试来创建一个类 User 的实例时,PHP 会自动执行__autoload()函数。脚本假设 user.class.php 中定义有 User 类,不管调用时是大写还是小写,PHP 将返回名称的小写。所以你做项目时,在组织定义类的文件名时,需要按照一定的规则,一定要以类名为中心,也

可以加上统一的前缀或后缀形成文件名，比如 classname.class.php、xxx_classname.php、classname_xxx.php 或 classname.php 等，推荐类文件的命名使用"classname.class.php"格式。代码如下所示：

```php
<?php
    /**
        声明一个自动加载类的魔术方法__autoload()
        @param  string   $className 需要加载的类名称字符串
    */
    function __autoload($className) {
        //在方法中使用include包含类所在的文件
        include(strtolower($className).".class.php");
    }

    $obj  = new User();   //User类不存在则自动调用__autoload()函数，将类名"User"作为参数传入
    $obj2 = new Shop();   //Shop类不存在则自动调用__autoload()函数，将类名"Shop"作为参数传入
```

7.6.10　对象串行化

对象也是一种在内存中存储的数据类型，它的寿命通常随着生成该对象的程序的终止而终止。有时候，可能需要将对象的状态保存下来，需要时再将对象恢复。对象通过写出描述自己状态的数值来记录自己，这个过程称为对象的串行化（Serialization）。串行化就是把整个对象转换为二进制字符串。在如下两种情况下必须把对象串行化：

> 对象需要在网络中传输时，将对象串行化成二进制字符串后在网络中传输。
> 对象需要持久保存时，将对象串行化后写入文件或数据库中。

使用 serialize()函数来串行化一个对象，把对象转换为二进制字符串。serialize()函数的参数即为对象的引用名，返回值为一个对象被串行化后的字符串。serialize()返回的字符串含义模糊，一般我们不会解析这个字符串来得到对象的信息。

另一个是反串行化，就是把对象串行化后转换的二进制字符串再转换为对象，我们使用 unserialize()函数来反串行化一个对象。这个函数的参数即为 serialize()函数的返回值，返回值是重新组织好的对象。

在下面的例子中，创建一个脚本文件 person.class.php，并在文件中声明一个 Person 类，类中包含三个成员属性和一个成员方法。脚本文件 person.class.php 中的代码如下所示：

```php
<?php
    //声明一个Person类，包含三个成员属性和一个成员方法
    class Person {
        private $name;      //人的名字
        private $sex;       //人的性别
        private $age;       //人的年龄

        //构造方法为成员属性赋初值
        function __construct($name="", $sex="", $age="") {
            $this->name = $name;
            $this->sex = $sex;
            $this->age = $age;
        }
```

```
14
15          //这个人可以说话的方法，说出自己的成员属性
16          function say() {
17              echo "我的名字： ".$this->name.",性别： ".$this->sex.",年龄： ".$this->age."<br>";
18          }
19      }
```

创建一个 serialize.php 脚本文件，在文件中包含 person.class.php 文件，将 Person 类加载进来，然后通过 Person 类创建一个实例对象，并将对象保存到 file.txt 文件中去。当然不能直接这么做，需要使用 serialize()函数先将对象串行化，再将串行化后得到的字符串保存到文件 file.txt 中。脚本文件 serialize.php 中的代码如下所示：

```php
1  <?php
2      require "person.class.php";                    //在本文件中包含Person类所在的脚本文件
3
4      $person = new Person("张三", "男", 20);        //通过Person类创建一个对象，对象的引用名为$person
5
6      $person_string = serialize($person);           //通过serialize()函数将对象串行化，返回一个字符串
7
8      file_put_contents("file.txt", $person_string); //将对象串行化后返回的字符串保存到file.txt文件中
```

在上面的示例中，通过 file_put_content()函数成功地将 Person 类实例化的对象保存到 file.txt 文件中。打开文件 file.txt 就可以查看到对象被串行化的结果，如下所示：

O:6:"Person":3:{s:4:"name";s:4:"张三";s:3:"sex";s:2:"男";s:3:"age";i:20;}   //串行化后的结果

我们并不用去解析在文件 file.txt 中保存的这个串来得到对象的信息，它只是对象通过 serialize()函数串行化后返回描述对象信息的字符串，目的是将对象持久地保存起来。以后再需要这个对象时，只要通过 unserialize()函数将 file.txt 文件中保存的字符串再反串行化成对象即可。在下面的例子中，创建一个 unserialize.php 脚本文件反串行化对象。代码如下所示：

```php
1  <?php
2      require "person.class.php";                         //在本文件中包含Person类所在的脚本文件
3
4      $person_string = file_get_contents("file.txt");     //将file.txt文件中的字符串读出来并赋给变量$person_string
5
6      $person = unserialize($person_string);              //进行反串行化操作，生成对象$person
7
8      $person -> say();                                   //调用对象中的say()方法，用来测试反串行化对象是否成功
```

在上面的例子中如果成功调用对象中的 say()方法，则反串行化对象成功。使用同样的方式不仅可以将对象持久地保存在文件中，也可以将其保存在数据库中，还可以通过网络进行传输。

在 PHP 5 中还有两个魔术方法__sleep()和__wakeup()可以使用。在调用 serialize()函数将对象串行化时，会自动调用对象中的__sleep()方法，用来将对象中的部分成员串行化。在调用 unserialize()函数反串行化对象时，则会自动调用对象中的__wakeup()方法，用来在二进制串重新组成一个对象时，为新对象中的成员属性重新初始化。

__sleep()方法不需要接受任何参数，但需要返回一个数组，在数组中包含需要串行化的属性。未被包含在数组中的属性将在串行化时被忽略。如果没有在类中声明__sleep()方法，对象中的所有属性都将被串行化。代码如下所示：

```php
<?php
    //声明一个Person类，包含三个成员属性和一个成员方法
    class Person {

        private $name;          //人的名字
        private $sex;           //人的性别
        private $age;           //人的年龄

        function __construct($name="", $sex="", $age="") {
            $this->name = $name;
            $this->sex = $sex;
            $this->age = $age;
        }

        function say() {
            echo "我的名字: ".$this->name.",性别: ".$this->sex.".年龄: ".$this->age."<br>";
        }

        //在类中添加此方法，在串行化时自动调用并返回数组
        function __sleep() {
            $arr = array("name", "age");    //数组中的成员$name和$age将被串行化，成员$sex则被忽略
            return($arr);                    //返回一个数组
        }

        //在反串行化对象时自动调用该方法，没有参数也没有返回值
        function __wakeup() {
            $this->age = 40;                 //在重新组织对象时，为新对象中的$age属性重新赋值
        }
    }

    $person1 = new Person("张三", "男", 20);//通过Person类实例化对象，对象引用名为$person1
    //把一个对象串行化，返一个字符串，调用了__sleep()方法,忽略没在数组中的属性$sex
    $person_string = serialize($person1);
    echo $person_string."<br>";              //输出对象串行化的字符串

    //反串行化对象，并自动调用了__wakup()方法重新为新对象中的$age属性赋值
    $person2 = unserialize($person_string); //反串行化对象形成对象$person2,重新赋值$age为40
    $person2 -> say();                       //调用新对象中的say()方法输出的成员中已没有$sex属性了
```

在上面的代码中，为 Person 类添加了两个魔术方法__sleep()和__wakeup()。在__sleep()方法中返回一个数组，数组中包含对象中的$name 和$age 两个成员属性。在串行化时该方法将被自动调用，并将数组中列出来的成员属性串行化。其中成员属性$sex 没有在数组中，所以在反串行化时，组织成的新对象中将不会存在成员属性$sex。在类中添加的__wakeup()方法则在通过 unserialize()函数反串行化时自动调用，并在该方法中为反串行化对象中的$age 成员属性重新赋值。

7.7 抽象类与接口

抽象类和接口相似，都是一种比较特殊的类。抽象类是一种特殊的类，而接口也是一种特殊的抽象类。它们通常配合面向对象的多态性一起使用。虽然声明和使用都比较容易，但它们的作用在理解上会困难一点。

7.7.1 抽象类

在 OOP 语言中,一个类可以有一个或多个子类,而每个类都有至少一个公有方法作为外部代码访问它的接口。而抽象方法就是为了方便继承而引入的。本节中先来介绍一下抽象类和抽象方法的声明,然后说明其用途。在声明抽象类之前,我们先了解一下什么是抽象方法。抽象方法就是没有方法体的方法,所谓没有方法体是指在方法声明时没有花括号及其中的内容,而是在声明方法时直接在方法名后加上分号结束。另外,在声明抽象方法时,还要使用关键字 abstract 来修饰。声明抽象方法的格式如下所示:

```
abstract function fun1();        //不能有花括号,就更不能有方法体中的内容了
abstract function fun2();        //直接在方法名的括号后面加上分号结束,还要使用 abstract 修饰
```

只要在声明类时有一个方法是抽象方法,那么这个类就是抽象类,抽象类也要使用 abstract 关键字来修饰。在抽象类中可以有不是抽象的成员方法和成员属性,但访问权限不能使用 private 关键字修饰为私有的。下面的例子在 Person 类中声明了两个抽象方法 say() 和 eat(),则 Person 类就是一个抽象类,需要使用 abstract 关键字标识。代码如下所示:

```php
<?php
    //声明一个抽象类,要使用abstract关键字标识
    abstract class Person {
        protected $name;              //声明一个存储人的名字的成员
        protected $country;           //声明一个存储人的国家的成员

        function __construct($name="", $country="china") {
            $this->name = $name;
            $this->country = $country;
        }

        //在抽象类中声明一个没有方法体的抽象方法,使用abstract关键字标识
        abstract function say();

        //在抽象类中声明另一个没有方法体的抽象方法,使用abstract关键字标识
        abstract function eat();

        //在抽象类中可以声明正常的非抽象的方法
        function run(){
            echo "使用两条腿走路<br>";   //有方法体,输出一条语句
        }
    }
```

在上例中声明了一个抽象类 Person,在这个类中定义了两个成员属性、一个构造方法、两个抽象方法及一个非抽象的方法。抽象类就像是一个"半成品"的类,在抽象类中有没有被实现的抽象方法,所以抽象类是不能被实例化的,即创建不了对象,也就不能直接使用它。既然抽象类是一个"半成品"的类,那么使用抽象类有什么作用呢?使用抽象类就包含了继承关系,它是为它的子类定义公共接口,将它的操作(可能是部分,也可能是全部)交给子类去实现。就是将抽象类作为子类重载的模板使用,定义抽象类就相当于定义了一种规范,这种规范要求子类去遵守。当子类继承抽象类以后,就必须把抽象类中的抽象方法按照子类自己的需要去实现。子类必须把父类中的抽象方法全部实现,否则子类中还存在抽象方法,

所以还是抽象类，也不能实例化对象。在下例中声明了两个子类，分别实现上例中声明的抽象类 Person。代码如下所示：

```php
<?php
    //声明一个类去继承抽象类Person
    class ChineseMan extends Person {
        //将父类中的抽象方法覆盖，按自己的需求去实现
        function say() {
            echo $this->name."是".$this->country."人，讲汉语<br>";      //实现的内容
        }

        //将父类中的抽象方法覆盖，按自己的需求去实现
        function eat() {
            echo $this->name."使用筷子吃饭<br>";                        //实现的内容
        }
    }

    //声明另一个类去继承抽象类Person
    class Americans extends Person {
        //将父类中的抽象方法覆盖，按自己的需求去实现
        function say() {
            echo $this->name."是".$this->country."人，讲英语<br>";      //实现的内容
        }

        //将父类中的抽象方法覆盖，按自己的需求去实现
        function eat() {
            echo $this->name."使用刀子和叉子吃饭<br>";                  //实现的内容
        }
    }

    $chineseMan = new ChineseMan("高洛峰", "中国");              //将第一个Person的子类实例化对象
    $americans = new Americans("alex", "美国");                 //将第二个Person的子类实例化对象

    $chineseMan -> say();           //通过第一个对象调用子类中已经实例化父类中抽象方法的say()方法
    $chineseMan -> eat();           //通过第一个对象调用子类中已经实例化父类中抽象方法的eat()方法

    $americans -> say();            //通过第二个对象调用子类中已经实例化父类中抽象方法的say()方法
    $americans -> eat();            //通过第二个对象调用子类中已经实例化父类中抽象方法的eat()方法
```

在上例中声明了两个类去继承抽象类 Person，并将 Person 类中的抽象方法按各自的需求分别实现，这样两个子类就都可以创建对象了。抽象类 Person 就可以看成是一个模板，类中的抽象方法自己不去实现，只是规范了子类中必须要有父类中声明的抽象方法，而且要按自己类的特点实现抽象方法中的内容。

7.7.2 接口技术

因为 PHP 只支持单继承，也就是说每个类只能继承一个父类。当声明的新类继承抽象类实现模板以后，它就不能再有其他父类了。为了解决这个问题，PHP 引入了接口。接口是一种特殊的抽象类，而抽象类又是一种特殊的类，所以接口也是一种特殊的类。如果抽象类中的所有方法都是抽象方法，那么我们就可以换另外一种声明方式——使用"接口"技术。接口中声明的方法必须都是抽象方法，另外不能在接口中声明变量，只能使用 const 关键字

声明为常量的成员属性，而且接口中的所有成员都必须有 public 的访问权限。类的声明是使用 "class" 关键字标识的，而接口的声明则是使用 "interface" 关键字标识的。声明接口的格式如下所示：

```
interface 接口名称 {            //使用 interface 关键字声明接口
    //常量成员                    //接口中的成员属性只能是常量，不能是变量
    //抽象方法                    //接口中的所有方法必须是抽象方法，不能有非抽象的方法存在
}                              //接口中的成员也需要使用花括号包含起来
```

接口中所有的方法都要求是抽象方法，所以就不需要在方法前使用 abstract 关键字标识了。而且在接口中也不需要显式地使用 public 访问权限进行修饰，因为默认权限就是 public 的，也只能是 public 的。另外，接口和抽象类一样也不能实例化对象，它是一种更严格的规范，也需要通过子类来实现。但可以直接使用接口名称在接口外面去获取常量成员的值。一个接口的声明例子，代码如下所示：

```php
<?php
    interface One {                                //声明一个接口使用interface关键字，One为接口名称
        const CONSTANT = 'CONSTANT value';         //在接口中声明一个常量成员属性，和在类中声明一样
        function fun1();                           //在接口中声明一个抽象方法"fun1()"
        function fun2();                           //在接口中声明另一个抽象方法"fun2()"
    }
```

也可以使用 extends 关键字让一个接口去继承另一个接口，实现接口之间的扩展。在下面的例子中声明一个 Two 接口继承了上例中的 One 接口。代码如下所示：

```php
<?php
    //声明一个接口Two对接口One进行扩展
    interface Two extends One {
        function fun3();                           //在接口中声明一个抽象方法"fun3()"
        function fun4();                           //在接口中声明另一个抽象方法"fun4()"
    }
```

如果需要使用接口中的成员，则需要通过子类去实现接口中的全部抽象方法，然后创建子类的对象去调用在子类中实现后的方法。但通过类去继承接口时需要使用 implements 关键字来实现，而并不是使用 extends 关键字完成。如果需要使用抽象类去实现接口中的部分方法，也需要使用 implements 关键字实现。在下面的例子中声明一个抽象类 Three 去实现 One 接口中的部分方法，但要想实例化对象，这个抽象类还要有子类把它所有的抽象方法都实现才行。声明一个 Four 类去实现 One 接口中的全部方法。代码如下所示：

```php
<?php
    //声明一个接口使用interface关键字，One为接口名称
    interface One {
        const CONSTANT = 'CONSTANT value';         //在接口中声明一个常量成员属性，和在类中声明一样
        function fun1();                           //在接口中声明一个抽象方法"fun1()"
        function fun2();                           //在接口中声明另一个抽象方法"fun2()"
    }

    //声明一个抽象类去实现接口One中的第二个方法
    abstract class Three implements One {
```

```
11       function fun2() {                    //只实现接口中的一个抽象方法
12           //具体的实现内容由子类自己决定
13       }
14   }
15
16   //声明一个类实现接口One中的全部抽象方法
17   class Four implements One {
18       function fun1() {                    //实现接口中的第一个方法
19           //具体的实现内容由子类自己决定
20       }
21
22       function fun2() {                    //实现接口中的第二个方法
23           //具体的实现内容由子类自己决定
24       }
25   }
```

PHP 是单继承的，一个类只能有一父类，但是一个类可以实现多个接口。将要实现的多个接口之间使用逗号分隔开，而且在子类中要将所有接口中的抽象方法全部实现才可以创建对象。相当于一个类要遵守多个规范，就像我们不仅要遵守国家的法律，如果是在学校，还要遵守学校的校规一样。实现多个接口的格式如下所示：

```
class 类名 implements 接口一, 接口二, …, 接口 n {           //一个类实现多个接口
    //实现所有接口中的抽象方法
}
```

实现多个接口使用"implements"关键字，同时还可以使用"extends"关键字继承一个类，即在继承一个类的同时实现多个接口。但一定要先使用 extends 继承一个类，再使用 implements 实现多个接口。使用格式如下所示：

```
class 类名 extends 父类名 implements 接口一, 接口二, …, 接口 n {  //继承一个类的同时实现多个接口
    //实现所有接口中的抽象方法
}
```

除了上述的一些应用，还有很多地方可以使用接口。例如对于一些已经开发好的系统，在结构上进行较大的调整已经不太现实，这时可以通过定义一些接口并追加相应的实现来完成功能结构的扩展。

7.8 多态性的应用

多态是面向对象的三大特性中除封装和继承之外的另一重要特性。它展现了动态绑定的功能，也称为"同名异式"。多态的功能可让软件在开发和维护时，达到充分的延伸性。事实上，多态最直接的定义就是让具有继承关系的不同类对象，可以对相同名称的成员函数进行调用，产生不同的反应效果。所谓多态性是指一段程序能够处理多种类型对象的能力，例如公司中同一个发放工资的方法、公司内不同职位的员工工资，都是通过这个方法发放的。但是不同的员工所发的工资是不相同的，这样同一个发工资的方法就出现了多种形态。在 PHP 中，多态性指的就是方法的重写。方法重写是指在一个子类中可以重新修改父类中的某

些方法，使其具有自己的特征。重写要求子类的方法和父类的方法名称相同，这可以通过声明抽象类或接口来规范。

我们通过计算机 USB 设备的应用来介绍一下面向对象中的多态特性。目前 USB 设置的种类有十几种，例如，USB 鼠标、USB 键盘、USB 存储设备等，这些计算机的外部设备都是通过 USB 接口连接计算机以后，被计算机调用并启动运行的。也就是计算机正常运行的同时，每插入一种不同的 USB 设备，就为计算机扩展一样功能，这正是我们所说的多态特征。那么为什么每个 USB 设备不一样，但都可以被计算机应用呢？那是因为每个 USB 设备都要遵守计算机 USB 接口的开发规范，都有相同的能被计算机加载并启用的方法，但运行各自相应的功能。这也正是我们对多态的定义。假设我们有一个主程序已经开发完成，需要在后期由其他开发人员为其扩展一些功能，但需要在不改动主程序的基础上就可以加载这些扩展的功能模块，其实也就是为程序开发一些插件。这就需要在主程序中为扩展的插件程序写好接口规范，每个插件只有按照规范去实现自己的功能，才能被主程序应用到。在计算机中应用 USB 设备的程序设计如下所示：

```php
<?php
    //定义一个USB接口，让每个USB设备都遵守这个规范
    interface USB {
        function run();
    }

    //声明一个计算机类，去使用USB设备
    class Computer {
        //计算机类中的一个方法可以应用任何一种USB设备
        function useUSB($usb) {
            $usb -> run();
        }
    }

    $computer = new Computer;                        //实例化一个计算机类的对象

    $computer ->useUSB( new Ukey() );                //为计算机插入一个USB键盘设备，并运行
    $computer ->useUSB( new Umouse() );              //为计算机插入一个USB鼠标设备，并运行
    $computer ->useUSB( new Ustore() );              //为计算机插入一个USB存储设备，并运行
```

在上面的代码中声明了一个接口 USB，并在接口中声明了一个抽象方法 run()，目的就是定义一个规范，让每个 USB 设备都去遵守。也就是子类设备必须重写 run()方法，这样才能被计算机应用到，并按设备自己的功能去实现它。因为在计算机类 Commputer 的 useUSB()方法中，不管是什么 USB 设备，调用的只是同一个$usb->run()方法。所以，如果你不按照规范而随意命名 USB 设备中启动运行的方法名，就算方法中的代码写得再好，当将这个 USB 设备插入计算机以后也不能启动，因为调用不到这个随意命名的方法。下面的代码根据 USB 接口定义的规范，实现了 USB 键盘、USB 鼠标和 USB 存储三个设备，当然可以实现更多的 USB 设备，都按自己设备的功能重写了 run()方法，所以插入计算机启动运行后每个 USB 设备都有自己的形态。代码如下所示：

```php
<?php
    //扩展一个USB键盘设备，实现USB接口
    class Ukey implements USB {
        //按键盘的功能实现接口中的方法
```

```
5        function run() {
6            echo "运行USB键盘设备<br>";
7        }
8    }
9
10   //扩展一个USB鼠标设备,实现USB接口
11   class Umouse implements USB {
12       //按鼠标的功能实现接口中的方法
13       function run() {
14           echo "运行USB鼠标设备<br>";
15       }
16   }
17
18   //扩展一个USB存储设备,实现USB接口
19   class Ustore implements USB {
20       //按存储的功能实现接口中的方法
21       function run() {
22           echo "运行USB存储设备<br>";
23       }
24   }
```

7.9 PHP 5.4 的 Trait 特性

PHP 从 5.4 版本开始支持 Trait 特性,和 Class 很相似,类中一般的特性 Trait 都可以实现。Trait 可不是用来代替类的,而是要去"混入"类中。Trait 是为了减少单继承语言的限制,使开发人员能够自由地在不同层次结构内独立的类中复用方法集。Trait 和类组合的语义是定义了一种方式来减少复杂性,避免传统多继承相关的典型问题。例如,需要同时继承两个抽象类,这是 PHP 语言不支持的功能,Trait 就是为了解决这个问题。或者可以理解为在继承类链中隔离了子类继承父类的某些特性,相当于要用父类的特性的时候,如果有 Trait 在就优先调用 Trait 的成员。

7.9.1 Trait 的声明

声明类需要使用 class 关键字,声明 Trait 当然要使用 trait 关键字了,类有的特性 Trait 一般都有。Trait 支持 final、static 和 abstract 等修饰词,所以 Trait 也就支持抽象方法的使用、类定义静态方法,当然也可以定义属性。但 Trait 无法如类一样使用 new 实例化,因为 Trait 就是用来混入类中使用的,不能单独使用。如果拿 Interface 和 Trait 类比,Trait 会有更多方便的地方。简单的 Trait 的声明代码如下所示:

```
1 <?php
2    /*
3        使用trait关键字声明一个Trait,需要运行在PHP5.4以后的版本中
4    */
5    trait DemoTrait {                    //使用trait标识一个Trait,命名为DemoTrait
6        public $property1 = true;        //可以在Trait中声明成员属性
7        static $property2 = 1;           //可以在Trait中使用static关键字声明静态成员
8
```

```
9       function method1() { /* codes */ }      //可以在Trait中声明成员方法
10      abstract public function method2();     //这里可以加入抽象修饰符,说明调用类必须实现它
11  }
```

7.9.2 Trait 的基本使用

和类不同的是,Trait 不能通过它自身来实例化对象,必须将其混入类中使用。相当于将 Trait 中的成员复制到类中,在应用类时就像使用自己的成员一样。如果要在类中使用 Trait,需要通过 use 关键字将 Trait 混入类中。代码如下所示:

```
1  <?php
2      trait Demo1_trait {                 /*声明一个简单的Trait,有两个成员方法*/
3          function method1() {
4              /* 这里是方法method1的内部代码,此处省略 */
5          }
6          function method2() {
7              /* 这里是方法method2的内部代码,此处省略 */
8          }
9      }
10
11     class Demo1_class {                  /*声明一个普通类,在类中混入Trait*/
12         use Demo1_trait;                 //注意这行,使用use关键字在类中使用Demo1_trait
13     }
14
15     $obj = new Demo1_class();            //实例化类Demo1_class的对象
16
17     $obj->method1();                     //通过Demo1_class的对象,可以直接调用混入类Demo1_trait中的成员方法method1()
18     $obj->method2();                     //通过Demo1_class的对象,可以直接调用混入类Demo1_trait中的成员方法method2()
```

上例中通过 use 关键字,在 Demo1_class 中混入了 Demo1_trait 中的成员。也可以通过 use 关键字一次混入多个 Trait 一起使用。通过逗号分隔,在 use 声明列出多个 Trait,可以都插入到一个类中。假如有三个 Trait,分别命名为 Demo1_trait、Demo2_trait 和 Demo3_trait,在 Demo1_class 中使用 use 混入方式的代码如下所示:

```
11     class Demo1_class {                                      /*声明一个普通类,在类中混入Trait*/
12         use Demo1_trait, Demo2_trait, Demo3_trait;           //注意这行,使用use一起混入三个Trait*/
13     }
```

需要注意的是,多个 Trait 之间同时使用难免会发生冲突。PHP 5.4 从语法方面带入了相关的关键字语法 "insteadof",示例代码如下所示:

```
1  <?php
2      trait Demo1_trait {
3          function func() {
4              echo "第一个Trait中的func方法";
5          }
6      }
7
8      trait Demo2_trait {                                      // 这里的名称和 Demo1_trait 一样,会有冲突
9          function func() {
10             echo "第二个Trait中的func方法";
11         }
```

```php
12      }
13
14  class Demo_class {
15      use Demo1_trait, Demo2_trait {         // Demo2_trait 中声明的
16          Demo1_trait::func insteadof Demo2_trait;  // 在这里声明使用 Demo1_trait 的 func 替换
17      }
18  }
19
20  $obj = new Demo_class();
21
22  $obj->func();                              //输出：第一个Trait中的func方法
```

不仅可以在类中使用 use 关键字将 Trait 中的成员混入类中，也可以在 Trait 中使用 use 关键字将另一个 Trait 中的成员混入进来，这样就形成了 Trait 之间的嵌套。示例代码如下所示：

```php
1  <?php
2  trait Demo1_trait {               /*声明一个简单的Trait，有一个成员方法*/
3      function method1() {
4          /* 这里是方法method1的内部代码，此处省略 */
5      }
6
7  }
8
9  trait Demo2_trait {               /*声明一个简单的Trait，有一个成员方法*/
10     use Demo1_trait;              //在Trait中使用use，将Demo1_trait混入，形成嵌套
11     function method2() {
12         /* 这里是方法method2的内部代码，此处省略 */
13     }
14 }
15
16 class Demo1_class {               /*声明一个普通类，在类中混入Trait*/
17     use Demo2_trait;              //注意这行，使用use混入Demo2_trait
18 }
19
20 $obj = new Demo1_class();         //实例化类Demo1_class的对象
21
22 $obj->method1();                  //通过Demo1_class的对象，可以直接调用混入类Demo1_trait中的成员方法method1()
23 $obj->method2();                  //通过Demo1_class的对象，可以直接调用混入类Demo2_trait中的成员方法method2()
```

为了对使用的类施加强制要求，Trait 支持抽象方法的使用。如果在 Trait 中声明需要实现的抽象方法，这样就能使使用它的类必须先实现它，就像继承抽象类，必须实现类中的抽象方法一样。示例代码如下所示：

```php
1  <?php
2  trait Demo_trait {
3      abstract public function func();       //这里可以加入修饰符，说明调用类必须实现它
4  }
5
6  class Demo_class {
7      use Demo_trait;
8
9      function func() {                      //实现从Trait中混入的抽象方法
10         /* 方法中的代码省略 */
11     }
12 }
```

上面是对 Trait 比较常见的基本应用，更详细的可以参考官方手册。但刚开始学习 Trait 应该了解的重点如下。

> Trait 会覆盖调用类继承的父类方法。
> 从基类继承的成员被 Trait 插入的成员所覆盖。优先顺序是：来自当前类的成员覆盖了 Trait 的方法，而 Trait 则覆盖了被继承的方法。
> Trait 不能像类一样使用 new 实例化对象。
> 单个 Trait 可由多个 Trait 组成。
> 在单个类中，用 use 引入 Trait，可以引入多个。
> Trait 支持修饰词，例如 final、static、abstract。
> 可以使用 insteadof 及 as 操作符解决 Trait 之间的冲突。
> 使用 as 语法还可以用来调整方法的访问控制。

7.10 PHP 5.3 版本以后新增加的命名空间

PHP 中声明的函数名、类名和常量名称，在同一次运行中是不能重复的，否则会产生一个致命的错误，常见的解决办法是约定一个前缀。例如，在项目开发时，用户（User）模块中的控制器和数据模型都声明同名的 User 类是不行的，需要在类名前面加上各自的功能前缀。可以将在控制器中的 User 类命名为 ActionUser 类，在数据模型中的 User 类命名为 ModelUser 类。虽然通过增加前缀可以解决这个问题，但名字变得很长，就意味着开发时会编写更多的代码。在 PHP 5.3 以后的版本中，增加了很多其他高级语言（如 Java、C#等）使用很成熟的功能——命名空间，它的一个最明确的目的就是解决重名问题。命名空间将代码划分出不同的区域，每个区域的常量、函数和类的名字互不影响。

注意：书中提到的常量从 PHP 5.3 开始有了新的变化，可以使用 const 关键字在类的外部声明常量。虽然 const 和 define 都是用来声明常量的，但是在命名空间里，define 的作用是全局的，而 const 则作用于当前空间。本书提到的常量是指使用 const 声明的常量。

命名空间的作用和功能都很强大，在写插件或者通用库的时候再也不用担心重名问题。不过如果项目进行到一定程度，要通过增加命名空间去解决重名问题，工作量不会比重构名字少。因此，从项目一开始的时候就应该很好地规划它，并制定一个命名规范。

7.10.1 命名空间的基本应用

默认情况下，所有 PHP 中的常量、类和函数的声明都放在全局空间下。PHP 5.3 以后的版本有了独自的空间声明，不同空间中的相同命名是不会冲突的。独立的命名空间使用 namespace 关键字声明，如下所示：

```php
<?php
    //声明这段代码的命名空间'MyProject'
    namespace MyProject;

    // ... code ...
```

注意：namespace 需要写在 PHP 脚本的顶部，必须是第一个 PHP 指令（declare 除外）。不要在 namespace 前面出现非 PHP 代码、HTML 或空格。

从代码"namespace MyProject"开始，到下一个"namespace"出现之前或脚本运行结束是一个独立空间，将这个空间命名为"MyProject"。如果你为相同代码块嵌套命名空间或定义多个命名空间是不可能的，如果有多个 namespace 一起使用，则只有最后一个命名空间才能被识别，但你可以在同一个文件中定义不同的命名空间代码，如下：

```php
<?php
    namespace MyProject1;

    //以下是命名空间MyProject1区域下使用的PHP代码
    class User {            //此User属于MyProject1空间的类
        //类中成员
    }

    namespace MyProject2;

    //这里是命名空间MyProject2区域下使用的PHP代码
    class User {            //此User属于MyProject2空间的类
        //类中成员
    }

    //上面的替代语法，另一种声明方法
    namespace MyProject3 {
        //这里是命名空间MyProject3区域下使用的PHP代码
    }
```

上面的代码虽然可行，不同命名空间下使用各自的 User 类，但建议为每个独立文件只定义一个命名空间，这样的代码可读性才是最好的。在相同的空间可以直接调用自己空间下的任何元素，而在不同空间之间是不可以直接调用其他空间元素的，需要使用命名空间的语法。示例代码如下所示：

```php
<?php
    namespace MyProject1;                              //定义命名空间MyProject1

    const TEST='this is a const';                      //在MyProject1中声明一个常量TEST

    function demo() {                                  //在MyProject1中声明一个函数
        echo "this is a function";
    }

    class User {                                       //此User属于MyProject1空间的类
        function fun() {
            echo "this is User's fun()";
        }
    }
```

```
15
16      echo TEST;                                    //在自己的命名空间中直接使用常量
17      demo();                                       //在自己的命名空间中直接调用本空间函数
18
19      /******************************命名空间MyProject2******************************/
20      namespace MyProject2;                         //定义命名空间MyProject2
21
22      const TEST2 = "this is MyProject2 const";     //在MyProject2中声明一个常量TEST2
23      echo TEST2;                                   //在自己的命名空间中直接使用常量
24
25      \MyProject1\demo();                           //调用MyProject1空间中的demo()函数
26
27      $user = new \MyProject1\User();               //使用MyProject1空间的类实例化对象
28      $user -> fun();
```

上例中声明了两个空间 MyProject1 和 MyProject2，在自己的空间中可以直接调用本空间中声明的元素，而在 MyProject2 中调用 MyProject1 中的元素时，使用了一种类似文件路径的语法"\空间名\元素名"。对于类、函数和常量的用法是一样的。

7.10.2 命名空间的子空间和公共空间

命名空间和文件系统的结构很像，文件夹可以有子文件夹，命名空间也可以定义子空间来描述各个空间之间的所属关系。例如，cart 和 order 这两个模块都处于同一个 broshop 项目内，通过命名空间子空间表达关系的代码如下所示：

```
1   <?php
2       namespace broshop\cart;                       //使用命名空间表示处于brophp项目下的cart模块
3       class Test{}                                  //声明Test类
4
5       namespace brophp\order;                       //使用命名空间表示处于brophp项目下的order模块
6       class Test{}                                  //声明和上面空间相同的类
7
8
9       $test = new Test();                           //调用当前空间的类
10      $cart_test = new \brophp\cart\Test();         //调用brophp\cart空间的类
```

命名空间的子空间还可以定义很多层次，例如"cn\ydma\www\broshop"。多层子空间的声明通常使用公司域名的倒置，再加上项目名称组合而成。这样做的好处是域名在互联网上是不重复的，不会出现和网上同名的命名空间，还可以辨别出是哪家公司的具体项目，有很强的广告效应。

命名空间的公共空间很容易理解，其实没有定义命名空间的方法、类库和常量都默认归属于公共空间，这样就解释了在以前版本上编写的代码大部分都可以在 PHP 5.3 以后的版本中运行。另外，公共空间中的代码段被引入到某个命名空间下以后，该公共空间中的代码段不属于任何命名空间。例如，声明一个脚本文件 common.inc.php，在文件中声明的函数和类如下所示：

```php
<?php
    /*
        文件common.inc.php
    */
    function func() {             //文件common.inc.php中声明一个可用的函数func
        //... ...
    }

    class Demo {                  //文件common.inc.php中声明一个可用的类Demo
        //... ...
    }
```

再创建一个 PHP 文件，并在一个命名空间里引入这个脚本文件 common.inc.php，但可脚本里的类和函数并不会归属到这个命名空间。如果这个脚本里没有定义其他命名空间，它的元素就始终处于公共空间中，代码如下所示：

```php
<?php
    namespace cn\ydma;            //声明命名空间cn\ydma

    include './common.inc.php';   //引入当前目录下的脚本文件common.inc.php

    $demo = new Demo();           //出现致命错误，找不到cn\ydma\Demo类，默认会在本空间中查找
    $demo = new \Demo();          //正确，调用公共空间的方式是直接在元素名称前加 \ 就可以了

    var_dump();                   //错误，系统函数都在公共空间
    \var_dump();                  //正确，使用了"/"
```

调用公共空间的方式是直接在元素名称前加上"\"就可以了，否则 PHP 解析器会认为用户想调用当前空间下的元素。除了自定义的元素，还包括 PHP 自带的元素，都属于公共空间。其实公共空间的函数和常量不用加"\"也可以正常调用，但是为了正确区分元素所在区域，还是建议调用函数的时候加上"\"。

7.10.3 命名空间中的名称和术语

非限定名称、限定名称和完全限定名称是使用命名空间的三个术语，了解它们对学习后面的内容很有帮助。不仅是弄懂概念，也要掌握 PHP 是怎样解析的。三个名称和术语如表 7-2 所示。

表 7-2 命名空间中的名称和术语

名称和术语	描 述	PHP 的解析
非限定名称	不包含前缀的类名称， 例如 $u = new User();	如果当前命名空间是 cn\ydma，User 将被解析为 cn\ydma\User。 如果使用 User 的代码在公共空间中，则 User 会被解析为 User
限定名称	包含前缀的名称， 例如 $u = new ydma\User();	如果当前的命名空间是 cn，则 User 会被解析为 cn\ydma\User。 如果使用 User 的代码在公共空间中，则 User 会被解析为 User
完全限定名称	包含了全局前缀操作符的名称， 例如 $u = new \ydma\User();	在这种情况下，User 总是被解析为 ydma\User

其实可以把这三种名称类比为文件名（例如 user.php）、相对路径名（例如./ydma/user.php）、绝对路径名（例如/cn/ydma/user.php），这样可能会更容易理解，示例代码如下所示：

```php
<?php
    namespace cn;                              //创建空间cn
    class User{ }                              //在当前空间下声明一个测试类User

    $cn_User = new User();                     //非限定名称，表示当前cn空间将被解析成 cn\User()
    $ydma_User = new ydma\User();              //限定名称，表示相对于cn空间，没有反斜杠，将被解析成 cn\ydma\User()
    $ydma_User = new \cn\User();               //完全限定名称，表示绝对于cn空间，有反斜杠，将被解析成 cn\User()
    $ydma_User = new \cn\ydma\User();          //完全限定名称，表示绝对于cn空间，有反斜杠，将被解析成 cn\ydma\User()

    namespace cn\ydma;                         //创建cn的子空间ydma
    class User { }
```

其实之前介绍的一直在使用非限定名称和完全限定名称，现在它们终于有名称了。

7.10.4 别名和导入

别名和导入可以看作调用命名空间元素的一种快捷方式。允许通过别名引用或导入外部的完全限定名称，是命名空间的一个重要特征。这有点类似于在 Linux 文件系统中可以创建对其他文件或目录的软链接。PHP 命名空间支持两种使用别名或导入的方式：为类名称使用别名，或为命名空间名称使用别名。**注意 PHP 不支持导入函数或常量**。在 PHP 中，别名是通过操作符 use 来实现的。下面是一个使用所有可能的导入方式的例子：

```php
<?php
    namespace cn\ydma;                         //声明命名空间为cn\ydma
    class User{ }                              //当前空间下声明一个类User

    namespace broshop;                         //再创建一个broshop空间

    use cn\ydma;                               //导入一个命名空间cn\ydma
    $ydma_User = new ydma\User();              //导入命名空间后可使用限定名称调用元素

    use cn\ydma as u;                          //为命名空间使用别名
    $ydma_User = new u\User();                 //使用别名代替空间名

    use cn\ydma\User;                          //导入一个类
    $ydma_User = new User();                   //导入类后可使用非限定名称调用元素

    use cn\ydma\User as CYUser;                //为类使用别名
    $ydma_User = new CYUser();                 //使用别名代替空间名
```

需要注意一点，如果在用 use 进行导入的时候，当前空间有相同的名字元素，将会发生致命错误。示例如下所示：

```php
<?php
    namespace cn\ydma;                         //在cn\ydma空间中声明一个类User
    class User { }
```

```php
5    namespace broshop;                    //在broshop空间中声明两个类User和CYUser
6    class User { }
7    Class CYUser { }
8
9
10   use cn\ydma\User;                     //导入一个类
11   $ydma_User = new User();              //与当前空间的User发生冲突，程序产生致命错误
12
13   use cn\ydma\User as CYUser;           //为类使用别名
14   $ydma_User = new CYUser();            //与当前空间的CYUser发生冲突，程序产生致命错误
```

除了使用别名和导入，还可以通过"namespace"关键字和"__NAMESPACE__"魔法常量动态地访问元素。其中 namespace 关键字表示当前空间，而魔法常量__NAMESPACE__的值是当前空间名称，__NAMESPACE__可以通过组合字符串的形式来动态调用，示例应用如下所示：

```php
1  <?php
2     namespace cn\ydma;
3     const PATH = '/cn/ydma';
4     class User{ }
5
6
7     echo namespace\PATH;                    //namespace关键字表示当前空间/cn/ydma
8     $User = new namespace\User();           //使用namespace代替\cn\ydma
9
10    echo __NAMESPACE__;                     //魔法常量__NAMESPACE__的值是当前空间名称cn\ydma
11    $User_class_name = __NAMESPACE__ . '\User';  //可以组合成字符串并调用
12    $User = new $User_class_name();
```

上面的动态调用的例子中，字符串形式的动态调用方式，需要注意使用双引号的时候特殊字符可能被转义，例如在"__NAMESPACE__ ."\User""中，"\U"在双引号字符串中会被转义。另外，PHP 在编译脚本的时候就确定了元素所在的空间，以及导入的情况。而在解析脚本时字符串形式的调用只能认为是非限定名称和完全限定名称，而永远不可能是限定名称。

第8章 字符串处理

字符串也是 PHP 中重要的数据类型之一。在 Web 应用中，很多情况下需要对字符串进行处理和分析，这通常涉及字符串的格式化、连接与分割、比较、查找等一系列操作。用户和系统的交互也基本上是通过文字来进行的，因此系统对文本信息，即字符串的处理非常重视。在 PHP 的项目开发中有 30%以上的代码在操作字符串，所以不要忽略本章，字符串处理简单但重要。

8.1 字符串的处理介绍

字符串的处理和分析在任何编程语言中都是一个重要的基础，往往是简单而重要的。例如，信息的分类、解析、存储和显示，以及网络中的数据传输都需要操作字符串来完成。尤其是在 Web 开发中更为重要，程序员的大部分工作都是在操作字符串，所以字符串的处理也体现了程序员的一种编程能力。

注意：一个字符串变得非常巨大也没有问题，PHP 没有给字符串的大小强加实现范围，所以完全没有必要担心长字符串。

8.1.1 字符串的处理方式

在 C 语言中，字符串是作为字节数组处理的。在 Java 语言中，字符串是作为对象处理的。而 PHP 则把字符串作为一种基本的数据类型来处理。字符串是一系列字符。在 PHP 中，字符和字节一样，也就是说，共有 256 种不同字符的可能性。这也暗示 PHP 对 Unicode 没有本地支持，一个 GB2312 编码的汉字占 2 字节，一个 UTF-8 编码的汉字占 3 字节。通常对字符串的处理涉及字符串的格式化、字符串的分割和连接、字符串的比较，以及字符串的查找、匹配和替换。在 PHP 中，提供了大量的字符串操作函数，功能强大，使用也比较简单。

但对一些比较复杂的字符串操作，则需要借助 PHP 所支持的正则表达式来实现。如果字符串处理函数和正则表达式都可以实现字符串操作，建议使用字符串处理函数来完成，因为字符串处理函数要比正则表达式处理字符串的效率高。但对于很多复杂的字符串操作，只有通过正则表达式才能完成。

8.1.2　字符串类型的特点

因为 PHP 是弱类型语言，所以其他类型的数据一般都可以直接应用于字符串操作函数里，而自动转换成字符串类型进行处理。代码如下所示：

```
1  <?php
2      echo substr( "1234567", 2, 4 );    //将字符串用于字符串函数substr()处理，输出子字符串 345
3      echo substr( 123456, 2, 4 );       //将整型用于字符串函数substr()处理，输出同样是字符串 345
4      echo hello;                        //会先找hello常量，找不到就会将常名看作是字符串使用
```

在上面的代码中，将不同类型的数据使用字符串函数 substr()处理，得到相同的结果。不仅如此，还可以将字符串"视为数组"，当作字符集合看待。字符串中的字符可以通过在字符串之后用花括号指定所要字符从零开始的偏移量来访问和修改。在下面的例子中用两种方法输出同样的字符串。代码如下所示：

```
1  <?php
2      $str = "lamp";              //声明一个字符串$str，值为lamp
3      echo $str."<br>";           //将字符串看作是一个连续的实体，一起输出 lamp
4
5      //以下将字符串看作字符集合，按数组方式一个个字符输出
6      echo $str[0];               //输出字符串$str中第一个字符 l
7      echo $str[1];               //输出字符串$str中第二个字符 a
8      echo $str[2];               //输出字符串$str中第三个字符 m
9      echo $str[3];               //输出字符串$str中第四个字符 p
10     echo $str[0].$str[1];       //输出字符串$str中前两个字符 la
```

但将字符串看作字符集合时，并不是真的数组，不能使用数组的处理函数操作，例如 count($str)并不能返回字符串的长度。而 PHP 脚本引擎无法区分是字符还是数组，会带来二义性。所以中括号的语法已不再使用，自 PHP 4 起已过时，替代它的是使用花括号。为了向下兼容，仍然可以用方括号。代码如下所示：

```
1  <?php
2      $str = "lamp";                      //声明一个字符串$str，值为lamp
3      echo $str{0};                       //输出字符串$str中第一个字符 l
4      echo $str{1};                       //输出字符串$str中第二个字符 a
5      echo $str{2};                       //输出字符串$str中第三个字符 m
6      echo $str{3};                       //输出字符串$str中第四个字符 p
7      echo $str{0}.$str{1};               //输出字符串$str中前两个字符 la
8
9      $last = $str{strlen($str)-1};       //获取字符串$str中最后一个字符 p
10     $str{strlen($str)-1} = 'e';         //修改字符串$str中最后一个字符，字符串变为lame
11
12     $str{1} = "nginx";                  //如果使用一个字符串去修改另一个字符串中的第二个字符，结果为lnmp
```

注意：不要指望在将一个字符转换成整型时能够得到该字符的编码（可能在 C 语言中会这么做）。如果希望在字符编码和字符之间转换，请使用 ord()和 chr()函数。

8.1.3 双引号中的变量解析总结

前面的章节中简单介绍过当用双引号或者定界符指定字符串时，其中的变量会被解析。本节将详细介绍字符串中变量解析的应用，有两种语法，一种"简单的"和一种"复杂的"。简单语法最通用和方便，它提供了解析变量、数组值或者对象属性的方法。复杂语法是从 PHP 4 开始引进的，可以用花括号括起一个表达式。简单的语法前面介绍过，如果遇到美元符号（$），解析器会尽可能多地取得后面的字符以组成一个合法的变量名。如果想明确指定名字的结束，可用花括号将变量名括起来。当然，在双引号中，同样也可以解析数组索引或者对象属性。对于数组索引，右方括号（]）标志着索引的结束。对象属性则和简单变量适用同样的规则，尽管对于对象属性没有像变量那样的小技巧。示例代码如下所示：

```
<?php
//声明一个关联数组，数组名为$lamp，成员有4个
$lamp = array( 'os'=>'Linux', 'webserver' =>'Apache', 'db'=>'MySQL', 'language'=>'php' );

//可以解析，双引号中对于数组索引，右方括号(])标志着索引的结束
//但是注意：不要在 [ ] 中使用引号，否则会在引号处结束
echo "A OS is $lamp[os] ";

//不能解析，如果再对关联数组下标使用引号就必须使用花括号，否则将出错
echo "A OS is $lamp['os'].";

//可以解析，如果再对关联数组下标使用引号就必须使用花括号，否则将出错
echo "A OS is {$lamp['os']}.";

//这行也可以解析，但要注意PHP将数组下标看作了常量名，并且当不存在时将常量名称转为了字符中，效率低
echo "A OS is {$lamp[os]}.";

//可以解析，对象中的成员也可以解析
echo "This square is $square->width meters broad.";

//不能解析，可以使用花括号解决
echo "This square is $square->width00 centimeters broad.";

//可以解析，使用花括号解决
echo "This square is {$square->width}00 centimeters broad.";
```

对于任何更复杂的情况，应该使用复杂语法。不是因为语法复杂而称其复杂，而是因为用此方法可以包含复杂的表达式。事实上，用此语法可以在字符串中包含任何在名字空间的值。仅仅用和在字符串之外同样的方法写一个表达式，然后用 { 和 } 把它包含进来。因为不能转义 "{"，此语法仅在 $ 紧跟在 { 后面时被识别（用 "{\$" 来得到一个字面上的 "{$"）。

8.2 常用的字符串输出函数

在 Web 应用中,网页上大部分显示的都是文字或图片,且文字居多。如果按用户的需求通过 PHP 动态地输出这些文字,就需要将网页上的文字定义为字符串,再通过 PHP 的一些字符串输出函数将其输出。常用的字符串输出函数如表 8-1 所示。

表 8-1　PHP 中常用的字符串输出函数

函　数　名	功能描述
echo()	输出字符串
print()	输出一个或多个字符串
die()	输出一条消息,并退出当前脚本
printf()	输出格式化字符串
sprintf()	把格式化的字符串写入一个变量中

1．函数 echo()

该函数用于输出一个或多个字符串,是在 PHP 中使用最多的函数,因为使用它的效率要比其他字符串输出函数高。echo()实际上不是一个函数(它是一个语言结构),因此无须对其使用括号。不过,如果希望向 echo()传递一个或多个参数,那么使用括号会发生解析错误。该函数的语法格式如下所示:

void echo (string arg1 [, string ...])　　　　　　　　　　//在使用时不必使用括号

该函数的参数可以是一个或多个要发送到输出的字符串。如果用户想要传递一个以上的参数到此函数,不能使用括号将参数括在里面。代码如下所示:

```php
<?php
    $str = "What's LAMP?";                              //定义一个字符串$str
    echo $str;                                          //可以直接输出字符串变量
    echo "<br>";                                        //也可以直接输出字符串
    echo $str."<br>Linux+Apache+MySQL+PHP<br>";         //还可以使用点运算符号连接多个字符串输出

    echo "This
        text
        spans
        multiple
        lines.<br>";                                    //可以将一行文本转换成多行输出

    //可以输出用逗号隔开的多个参数
    echo 'This ','string ','was ','made ','with multiple parameters<br>';
```

2．函数 print()

该函数的功能和 echo()函数一样,它有返回值,若成功则返回 1,失败则返回 0。例如,传输中途客户的浏览器突然挂了,则会造成输出失败的情形。该函数的执行效率没有 echo()函数高。

3. 函数 die()

该函数是 exit()函数的别名。如果参数是一个字符串，则该函数会在退出前输出它；如果参数是一个整数，这个值会被用作退出状态。退出状态的值在 0～254 之间；退出状态 255 由 PHP 保留，不会被使用；状态 0 用于成功地终止程序。代码如下所示：

```php
<?php
    $url = "http://www.brophp.net";                          //定义一个网络文件的位置
    fopen($url, "r") or die("Unable to connect to $url");    //如果打开失败则输出一条消息并退出程序
```

4. 函数 printf()

该函数用于输出格式化的字符串，和 C 语言中的同名函数用法一样。第一个参数为必选项，是规定的字符串及如何格式化其中的变量。还可以有多个可选参数，是规定插入到第一个参数的格式化字符串中对应%符号处的参数。该函数的语法格式如下所示：

printf(format, arg1, arg2, … ,argn)   //输出格式化的字符串

第一个参数中使用的转换格式是以百分比符号（%）开始到转换字符结束，表 8-2 为可能的转换格式值。

表 8-2 函数 printf()中常用的字符串转换格式

格　　式	功能描述
%%	返回百分比符号
%b	二进制数
%c	依照 ASCII 值的字符
%d	带符号十进制数
%e	可续计数法（比如 1.5e+3）
%u	无符号十进制数
%f	浮点数（local settings aware）
%F	浮点数（not local settings aware）
%o	八进制数
%s	字符串
%x	十六进制数（小写字母）
%X	十六进制数（大写字母）

arg1,arg2,…,argn 等参数将插入到主字符串中的百分号（%）符号处。该函数是逐步执行的。在第一个%符号中，插入 arg1；在第二个%符号处，插入 arg2；以此类推。如果%符号多于 arg 参数，则必须使用占位符。占位符被插入%符号之后，由数字和"\$"组成。代码如下所示：

```php
1  <?php
2      $str = "LAMP";                    //声明一个字符串数据
3      $number = 789;                    //声明一个整型数据
4
5      //将字符串$str在第一个参数中的%处输出,按%s的字符串输出,整型$number按%u输出
6      printf("%s book. page number %u <br>", $str, $number);
7
8      //将整型$number按浮点数输出,并在小数点后保留3位
9      printf("%0.3f <br>",$number);
10
11     //定义一个格式并在其中使用占位符
12     $format = "The %2\$s book contains %1\$d pages.
13             That's a nice %2\$s full of %1\$d pages. <br>";
14
15     //按格式的占位符号输出多次变量,%2$s位置处是第三个参数
16     printf($format, $number, $str);
```

5．函数 sprintf()

该函数的用法和 printf()相似,但它并不是输出字符串,而是把格式化的字符串以返回值的形式写入到一个变量中,这样就可以在需要时使用格式化后的字符串。代码如下所示:

```php
1  <?php
2      $num = 12345;                         //声明一个整数12345
3      $txt = sprintf("%0.2f", $num);        //转换为保留两位小数的浮点数,并赋值给变量$txt
4      echo $txt;                            //在需要的地方就可以使用格式化后的文本$txt
```

8.3 常用的字符串格式化函数

字符串的格式化就是将字符串处理为某种特定的格式。通常用户从表单中提交给服务器的数据都是字符串的形式,为了达到期望的输出效果,就需要按照一定的格式处理这些字符串后再去使用。在上一节中介绍过的 printf()和 sprintf()两个函数,就是一种字符串的格式化函数。经常见到的字符串格式化函数如表 8-3 所示。

表 8-3 PHP 中常见的字符串格式化函数

函 数 名	功能描述
ltrim()	从字符串左侧删除空格或其他预定义字符
rtrim()	从字符串的末端开始删除空白字符或其他预定义字符
trim()	从字符串的两端删除空白字符或其他预定义字符
str_pad()	把字符串填充为新的长度
strtolower()	把字符串转换为小写
strtoupper()	把字符串转换为大写
ucfirst()	把字符串中的首字符转换为大写
Ucwords()	把字符串中每个单词的首字符转换为大写
nl2br()	在字符串中的每个新行之前插入 HTML 换行符
htmlentities()	把字符转换为 HTML 实体

续表

函 数 名	功能描述
htmlspecialchars()	把一些预定义的字符转换为 HTML 实体
Stripslashes()	删除由 addcslashes()函数添加的反斜杠
strip_tags()	剥去 HTML、XML 及 PHP 的标签
number_format()	通过千位分组来格式化数字
strrev()	反转字符串
md5()	将一个字符串进行 MD5 计算

注意：在 PHP 中提供的字符串函数处理的字符串，大部分都不是在原字符串上修改，而是返回一个格式化后的新字符串。

8.3.1 去除空格和字符串填补函数

空格也是一个有效的字符，在字符串中也会占据一个位置。用户在表单中输入数据时，经常会在无意中多输入一些无意义的空格。比如用户登录时，多输入的空格会导致服务器端查找不到用户的存在而登录失败。因此，PHP 脚本在接收到通过表单传递过来的数据时，首先处理的就是字符串中多余的空格，或者其他一些没有意义的符号。在 PHP 中可以通过 ltrim()、rtrim()和 trim()函数来完成这项工作。这三个函数的语法格式相同，但作用有所不同。它们的语法格式如下所示：

```
string ltrim ( string str [, string charlist] )    //从字符串左侧删除空格或其他预定义字符
string rtrim ( string str [, string charlist] )    //从字符串右侧删除空白字符或其他预定义字符
string trim ( string str [, string charlist] )     //从字符串的两端删除空白字符或其他预定义字符
```

这三个函数分别用于从字符串的左、右和两端删除空白字符或其他预定义字符。处理后的结果都会以新字符串的形式返回，不会在原字符串上修改。其中第一个参数 str 是待处理的字符串，为必选项；第二个参数 charlist 是过滤字符串，用于指定希望去除的特殊符号，该参数为可选。如果不指定过滤字符串，默认情况下会去掉下列字符。

➢ " "：ASCII 为 32 的字符（0x20），即空格。
➢ "\0"：ASCII 为 0 的字符（0x00），即 NULL。
➢ "\t"：ASCII 为 9 的字符（0x09），即制表符。
➢ "\n"：ASCII 为 10 的字符（0x0A），即新行。
➢ "\r"：ASCII 为 13 的字符（0x0D），即回车。

此外，还可以使用 ".." 符号指定需要去除的一个范围，例如 "0..9" 或 "a..z" 表示去掉 ASCII 码值中的数字和小写字母。它们的使用代码如下所示：

```
1  <?php
2    $str = "   lamp   ";           //声明一个字符串，其中左侧有三个空格，右侧有两个空格，总长度为9个字符
3    echo strlen( $str );            //输出字符串的总长度 9
4    echo strlen( ltrim($str) );     //去掉左侧空格后的长度输出为 6
5    echo strlen( rtrim($str) );     //去掉右侧空格后的长度输出为 7
6    echo strlen( trim($str) );      //去掉两侧空格后的长度输出为 4
```

```php
7
8   $str = "123 This is a test ...";     //声明一个测试字符串，左侧为数字开头，右侧为省略号"..."
9   echo ltrim($str, "0..9");            //过滤掉字符串左侧的数字，输出：This is a test ...
10  echo rtrim($str, ".");               //过滤掉字符串右侧的所有"."，输出：123 This is a test
11  echo trim($str, "0..9 A..Z .");      //过滤掉字符串两端的数字、大写字母和"."，输出：his is a test
```

不仅可以按需求过滤掉字符串中的内容，还可以使用 str_pad()函数按需求对字符串进行填补，可以用于对一些敏感信息的保护，例如数据的对并排列等。其函数的原型如下所示：

string str_pad (string input, int pad_length [, string pad_string [, int pad_type]])

该函数有 4 个参数。第一个参数是必选项，指明要处理的字符串。第二个参数也是必选项，给定处理后字符串的长度，如果该值小于原始字符串的长度，则不进行任何操作。第三个参数指定填补时所用的字符串，它为可选参数，如果没有指定则默认使用空格填补。最后一个参数指定填补的方向，它有三个可选值：STR_PAD_BOTH、STR_PAD_LEFT 和 STR_PAD_RIGHT，分别代表在字符串两端、左和右进行填补。最后一个参数也是可选参数，如果没有指定，则默认值是 STR_PAD_RIGHT。函数 str_pad()的使用代码如下所示：

```php
1 <?php
2   $str = "LAMP";
3   echo str_pad($str, 10);                          //指定长度为10，默认使用空格在右边填补"LAMP      "
4   echo str_pad($str, 10, "-=", STR_PAD_LEFT);      //指定长度为10，指定在左边填补"-=-=-=LAMP"
5   echo str_pad($str, 10, "_", STR_PAD_BOTH);       //指定长度为10，指定两端填补"＿＿＿LAMP＿＿＿"
6   echo str_pad($str, 6 , "＿＿＿");                //指定长度为6，默认在右边填补"LAMP＿＿"
```

8.3.2 字符串大小写的转换

在 PHP 中提供了 4 个字符串大小写的转换函数，它们都只有一个可选参数，即传入要进行转换的字符串。可以直接使用这些函数完成大小写转换的操作。函数 strtoupper()用于将给定的字符串全部转换为大写字母；函数 strtolower()用于将给定的字符串全部转换为小写字母；函数 ucfirst()用于将给定的字符串中的首字母转换为大写，其余字符不变；函数 ucwords()用于将给定的字符串中全部以空格分隔的单词首字母转换为大写。下面的程序是这些函数的使用代码：

```php
1 <?php
2   $lamp = "lamp is composed of Linux、Apache、MySQL and PHP";
3
4   echo strtolower( $lamp );    //输出：lamp is composed of linux、apache、mysql and php
5   echo strtoupper( $lamp );    //输出：LAMP IS COMPOSED OF LINUX、APACHE、MYSQL AND PHP
6   echo ucfirst( $lamp );       //输出：Lamp is composed of Linux、Apache、MySQL and PHP
7   echo ucwords( $lamp );       //输出：Lamp Is Composed Of Linux、Apache、MySQL And PHP
```

这些函数只是按照它们说明中描述的方式工作。要想确保一个字符串的首字母是大写字母，而其余的都是小写字母，就需要使用复合的方式。代码如下所示：

```php
1 <?php
2   $lamp = "lamp is composed of Linux、Apache、MySQL and PHP";
3
4   echo ucfirst( strtolower($lamp) );    //输出：Lamp is composed of linux、apache、mysql and php
```

在项目开发中,这些字符串大小写转换函数并不是为了处理文章内容或文章标题的大小写问题,因为我们开发的项目大部分还是以中文为主。但我们也不能忽视这些函数,在编写代码时对字符串处理使用这些函数尤为重要。

8.3.3 和 HTML 标签相关的字符串格式化

HTML 的输入表单和 URL 上的附加资源是用户将数据提交给服务器的途径,如果不能很好地处理,就有可能成为黑客攻击服务器的入口。例如,用户在发布文章时,在文章中如果包含一些 HTML 格式的标记或 JavaScript 的页面转向等代码,直接输出显示则一定会使页面的布局发生改变。因为这些代码被发送到浏览器中,浏览器会按有效的代码去解释。所以在 PHP 脚本中,对用户提交的数据内容一定要先处理。在 PHP 中为我们提供了非常全面的 HTML 相关的字符串格式化函数,可以有效地控制 HTML 文本的输出。

1. 函数 nl2br()

在浏览器中输出的字符串只能通过 HTML 的"
"标记换行,而很多人习惯使用"\n"作为换行符号,但浏览中不识别这个字符串的换行符。即使有多行文本,在浏览器中显示时也只有一行。nl2br() 函数就是在字符串中的每个新行"\n"之前插入 HTML 换行符"
"。该函数的使用如下所示:

```php
<?php
    echo nl2br("One line.\nAnother line.");        //在"\n"前加上"<br />"标记

    /*
        输出以下两行结果,在"\n"前加上"<br />"标记,如下所示:
        One line.<br />
        Another line.
    */
```

2. 函数 htmlspecialchars()

如果不希望浏览器直接解析 HTML 标记,就需要将 HTML 标记中的特殊字符转换成 HTML 实体。例如,将"<"转换为"<",将">"转换为">"。这样 HTML 标记浏览器就不会去解析,而是将 HTML 文本在浏览器中原样输出。PHP 中提供的 htmlspecialchars() 函数就可以将一些预定义的字符转换为 HTML 实体。此函数用在预防使用者提供的文字中包含了 HTML 的标记,像是布告栏或是访客留言板这方面的应用。以下是该函数可以转换的字符:

> "&"(和号)转换为"&"。
> """(双引号)转换为"""。
> "'"(单引号)转换为"'"。
> "<"(小于)转换为"<"。
> ">"(大于)转换为">"。

该函数的原型如下:

string htmlspecialchars (string string [, int quote_style [, string charset]])

该函数中第一个参数是带有 HTML 标记待处理的字符串,为必选参数。第二个参数为可选参数,用来决定引号的转换方式,默认值为 ENT_COMPAT 将只转换双引号,而保留单引号;ENT_QUOTES 将同时转换这两种引号;而 ENT_NOQUOTES 将不对引号进行转换。第三个参数也是可选的值,用于指定所处理字符串的字符集,默认的字符集是 ISO 8859-1。其他可以使用的合法字符集如表 8-4 所示。

表 8-4 在函数 htmlspecialchars() 的第三个参数中可以使用的合法字符集

字 符 集	别 名	描 述
ISO-8859-1	ISO 8859-1	西欧,Latin-1
ISO-8859-15	ISO 8859-15	西欧,Latin-9。增加了 Latin-1(ISO-8859-1)中缺少的欧元符号、法国及芬兰字母
UTF-8		ASCII 兼容多字节 8-bit Unicode
cp866	ibm866, 866	DOS 特有的 Cyrillic 字母字符集。PHP 4.3.2 开始支持该字符集
cp1251	Windows-1251, win-1251, 1251	Windows 特有的 Cyrillic 字母字符集。PHP 4.3.2 开始支持该字符集
cp1252	Windows-1252, 1252	Windows 对于西欧特有的字符集
KOI8-R	koi8-ru, koi8r	俄文。PHP 4.3.2 开始支持该字符集
BIG5	950	繁体中文,主要用于中国台湾
GB2312	936	简体中文,国际标准字符集
BIG5-HKSCS		繁体中文,Big5 的延伸,主要用于中国香港
Shift_JIS	SJIS, 932	日文字符
EUC-JP	EUCJP	日文字符

无法被识别的字符集将被忽略,并由默认的字符集 ISO-8859-1 代替。该函数的使用如下所示:

```
1  <html>
2      <body>
3          <?php
4          $str = "<B>WebServer:</B> & 'Linux' & 'Apache'";  //含有HTML标记和单引号的字符串
5          echo htmlspecialchars($str, ENT_COMPAT);          //转换HTML标记和双引号
6          echo "<br>\n";
7          echo htmlspecialchars($str, ENT_QUOTES);          //转换HTML标记和两种引号
8          echo "<br>\n";
9          echo htmlspecialchars($str, ENT_NOQUOTES);        //转换HTML标记,不对引号进行转换
10         ?>
11     </body>
12 </html>
```

在浏览器中的输出结果如下:

<B>WebServer:</B> & 'Linux' & 'Apache'
<B>WebServer:</B> & 'Linux' & 'Apache'
<B>WebServer:</B> & 'Linux' & 'Apache'

如果在浏览器中查看源代码,会看到如下结果:

<html>

```
<body>
    &lt;B&gt;WebServer:&lt;/B&gt; &amp; 'Linux' &amp; 'Apache'<br>        //没有转换单引号
    &lt;B&gt;WebServer:&lt;/B&gt; &amp; &#039;Linux&#039; &amp; &#039;Apache&#039;<br>
    &lt;B&gt;WebServer:&lt;/B&gt; &amp; 'Linux' &amp; 'Apache'              //没有转换单引号
</body>
</html>
```

在 PHP 中还提供了 htmlentities()函数，可以将所有的非 ASCII 码字符转换为对应的实体代码。该函数与 htmlspecialchars()函数的使用语法格式一致，但该函数可以转义更多的 HTML 字符。下面的代码为 htmlentities()函数的使用范例：

```
1  <?php
2      $str = "一个 'quote' 是 <b>bold</b>";
3
4      // 输出: &Ograve;&raquo;&cedil;&ouml; 'quote' &Ecirc;&Ccedil; &lt;b&gt;bold&lt;/b&gt;
5      echo htmlentities($str);
6
7      // 输出: 一个 &#039;quote&#039; 是 &lt;b&gt;bold&lt;/b&gt;
8      echo htmlentities($str, ENT_QUOTES, gb2312);
```

在处理表单中提交的数据时，不仅要通过前面介绍的函数将 HTML 的标记符号和一些特殊字符转换为 HTML 实体，还需要对引号进行处理。因为被提交的表单数据中的"'"、""" 和 "\" 等字符前将被自动加上一个斜线 "\"。这是由于 PHP 配置文件 php.ini 中的选项 magic_quotes_gpc 在起作用，默认是打开的，如果不关闭它则要使用函数 stripslashes()删除反斜线。如果不处理，将数据保存到数据库中时，有可能会被数据库误当成控制符号而引起错误。函数 stripslashes()只有一个被处理的字符串作为参数，返回处理后的字符串。通常使用 htmlspecialchars()函数与 stripslashes()函数复合的方式，联合处理表单中提交的数据。代码如下所示：

```
1  <html>
2      <head>
3          <title>HTML表单</title>
4      </head>
5
6      <body>
7          <form action="" method="post">
8              请输入一个字符串:
9              <input type="text" size="30" name="str" value="<?php echo html2Text($_POST['str']) ?>">
10             <input type="submit" name="submit" value="提交"><br>
11         </form>
12         <?php
13             //如果用户提交表单，则下面的代码将被执行
14             if(isset($_POST["submit"])) {
15                 //输出原型<b><u>this is a \"test\"</u></b>，浏览器对其解析
16                 echo "原型输出: ".$_POST['str']."<br>";
17
18                 //转换为实体: &lt;b&gt;&lt;u&gt;this is a \&quot;test\&quot;&lt;/u&gt;&lt;/b&gt;
19                 echo "转换实例: ".htmlspecialchars($_POST['str'])."<br>";
20
21                 //删除引号前面的斜线: <b><u>this is a "test"</u></b><br>
22                 echo "删除斜线: ".stripslashes($_POST['str'])."<br>";
23
24                 //输出: &lt;b&gt;&lt;u&gt;this is a &quot;test&quot;&lt;/u&gt;&lt;/b&gt;
25                 echo "删除斜线和转换实体: ".html2Text($_POST['str'])."<br>";
26             }
27
28             //自定义一个函数，采用复合的方式处理表单提交的数据
```

```
29          function html2Text($input) {
30              //返回两个函数复合处理的字符串
31              return htmlspecialchars( stripslashes( $input ) );
32          }
33      ?>
34  </body>
35 </html>
```

该程序的演示结果如图 8-1 所示。

图 8-1　字符串格式转换后的输出结果

在上例中，通过在表单中输入带有 HTML 标记和引号的字符串，提交给 PHP 脚本输出。分别将其直接输出给浏览器解析，使用 htmlspecialchars()函数转换 HTML 标记符号，使用 stripslashes()函数删除引号前的反斜线，最后使用 htmlspecialchars()函数和 stripslashes()函数的复合方式删除引号前的反斜线，又将 HTML 的标记符号转换为实体。

函数 stripslashes()的功能是去掉反斜线"\"，如果有连续两个反斜线，则只去掉一个。与之对应的是另一个函数 addslashes()，正如函数名所暗示的，它将在"'"、"""、"\"和 NULL 等字符前增加必要的反斜线。

函数 htmlspecialchars()的功能是将 HTML 中的标记符号转换为对应的 HTML 实体，有时直接删除用户输入的 HTML 标签也是非常有必要的。PHP 中提供的 strip_tags()函数默认就可以删除字符串中所有的 HTML 标签，也可以有选择性地删除一些 HTML 标签。如布告栏或是访客留言板，有这方面的应用是相当必要的。例如用户在论坛中发布文章时，可以预留一些可以改变字体大小、颜色、粗体和斜体等的 HTML 标签，而删除一些对页面布局有影响的 HTML 标签。函数 strip_tags()的原型如下所示：

```
string strip_tags ( string str [, string allowable_tags] )        //删除 HTML 的标签函数
```

该函数有两个参数：第一个参数提供了要处理的字符串，是必选项；第二个参数是一个可选的 HTML 标签列表，放入该列表中的 HTML 标签将被保留，其他的则全部被删除。默认将所有的 HTML 标签都删除。下面的程序为该函数的使用范例：

```
1 <?php
2     $str = "<font color='red' size=7>Linux</font> <i>Apache</i> <u>Mysql<u> <b>PHP</b>";
3
4     echo strip_tags($str);              //删除了全部HTML标签，输出：Linux Apache Mysql PHP
5     echo strip_tags($str, "<font>");    //输出<font color='red' size=7>Linux</font> Apache Mysql PHP
6     echo strip_tags($str, "<b><u><i>"); //输出Linux <i>Apache</i> <u>Mysql<u> <b>PHP</b>
```

在上面的程序中，第一次使用 strip_tags()函数时，没有输入第二个参数，所以删除了所有的 HTML 标签。第二次使用 strip_tags()函数时，在第二个参数输出了"<font>"标签，则其他的 HTML 标签全部被删除。第三次使用 strip_tags()函数时，在第二个参数中输入"<b><u><i>"三个 HTML 标签组成的列表，则这三个标签将被保留，而其他的 HTML 标签全部被删除。

8.3.4 其他字符串格式化函数

字符串的格式化处理函数还有很多，只要是想得到所需要格式化的字符串，都可以调用 PHP 中提供的系统函数处理，很少需要自己定义字符串格式化函数。

1．函数 strrev()

该函数的作用是将输入的字符反转，只提供一个要处理的字符串作为参数，返回反转后的字符串。代码如下所示：

```php
<?php
    echo strrev("http://www.lampbrother.net");     //反转后输出：ten.rehtorbpmal.www//:ptth
```

2．函数 number_format()

世界上许多国家都有不同的货币格式、数字格式和时间格式惯例。针对特定的本地化环境，正确地格式化和显示货币是本地化的一个重要组成部分。例如，在电子商城中，要将用户以任意格式输入的商品价格数字转换为统一的标准货币格式。number_format()函数通过千位分组来格式化数字。该函数的原型如下所示：

string number_format (float number [, int decimals [, string dec_point, string thousands_sep]])

该函数返回格式化后的数字，函数支持一个、两个或四个参数（不是三个）。第一个参数为必选项，提供要被格式化的数字。如果未设置其他参数，则该数字会被格式化为不带小数点且以逗号（,）作为分隔符的数字。第二个参数是可选项，规定使用多少个小数位。如果设置了该参数，则使用点号（.）作为小数点来格式化数字。第三个参数也是可选参数，规定用什么字符串作为小数点。第四个参数也是可选参数，规定用作千位分隔符的字符串。如果设置了该参数，那么其他参数都是必需的。下面的程序为该函数的使用范例：

```php
<?php
    $number = 123456789;                            //声明一个数字
    echo number_format($number);                    //输出123,456,789，千位分隔的字符串
    echo number_format($number, 2);                 //输出123,456,789.00，小数点后保留两数小数
    echo number_format($number, 2, ",", ".");       //输出123.456.789,00，千位使用(.)分隔了，并保留两位小数
```

3．函数 md5()

随着互联网络的普及，黑客攻击已成为网络管理者的心病。有统计数据表明，70%的攻击来自内部，因此必须采取相应的防范措施来扼制系统内部的攻击。防止内部攻击的重要性还在于内部人员对数据的存储位置、信息重要性非常了解，这使得内部攻击更容易奏效。攻击者盗用合法用户的身份信息，以仿冒的身份与他人进行通信。所以在用户注册时应该先将

密码加密后再添加到数据库中,这样就可以防止内部攻击者直接查询数据库中的授权表,盗用合法用户的身份信息。

md5()函数的作用就是将一个字符串进行 MD5 算法加密,默认返回一个 32 位的十六进制字符串。该函数的原型如下所示:

```
string md5 ( string str [, bool raw_output] )        //进行 MD5 算法加密演算
```

其中第一个参数表示待处理的字符串,是必选项。第二个参数需要一个布尔型数值,是可选项。默认值为 FALSE,返回一个 32 位的十六进制字符串。如果设置为 TRUE,将返回一个 16 位的二进制数。下面的程序为该函数的使用范例:

```
<?php
    $password = "lampbrother";              //定义一个字符串作为密码,加密后保存到数据库中
    echo md5($password)."<br>";             //输出MD5加密后的值: 5f1ba7d4b4bf96fb8e7ae52fc6297aee

    //将输入的密码和数据库保存的进行匹配
    if(md5($password) == '5f1ba7d4b4bf96fb8e7ae52fc6297aee') {
        echo "密码一致,登录成功";          //如果相同则会输出这条信息
    }
```

在 PHP 中提供了一个对文件进行 MD5 加密的函数 md5_file(),该函数的使用方式和 md5()函数相似。

8.4 字符串比较函数

比较字符串是任何编程语言的字符串处理功能中的重要特性之一。在 PHP 中除了可以使用比较运算符号(==、<或>)加以比较,还提供了一系列的比较函数,使 PHP 可以进行更复杂的字符串比较,如 strcmp()、strcasecmp()和 strnatcmp()等函数。

8.4.1 按字节顺序进行字符串比较

要按字节顺序进行字符串的比较,可以使用 strcmp()和 strcasecmp()两个函数,其中函数 strcasecmp()可以忽略字符串中字母的大小写进行比较。这两个函数的原型如下所示:

```
int strcmp ( string str1, string str2 )              //区分字符串中字母大小写的比较
int strcasecmp ( string str1, string str2 )          //忽略字符串中字母大小写的比较
```

这两个函数的用法相似,都需要传入进行比较的两个字符串参数。可以对输入的 str1 和 str2 两个字符串,按照字节的 ASCII 值从两个字符串的首字节开始比较,如果相等则进入下一个字节的比较,直至结束比较。返回以下三个值之一:

- 如果 str1 等于 str2 则返回 0。
- 如果 str1 大于 str2 则返回 1。
- 如果 str1 小于 str2 则返回−1。

在下面的程序中，通过比较后的返回值判断两个比较的字符串大小。使用 strcmp()函数区分字符串中字母大小写的比较，使用 strcasecmp()函数忽略字符串中字母大小写的比较。当然也可以对中文等多字节字符进行比较。下面的程序为这两个函数的使用范例，当然没有实际意义。代码如下所示：

```php
<?php
    $userName = "Admin";                                //声明一个字符串作为用户名
    $password = "lampBrother";                          //声明一个字符串作为密码

    //不区分字母大小写的比较，如果两个字符串相等则返回0
    if(strcasecmp($userName, "admin") == 0) {
        echo "用户名存在";
    }
    //将两个比较的字符串使用相应的函数转换成全大写或全小写后，也可以实现不区分字母大小写的比较
    if( strcasecmp(strtolower($userName), strtolower("admin")) == 0 ) {
        echo "用户名存在";
    }

    //区分字符串中字母的大小写比较
    switch(strcmp($password, "lampbrother")) {
        case 0:                                         //两个字符串相等则返回0
            echo "两个字符串相等<br>";   break;
        case 1:                                         //第一个字符串大时则返回1
            echo "第一个字符串大于第二个字符串<br>";   break;
        case -1:                                        //第一个字符串小时则返回-1
            echo "第一个字符串小于第二个字符串<br>";   break;
    }
```

8.4.2　按自然排序进行字符串比较

除了可以按照字节位的字典顺序进行比较，PHP 还提供了按照"自然排序"法对字符串进行比较。所谓自然排序，是指按照人们日常生活中的思维习惯进行排序，即将字符串中的数字部分按照数字大小进行比较。例如按照字节比较时"4"大于"33"，因为"4"大于"33"中的第一个字符，而按照自然排序法则"33"大于"4"。使用 strnatcmp()函数按自然排序法比较两个字符串，该函数对大小写敏感，其使用格式与 strcmp()函数相似。

在下面的例子中，对一个数组中带有数字的文件名，使用冒泡排序法分别通过两种比较方法进行排序。代码如下所示：

```php
<?php
    //定义一个包含数字值的数组
    $files = array("file11.txt", "file22.txt","file1.txt", "file2.txt");
    /**
        自定义的函数，提供两种排序方法
        @param    array     $arr         为被排序数组
        @param    boolean   $select      选择使用哪个函数进行比较，true为strcmp()函数，false为strnatcmp()函数
        @return   array                  返回排序后的数组
    */
    function mySort($arr, $select=false) {
        for($i=0; $i<count($arr); $i++) {
            for($j=0; $j<count($arr)-1; $j++) {
                //如果第二个参数为true，则使用strcmp()函数比较大小
                if($select) {
```

```
15                    //前后两个值比较结果大于0则交换位置
16                    if(strcmp($arr[$j], $arr[$j+1]) > 0) {
17                        $tmp = $arr[$j];
18                        $arr[$j] = $arr[$j+1];
19                        $arr[$j+1] = $tmp;
20                    }
21                //如果第二个参数为false,则使用strnatcmp()函数比较大小
22                }else{
23                    //如果比较结果大于0则交换位置
24                    if(strnatcmp($arr[$j], $arr[$j+1]) > 0) {
25                        $tmp = $arr[$j];
26                        $arr[$j] = $arr[$j+1];
27                        $arr[$j+1] = $tmp;
28                    }
29                }
30            }
31        }
32        return $arr;              //返回排序后的数组
33   }
34   print_r(mySort($files, true));   //选择按字典顺序排序: file1.txt  file11.txt  file2.txt  file22.txt
35   print_r(mySort($files, false));  //选择按自然顺序排序: file1.txt  file2.txt  file11.txt  file22.txt
```

在 PHP 中也提供了这个函数的忽略大小写版本的函数 strnatcasecmp(),用法和 strnatcmp() 函数相同,此处不再详细叙述。

第9章 正则表达式

初次接触正则表达式的读者除了感觉它有些烦琐,还会有一种深不可测的感觉。其实正则表达式就是描述字符排列模式的一种自定义的语法规则,在 PHP 给我们提供的系统函数中,使用这种模式对字符串进行匹配、查找、替换及分割等操作。它的应用非常广泛。例如,常见的使用正则表达式去验证用户在表单中提交的用户名、密码、E-mail 地址、身份证号码及电话号码等格式是否合法;在用户发布文章时,将输入有 URL 的地方全部加上对应的链接;按所有标点符号计算文章中一共有多少个句子;抓取网页中某种格式的数据等。正则表达式并不是 PHP 自己的产物,在很多领域都会见到它的应用。除了在 Perl、C#及 Java 语言中应用外,在我们的 B/S 架构软件开发中,在 Linux 操作系统、前台 JavaScript 脚本、后台脚本 PHP 及 MySQL 数据库中都可以应用到正则表达式。

9.1 正则表达式简介

正则表达式也称为模式表达式,它自身具有一套非常完整的、可以编写模式的语法体系,提供了一种灵活且直观的字符串处理方法。正则表达式通过构建具有特定规则的模式,与输入的字符串信息进行比较,在特定的函数中使用,从而实现字符串的匹配、查找、替换及分割等操作。下例中给出的三个模式,都是按照正则表达式的语法规则构建的。代码如下所示:

```
"/[a-zA-Z]+://[^\s]*/"                              //匹配网址 URL 的正则表达式
"/<(\S*?)[^>]*>.*?</\1>|<.*? />/i"                  //匹配 HTML 标记的正则表达式
"/\w+([-+.]\w+)*@\w+([-.]\w+)*\.\w+([-.]\w+)*/"     //匹配 E-mail 地址的正则表达式
```

不要被上例中看似乱码的字符串给吓退,它们就是按照正则表达式的语法规则构建的模式,是一种由普通字符和具有特殊功能的字符组成的字符串。而且要将这些模式字符串放在特定的正则表达式函数中使用才有效果。读者学完本章以后就可以自由地应用这样的代码了。

在 PHP 中支持两套正则表达式的处理函数库。一套是由 PCRE(Perl Compatible Regular

Expression）库提供的、与 Perl 语言兼容的正则表达式函数、使用以"preg_"为前缀命名的函数，而且表达式都应被包含在定界符中，如斜线（/）。另一套是由 POSIX（Portable Operation System interface）扩展语法的正则表达式函数，使用以"preg_"为前缀命名的函数。两套函数库的功能相似，执行效率稍有不同。一般而言，实现相同的功能，使用 PCRE 库提供的正则表达式效率略占优势。所以在本文中主要介绍使用"preg_"为前缀命名的正则表达式函数，如表 9-1 所示。

表 9-1　与 Perl 语言兼容的正则表达式处理函数

函　数　名	功能描述
preg_match()	进行正则表达式匹配
preg_match_all()	进行全局正则表达式匹配
preg_replace()	执行正则表达式的搜索和替换
preg_split()	用正则表达式分割字符串
preg_grep()	返回与模式匹配的数组单元
preg_replace_callback()	用回调函数执行正则表达式的搜索和替换

9.2　正则表达式的语法规则

正则表达式描述了一种字符串匹配的模式，通过这个模式在特定的函数中对字符串进行匹配、查找、替换及分割等操作。正则表达式作为一个匹配的模板，是由原子（普通字符，例如字符 a～z）、有特殊功能的字符（称为元字符，例如*、+、?等），以及模式修正符三部分组成的文字模式。一个最简单的正则表达式模式中，至少要包含一个原子，如"/a/"。而且在与 Perl 语言兼容的正则表达式函数中使用模式时，一定要给模式加上定界符，即将模式包含在两个反斜线"/"之间。一个 HTML 链接的正则表达式模式如下所示：

'/<a.*?(?: |\\t|\\r|\\n)?href=[\'"]?(.+?)[\'"]?(?:(?: |\\t|\\r|\\n)+.*?)?>(.+?)<\/a.*?>/sim'　　//匹配链接的正则

在网页中任何 HTML 有效的链接标签，都可以和这个正则表达式的模式匹配上。该模式就用到了编写正则表达式模板的原子、元字符和模式修正符三个组成部分，将其拆分后如下所示。

➢ 定界符使用的是两个斜线"/"，将模式放在它之间声明。
➢ 原子用到了<、a、href、=、'、"、/、>等普通字符和\t、\r、\n 等转义字符。
➢ 元字符使用了[]、()、|、.、?、*、+等具有特殊含义的字符。
➢ 用到的模式修正符是在定界符最后一个斜线之后的三个字符"s"、"i"和"m"。

对于原子、元字符及模式修正符的使用将在后面详细介绍。首先编写一个示例，了解一下正则表达式的应用。通过 PHP 中给我们提供的 preg_match()函数，使用上例中定义的正则表达式模式。该函数有两个必选参数，第一个参数需要提供用户编写的正则表达式模式，第二个参数需要一个字符串。该函数的作用就是在第二个字符串参数中，搜索与第一个参数给出的正则表达式匹配的内容，如果匹配成功则返回真。代码如下所示：

```php
<?php
    $pattern='/<a.*?(?: |\\t|\\r|\\n)?href=[\'"]?(.+?)[\'"]?(?:(?: |\\t|\\n)+.*?)?>(.+?)<\/a.*?>/sim';
    $content="请进单击进入<a href='http://www.lampbrother.net'>LAMP兄弟连</a>技术社区。";

    //使用preg_match()函数进行正则表达式的模式匹配
    if(preg_match($pattern, $content)) {
        echo "成功匹配，在第二个参数中包含有效的HTML链接标签字符串。";
    } else {
        echo "在第二个参数的字符串中搜索不到有效的HTML链接标签。";
    }
```

在上面的代码中，使用正则表达式的语法规则，定义了一个匹配 HTML 中链接标签的模式并存放在变量$pattrn 中。同时定义了一个字符串变量$content，在字符串中如果包含有效的 HTML 链接标签，则使用 preg_match()函数时，就可以按$pattrn 模式所定义的格式搜索到链接标签。

9.2.1 定界符

在程序语言中，使用与 Perl 语言兼容的正则表达式，通常都需要将模式表达式放入定界符之间。作为定界的字符也不仅仅局限于使用斜线"/"。除了字母、数字和反斜线"\"以外的任何字符都可以作为定界符号，例如"#"、"!"、"{}"和"｜"等都是可以的。通常习惯将模式表达式包含在两个斜线"/"之间。下例是一些模式表达式的应用，代码如下所示：

/<\/\w+>/	--使用反斜线作为定界符号合法
|(\d{3})-\d+|Sm	--使用竖线"｜"作为定界符号合法
!^(?i)php[34]!	--使用感叹号"!"作为定界符号合法
{^\s+(\s+)?$}	--使用花括号"{}"作为定界符号合法
/href='(.*)'	--非法定界符号，缺少结束定界符
1-\d3-\d3-\d4|	--非法定界符号，缺少起始定界符

9.2.2 原子

原子是正则表达式的最基本的组成单位，而且在每个模式中最少要包含一个原子。原子是由所有那些未显式指定为元字符的打印和非打印字符组成的，笔者在这里将其详细划分为5类进行介绍。

1．普通字符作为原子

普通字符是编写正则表达式时最常见的原子，包括所有的大写和小写字母字符、所有数字等。例如，a～z、A～Z、0～9。

'/5/'	--用于匹配字符串中是否有 5 这个字符出现
'/php/'	--用于匹配字符串中是否有 PHP 字符串出现

2. 一些特殊字符和元字符作为原子

任何一个符号都可以作为原子使用，但如果这个符号在正则表达式中有一些特殊意义，我们就必须使用转义字符"\"取消它的特殊意义，将其变成一个普通的原子。例如，所有标点符号及一些其他符号，如双引号"""、单引号"'"、"*"、"+"、"."等，如果作为原子使用，就必须像\"、\'、*、\+和\.这样使用。示例代码如下所示：

```
'/\./'                --用于匹配字符串中是否有英文的"."出现
'/\<br \/\>/'         --用于匹配字符串中是否有 HTML 的<br />标记字符串出现
```

3. 一些非打印字符作为原子

所谓的非打印字符，是一些在字符串中的格式控制符号，例如空格、回车及制表符号等。如表 9-2 所示列出了正则表达式中常用的非打印字符及其含义。

表 9-2　正则表达式中常用的非打印字符

原子字符	含义描述
\cx	匹配由 x 指明的控制字符。例如，\cM 匹配一个 Control-M 或回车符。x 的值必须为 A~Z 或 a~z 之一。否则，将 c 视为一个原义的'c'字符
\f	匹配一个换页符。等价于\x0c 和\cL
\n	匹配一个换行符。等价于\x0a 和\cJ
\r	匹配一个回车符。等价于\x0d 和\cM
\t	匹配一个制表符。等价于\x09 和\cI
\v	匹配一个垂直制表符。等价于\x0b 和\cK

示例代码如下所示：

```
'/\n/'                --在 Windows 系统中用于匹配字符串中是否有回车换行出现
'/\r\n/'              --在 Linux 系统中用于匹配字符串中是否有回车换行出现
```

4. 使用"通用字符类型"作为原子

前面介绍的不管是打印字符还是非打印字符作为原子，都是一个原子只能匹配一个字符。而有时我们需要一个原子可以匹配一类字符，例如，匹配所有数字而不是一个数字，匹配所有字母而不是一个字母，这时就要使用"通用字符类型"了。如表 9-3 所示列出了正则表达式中常用的"通用字符类型"及其含义。

表 9-3　正则表达式中常用的"通用字符类型"

原子字符	含义描述
\d	匹配任意一个十进制数字，等价于[0-9]
\D	匹配任意一个除十进制数字以外的字符，等价于[^0-9]
\s	匹配任意一个空白字符，等价于[\f\n\r\t\v]
\S	匹配除空白字符以外的任何一个字符，等价于[^\f\n\r\t\v]
\w	匹配任意一个数字、字母或下画线，等价于[0-9a-zA-Z_]
\W	匹配除数字、字母和下画线以外的任意一个字符，等价于[^0-9a-zA-Z_]

通用字符类型可以匹配相应类型中的一个字符，例如"\d"可以匹配数字类型中的任意一个十进制数字。共有6种通用字符类型，包括"\d"和"\D"、"\s"和"\S"、"\w"和"\W"。当然也可以使用原子表制定出这种通用字符类型，例如[0-9]和"\d"的功能一样，都可以匹配一个十进制数字。但使用通用字符类型要方便得多，如下所示：

```
'/^[0-9a-ZA-Z_]+@[0-9a-ZA-Z_]+(\.[0-9a-ZA-Z_]+){0,3}$/'      --E-mail 的正则表达式模式
'/^\w+@\w+(\.\w+){0,3}$/'                                     --同上
```

上面两个正则表达式的模式作用一样，都是匹配电子邮件的格式。很显然使用通用字符类型"\w"要比使用原子表"[0-9a-zA-Z_]"的格式清晰得多。

5．自定义原子表（[]）作为原子

虽然前面介绍过"类原子"，可以代表一组原子中的一个，但系统只给我们提供了表9-3中介绍的6个"类原子"。因为代表某一类的原子实在太多了，系统不能全部提供出来，例如数字中的奇数（1、3、5、7、9）、字母中的元音字母（a、e、i、o、u）等。所以就需要我们可以自己定义出特定的"类原子"。使用原子表"[]"就可以定义一组彼此地位平等的原子，且从原子表中仅选择一个原子进行匹配。如下所示：

```
'/[apj]sp/'         --可以匹配 asp、php 或 jsp 三种，从原子表中仅选择一个作为原子
```

还可以使用原子表"[^]"匹配除表内原子外的任意一个字符，通常称为排除原子表。如下所示：

```
'/[^apj]sp/'        --可以匹配除了 asp、php 和 jsp 三种以外的字符串，如 xsp、ysp 或 zsp 等
```

另外，在原子表中可以使用负号"-"连接一组按 ASCII 码顺序排列的原子，能够简化书写。如下所示：

```
'/0[xX][0-9a-fA-F]+/'    --可以匹配一个简单的十六进制数，如 0x2f、0X3AE 或 0x4aB 等
```

9.2.3 元字符

利用 Perl 正则表达式还可以做另一件有用的事情，这就是使用各种元字符来搜索匹配。所谓元字符，就是用于构建正则表达式的具有特殊含义的字符，例如"*"、"+"、"？"等。在一个正则表达式中，元字符不能单独出现，它必须是用来修饰原子的。如果要在正则表达式中包含元字符本身，使其失去特殊的含义，则必须在前面加上"\"进行转义。正则表达式的元字符如表9-4所示。

表9-4　正则表达式的元字符

元 字 符	含义描述
*	匹配0次、1次或多次其前的原子
+	匹配1次或多次其前的原子
?	匹配0次或1次其前的原子

续表

元 字 符	含义描述
.	匹配除了换行符外的任意一个字符
|	匹配两个或多个分支选择
{n}	表示其前面的原子恰好出现 n 次
{n, }	表示其前面的原子出现不少于 n 次
{n, m}	表示其前面的原子至少出现 n 次，最多出现 m 次
^或\A	匹配输入字符串的开始位置（或在多行模式下行的开头，即紧随一换行符之后）
$或\Z	匹配输入字符串的结束位置（或在多行模式下行的结尾，即紧随一换行符之前）
\b	匹配单词的边界
\B	匹配除单词边界以外的部分
[]	匹配方括号中指定的任意一个原子
[^]	匹配除方括号中的原子以外的任意一个字符
()	匹配其整体为一个原子，即模式单元。可以理解为由多个单个原子组成的大原子

构造正则表达式的方法和创建数学表达式的方法相似，就是用多种元字符与操作符将小的表达式结合在一起来创建更大的表达式。正则表达式的组件可以是单个的字符、字符集合、字符范围、字符间的选择或者所有这些组件的任意组合。元字符是组成正则表达式的最重要部分，下面将这些元字符分为几类分别讲解。

1. 限定符

限定符用来指定正则表达式的一个给定原子必须要出现多少次才能满足匹配。有"*"、"+"、"?"、"{n}"、"{n,}"及"{n,m}"共 6 种限定符，它们之间的区别主要是重复匹配的次数不同。其中"*"、"+"和"{n, }"限定符都是贪婪的，因为它们会尽可能多地匹配文字。如下所示：

'/a\s*b/'	--"\s"表示空白原子，可以匹配在 a 和 b 之间没有空白、有一个或多个空白的情况
'/a\d+b/'	--可以匹配在 a 和 b 之间有一个或多个数字的情况，如 a2b、a34567b 等
'/a\W?b/'	--可以匹配在 a 和 b 之间有一个或没有特殊字符的情况，如 ab、a#b、a%b 等
'/ax{4}b/'	--可以匹配在 a 和 b 之间必须有 4 个 x 的字符串，如 axxxxb
'/ax{2,}b/'	--可以匹配在 a 和 b 之间至少要有 2 个 x 的字符串，如 axxb、axxxxxxb 等
'/ax{2,4}b/'	--可以匹配在 a 和 b 之间至少有 2 个和最多有 4 个 x 的字符串，如 axxb、axxxb 和 axxxxb

元字符"*"表示 0 次、1 次或多次匹配其前的原子，也可以使用"{0,}"完成同样的匹配。同样，"+"可以使用"{1,}"表示，"?"可以使用"{0,1}"表示。

2. 边界限制

用来限定字符串或单词的边界范围，以获得更准确的匹配结果。元字符"^"（或"\A"）和"$"（或"\Z"）分别指字符串的开始与结束，而"\b"用于描述字符串中每个单词的前或后边界，与之相反的元字符"\B"表示非单词边界。例如，有一个字符串"this is a test"，使用的边界限制如下所示：

'/^this/'	--匹配此字符串是否是以字符串"this"开始的，匹配成功
'/test$/'	--匹配此字符串是否是以字符串"test"结束的，匹配成功
'/\bis\b/'	--匹配此字符串中是否含有单词"is"，因为在字符串"is"两边都需要有边界
'/\Bis\b/'	--查找字符串"is"时，左边不能有边界而右边必须有边界，如"this"匹配成功

3. 句号（.）

在字符类之外，模式中的圆点可以匹配目标中的任何一个字符，包括不可打印字符。但不匹配换行符（默认情况下），相当于"[^\n]"（UNIX 系统）或"[^\r\n]"（Windows 系统）。如果设定了模式修正符号"s"，则圆点也会匹配换行符。处理圆点与处理音调符"^"和美元符"$"是完全独立的，唯一的联系就是它们都涉及换行符。如下所示：

/a.b/	--可以匹配在 a 和 b 之间有任意一个字符的字符串，例如 axb、ayb、azb 等

通常，可以使用".*?"或".+?"组合来匹配除换行符以外的任何字符串。例如，模式"/<b>.*?b<\/b>/"可以匹配以"<b>"标签开始、"</b>"标签结束的任何不包括换行符的字符串。

4. 模式选择符（|）

竖线字符"|"用来分隔多选一模式，在正则表达式中匹配两个或更多的选择之一。例如，模式"LAMP|J2EE"表示可以匹配"LAMP"，也可以匹配"J2EE"，因为元字符竖线"|"的优先级是最低的，所以并不表示匹配"LAMP2EE"或"LAMJ2EE"。也可以有更多的选择，例如模式"/Linux|Apache| MySQL|PHP/"表示可以从中任意匹配一组。

5. 模式单元

模式单元是使用元字符"()"将多个原子组成大的原子，被当作一个单元独立使用，与数学表达式中的括号作用类似。一个模式单元中的表达式将被优先匹配。如下所示：

'/(very)*good/'	--可以匹配 good、very good、very very good 或 very very … good 等

在上面的例子中，紧接着"*"前的多个原子"very"用元字符"()"括起来被当作一个单元，所以原子"(very)"可以没有，也可以有一个或多个。

6. 后向引用

使用元字符"()"标记的开始和结束多个原子，不仅是一个独立的单元，也是一个子表达式。这样，对一个正则表达式模式或部分模式两边添加圆括号将导致相关匹配存储到一个临时缓冲区中，可以被获取供以后使用。所捕获的每个子匹配都按照在正则表达式模式中从左至右所遇到的内容存储。存储子匹配的缓冲区编号从 1 开始，连续编号直至最大 99 个子表达式。每个缓冲区都可以使用'\n'访问，其中 n 为一个标识特定缓冲区的一位或两位十进制数。例如"\1"、"\2"、"\3"等形式的引用，在正则表达式模式中使用时还需要在前面再加上一个反斜线，将反斜线再次转义，例如"\\1"、"\\2"、"\\3"等。如下所示：

'/^\d{4}\W\d{2}\W\d{2}$/'	--这是一个匹配日期的格式，如 2008-08/08 或 2008/08-08 等
'/^\d{4}(\W)\d{2}\\1\d{2}$/'	--这是一个匹配日期的格式，如 2008-08-08 或 2008/08/08 等

在上例中声明了两个正则表达式，用来匹配日期格式。如果使用第一种模式，则在年、

月及日之间的分隔符号可以是任意的特殊字符，完全可以不对应。但实际应用中日期格式之间的分隔符号必须是对应的，即年和月之间使用"-"，则月和日之间也要和前面一样使用"-"。上述的第二个正则表达式就可以达到这种效果。这是因为模式"\W"加上了元字符括号"()"，结果已经被存储到缓冲区中。所以在第一个"(\W)"的位置使用"-"，则下一个位置使用"\1"引用时，其匹配模式也必须是字符"-"。

当需要使用模式单元而又不想存储匹配结果时，可以使用非捕获元字符"?:"、"?="或"?!"来忽略对相关匹配的保存。在一些正则表达式中，使用非存储模式单元是必要的，可以改变其后向引用的顺序。如下所示：

'/(Windows)(Linux)\\2OS/'   --使用"\2"再次引用第二个缓冲区中的字符串"Linux"
'/(?:Widows)(Linux)\\1OS/'   --使用"?:"忽略了第一个子表达式的存储，所以"\1"引用的就是"Linux"

7．模式匹配的优先级

在使用正则表达式时，需要注意匹配的顺序。通常相同优先级从左到右进行运算，不同优先级的运算先高后低。各种操作符的匹配顺序优先级从高到低如表9-5所示。

表 9-5 模式匹配的顺序

顺 序	元 字 符	描 述
1	\	转义符号
2	()、(?:)、(?=)、[]	模式单元和原子表
3	*、+、?、{n}、{n,}、{n,m}	重复匹配
4	^、$、\b、\B.、\A、\Z	边界限制
5	|	模式选择

9.2.4 模式修正符

模式修正符在正则表达式定界符之外使用（最后一个斜线"/"之后），例如"/php/i"。其中"/php/"是一个正则表达式的模式，而"i"就是修正此模式所使用的修正符号，用来在匹配时不区分大小写。模式修正符可以调整正则表达式的解释，扩展了正则表达式在匹配、替换等操作时的某些功能；而且模式修正符可以组合使用，更增强了正则表达式的处理能力。例如"/php/Uis"则是将"U"、"i"和"s"三个模式修正符组合在一起使用。模式修正符对编写简洁而简小的表达式大有帮助。表9-6中列出了一些常用的模式修正符及其功能说明。

表 9-6 模式修正符

模式修正符	功能描述
i	在和模式进行匹配时不区分大小写
m	将字符串视为多行。默认的正则开始"^"和结束"$"将目标字符串作为单一的一"行"字符（甚至其中包含有换行符也是如此）。如果在修饰符中加上"m"，那么开始和结束将会指字符串的每一行，每一行的开头就是"^"，结尾就是"$"

续表

模式修正符	功能描述
s	如果设定了此修正符，则模式中的圆点元字符"."匹配所有的字符，包括换行符。即将字符串视为单行，换行符作为普通字符看待
x	模式中的空白忽略不计，除非它已经被转义
e	只用在 preg_replace()函数中，在替换字符串中对逆向引用做正常的替换，将其作为 PHP 代码求值，并用其结果来替换所搜索的字符串
U	本修正符反转了匹配数量的值使其不是默认的重复，而变成在后面跟上"?"才变得重复。这和 Perl 语言不兼容。也可以通过在模式中设定（U）修正符或者在数量符之后跟一个问号（例如.*?）来使用此选项
D	模式中的美元元字符仅匹配目标字符串的结尾。没有此选项时，如果最后一个字符是换行符，则美元符号也会匹配此字符之前的内容。如果设定了 m 修正符，则忽略此选项

下面是几个简单的示例，用以说明表 9-6 中模式修正符的使用。在使用模式修正符时，其中的空格和换行被忽略，如果使用其他非模式修正字符会导致错误。如下所示：

➢ 模式"/Web Server/ix"可以用来匹配字符串"webServer"，忽略大小写和空白。

➢ 模式"/a.*e/"去匹配字符串"abcdefgabcdefgabcdefg"，由于模式中的".*"按贪婪匹配，会从这个字符串中匹配出"abcdefgabcdefgabcde"。从第一个"a"字母开始到最后一个"e"字母结束，都属于".*"的内容，所以不是"abcde"。如果想取消这种贪婪匹配，想从第一个字母"a"只匹配到第一个字母"e"就结束，匹配出字符串"abcde"，可以使用模式修正符"U"或在模式中使用".*"后面跟上"?"，例如使用模式"/a.*e/U"或"/a.*?e/"。相反，如果两个一起使用又启用了贪婪匹配，例如模式"/a.*?e/U"，则匹配字符串"abcdefgabcdefgabcdefg"中的"abcdefgabcdefgabcde"，而不是"abcde"。建议在模式中使用".*"后面跟上"?"代替模式修正符"U"，因为在其他一些编程语言中，如果也是采用与 Perl 兼容的正则函数，可能没有模式修正符"U"，例如 JavaScript 中就不存在这个模式修正符。

➢ 模式"/^is/m"可以匹配字符串"this\nis\na\ntes"中的"is"，因为使用模式修正符"m"将字符串视为了多行，第二行的开头出现了"is"则匹配成功。默认的正则开始"^"和结束"$"将目标字符串作为单一的一"行"（甚至其中包含有换行符也是如此）。

9.3 与 Perl 兼容的正则表达式函数

正则表达式不能独立使用，它只是一种用来定义字符串的规则模式，必须在相应的正则表达式函数中应用，才能实现对字符串的匹配、查找、替换及分割等操作。前面也介绍过在 PHP 中有两套正则表达式的函数库，而使用与 Perl 兼容的正则表达式函数库的执行效率要略占优势，所以在本书中主要介绍以"preg_"开头的正则表达式函数。

另外，在处理大量信息时，正则表达式函数会使速度大幅减慢，应当只在需要使用正则表达式解析比较复杂的字符串时才使用这些函数。如果要解析简单的表达式，还可以采用很多可以显著加快处理过程的预定义函数。下面将详细地对比介绍。

9.3.1 字符串的匹配与查找

1. 函数 preg_match()

该函数在前面也介绍过一些，通常用于表单验证。可以按指定的正则表达式模式，对字符串进行一次搜索和匹配。该函数的语法格式如下所示：

int preg_match (string pattern, string subject [, array matches])   //正则表达式的匹配函数

该函数有两个必选参数，第一个参数 pattern 需要提供用户按正则表达式语法编写的模式，第二个参数 subject 需要一个字符串。该函数的作用就是在第二个字符串参数中，搜索与第一个参数给出的正则表达式匹配的内容。如果提供了第三个可选的数组参数 matches，则可以用于保存与第一个参数中的子模式的各个部分匹配的结果。正则表达式中的子模式是使用括号"( )"括起的模式单元，其中数组中的第一个元素 matches[0]保存了与正则表达式 pattern 匹配的整体内容。而数组 matches 中的其他元素，则按顺序依次保存了与正则表达式小括号内子表达式相匹配的内容。例如，matches[1]保存了与正则表达式中第一个小括号内匹配的内容，matches[2]保存了与正则表达式中第二个小括号内匹配的内容，以此类推。该函数只做一次匹配，最终返回 0 或 1 的匹配结果数。该函数的使用代码如下所示：

```php
<?php
    //一个用于匹配URL的正则表达式
    $pattern = '/(https?|ftps?):\/\/(www)\.([^\.\/]+)\.(com|net|org)(\/[\w-\.\/\?\$\&\=]+)?/i';
    //被搜索字符串
    $subject = "网址为http://www.lampbrother.net/index.php的位置是LAMP兄弟连";

    //使用preg_match()函数进行匹配
    if(preg_match($pattern, $subject, $matches)) {
        echo "搜索到的URL为： ".$matches[0]."<br>";      //数组中第一个元素保存全部匹配结果
        echo "URL中的协议为： ".$matches[1]."<br>";      //数组中第二个元素保存第一个子表达式
        echo "URL中的主机为： ".$matches[2]."<br>";      //数组中第三个元素保存第二个子表达式
        echo "URL中的域名为： ".$matches[3]."<br>";      //数组中第四个元素保存第三个子表达式
        echo "URL中的顶域为： ".$matches[4]."<br>";      //数组中第五个元素保存第四个子表达式
        echo "URL中的文件为： ".$matches[5]."<br>";      //数组中第六个元素保存第五个子表达式
    } else {
        echo "搜索失败！";                               //如果和正则表达式没有匹配成功则输出
    }
```

该程序的输出结果为：

```
搜索到的 URL 为：http://www.lampbrother.net/index.php
URL 中的协议为：http
URL 中的主机为：www
URL 中的域名为：lampbrother
URL 中的顶域为：net
URL 中的文件为：/index.php
```

在上例中通过 preg_match()函数，根据定义的 URL 正则表达式在指定的字符中搜索到了

第一个 URL；不仅获取到了一个整体的 URL 内容，还通过正则表达式中的子模式获取到了 URL 中的每个组成部分。

2. 函数 preg_match_all()

该函数与 preg_match()函数类似，不同的是函数 preg_match()在第一次匹配之后就会停止搜索；而函数 preg_match_all()则会一直搜索到指定字符串的结尾，可以获取所有匹配到的结果。该函数的语法格式如下所示：

int preg_match_all (string pattern, string subject, array matches [, int flags])

该函数将把所有可能的匹配结果放入第三个参数的数组中，并返回整个模式匹配的次数，如果出错则返回 False。如果使用了第四个参数，则会根据它指定的顺序将每次出现的匹配结果保存到第三个参数的数组中。第四个参数 flags 有以下两个预定义的值。

- PREG_PATTERN_ORDER：它是 preg_match_all()函数的默认值，对结果排序使$matches[0]为全部模式匹配的数组，$matches[1]为第一个括号中的子模式所匹配的字符串组成的数组，以此类推。
- PREG_SET_ORDER：对结果排序使$matches[0]为第一组匹配项的数组，$matches[1]为第二组匹配项的数组，以此类推。

将上例中的代码重新改写一下，使用 preg_match_all()函数搜索指定字符串中所有的 URL，并将获取每个 URL 的整体内容及各自的组成部分。该函数的使用代码如下所示：

```php
<?php
    //声明一个可以匹配URL的正则表达式
    $pattern = '/(https?|ftps?):\/\/(www|bbs)\.([^.\/]+)\.(com|net|org)(\/[\w-\.\/\?%\&\=]*)?/i';

    //声明一个包含多个URL链接地址的多行文字
    $subject = "网址为http://bbs.lampbrother.net/index.php的位置是LAMP兄弟连，
            网址为http://www.baidu.com/index.php的位置是百度，
            网址为http://www.google.com/index.php的位置是谷歌。";

    $i = 1;                          //定义一个计数器，用来统计搜索到的结果数

    //搜索全部的结果
    if(preg_match_all($pattern, $subject, $matches, PREG_SET_ORDER)) {
        //循环遍历二维数组$matches
        foreach($matches as $urls) {
            echo "搜索到第".$i."个URL为：".$urls[0]."<br>";
            echo "第".$i."个URL中的协议为：".$urls[1]."<br>";
            echo "第".$i."个URL中的主机为：".$urls[2]."<br>";
            echo "第".$i."个URL中的域名为：".$urls[3]."<br>";
            echo "第".$i."个URL中的顶域为：".$urls[4]."<br>";
            echo "第".$i."个URL中的文件为：".$urls[5]."<br>";

            $i++;                    //计数器累加
        }
    } else {
        echo "搜索失败！";
    }
```

该程序的输出结果为：

搜索到第 1 个 URL 为：http://bbs.lampbrother.net/index.php
第 1 个 URL 中的协议为：http

第 1 个 URL 中的主机为：bbs
第 1 个 URL 中的域名为：lampbrother
第 1 个 URL 中的顶域为：net
第 1 个 URL 中的文件为：/index.php

搜索到第 2 个 URL 为：http://www.baidu.com/index.php
第 2 个 URL 中的协议为：http
第 2 个 URL 中的主机为：www
第 2 个 URL 中的域名为：baidu
第 2 个 URL 中的顶域为：com
第 2 个 URL 中的文件为：/index.php

搜索到第 3 个 URL 为：http://www.google.com/index.php
第 3 个 URL 中的协议为：http
第 3 个 URL 中的主机为：www
第 3 个 URL 中的域名为：google
第 3 个 URL 中的顶域为：com
第 3 个 URL 中的文件为：/index.php

3．函数 preg_grep()

与前两个函数不同的是，该函数用于匹配数组中的元素，返回与正则表达式匹配的数组单元。该函数的语法格式如下所示：

`array preg_grep ( string pattern, array input )`   //匹配数组中的单元

该函数返回一个数组，其中包括了第二个参数 input 数组中与给定的第一个参数 pattern 模式相匹配的单元。对于输入数组 input 中的每个元素，只进行一次匹配。该函数的使用代码如下所示：

```php
<?php
    $array = array("Linux RedHat9.0", "Apache2.2.9", "MySQL5.0.51", "PHP5.2.6", "LAMP", "100");

    //返回数组中以字母开始和以数字结束，并且没有空格的单元，赋给变量$version
    $version = preg_grep("/^[a-zA-Z]+(\d|\.)+$/", $array);

    print_r($version);

    //输出：Array ( [1] => Apache2.2.9 [2] => MySQL5.0.51 [3] => PHP5.2.6 )
```

4．字符串处理函数 strstr()、strpos()、strrpos()和 substr()

如果只是查找一个字符串中是否包含某个子字符串，建议使用 strstr()或 strpos()函数；如果只是简单地从一个字符串中取出一段子字符串，建议使用 substr()函数。虽然 PHP 提供的字符串处理函数不能完成复杂的字符串匹配，但处理一些简单的字符串匹配，执行效率则比使用正则表达式稍高一些。

函数 strstr()搜索一个字符串在另一个字符串中的第一次出现，该函数返回字符串的其余部分（从匹配点）；如果未找到所搜索的字符串，则返回 false。该函数对大小写敏感，如需进行大小写不敏感的搜索，可以使用 stristr()函数。strstr()函数有两个参数：第一个参数提供被搜索的字符串；第二个参数为所搜索的字符串，如果该参数是数字，则搜索匹配数字 ASCII 值的字符。该函数的使用代码如下所示：

```php
<?php
    echo strstr("this is a test!", "test");          //输出test!

    echo strstr("this is a test!", 115);             //搜索"s"的ASCII值所代表的字符，输出s is a test!
```

函数strpos()返回字符串在另一个字符串中第一次出现的位置；如果没有找到该字符串，则返回false。函数strrpos()和strpos()相似，用来查找字符串在另一个字符串中最后一次出现的位置。这两个函数都对大小写敏感，如需进行大小写不敏感的搜索，可以使用stripos()和strripos()函数。函数substr()则可以返回字符串的一部分。这几个函数的应用都比较容易，在下面的例子中将结合这几个函数获取URL中的文件名称。代码如下所示：

```php
<?php
    /**
     用于获取URL中的文件名部分
     @param  string  $url  任何一个URL格式的字符串
     @return string        URL中的文件名称部分
    */
    function getFileName($url) {
        //获取URL字符串中最后一个"/"出现的位置，再加1则为文件名开始的位置
        $location = strrpos($url, "/")+1;
        //获取在URL中从$location位置取到结尾的子字符串
        $fileName = substr($url, $location);
        //返回获取到的文件名称
        return $fileName;
    }

    //获取网页文件名index.php
    echo getFileName("http://bbs.lampbrother.net/index.php");
    //获取网页中图片名logo.gif
    echo getFileName("http://bbs.lampbrother.com/images/Sharp/logo.gif");
    //获取本地中的文件名php.ini
    echo getFileName("file:///C:/WINDOWS/php.ini");
```

9.3.2 字符串的替换

字符串的替换也是字符串操作中非常重要的内容之一。对于一些比较复杂的字符串替换操作，可以通过正则表达式的替换函数preg_replace()来完成。而对字符串做简单的替换处理，建议使用str_replace()函数，这也是从执行效率方面考虑的。

1. 函数 preg_replace()

该函数可执行正则表达式的搜索和替换，是一个最强大的字符串替换处理函数。该函数的语法格式如下所示：

mixed preg_replace (mixed pattern, mixed replacement, mixed subject [, int limit])

该函数会在第三个参数subject中搜索第一个参数pattern模式的匹配项，并替换为第二个参数replacement。如果指定了第四个可选参数limit，则仅替换limit个匹配；如果省略limit或者其值为–1，则所有的匹配项都会被替换。该函数的使用代码如下所示：

```php
<?php
    //可以匹配所有以HTML标记开始和结束的正则表达式
    $pattern = "/<[\/\!]*?[^<>]*?>/is";

    //声明一个带有多个HTML标记的文本
    $text = "这个文本中有<b>粗体</b>和<u>带有下画线</u>以及<i>斜体</i>
             还有<font color='red' size='7'>带有颜色和字体大小</font>的标记";

    //将所有HTML标记替换为空,即删除所有HTML标记
    echo preg_replace($pattern, "", $text);

    //通过第四个参数传入数字2,替换前两个HTML标记
    echo preg_replace($pattern, "", $text, 2);
```

上例是 preg_replace()函数最简单的用法,只是将文本$text 中根据$pattern 模式搜索到的 HTML 标记全部替换为空,即删除所有 HTML 标记。也可以通过第四个参数传入一个整数,用来指定替换的次数。

在使用 preg_replace()函数时,最常见的形式就是可以包含反向引用,即使用\n 的形式依次引用正则表达式中的模式单元。如果在双引号中带有"\"则是转义符号,所以双引号中应该去掉"\"转义功能,所以使用"\\n"。每个此种引用将被替换为与第 n 个被捕获的括号内的子模式所匹配的文本,n 可以取 0~99 之间的任意数字。其中\0 指的是被整个模式所匹配的文本,对左圆括号从左到右计数(从 1 开始)以取得子模式的数目。对替换模式在一个逆向引用后面紧接着一个数字时(即紧接在一个匹配的模式后面的数字),不能使用熟悉的\1 符号来表示逆向引用。举例说明:\11,将会使 preg_replace()搞不清楚是想要一个\1 的逆向引用后面跟着一个数字 1,还是一个\11 的逆向引用。本例中的解决方法是使用\${1}1,这会形成一个隔离的$1 逆向引用,而使另一个 1 只是单纯的文字。这种形式的使用代码如下所示:

```php
<?php
    //日期格式的正则表达式
    $pattern = "/(\d{2})\/(\d{2})\/(\d{4})/";

    //带有两个日期格式的字符串
    $text="今年国庆节放假日期为10/01/2015到10/07/2015共7天。";

    //将日期替换为以"-"分隔的格式
    echo preg_replace($pattern, "\\3-\\1-\\2", $text);

    //将"\\1"改为"\${1}"的形式
    echo preg_replace($pattern, "\${3}-\${1}-\${2}",$text);
```

该程序的输出结果为:

今年国庆节放假日期为 **2015-10-01** 到 **20015-10-07** 共 7 天。
今年国庆节放假日期为 **2015-10-01** 到 **20015-10-07** 共 7 天。

在使用 preg_replace()函数时,有一个专门为它提供的模式修正符"e",也只有 preg_replace()函数使用此修正符。如果设定了此修正符,函数 preg_replace()将在替换字符串中对逆向引用做正常的替换,将其作为 PHP 代码求值,并用其结果来替换所搜索的字符串。要确保第二个参数构成一个合法的 PHP 代码字符串,否则 PHP 会在报告中包含 preg_replace()函数的行中出现语法解析错误。使用代码如下所示:

```php
<?php
    //可以匹配所有以HTML标记开始和结束的正则表达式
    $pattern = "/(<\/?)(\w+)([^>]*>)/e";

    //声明一个带有多个HTML标记的文本
    $text = "这个文本中有<b>粗体</b>和<u>带有下画线</u>以及<i>斜体</i>还
            有<font color='red' size='7'>带有颜色和字体大小</font>的标记";

    //将所有HTML的小写标记替换为大写
    echo preg_replace($pattern, "'\\1'.strtoupper('\\2').'\\3'", $text);
```

该程序的输出结果为：

这个文本中有\<B\>粗体\</B\>和\<U\>带有下画线\</U\>以及\<I\>斜体\</I\>还有\<FONT color='red' size='7'\>带有颜色和字体大小\</FONT\>的标记

在上例中声明正则表达式时，使用了模式修正符"e"。所以函数preg_replace()中第二个参数的字符串"'\\1'.strtoupper('\\2').'\\3'"将作为PHP代码求值，执行了strtoupper()函数将模式中的第二个子表达式转换为大写，否则将不会执行此函数。

在使用preg_replace()函数时，其前三个参数均可以使用数组。如果第三个参数是一个数组，则会对其中的每个元素都执行搜索和替换，并返回替换后的一个数组。如果第一个参数和第二个参数都是数组，则preg_replace()函数会依次从中分别取出对应的值来对第三个参数中的文本进行搜索和替换。如果第二个参数中的值比第一个参数中的少，则用空字符串作为余下的替换值。如果第一个参数是数组而第二个参数是字符串，则对第一个参数中的每个值都用此字符串作为替换值，反过来则没有意义了。

在下面的例子中将 UBB 代码转换为 HTML 代码。UBB 代码是网络中一种常见的实用技术，是一种类似于 HTML 风格的书写格式。UBB 标签就是在不允许使用 HTML 语法的情况下，通过论坛的特殊转换程序，以至可以支持少量常用的、无危害性的 HTML 效果显示，如图 9-1 所示。

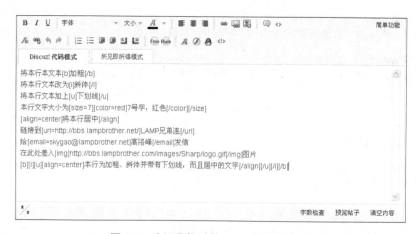

图 9-1　论坛发帖时的 UBB 代码的演示

图 9-1 为论坛中发帖时所使用的文本编辑器，和 Word 的用法相似。只要通过工具栏中的按钮，就可以轻松地将输入的文本转换为 UBB 代码。下面是 UBB 中几个代码的解释。

- [B]文字[/B]：在文字的位置可以任意加入需要的字符，显示为粗体效果。
- [I]文字[/I]：在文字的位置可以任意加入需要的字符，显示为斜体效果。
- [U]文字[/U]：在文字的位置可以任意加入需要的字符，显示为下画线效果。
- [align=center]文字[/align]：在文字的位置可以任意加入需要的字符，center 表示居中，left 表示居左，right 表示居右。

还有更多的 UBB 代码，我们通过下面的程序，将一部分 UBB 代码使用正则表达式的替换函数转换为 HTML 的代码并在网页中输出。使用代码如下所示：

```php
<?php
    //声明带有UBB代码的文本
    $text = "将本行本文本[b]加粗[/b]
        将本行文本改为[i]斜体[/i]
        将本行文本加上[u]下画线[/u]
        本行文字大小为[size=7][color=red]7号字，红色[/color][/size]
        [align=center]将本行居中[/align]
        链接到[url=http://bbs.lampbrother.net/]LAMP兄弟连[/url]
        [url]这个链接很长将被截断这个链接很长将被截断这个链接很长将被截断[/url]
        给[email=skygao@lampbrother.net]高洛峰[/email]发信
        在此处插入[img]http://bbs.lampbrother.com/images/Sharp/logo.gif[/img]图片
        [b][i][u][align=center]本行为加粗、斜体并带有下画线，而且居中的文字[/align][/u][/i][/b]";

    //调用自定义的将UBB代码转换为HTML代码的函数
    echo UBBCode2Html($text);

    /**
     *  声明一个名为UBBCode2Html()的函数，用于将UBB码转换为HTML标签
     *  @param  string  $text   需要一个带有UBB码的文本
     *  @return string          返回UBB码被HTML标签替换后的文本
     */
    function UBBCode2Html($text) {
        //声明一个正则表达式的模式数组，将传给preg_replace()函数的第一个参数
        $pattern = array(
            '/(\r\n)|(\n)/', '/\[b\]/i', '/\[\/b\]/i',                          //匹配[b]和[/b]
            '/\[i\]/i', '/\[\/i\]/i', '/\[u\]/i', '/\[\/u\]/i',                 //匹配[i]和[u]
            '/\[font=([^\[\<]+?)\]/i',                                          //匹配[font]
            '/\[color=([#\w]+?)\]/i',                                           //匹配color
            '/\[size=(\d+?)\]/i',                                               //匹配[size]
            '/\[size=(\d+(\.\d+)?(px|pt|in|cm|mm|pc|em|ex|%)+?)\]/i',           //匹配[size]其他单位
            '/\[align=(left|center|right)\]/i',                                 //匹配[align]
            '/\[url=www\.([^\[""\']+?)\](.+?)[\/url\]/is',                     //匹配[url]
            '/\[url=(https?|ftp|gopher|news|telnet){1}:\/\/([^\[""\']+?)\](.+?)[\/url\]/is',
            '/\[email\]\s*([a-z0-9\-_.+]+)@([a-z0-9\-_]+[.][a-z0-9\-_.]+)\s*[\/email\]/i',
            '/\[email=([a-z0-9\-_.+]+)@([a-z0-9\-_]+[.][a-z0-9\-_.]+)\](.+?)[\/email\]/is',
            '/\[img\](.+?)[\/img\]/',                                           //[img]和[/img]
            '/\[\/color\]/i', '/\[\/size\]/i', '/\[\/font\]/i','/\[\/align\]/'  //匹配结束标记
        );

        //声明一个替换数组，并将其传入preg_replace()函数中的第二个参数，和上面数组的内容对应
        $replace = array(
            '<br>','<b>', '</b>',                                               //替换换行标记和UBB中的[b]和[/b]标记
            '<i>', '</i>', '<u>', '</u>',                                       //替换UBB代码中的[i]和[u]标记
            '<font face="\\1">',                                                //替换UBB代码中的[font]标记
            '<font color="\\1">',                                               //替换UBB代码中的[color]标记
            '<font size="\\1">',                                                //替换UBB代码中的[size]标记
            '<font style=\"font-size: \\1\">',                                  //替换UBB代码中的[size]其他单位
            '<p align="\\1">',                                                  //替换UBB代码中的[align]标记
            '<a href="http://www.\\1" target="_blank">\\2</a>',                 //替换UBB代码中的[url]标记
            '<a href="\\1://\\2" target="_blank">\\3</a>',                      //替换UBB代码中的[url]标记
            '<a href="mailto:\\1@\\2">\\1@\\2</a>',                             //替换UBB代码中的[email]标记
```

```
52          '<a href="mailto:\\1@\\2">\\3</a>',           //替换UBB代码中的[email]标记
53          '<img src="\\1">',                            //替换UBB代码中的[img]标记
54          '</font>', '</font>', '</font>', '</p>'       //替换UBB代码中的一些结束标记
55      );
56
57      //使用preg_replace()进行替换，第一个参数为正则数组，第二个参数为替换数组，返回替换后的结果
58      return preg_replace($pattern, $replace, $text);
59  }
```

该程序的输出结果为：

```
将本行本文本<b>加粗</b><br>
将本行文本改为<i>斜体</i><br>
将本行文本加上<u>下画线</u><br>
本行文字大小为<font size="7"><font color="red">7 号字，红色</font></font><br>
<p align="center">将本行居中</p><br>
链接到<a href="http://bbs.lampbrother.net/" target="_blank">LAMP 兄弟连</a><br>
给<a href="mailto:skygao@lampbrother.net">高洛峰</a>发信<br>
在此处插入<img src="http://bbs.lampbrother.com/images/Sharp/logo.gif">图片<br>
<b><i><u><p align="center">本行为加粗、斜体并带有下画线，而且居中的文字</p></u></i></b>
```

在上例中通过在 preg_replace()函数中传入两个数组，一次性将文本中的所有 UBB 代码全部转换为对应的 HTML 代码。也可以在该函数的前三个参数中使用多维数组，完成一些更复杂的替换工作。

2. 函数 str_replace()

该函数是 PHP 系统提供的字符串处理函数，也可以实现字符串的替换工作。虽然没有正则表达式的替换函数功能强大，但一些简单字符串的替换要比使用 preg_replace()函数的执行效率稍高。该函数的语法格式如下所示：

mixed str_replace (mixed search, mixed replace, mixed subject [, int &count])　　//字符串替换函数

该函数有三个必选参数，还有一个可选参数。第一个参数 search 为目标对象，第二个参数 replace 是替换对象，第三个参数 subject 则是被处理的字符串。该函数在第三个参数的字符串中，以区分大小写的方式搜索第一个参数提供的目标对象，并用第二个参数所提供的替换对象替换找到的所有实例。如果没有在第三个参数中搜索到目标对象，则被处理的字符串保持不变。在 PHP 5 以后还可以使用第四个可选参数，它是一个变量的引用，必须传入一个变量名称，用来保存替换的次数。如果执行以不区分大小写的方式搜索则可以使用 str_ireplace()函数，与 str_replace()函数的用法相同，都返回替换后的字符串。代码如下所示：

```
1   <?php
2       //声明包含多个"LAMP"字符串的文本，也包含小写的"lamp"字符串
3       $str="LAMP是目前最流行的WEB开发平台；<br>
4           LAMP为B/S架构软件开发的黄金组合；<br>
5           LAMP每个成员都是开源软件；<br>
6           lampBrother是LAMP的技术社区。<br>";
7
8       //区分大小写地将"LAMP"替换为"Linux+Apache+MySQL+PHP"，并统计替换次数
9       echo str_replace("LAMP", "Linux+Apache+MySQL+PHP",$str, $count);
10      echo "区分大小写时共替换".$count."次<br>";          //替换4次
11
```

```php
12      //不区分大小写地将"LAMP"替换为"Linux+Apache+MySQL+PHP"，并统计替换次数
13      echo str_ireplace("LAMP", "Linux+Apache+MySQL+PHP", $str,$count);
14      echo "不区分大小写时共替换".$count."次<br>";    //替换5次
```

该程序的输出结果为：

Linux+Apache+MySQL+PHP 是目前最流行的 Web 开发平台；
Linux+Apache+MySQL+PHP 为 B/S 架构软件开发的黄金组合；
Linux+Apache+MySQL+PHP 每个成员都是开源软件；
lampBrother 是 **Linux+Apache+MySQL+PHP** 的技术社区。
区分大小写时共替换 **4** 次

Linux+Apache+MySQL+PHP 是目前最流行的 Web 开发平台；
Linux+Apache+MySQL+PHP 为 B/S 架构软件开发的黄金组合；
Linux+Apache+MySQL+PHP 每个成员都是开源软件；
Linux+Apache+MySQL+PHP Brother 是 **Linux+Apache+MySQL+PHP** 的技术社区。
不区分大小写时共替换 **5** 次

函数 str_replace()的前两个参数不仅可以使用字符串，也可以使用数组。当在第一个参数中包含多个目标字符串数组时，该函数可以在第二个参数中使用同一个替换字符串，替换在第三个参数中通过第一个参数搜索到的每一个元素。代码如下所示：

```php
1 <?php
2     //元音字符数组
3     $vowels = array("a", "e", "i", "o", "u", "A", "E", "I", "O", "U");
4
5     //在第三个参数所代表的字符串中，将搜索到的数组中的元素值都替换为空，区分大小写替换
6     echo str_replace($vowels, "", "Hello World of PHP");   //输出: Hll Wrld f PHP
7
8     //元音字符数组
9     $vowels = array("a", "e", "i", "o", "u");
10
11    //在第三个参数所代表的字符串中，将搜索到的数组中的元素值都替换为空，不区分大小写替换
12    echo str_ireplace($vowels, "", "HELLO WORLD OF PHP");  //输出: HLL WRLD F PHP
```

如果第一个参数的目标对象和第二个参数的替换对象都是包含多个元素的数组，通常两个数组中的元素要彼此对应，该函数将使用第二个参数中的元素，替换和它对应的第一个参数中的元素。如果第二个参数中的元素比第一个参数中的元素少，则少的部分使用空替换。代码如下所示：

```php
1 <?php
2     $search = array("http","www", "jsp", "com");     //搜索目标数组
3     $replace = array("ftp", "bbs", "php", "net");    //替换数组
4
5     $url="http://www.jspbrother.com/index.jsp";      //被替换的字符串
6
7     echo str_replace($search, $replace, $url);       //输出替换后的结果: ftp://bbs.phpbrother.net/index.php
```

9.3.3 字符串的分割和连接

在进行字符串分析时，还经常需要对字符串进行分割和连接处理。同样有两种处理函数：复杂的字符串分割，可以使用正则表达式的分割函数 preg_split()按模式对字符串进行分割；

简单的字符串分割,就需要使用字符串处理函数 explode()进行分割。字符串的连接除了可以使用点"."运算符,还可以使用字符串处理函数 implode()将数组中所有的字符串元素连接成一个字符串。

1. 函数 preg_split()

该函数使用了 Perl 兼容的正则表达式语法,可以按正则表达式的方法分割字符串,因此可以使用更广泛的分隔符。该函数的语法格式如下所示:

```
array preg_split ( string pattern, string subject [, int limit [, int flags]] )    //使用正则表达式分割字符串
```

该函数返回一个字符串数组,数组中的元素包含通过第二个参数 subject 中的字符串,经第一个参数的正则表达式 pattern,作为匹配的边界所分割的子串。如果指定了第三个可选参数 limit,则最多返回 limit 个子串,而其中最后一个元素包含了 subject 中剩余的所有部分。如果 limit 是-1,则意味着没有限制。还可以用来继续指定第四个可选参数 flags,其中 flags 可以是下列标记的任意组合(用按位或运算符 | 组合)。

> **PREG_SPLIT_NO_EMPTY**:如果设定了本标记,则 preg_split()只返回非空的成分。
> **PREG_SPLIT_DELIM_CAPTURE**:如果设定了本标记,则定界符模式中的括号表达式也会被捕获并返回。
> **PREG_SPLIT_OFFSET_CAPTURE**:如果设定了本标记,则对每个出现的匹配结果也同时返回其附属的字符串偏移量。注意这改变了返回的数组的值,使其中的每个单元也是一个数组,其中第一项为匹配字符串,第二项为其在 subject 中的偏移量。

该函数的使用代码如下所示:

```php
<?php
    //按任意数量的空格和逗号分割字符串,其中包含" ", \r, \t, \n and \f
    $keywords = preg_split ("/[\s,]+/", "hypertext language, programming");
    print_r($keywords);       //分割后输出Array ( [0] => hypertext [1] => language [2] => programming )

    //将字符串分割成字符
    $chars = preg_split('//', "lamp", -1, PREG_SPLIT_NO_EMPTY);
    print_r($chars);          //分割后输出Array ( [0] => l [1] => a [2] => m [3] => p )

    //将字符串分割为匹配项及其偏移量
    $chars = preg_split('/ /','hypertext language programming', -1, PREG_SPLIT_OFFSET_CAPTURE);
    print_r($chars);

    /* 分割后输出:
        Array ( [0] => Array ( [0] => hypertext [1] => 0 )
            [1] => Array ( [0] => language [1] => 10 )
            [2] => Array ( [0] => programming [1] => 19 ) )
    */
```

2. 函数 explode()

如果仅用某个特定的字符串进行分割,建议使用 explode()函数,它不用去调用正则表达式引擎,因此速度是最快的。该函数的语法格式如下所示:

```
array explode ( string separator, string string [, int limit] )        //字符串分割函数
```

该函数有三个参数:第一个参数 separator 提供一个分割字符或字符串;第二个参数 string

是被分割的字符串；如果提供第三个可选参数 limit，则指定最多将字符串分割为多少个子串。该函数返回一个由被分割的子字符串组成的数组。如果 separator 为空字符串（""），explode() 将返回 FALSE。如果 separator 所包含的值在 string 中找不到，那么 explode() 函数将返回包含 string 单个元素的数组。该函数的应用代码如下所示：

```php
<?php
    $lamp = "Linux Apache MySQL PHP";        //声明一个字符串$lamp，每个单词之间使用空格分割
    $lampbrother = explode(" ", $lamp);      //将字符串$lamp使用空格分割，并组成数组返回
    echo $lampbrother[2];                    //输出数组中第三个元素，即$lamp中的第三个子串MySQL
    echo $lampbrother[3];                    //输出数组中第四个元素，即$lamp中的第四个子串PHP

    //将Linux中的用户文件的一行提出
    $password = "redhat:*:500:508::/home/redhat:/bin/bash";
    //按":"分割7个子串
    list($user, $pass, $uid, $gid, , $home, $shell) = explode(":", $password);
    echo $user;         //1.提出用户名保存在变量$user中，输出redhat
    echo $pass;         //2.提出密码位字符保存在变量$pass中，输出*
    echo $uid;          //3.提出用户名ID保存在变量$uid中，输出500
    echo $gid;          //4.提出用户名组ID保存在变量$gid中，输出508
    echo $home;         //5.提出家目录保存在变量$home中，输出/home/redhat
    echo $shell;        //6.提出用户使用的shell保存在变量$shell中，输出/bin/bash

    //声明字符串$lamp，每个单词之间使用加号"+"分割
    $lamp = "Linux+Apache+MySQL+PHP";
    //使用正数限制子串个数，而最后那个元素将包含 $lamp中的剩余部分
    print_r(explode('+', $lamp, 2));    //输出Array ( [0] => Linux [1] => Apache+MySQL+PHP )
    //使用负数限制子串个数，则返回除了最后的限制元素外的所有元素
    print_r(explode('+', $lamp, -1));   //输出Array ( [0] => Linux [1] => Apache [2] => MySQL )
```

3. 函数 implode()

与分割字符串函数相对应的是 implode() 函数，它用于把数组中的所有元素组合为一个字符串。函数 join() 为该函数的别名，语法格式如下所示：

string implode (string glue, array pieces)   //连接数组成为字符串

该函数有两个参数，第一个参数 glue 提供一个连接字符或字符串，第二个参数 pieces 指定一个被连接的数组。该函数用于将数组 pieces 中的每个元素用指定的字符 glue 连接起来。该函数的应用代码如下所示：

```php
<?php
    $lamp = array("Linux", "Apache", "MySQL", "PHP");

    echo implode("+", $lamp);       //使用加号连接后输出Linux+Apache+MySQL+PHP
    echo join("+++", $lamp);        //使用三个加号连接后输出Linux+++Apache+++MySQL+++PHP
```

第10章

PHP 的错误和异常处理

在 Web 学习或开发中,一段普通的程序或是一个完整的项目,不但要代码优美、可读性强,而且错误信息也要直观,异常处理更要明确,这样才能给我们以后的项目维护带来很大的方便性。记住,错误和异常不是一回事儿:错误可能是在开发阶段的一些失误而引起的程序问题;而异常则是项目在运行阶段遇到的一些意外,引起程序不能正常运行。所以如果开发时遇到了错误,开发人员就必须根据错误提示报告及时排除;如果能考虑到程序在运行时可能遇到的异常,就必须为这种意外编写出另外的一种或几种解决方案。

10.1 错误处理

任何程序员在开发程序时都可能遇到过一些失误,或其他原因造成错误的发生。当然,用户如果不愿意或不遵循应用程序的约束,也会在使用时引起一些错误发生。PHP 程序的错误发生一般归属于下列三个领域。

1. 语法错误

语法错误最常见,并且最容易修复。例如,遗漏了一个分号,就会显示错误信息。这类错误会阻止脚本执行。通常发生在程序开发时,可以通过错误报告进行修复,再重新运行。

2. 运行时错误

这种错误一般不会阻止 PHP 脚本的运行,但是会阻止脚本做希望它所做的任何事情。例如,在调用 header()函数前如果有字符输出,PHP 通常会显示一条错误消息,虽然 PHP 脚本继续运行,但 header()函数并没有执行成功。

3. 逻辑错误

这种错误实际上是最麻烦的,不但不会阻止 PHP 脚本的执行,也不会显示出错误消息。例如,在 if 语句中判断两个变量的值是否相等,如果错把比较运算符号"=="写成赋值运算符号"="就是一种逻辑错误,很难被发现。

10.1.1 错误报告级别

运行 PHP 脚本时，PHP 解析器会尽其所能地报告它遇到的问题。在 PHP 中，错误报告的处理行为都是通过 PHP 的配置文件 php.ini 中有关的配置指令确定的。另外，PHP 的错误报告有很多种级别，可以根据不同的错误报告级别提供对应的调试方法。表 10-1 中列出了 PHP 中大多数的错误报告级别。

表 10-1　PHP 的错误报告级别

级别常量	错误报告描述
E_ERROR	致命的运行时错误（它会阻止脚本的执行）
E_WARNING	运行时警告（非致命的错误）
E_PARSE	从语法中解析错误
E_NOTICE	运行时注意消息（可能是或者可能不是一个问题）
E_CORE_ERROR	类似 E_ERROR，但不包括 PHP 核心造成的错误
E_CORE_WARNING	类似 E_WARNING，但不包括 PHP 核心错误警告
E_COMPILE_ERROR	致命的编译时错误
E_COMPILE_WARNING	致命的编译时警告
E_USER_ERROR	用户导致的错误消息
E_USER_WARNING	用户导致的警告
E_USER_NOTICE	用户导致的注意消息
E_ALL	所有的错误、警告和注意
E_STRICT	关于 PHP 版本移植的兼容性和互操作性建议

如果开发人员希望在 PHP 脚本中，遇到表 10-1 中的某个级别的错误时，将错误消息报告给他，则必须在配置文件 php.ini 中，将 display_errors 指令的值设置为 On，开启 PHP 输出错误报告的功能。也可以在 PHP 脚本中调用 ini_set()函数，动态设置配置文件 php.ini 中的某个指令。

注意：如果 display_errors 被启用，就会显示满足已设置的错误级别的所有错误报告。当用户在访问网站时，看到显示的这些消息不仅会感到迷惑，而且还可能会过多地泄露有关服务器的信息，使服务器变得很不安全。所以在项目开发或测试期间启用此指令，可以根据不同的错误报告更好地调试程序。出于安全性和美感的目的，让公众用户查看 PHP 的详细出错消息一般是不明智的，所以在网站投入使用时要将其禁用。

10.1.2 调整错误报告级别

开发人员在开发站点时，会希望 PHP 报告特定类型的错误，可以通过调整错误报告的级别来实现。可以通过以下两种方法设置错误报告级别。

- 可以通过在配置文件 php.ini 中修改配置指令 error_reporting 的值，修改成功后重新启动 Web 服务器，则每个 PHP 脚本都可以按调整后的错误级别输出错误报告。下面是修改 php.ini 配置文件的示例，列出几种为 error_reporting 指令设置不同级别值的方式，可以把位运算符［&（与）、|（或）、~（非）］和错误级别常量一起使用。如下所示：

```
; 可以抛出任何非注意的错误，默认值
error_reporting = E_ALL & ~E_NOTICE
; 只考虑致命的运行时错误、解析错误和核心错误
; error_reporting = E_ERROR | E_PARSE | E_CORE_ERROR
; 报告除用户导致的错误之外的所有错误
; error_reporting = E_ALL & ~(E_USER_ERROR | E_USER_WARNING | E_USER_NOTICE)
```

- 可以在 PHP 脚本中使用 error_reporting()函数，基于各个脚本来调整这种行为。这个函数用于确定 PHP 应该在特定的页面内报告哪些类型的错误。该函数获取一个数字或表 10-1 中的错误级别常量作为参数。如下所示：

```
error_reporting(0);                              //设置为 0 会完全关闭错误报告
error_reporting (E_ALL);                         //将会向 PHP 报告发生的每个错误
error_reporting (E_ALL & ~E_NOTICE);             //可以抛出任何非注意的错误报告
```

在下面的示例中，我们在 PHP 脚本中分别创建出一个"注意"、一个"警告"和一个致命"错误"，并通过设置不同的错误级别，限制程序输出没有被允许的错误报告。创建一个名为 error.php 的脚本文件，代码如下所示：

```php
1  <html>
2      <head><title>测试错误报告</title></head>
3      <body>
4          <h2>测试错误报告</h2>
5          <?php
6              /*开启php.ini中的display_errors指令，只有该指令开启时，如果有错误报告才能输出*/
7              ini_set('display_errors', 1);
8              /*通过error_reporting()函数设置在本脚本中输出所有级别的错误报告*/
9              error_reporting( E_ALL );
10             /*"注意(notice)"的报告，不会阻止脚本的执行，并且可能不是一个问题 */
11             getType( $var );                    //调用函数时提供的参数变量没有在之前声明
12             /*"警告(warning)"的报告，指示一个问题，但是不会阻止脚本的执行 */
13             getType();                          //调用函数时没有提供必要的参数
14             /*"错误(error)"的报告，它会终止程序，脚本不会再向下执行 */
15             get_Type();                         //调用一个没有被定义的函数
16         ?>
17     </body>
18 </html>
```

在上面的脚本中，为了确保配置文件中的 display_errors 指令开启，通过 ini_set()函数强制在该脚本执行中启动，并通过 error_repoting()函数设置错误级别为 E_ALL，报告所有错误、警告和注意。同时在脚本中分别创建出注意、警告和错误，PHP 脚本只有在遇到错误时才会终止运行。输出的错误报告结果如图 10-1 所示。

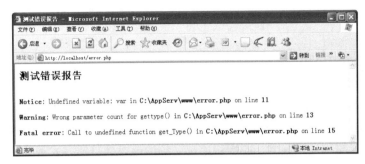

图 10-1　输出错误报告结果的演示

"注意"和"警告"的错误报告并不会终止程序运行。如果在上面的输出结果中，不希望有"注意"和"警告"的报告输出，就可以在脚本 error.php 中修改 error_reporting() 函数。修改的代码如下所示：

error_reporting(E_ALL&~(E_WARNING | E_NOTICE));　　　　//报告除注意和警告之外的所有错误

脚本 error.php 被修改以后重新运行，在输出的结果中就只剩下一条错误报告了，如图 10-2 所示。

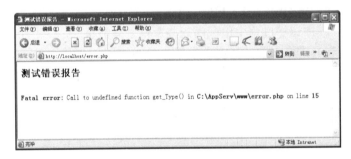

图 10-2　屏蔽"注意"和"警告"后的输出结果

除了使用 error_reporting 和 display_error 两个配置指令可以修改错误报告行为，还有许多配置指令可以确定 PHP 的错误报告行为。其他的一些重要指令如表 10-2 所示。

表 10-2　确定 PHP 错误报告行为的配置指令

配置指令	描　　述	默 认 值
display_startup_errors	是否显示 PHP 引擎在初始化时遇到的所有错误	Off
log_errors	确定日志语句记录的位置	Off
error_log	设置错误可以发送到 syslog 中	Null
log_errors_max_len	每个日志项的最大长度，以字节为单位，设置为 0 表示指定最大长度	1024
ignore_repeated_errors	是否忽略同一文件、同一行发生的重复错误消息	Off
ignore_repeated_source	忽略不同文件中或同一文件中不同行上发生的重复错误	Off
track_errors	启动该指令会使 PHP 在$php_errormsg 中存储最近发生的错误信息	Off

10.2 异常处理

一个异常（Exception）则是在一个程序执行过程中出现的一个例外或是一个事件，它中断了正常指令的运行，跳转到其他程序模块继续执行。所以异常处理经常被当作程序的控制流程使用。无论是错误还是异常，应用程序都必须能够以妥善的方式处理，并作出相应的反应，希望不要丢失数据或者导致程序崩溃。异常处理用于在指定的错误发生时改变脚本的正常流程，是 PHP 5 中一个新的重要特性。异常处理是一种可扩展、易维护的错误处理统一机制，并提供了一种新的面向对象的错误处理方式。在 Java、C#及 Python 等语言中很早就提供了这种异常处理机制，如果你熟悉某一种语言中的异常处理，那么对 PHP 中提供的异常处理机制也不会陌生。

10.2.1 异常处理实现

异常处理和编写程序的流程控制相似，所以也可以通过异常处理实现一种另类的条件选择结构。异常就是在程序运行过程中出现的一些意料之外的事件，如果不对此事件进行处理，则程序在执行时遇到异常将崩溃。处理异常需要在 PHP 脚本中使用以下语句：

```
try {                //所有需要进行异常处理的代码都必须放入这个代码块内
    …                //在这里可以使用 throw 语句抛出一个异常对象
}catch(ex1) {        //使用该代码块捕获一个异常，并进行处理
    …                //处理发生的异常，也可再次抛出异常
}
```

在 PHP 代码中所产生的异常可以被 throw 语句抛出并被 catch 语句捕获。需要进行异常处理的代码都必须放入 try 代码块内，以便捕获可能存在的异常。每一个 try 至少要有一个与之对应的 catch，也不能出现单独的 catch。另外，try 和 cache 之间也不能有任何的代码出现。一个异常处理的简单实例如下所示：

```php
<?php
    try {
        $error = 'Always throw this error';
        throw new Exception($error);             //创建一个异常对象，通过throw语句抛出
        echo 'Never executed';                    //从这里开始，try代码块内的代码将不会再被执行
    } catch (Exception $e) {
        echo 'Caught exception: ', $e->getMessage(), "\n"; //输出捕获的异常消息
    }
    echo 'Hello World';                           //程序没有崩溃，继续向下执行
```

在上面的代码中，如果 try 代码块中出现某些错误，我们就可以执行一个抛出异常的操作。在某些编程语言中，例如 Java 中，在出现异常时将自动抛出异常。而在 PHP 中，异常必须手动抛出。throw 关键字将触发异常处理机制，它是一个语言结构，而不是一个函数，但必须给它传递一个对象作为值。在最简单的情况下，可以实例化一个内置的 Exception 类，

就像以上代码所示那样。如果在 try 语句中有异常对象被抛出，该代码块不会再继续向下执行，而直接跳转到 catch 中执行。并传递给 catch 代码块一个对象，也可以理解为被 catch 代码块捕获的对象，其实就是导致异常被 throw 语句抛出的对象。在 catch 代码块中可以简单地输出一些异常的原因，也可以是 try 代码块中任务的另一个版本解决方案。此外，也可以在这个 catch 代码块中产生新的异常。最重要的是，在异常处理之后，程序不会崩溃，而会继续执行。

10.2.2　扩展 PHP 内置的异常处理类

在 try 代码块中，需要使用 throw 语句抛出一个异常对象，才能跳转到 catch 代码块中执行，并在 catch 代码块中捕获并使用这个异常类的对象。虽然在 PHP 中提供的内置异常处理类 Exception 已经具有非常不错的特性，但在某些情况下，可能还要扩展这个类来得到更多的功能。所以用户可以用自定义的异常处理类来扩展 PHP 内置的异常处理类。以下代码说明了在内置的异常处理类中，哪些属性和方法在子类中是可访问和可继承的：

```php
<?php
    class Exception {
        protected $message = 'Unknown exception';      //异常信息
        protected $code = 0;                           //用户自定义异常代码
        protected $file;                               //发生异常的文件名
        protected $line;                               //发生异常的代码行号

        function __construct($message = null, $code = 0){}   //构造方法

        final function getMessage(){}          //返回异常信息
        final function getCode(){}             //返回异常代码
        final function getFile(){}             //返回发生异常的文件名
        final function getLine(){}             //返回发生异常的代码行号
        final function getTrace(){}            //backtrace() 数组
        final function getTraceAsString(){}    //已格式化成字符串的 getTrace() 信息

        /* 可重载的方法 */
        function __toString(){}                //可输出的字符串
    }
```

上面这段代码只为说明内置异常处理类 Exception 的结构，它并不是一段有实际意义的可用代码。如果使用自定义的类作为异常处理类，则必须是扩展内置异常处理类 Exception 的子类，非 Exception 类的子类是不能作为异常处理类使用的。如果在扩展内置处理类 Exception 时重新定义构造函数，建议同时调用 parent::construct() 来检查所有的变量是否已被赋值。当对象要输出字符串的时候，可以重载 __toString() 并自定义输出的样式。可以在自定义的子类中，直接使用内置异常处理类 Exception 中的所有成员属性，但不能重新改写从该父类中继承过来的成员方法，因为该类的大多数公有方法都是 final 的。

创建自定义的异常处理程序非常简单，和传统类的声明方式相同，但该类必须是内置异常处理类 Exception 的一个扩展。当 PHP 中发生异常时，可调用自定义异常类中的方法进行处理。创建一个自定义的 MyException 类，继承了内置异常处理类 Exception 中的所有属性，并向其添加了自定义的方法。代码及应用如下所示：

```php
<?php
    /* 自定义的一个异常处理类，但必须是扩展内置异常处理类的子类 */
    class MyException extends Exception{
        //重定义构造器，使第一个参数 message 变为必须被指定的属性
        public function __construct($message, $code=0){
            //可以在这里定义一些自己的代码
            //建议同时调用 parent::construct()来检查所有的变量是否已被赋值
            parent::__construct($message, $code);
        }

        //重写父类方法，自定义字符串输出的样式
        public function __toString() {
            return __CLASS__.":[".$this->code."]:".$this->message."<br>";
        }

        //为这个异常自定义一个处理方法
        public function customFunction() {
            echo "按自定义的方法处理出现的这个类型的异常<br>";
        }
    }

    try {                                           //使用自定义的异常类捕获一个异常，并处理异常
        $error = '允许抛出这个错误';
        throw new MyException($error);              //创建一个自定义的异常类对象，通过throw语句抛出
        echo 'Never executed';                      //从这里开始，try代码块内的代码将不会再被执行
    } catch (MyException $e) {                      //捕获自定义的异常对象
        echo '捕获异常：'.$e;                       //输出捕获的异常消息
        $e->customFunction();                       //通过自定义的异常对象中的方法处理异常
    }
    echo '你好呀';                                  //程序没有崩溃，继续向下执行
```

在自定义的 MyException 类中，使用父类中的构造方法检查所有的变量是否已被赋值。而且重载了父类中的__toString()方法，输出自己定制捕获的异常消息。自定义和内置的异常处理类在使用上没有多大区别，只不过在自定义的异常处理类中，可以调用为具体的异常专门编写的处理方法。

10.2.3 捕获多个异常

在 try 代码块之后，必须至少给出一个 catch 代码块，也可以将多个 catch 代码块与一个 try 代码块进行关联。如果每个 catch 代码块可以捕获一个不同类型的异常，那么使用多个 catch 就可以捕获不同的类所产生的异常。当产生一个异常时，PHP 将查询一个匹配的 catch 代码块。如果有多个 catch 代码块，传递给每一个 catch 代码块的对象必须具有不同的类型，这样 PHP 可以找到需要进入哪一个 catch 代码块。当 try 代码块不再抛出异常或者找不到 catch 能匹配所抛出的异常时，PHP 代码就会跳转到最后一个 catch 的后面继续执行。多个异常捕获的示例代码如下：

```php
<?php
    /* 自定义的一个异常处理类，但必须是扩展内置异常处理类的子类 */
    class MyException extends Exception{
        //重定义构造器，使第一个参数 message 变为必须被指定的属性
        public function __construct($message, $code=0){
            //可以在这里定义一些自己的代码
```

```php
        //建议同时调用 parent::construct()来检查所有的变量是否已被赋值
        parent::__construct($message, $code);
    }
    //重写父类中继承过来的方法，自定义字符串输出的样式
    public function __toString() {
        return __CLASS__.":[".$this->code."]:".$this->message."<br>";
    }

    //为这个异常自定义一个处理方法
    public function customFunction() {
        echo "按自定义的方法处理出现的这个类型的异常";
    }
}

/* 创建一个用于测试自定义扩展的异常类TestException */
class TestException {
    public $var;                                      //用来判断对象是否创建成功的成员属性

    function __construct($value=0) {                  //通过构造方法的传值决定抛出的异常
        switch($value){                               //对传入的值进行选择性的判断
            case 1:                                   //传入参数1，则抛出自定义的异常对象
                throw new MyException("传入的值"1" 是一个无效的参数", 5); break;
            case 2:                                   //传入参数2，则抛出PHP内置的异常对象
                throw new Exception("传入的值"2"不允许作为一个参数", 6); break;
            default:                                  //传入参数合法，则不抛出异常
                $this->var=$value;   break;           //为对象中的成员属性赋值

        }
    }
}

/* 示例1：在没有异常时，程序正常执行，try中的代码全部执行，并不会执行任何catch区块 */
try{
    $testObj = new TestException();                   //使用默认参数创建异常的测试类对象
    echo "***********<br>";                           //没有抛出异常，这条语句就会正常执行
}catch(MyException $e){                               //捕获用户自定义的异常区块
    echo "捕获自定义的异常：$e <br>";                  //按自定义的方式输出异常消息
    $e->customFunction();                             //可以调用自定义的异常处理方法
}catch(Exception $e) {                                //捕获PHP内置的异常处理类的对象
    echo "捕获默认的异常：".$e->getMessage()."<br>";   //输出异常消息
}
var_dump($testObj);           //判断对象是否创建成功，如果没有任何异常，则创建成功

/* 示例2：抛出自定义的异常，通过自定义的异常处理类捕获这个异常并处理 */
try{
    $testObj1 = new TestException(1);                 //传入1时，抛出自定义异常
    echo "***********<br>";                           //这条语句不会被执行
}catch(MyException $e){                               //这个catch区块中的代码将被执行
    echo "捕获自定义的异常：$e <br>";
    $e->customFunction();
}catch(Exception $e) {                                //这个catch区块不会被执行
    echo "捕获默认的异常：".$e->getMessage()."<br>";
}
var_dump($testObj1);                                  //有异常产生，这个对象没有创建成功

/* 示例3：抛出内置的异常，通过自定义的异常处理类捕获这个异常并处理 */
try{
    $testObj2 = new TestException(2);                 //传入2时，抛出内置异常
    echo "***********<br>";                           //这条语句不会被执行
}catch(MyException $e){                               //这个catch区块不会被执行
    echo "捕获自定义的异常：$e <br>";
    $e->customFunction();
}catch(Exception $e) {                                //这个catch区块中的代码将被执行
```

233

```
70          echo "捕获默认的异常：".$e->getMessage()."<br>";
71      }
72      var_dump($testObj2);                    //有异常产生，这个对象没有创建成功
```

在上面的代码中，可以使用两个异常处理类：一个是自定义的异常处理类 MyException；另一个则是 PHP 中内置的异常处理类 Exception。分别在 try 区块中创建测试类 TestException 的对象，并根据构造方法中提供的不同数字参数，抛出自定义异常类对象、内置的异常类对象和不抛出任何异常的情况，跳转到对应的 catch 区块中执行。如果没有异常发生，则不会进入任何一个 catch 块中执行，测试类 TestException 的对象创建成功。

第11章 文件系统处理

任何类型的变量都是在程序运行期间才将数据加载到内存中的，并不能持久保存。有时需要将数据长久保存起来，以便后期程序再次运行时还可以使用。存储的基本方法通常有两种：将需要持久化的数据保存到普通文件或数据库中。而对文件的处理因为比较烦琐，所以并不是用来持久存储数据的首选。但在任何计算机设备中，文件都是必需的对象，尤其是在 Web 编程中，文件的操作是非常有用的，我们可以在客户端通过访问 PHP 脚本程序，动态地在 Web 服务器上生成目录、创建、编辑、删除、修改文件，像开发采集程序、网页静态化、文件上传及下载等操作都离不开文件处理。

11.1 文件系统概述

在任何计算机设备中，各种数据、信息、程序主要以文件的形式存储。一个文件通常对应着磁盘上的一个或多个存储单元，利用目录可以有效地对文件进行区分和管理。负责管理和存储文件信息的软件机构称为文件管理系统，简称文件系统。从系统角度来看，文件系统是对文件存储器空间进行组织和分配，负责文件的存储并对存入的文件进行保护和检索的系统。具体地说，它负责为用户建立文件，存入、读出、修改、转储文件，控制文件的存取，当用户不再使用时删除文件等。通过 PHP 中内置的文件处理函数可以完成对服务器端文件系统的操作，但 PHP 对文件系统的操作是基于 UNIX 系统模型的，因此其中的很多函数类似于 UNIX Shell 命令。在 Windows 系统中并没有提供 UNIX 的文件系统特性，所以有一些 PHP 文件处理函数不能在 Windows 服务器中使用，但绝大多数函数的功能是兼容的。另外，在 PHP 中，对文件的读/写等操作与 C 语言中的文件读/写操作是相同的，如果读者编写过 C 语言或者是 UNIX Shell 脚本程序，就会非常熟悉这些操作。

11.1.1 文件类型

PHP 是以 UNIX 的文件系统为模型的,因此在 Windows 系统中我们只能获得"file"、"dir"或者"unknown"三种文件类型。而在 UNIX 系统中,我们可以获得"block"、"char"、"dir"、"fifo"、"file"、"link"和"unknown"7 种类型,各种文件类型的详细说明如表 11-1 所示。

表 11-1 UNIX 系统中 7 种文件类型说明

文件类型	描　　述
Block	块设备文件,如某个磁盘分区、软驱、光驱 CD-ROM 等
Char	字符设备,是指在 I/O 传输过程中以字符为单位进行传输的设备,例如键盘、打印机等
Dir	目录类型,目录也是文件的一种
Fifo	命名管道,常用于将信息从一个进程传递到另一个进程
File	普通文件类型,如文本文件或可执行文件等
Link	符号链接,是指向文件指针的指针,类似 Windows 中的快捷方式
Unknown	未知类型

在 PHP 中可以使用 filetype()函数获取文件的上述类型。该函数接受一个文件名作为参数,如果文件不存在将返回 FALSE。下面的程序是判断文件类型的示例:

```php
<?php
    //获取Linux系统下的文件类型
    echo filetype('/etc/passwd');           //输出file, /etc/passwd为普通文件
    echo filetype('/etc/grub.conf');        //输出link, /etc/grub.conf为链接文件-->/boot/grub/grub.conf
    echo filetype('/etc/');                 //输出dir, /etc/为一个目录,即文件夹
    echo filetype('/dev/sda1');             //输出block, /dev/sda1为块设备,它是一个分区
    echo filetype('/dev/tty01');            //输出char, 为字符设备,它是一个字符终端

    //获取Windows系统下的文件类型
    echo filetype("C:\\WINDOWS\\php.ini");  //输出file, C:\WINDOWS\php.ini为一个普通文件
    echo filetype("C:\\WINDOWS");           //输出dir, C:\WINDOWS为一个文件夹(目录)
```

对于一个已知的文件,还可以使用 is_file()函数判断给定的文件名是否为一个正常的文件。和它类似,使用 is_dir()函数判断给定的文件名是否是一个目录,使用 is_link()函数判断给定的文件名是否为一个符号链接。在本文中重点讨论普通文件和目录(文件夹)两种类型。

11.1.2 文件的属性

在编程时,需要用到文件的一些常见属性,如文件的大小、文件的类型、文件的修改时间、文件的访问时间和文件的权限等。PHP 中提供了非常全面的用来获取这些属性的内置函数,如表 11-2 所示。

表 11-2 PHP 的文件属性处理函数

函数名	作用	参数	返回值
file_exists()	检查文件或目录是否存在	文件名	文件存在返回 TRUE，不存在则返回 FALSE
filesize()	取得文件大小	文件名	返回文件大小的字节数，出错返回 FALSE
is_readable()	判断给定文件是否可读	文件名	如果文件存在且可读则返回 TRUE
is_writable()	判断给定文件是否可写	文件名	如果文件存在且可写则返回 TRUE
is_executable()	判断给定文件是否可执行	文件名	如果文件存在且可执行则返回 TRUE
filectime()	获取文件的创建时间	文件名	返回 UNIX 时间戳格式
filemtime()	获取文件的修改时间	文件名	返回 UNIX 时间戳格式
fileatime()	获取文件的访问时间	文件名	返回 UNIX 时间戳格式
stat()	获取文件大部分属性值	文件名	返回关于给定文件有用信息的数组

表 11-2 中的函数都需要提供同样的字符串参数，即一个指向文件或目录的字符串型变量。PHP 将缓存这些函数的返回信息以提供更快的性能。然而在某些情况下，用户可能想清除被缓存的信息。例如，如果在一个脚本中多次检查同一个文件，而该文件在此脚本执行期间有被删除或修改的危险时，则需要清除文件状态缓存。在这种情况下，可以用 clearstatcache() 函数来清除被 PHP 缓存的该文件信息。clearstatcache() 函数缓存特定文件名的信息，因此只在对同一个文件名进行多次操作，并且需要该文件信息不被缓存时才需要调用它。

表 11-2 中的函数都比较简单，在下面的程序中通过调用这些函数获取文件大部分属性。代码如下所示：

```php
<?php
    /**
    *  声明一个函数，通过传入一个文件名称获取文件大部分属性
    *  @param    string   $fileName    文件名称
    */
    function getFilePro($fileName) {
        //如果提供的文件或目录不存在，则直接退出函数
        if(!file_exists($fileName)) {
            echo "目标文件不存在！！<br>";
            return;
        }

        //判断是否是一个普通文件，如果是则条件成立
        if(is_file($fileName))
            echo $fileName."是一个文件<br>";

        //判断是否是一个目录，如果是则条件成立，输出下面的语句
        if(is_dir($fileName))
            echo $fileName."是一个目录<br>";

        //用自定义的函数输出文件形态
        echo "文件形态：".getFileType($fileName)."<br>";
        //获取文件大小，并自定义转换单位
        echo "文件大小：".getFileSize(filesize($fileName))."<br>";

        if(is_readable($fileName))          //判断提供的文件是否可以读取内容
            echo "文件可读<br>";
        if(is_writable($fileName))          //判断提供的文件是否可以改写
```

```php
29          echo "文件可写<br>";
30      if(is_executable($fileName))           //判断提供的文件是否有执行的权限
31          echo "文件可执行<br>";
32
33      echo "文件建立时间: ".date("Y 年 m 月 j 日",filectime($fileName))."<br>";
34      echo "文件最后更改时间: ".date("Y 年 m 月 j 日",filemtime($fileName))."<br>";
35      echo "文件最后打开时间: ".date("Y 年 m 月 j 日",fileatime($fileName))."<br>";
36  }
37
38  /**
39      声明一个函数用来返回文件的类型
40      @param    string    $fileName    文件名称
41  */
42  function getFileType($fileName) {
43      //通过filetype()函数返回的文件类型作为选择的条件
44      switch(filetype($fileName)){
45          case 'file':      $type .= "普通文件";     break;
46          case 'dir':       $type .= "目录文件";     break;
47          case 'block':     $type .= "块设备文件";   break;
48          case 'char':      $type .= "字符设备文件"; break;
49          case 'fifo':      $type .= "命名管道文件"; break;
50          case 'link':      $type .= "符号链接";     break;
51          case 'unknown':   $type .= "未知类型";     break;
52          default:          $type .= "没有检测到类型";
53      }
54      return $type;                                   //返回转换后的类型
55  }
56
57  /**
58      自定义一个文件大小单位转换函数
59      @param    int $bytes     文件大小的字节数
60      @return string           转换后带有单位的尺寸字符串
61  */
62  function getFileSize($bytes) {
63      if ($bytes >= pow(2,40)) {                       //如果提供的字节数大于等于2的40次方
64          $return = round($bytes / pow(1024,4) , 2);   //将字节大小转换为同等的T大小
65          $suffix = "TB";                              //单位为TB
66      } elseif ($bytes >= pow(2,30)) {                 //如果提供的字节数大于等于2的30次方
67          $return = round($bytes / pow(1024,3) , 2);   //将字节大小转换为同等的G大小
68          $suffix = "GB";                              //单位为GB
69      } elseif ($bytes >= pow(2,20)) {                 //如果提供的字节数大于等于2的20次方
70          $return = round($bytes / pow(1024,2) , 2);   //将字节大小转换为同等的M大小
71          $suffix = "MB";                              //单位为MB
72      } elseif ($bytes >= pow(2,10)) {                 //如果提供的字节数大于等于2的10次方
73          $return = round($bytes / pow(1024,1) , 2);   //将字节大小转换为同等的K大小
74          $suffix = "KB";                              //单位为KB
75      } else {                                         //否则提供的字节数小于2的10次方
76          $return = $bytes;                            //字节大小单位不变
77          $suffix = "Byte";                            //单位为Byte
78      }
79      return $return ." " . $suffix;                   //返回合适的文件大小和单位
80  }
81
82  //调用自定义函数，将当前目录下的file.php文件传入，获取属性
83  getFilePro("file.php");
```

该程序的输出结果如下所示：

```
file.php 是一个文件
文件形态：普通文件
```

文件大小：5.96 KB
文件可读
文件可写
文件建立时间：2012 年 04 月 28 日
文件最后更改时间：2012 年 04 月 29 日
文件最后打开时间：2012 年 04 月 30 日

除了可以使用这些独立的函数分别获取文件的属性，还可以使用一个 stat()函数获取文件的大部分属性值。该函数将返回一个数组，数组中的每个元素对应文件的一种属性值。该函数的使用代码如下所示：

```php
<?php
    //返回关于文件的信息数组，是关联和索引混合的数组
    $filePro = stat("file.php");
    //只打印其中的关联数组，第13个元素之后为关联数组
    print_r( array_slice($filePro, 13) );
```

该程序的输出结果如下所示：

```
Array (
    [dev] => 3                  --文件所在的设备号
    [ino] => 0                  --文件的 inode 号，是与每个文件名关联的唯一数值标识符
    [mode] => 33206             --文件的 inode 保护模式，这个值确定指派给文件的访问和修改权限
    [nlink] => 1                --与该文件关联的硬链接的数组
    [uid] => 0                  --文件所有者的用户 ID
    [gid] => 0                  --文件所属组的 ID
    [rdev] => 3                 --设备类型（如果 inode 设备可用的话）
    [size] => 6103              --文件大小以字节为单位
    [atime] => 1230624280       --文件的最后访问时间，UNIX 时间戳格式
    [mtime] => 1230552564       --文件的最后修改时间，UNIX 时间戳格式
    [ctime] => 1230552535       --文件的最后改变时间，UNIX 时间戳格式
    [blksize] => -1             --文件的块大小。注意，此元素在 Windows 平台上不可用
    [blocks] => -1              --分配给此文件的块数。注意，此元素在 Windows 平台上不可用
)
```

除了使用 stat()函数获取文件的大部分属性值，也可以使用对应的 lstat()和 fstat()函数取得。和 stat()函数略有不同，stat()函数作用于一个普通的文件，lstat()函数只能作用于一个符号链接，而 fstat()函数需要一个资源句柄。

11.2 目录的基本操作

使用 PHP 脚本可以方便地对服务器中的目录进行操作，包括创建目录、遍历目录、复制目录、删除目录等。可以借助 PHP 的系统函数完成一部分，但还有一些功能需要自己定义函数操作。

11.2.1 解析目录路径

要描述一个文件的位置，可以使用绝对路径和相对路径。绝对路径是从根开始一级一级地进入各个子目录，最后指定该文件名或目录名。而相对路径是从当前目录进入某目录，最后指定该文件名或目录名。在系统的每个目录下都有两个特殊的目录"."和".."，分别指示当前目录和当前目录的父目录（上一级目录）。例如：

```
$unixPath="/var/www/html/index.php";     --UNIX 系统的绝对路径，必须使用"/"作为路径分隔符
$winPath="C:\\Appserv\\www\\index.php";  --Windows 系统的绝对路径，默认使用"\"作为路径分隔符
$winPath2="C:/Appserv/www/index.php";    --在 Windows 系统中也接受将"/"作为路径分隔符，推荐使用

$fileName1="file.txt";                   --相对路径，当前目录下的 file.txt 文件
$fileName2="javascript/common.js";       --相对路径，当前目录中 javascript 子目录下的 common.js 文件
$fileName3="../images/logo.gif";         --相对路径，上一级目录中 images 子目录下的 logo.gif 文件
```

在上例中，分别列出了 UNIX 和 Windows 系统中绝对路径和相对路径的格式。其中，在 UNIX 系统中必须使用正斜线"/"作为路径分隔符，而在 Windows 系统中默认使用反斜线"\"作为路径分隔符，在程序中表示时还要将"\"转义，但也接受正斜线"/"作为分隔符的写法。为了使程序具有更好的移植性，建议使用"/"作为文件的路径分隔符。另外，也可以使用 PHP 的内置常量 DIRECTORY_ SEPARATOR，其值为当前操作系统的默认文件路径分隔符。例如：

```
$fileName2 = "javascript".DIRECTORY_SEPARATOR."common.js";   --UNIX 为"/"，Windows 为"\"
```

将目录路径中各个属性分离开通常很有用，如末尾的扩展名、目录部分和基本名。可以通过 PHP 的系统函数 basename()、dirname()和 pathinfo()完成这些任务。

1. 函数 basename()

函数 basename()返回路径中的文件名部分。该函数的原型如下所示：

```
string basename ( string path [, string suffix] )                //返回路径中的文件名部分
```

该函数给出一个包含指向一个文件的全路径的字符串，返回基本的文件名。第二个参数是可选参数，规定文件的扩展名。如果提供了则不会输出这个扩展名。该函数的使用如下所示：

```php
<?php
    //包含指向一个文件的全路径的字符串
    $path = "/var/www/html/page.php";

    //显示带有文件扩展名的文件名，输出 page.php
    echo basename($path);
    //显示不带有文件扩展名的文件名，输出 page
    echo basename($path,".php");
```

2. 函数 dirname()

该函数恰好与 basename()函数相反，只需要一个参数，给出一个包含指向一个文件的全路径的字符串，返回去掉文件名后的目录名。该函数的使用如下所示：

```php
1  <?php
2      $path = "/var/www/html/page.php";        //包含指向一个文件的全路径的字符串
3
4      echo dirname($path);                      //返回目录名/var/www/html
5      echo dirname('c:/');                      //返回目录名c:/
```

3. 函数 pathinfo()

函数 pathinfo()返回一个关联数组，其中包括指定路径中的目录名、基本名和扩展名三个部分，分别通过数组键 dirname、basename 和 extension 来引用。该函数的使用如下所示：

```php
1  <?php
2      $path = "/var/www/html/page.php";        //包含指向一个文件的全路径的字符串
3
4      $path_parts = pathinfo($path);            //返回包括指定路径中的目录名、基本名和扩展名的关联数组
5      echo $path_parts["dirname"];              //输出目录名/var/www/html
6      echo $path_parts["basename"];             //输出基本名page.php
7      echo $path_parts["extension"];            //输出扩展名.php
```

11.2.2 遍历目录

在进行 PHP 编程时，需要对服务器某个目录下面的文件进行浏览，通常称为遍历目录。取得一个目录下的文件和子目录，就需要用到 opendir()、readdir()、closedir()和 rewinddir()函数。

- 函数 opendir()用于打开指定目录，接受一个目录的路径及目录名作为参数，函数返回值为可供其他目录函数使用的目录句柄（资源类型）。如果该目录不存在或者没有访问权限，则返回 FALSE。
- 函数 readdir()用于读取指定目录，接受已经用 opendir()函数打开的可操作目录句柄作为参数，函数返回当前目录指针位置的一个文件名，并将目录指针向后移动一位。当指针位于目录的结尾时，因为没有文件存在则返回 FALSE。
- 函数 closedir()用于关闭指定目录，接受已经用 opendir()函数打开的可操作目录句柄作为参数。函数无返回值，运行后将关闭打开的目录。
- 函数 rewinddir()用于倒回目录句柄，接受已经用 opendir()函数打开的可操作目录句柄作为参数。将目录指针重置目录到开始处，即倒回目录的开头。

下面通过一个实例来说明以上几个函数的使用方法。注意，在使用该例子前请确保同一目录下有 phpMyAdmin 文件夹。代码如下所示：

```php
1  <?php
2      $num = 0;                                 //用来统计子目录和文件的个数
3      $dirname = 'phpMyAdmin';                  //保存当前目录下用来遍历的一个目录名
4      $dir_handle = opendir($dirname);          //用opendir()函数打开目录
5
6      //将遍历的目录和文件名使用表格格式输出
7      echo '<table border="0" align="center" width="600" cellspacing="0" cellpadding="0">';
8      echo '<caption><h2>目录'.$dirname.'下面的内容</h2></caption>';
9      echo '<tr align="left" bgcolor="#cccccc">';
10     echo '<th>文件名</th><th>文件大小</th><th>文件类型</th><th>修改时间</th></tr>';
11
12     //使用readdir()函数循环读取目录里的内容
```

```php
13   while($file = readdir($dir_handle)) {
14        //将目录下的文件和当前目录链接起来,才能在程序中使用
15        $dirFile = $dirname."/".$file;
16
17        $bgcolor = $num++%2==0 ? '#FFFFFF' : '#CCCCCC';          //隔行一种颜色
18        echo '<tr bgcolor='.$bgcolor.'>';
19        echo '<td>'.$file.'</td>';                                //显示文件名
20           echo '<td>'.filesize($dirFile).'</td>';                //显示文件大小
21           echo '<td>'.filetype($dirFile).'</td>';                //显示文件类型
22           echo '<td>'.date("Y/n/t",filemtime($dirFile)).'</td>'; //格式化显示文件修改时间
23           echo '</tr>';
24   }
25   echo '</table>';                                               //关闭表格标记
26   closedir($dir_handle);                                         //关闭文件操作句柄
27
28   echo '在<b>'.$dirname.'</b>目录下的子目录和文件共有<b>'.$num.'</b>个';
```

该程序的输出结果如图 11-1 所示。

上述程序首先打开一个目录指针,并对其进行遍历。遍历目录时,会包括"."和".."两个特殊的目录,如果不需要这两个目录,可以将其屏蔽。当然,显示细节会因为文件夹中内容的不同而有所不同。通过上例可见,在 PHP 中浏览文件夹中的内容也并不是一件多么复杂的事情。而且 PHP 还提供了一种面向对象的方式用于目录的遍历,即通过使用"dir"类完成。不仅如此,PHP 也可以按用户的要求检索目录下指定的内容,提供了 glob()函数检索指定的目录。该函数最终返回一个包含检索结果的数组。

图 11-1 使用 PHP 目录处理函数遍历目录下的内容

11.2.3 统计目录大小

计算文件、磁盘分区和目录的大小在各种应用程序中都是常见的任务。计算文件的大小可以通过前面介绍的 filesize()函数完成,统计磁盘大小也可以使用 disk_free_space()和 disk_total_space()两个函数实现。但 PHP 目前并没有提供计算目录总大小的标准函数,因此我们要自定义一个函数来完成这个任务。首先要考虑计算的目录中有没有包含其他子目录的

情况，如果没有子目录，则目录下所有文件的大小相加后的总和就是这个目录的大小；如果包含子目录，就按照这个方法再计算一下子目录的大小。使用递归函数看来最适合此项任务。计算目录大小的自定义函数如下所示：

```php
<?php
/**
 * 自定义一个函数dirSize()，统计传入参数的目录大小
 * @param string $directory 目录名称
 * @return double 目录的尺寸大小
 */
function dirSize($directory) {
    $dir_size = 0;                                              //用来累加各个文件大小

    if($dir_handle = @opendir($directory)) {                    //打开目录，并判断是否能成功打开
        while( $filename = readdir($dir_handle) ) {             //循环遍历目录下的所有文件
            if($filename != "." && $filename != "..") {         //一定要排除两个特殊的目录
                $subFile = $directory."/".$filename;            //将目录下的子文件和当前目录相链接
                if(is_dir($subFile))                            //如果为目录
                    $dir_size += dirSize($subFile);             //递归地调用自身函数，求子目录的大小
                if(is_file($subFile))                           //如果是文件
                    $dir_size += filesize($subFile);            //求出文件的大小并累加
            }
        }
        closedir($dir_handle);                                  //关闭文件资源
        return $dir_size;                                       //返回计算后的目录大小
    }
}

$dir_size = dirSize("phpMyAdmin");                              //调用该函数计算目录大小
echo round($dir_size/pow(1024,1),2)."KB";                       //字节数转换为"KB"单位并输出
```

也可以使用 exec()或 system()函数调用操作系统命令"du"来返回目录的大小。但出于安全原因，这些函数通常是禁用的，而且不利于跨平台操作。

11.2.4 建立和删除目录

在 PHP 中，使用 mkdir()函数只需要传入一个目录名即可很容易地建立一个新目录。但删除目录所用的函数 rmdir()，只能删除一个空目录并且目录必须存在。如果是非空的目录，就需要先进入目录中，使用 unlink()函数将目录中的每个文件都删除掉，再回来将这个空目录删除。如果目录中还存在子目录，而且子目录也非空，就要使用递归的方法了。自定义递归函数删除目录的程序代码如下所示：

```php
<?php
/**
 * 自定义函数递归地删除整个目录
 * @param string $directory 目录名称
 */
function delDir($directory) {
    if(file_exists($directory)) {                               //如果不存在rmdir()函数会出错
        if($dir_handle = @opendir($directory)) {                //打开目录并判断是否成功
            while($filename = readdir($dir_handle)) {           //循环遍历目录
                if($filename != "." && $filename != "..") {     //一定要排除两个特殊的目录
                    $subFile = $directory."/".$filename;        //将目录下的文件和当前目录相链接
```

```
12                  if(is_dir($subFile))              //如果是目录条件则成立
13                      delDir($subFile);             //递归调用自己删除子目录
14                  if(is_file($subFile))             //如果是文件条件则成立
15                      unlink($subFile);             //直接删除这个文件
16              }
17          }
18          closedir($dir_handle);                    //关闭目录资源
19          rmdir($directory);                        //删除空目录
20      }
21  }
22
23
24  delDir("phpMyAdmin");          //调用delDir()函数，将程序所在目录中的"phpMyAdmin"文件夹删除
```

当然也可以通过调用操作系统命令"rm –rf"删除非空的目录，但从安全和跨平台方面考虑尽量不要使用。

11.2.5 复制目录

虽然复制目录是文件操作的基本功能，但 PHP 中并没有给出特定的函数，同样需要自定义一个递归函数实现。要复制一个包含多级子目录的目录，将涉及文件的复制、目录创建等操作。复制一个文件可以通过 PHP 提供的 copy()函数完成，创建目录可以使用 mkdir()函数完成。定义函数时，首先对源目录进行遍历，如果遇到的是普通文件，则直接使用 copy()函数进行复制。如果遍历时遇到一个目录，则必须建立该目录，然后再对该目录下的文件进行复制操作。如果还有子目录，则使用递归重复操作，最终将整个目录复制完成。自定义递归函数复制目录的程序代码如下所示：

```
1  <?php
2      /**
3          自定义函数递归地复制带有多级子目录的目录
4          @param   string    $dirSrc      源目录名称字符串
5          @param   string    $dirTo       目标目录名称字符串
6      */
7      function copyDir($dirSrc, $dirTo) {
8          if(is_file($dirTo)) {                               //如果目标不是一个目录则退出
9              echo "目标不是目录不能创建!!";
10             return;                                         //退出函数
11         }
12
13         if(!file_exists($dirTo)) {                          //如果目标目录不存在则创建
14             mkdir($dirTo);                                  //创建目录
15         }
16
17         if($dir_handle = @opendir($dirSrc)) {               //打开目录并判断是否成功
18             while($filename = readdir($dir_handle)) {       //循环遍历目录
19                 if($filename != "." && $filename != "..") { //一定要排除两个特殊的目录
20                     $subSrcFile = $dirSrc."/".$filename;    //将源目录的多级子目录连接
21                     $subToFile = $dirTo."/".$filename;      //将目标目录的多级子目录连接
22
23                     if(is_dir($subSrcFile))                 //如果源文件是一个目录
24                         copyDir($subSrcFile, $subToFile);   //递归调用自己复制子目录
25                     if(is_file($subSrcFile))                //如果源文件是一个普通文件
26                         copy($subSrcFile, $subToFile);      //直接复制到目标位置
```

```
27                    }
28               }
29               closedir($dir_handle);                              //关闭目录资源
30          }
31     }
32
33     //测试函数，将目录"phpMyAdmin"复制到"D:/admin"
34     copyDir("phpMyAdmin", "D:/admin");
```

从安全和跨平台等方面考虑，尽量不要去调用操作系统的 Shell 命令"cp -a"完成目录的复制。

11.3 文件的基本操作

虽然 PHP 与外部资源接触最多的是数据库，但也有很多情况下会应用到普通文件或 XML 文件等，例如文件系统、网页静态化和在没有数据库的环境中持久存储数据等。对文件的操作最常见的就是读（将文件中的数据输入到程序中）和写（将数据保存到文件中），以及一些其他的相关处理，这些操作都可以通过 PHP 提供的众多与文件有关的标准函数来完成。

11.3.1 文件的打开与关闭

在处理文件内容之前，通常需要建立与文件资源的连接，即打开文件。同样，结束该资源的操作之后，应当关闭连接资源。所谓打开文件，实际上是建立文件的各种有关信息，并使文件指针指向该文件，就可以将发起输入或输出流的实体联系在一起，以便进行其他操作。关闭文件则断开指针与文件之间的联系，也就禁止再对该文件进行操作。在 PHP 中可以通过标准函数 fopen()建立与文件资源的连接，使用 fclose()函数关闭通过 fopen()函数打开的文件资源。

1．函数 fopen()

该函数用来打开一个文件，并在打开一个文件时，还需要指定如何使用它，也就是以哪种文件模式打开文件资源。服务器上的操作系统文件必须知道要对打开的文件进行什么操作。操作系统需要了解在打开这个文件之后，这个文件是否还允许其他的程序脚本再打开，还需要了解脚本的属主用户是否具有在这种方式下使用该文件的权限。该函数的原型如下所示：

resource fopen (string filename, string mode [, bool use_include_path [, resource zcontext]])   //打开文件

第一个参数需要提供要被打开文件的 URL。这个 URL 可以是脚本所在的服务器中的绝对路径，也可以是相对路径，还可以是网络资源中的文件。

第二个参数需要提供文件模式，文件模式可以告诉操作系统如何处理来自其他人或脚本

的访问请求，以及一种用来检查用户是否有权访问这个特定文件的方法。在打开文件时有三种选择：
> 打开一个文件为了只读、只写或者是读和写。
> 如果要写一个文件，可以覆盖所有已有的文件内容，或者需要将新数据追加到文件末尾。
> 如果在一个区分二进制文件和纯文本文件的系统上写一个文件，还必须指定采用的方式。

函数 fopen()也支持以上三种方式的组合，只需要在第二个参数中提供一个字符串，指定将对文件进行的操作即可。表 11-3 中列出了可以使用的文件模式及其意义。

表 11-3　在函数 fopen()中第二个参数可以使用的文件模式

模式字符	描　　述
r	只读方式打开文件，从文件开头开始读
r+	读/写方式打开文件，从文件开头开始读/写
w	只写方式打开文件，从文件开头开始写。如果文件已经存在，则将文件指针指向文件头并将文件大小截为零，即删除所有文件已有的内容。如果该文件不存在，函数将创建这个文件
w+	读/写方式打开文件，从文件开头开始读/写。如果文件已经存在，则将文件指针指向文件头并将文件大小截为零，即删除所有文件已有的内容。如果该文件不存在，函数将创建这个文件
x	创建并以写入方式打开，将文件指针指向文件头。如果文件已存在，则 fopen()调用失败并返回 FALSE，并生成一条 E_WARNING 级别的错误信息。如果文件不存在则尝试创建之。仅能用于本地文件
x+	创建并以读/写方式打开，将文件指针指向文件头。如果文件已存在，则 fopen()调用失败并返回 FALSE，并生成一条 E_WARNING 级别的错误信息。如果文件不存在则尝试创建之。仅能用于本地文件
a	写入方式打开，将文件指针指向文件末尾。如果该文件已有内容，将从该文件末尾开始追加。如果该文件不存在，函数将创建这个文件
a+	写入方式打开，将文件指针指向文件末尾。如果该文件已有内容，将从该文件末尾开始追加或者读。如果该文件不存在，函数将创建这个文件
b	以二进制模式打开文件，用于与其他模式进行连接。如果文件系统能够区分二进制文件和文本文件，用户可能会使用它。例如在 Windows 系统中可以区分，而在 UNIX 系统中则不区分。这个模式是默认的模式
t	以文本模式打开文件。这个模式只是 Windows 系统下的一个选项，不推荐使用

第三个参数是可选的，如果资源位于本地文件系统，PHP 则认为可以使用本地路径或是相对路径来访问此资源。如果将这个参数设置为 1，就会使 PHP 考虑配置指令 include_path 中指定的路径（在 PHP 的配置文件中设置）。

第四个参数也是可选的，fopen()函数允许文件名称以协议名称开始，例如"http://"，并且在一个远程位置打开该文件。通过设置这个参数，还可以支持一些其他的协议。

如果 fopen()函数成功地打开一个文件，将返回一个指向这个文件的文件指针。对该文件进行操作所使用的读、写及其他的文件操作函数，都要使用这个资源来访问该文件。如果打开文件失败，则返回 FALSE。函数 fopen()的使用示例如下：

```php
1  <?php
2      //使用绝对路径打开file.txt文件，选择只读模式，并返回资源$handle
3      $handle = fopen("/home/rasmus/file.txt", "r");
4      //访问文档根目录下的文件，也以只读模式打开
5      $handle = fopen("$_SERVER['DOCUMENT_ROOT']/data/info.txt", "r");
6      //在Windows平台上，转义文件路径中的每个反斜线，或者用斜线，以二进制和只写模式组合
7      $handle = fopen("c:\\data\\file.gif", "wb");
8      //使用相对路径打开info.txt文件，选择只读模式，并返回资源$handle
9      $handle = fopen("../data/info.txt", "r");
10     //打开远程文件，使用HTTP协议只能以只读的模式打开
11     $handle = fopen("http://www.example.com/", "r");
12     //使用FTP协议打开远程文件，如果FTP服务器可写，则可以以写的模式打开
13     $handle = fopen("ftp://user:password@example.com/somefile.txt", "w");
```

2．函数 fclose()

资源类型属于 PHP 的基本类型之一，一旦完成资源的处理，一定要将其关闭，否则可能会出现一些预料不到的错误。函数 fclose()就会撤销 fopen()打开的资源类型，成功时返回 TRUE，否则返回 FALSE。参数必须是使用 fopen()或 fsockopen()函数打开的已存在的文件指针。在目录操作中 opendir()函数也是开启一个资源，使用 closedir()函数将其关闭。

11.3.2 写入文件

将程序中的数据保存到文件中比较容易，使用 fwrite()函数就可以将字符串内容写入文件中。在文件中通过字符序列 "\n" 表示换行符，表示文件中一行的末尾。当需要一次输入或输出一行信息时，请记住这一点。不同的操作系统具有不同的结束符号，基于 UNIX 的系统使用"\n"作为行结束字符，基于 Windows 的系统使用"\r\n"作为行结束字符，基于 Macintosh 的系统使用 "\r" 作为行结束字符。当要写入一个文本文件并想插入一个新行时，需要使用相应操作系统的行结束符号。函数 fwrite()的原型如下所示：

int fwrite (resource handle, string string [, int length])   //写入文件

第一个参数需要提供 fopen()函数打开的文件资源，该函数将第二个参数提供的字符串内容输出到由第一个参数指定的资源中。如果给出了第三个可选参数 length，fwrite()函数将在写入了 length 个字节时停止；否则将一直写入，直到到达内容结尾时才停止。如果写入的内容少于 length 个字节，该函数也会在写完全部内容后停止。函数 fwrite()执行完成以后会返回写入的字符数，出现错误时则返回 FALSE。下面的代码是写入文件的一个示例：

```php
1  <?php
2      //声明一个变量用来保存文件名
3      $fileName = "data.txt";
4      //使用fopen()函数以只写的模式打开文件，如果不存在则创建它，打开失败则通过程序
5      $handle = fopen($fileName, 'w') or die('打开<b>'.$fileName.'</b>文件失败！！');
6
7      //循环10次写入10行数据到文件中
8      for($row=0; $row<10; $row++)
9          //写入文件
10         fwrite($handle, $row.": www.lampbrother.net\n");
11
```

```
12      //关闭由fopen()打开的文件指针资源
13      fclose($handle);
```

该程序执行后，如果当前目录下存在 data.txt 文件，则清空该文件并写入 10 行数据；如果不存在 data.txt 文件，则会创建该文件并将 10 行数据写入。另外，写入文件还可以使用 fputs() 函数，该函数是 fwrite()函数的别名函数。如果需要快速写入文件，可以使用 file_put_contents() 函数，和依次调用 fopen()、fwrite()及 fclose()函数的功能一样。该函数的使用代码如下所示：

```
1   <?php
2       $fileName = "data.txt";                              //声明一个变量用来保存文件名
3       $data = "共10行数据\n";                              //声明一个变量用来保存被写入文件中的数据
4
5       for($row=0; $row<10; $row++)                         //使用循环形成10行数据
6           $data .= $row.": www.lampbrother.net\n";         //将10行数据都存放到一个字符串变量中
7
8       file_put_contents($fileName, $data);                 //一次将所有数据写入到指定的文件中
```

该函数可以将数据直接写入到指定的文件中。如果同时调用多次，并向同一个文件中写入数据，则文件中只保存了最后一次调用该函数写入的数据。因为在每次调用时都会重新打开文件并将文件中原有的数据清空，所以不能像第一个程序那样连续写入多行数据。

11.3.3 读取文件内容

在 PHP 中提供了多个从文件中读取内容的标准函数，可以根据它们的功能特性在程序中选择哪个函数使用。这些函数功能及其描述如表 11-4 所示。

表 11-4　读取文件的内容函数

函　　数	描　　述
fread()	读取打开的文件
file_get_contents()	将文件读入字符串
fgets()	从打开的文件中返回一行
fgetc()	从打开的文件中返回字符
file()	把文件读入一个数组中
readfile()	读取一个文件，并输出到输出缓冲区

在读取文件时，不仅要注意行结束符号"\n"，程序也需要一种标准的方式来识别何时到达文件的末尾，这个标准通常称为 EOF（End Of File）字符。EOF 是非常重要的概念，几乎每种主流的编程语言中都提供了相应的内置函数，来解析是否到达了文件 EOF。在 PHP 中，使用 feof()函数。该函数接受一个打开的文件资源，判断一个文件指针是否位于文件的结束处，如果在文件末尾处，则返回 TRUE。

1. 函数 fread()

该函数用来在打开的文件中读取指定长度的字符串，也可以安全用于二进制文件。在区分二进制文件和文本文件的系统上（如 Windows）打开文件时，fopen()函数的 mode 参数要

加上'b'。函数 fread()的原型如下所示：

string fread (int handle, int length)   //读取打开的文件

该函数从文件指针资源 handle 中读取最多 length 个字节。在读取完 length 个字节，或到达 EOF，或（对于网络流）当一个包可用时都会停止读取文件，就看先碰到哪种情况了。该函数返回读取的内容字符串，如果失败则返回 FALSE。该函数的使用代码如下所示：

```php
<?php
    //从文件中读取指定字节数的内容存入到一个变量中
    $filename = "data.txt";                                     //将本地文件名保存在变量中
    $handle = fopen($filename, "r") or die("文件打开失败");     //以只读的方式打开文件
    $contents = fread($handle, 100);                            //从文件中读取前100个字节
    fclose($handle);                                            //关闭文件资源
    echo $contents;                                             //将从文件中读取的内容输出

    //从文件中读取全部内容存入到一个变量中，每次读取一部分，循环读取
    $filename = "c:\\files\\somepic.gif";                       //二进制文件
    $handle = fopen ($filename, "rb") or die("文件打开失败");   //以只读的方式，模式加了'b'
    $contents = "";
    while (!feof($handle)) {                                    //使用feof()函数判断文件结尾
        $contents .= fread($handle, 1024);                      //每次读取1024个字节
    }
    fclose($handle);                                            //关闭文件资源
    echo $contents;                                             //将从文件中读取的全部内容输出

    //另一种从文件中读取全部内容的方法
    $filename = "data.txt";                                     //将本地文件名保存在变量中
    $handle = fopen($filename, "r") or die("文件打开失败");     //以只读的方式打开文件
    $contents = fread($handle, filesize ($filename));           //使用filesize()函数一起读出
    fclose($handle);                                            //关闭文件资源
    echo $contents;                                             //将从文件中读取的全部内容输出
```

如果用户只是想将一个文件的内容读入到一个字符串中，可以用 file_get_contents()函数，它的性能比上面的代码好得多。file_get_contents() 函数是用来将文件的内容读入到一个字符串中的首选方法，如果操作系统支持，还会使用内存映射技术来增强性能。该函数的使用代码如下所示：

```php
<?php
    echo file_get_contents("data.txt");                         //读取文本文件中的内容并输出
    echo file_get_contents("c:\\files\\somepic.gif");           //读取二进制文件中的内容并输出
```

2. 函数 fgets()、fgetc()

fgets()函数一次最多从打开的文件资源中读取一行内容。其原型如下所示：

string fgets (int handle [, int length])   //从打开的文件中返回一行

第一个参数提供使用 fopen()函数打开的资源。如果提供了第二个可选参数 length，则该函数返回 length-1 个字节，或者返回遇到换行或 EOF 之前读取的所有内容。如果忽略可选的 length 参数，默认为 1024 个字节。在大多数情况下，这意味着 fgets()函数将读取到 1024 个字节前遇到换行符号，因此每次成功调用都会返回下一行。如果读取失败则返回 FALSE。该函数的使用代码如下所示：

```php
<?php
    $handle = fopen("data.txt", "r")  or die("文件打开失败");   //以只读模式打开文件

    while (!feof($handle)) {                                    //循环读取第一行
        $buffer = fgets($handle, 4096);                         //一次读取一行内容
        echo $buffer."<br>";                                    //输出每一行
    }

    fclose($handle);                                            //关闭打开的文件资源
```

函数 fgetc() 在打开的文件资源中只读取当前指针位置处的一个字符。如果遇到文件结束标志 EOF，将返回 FALSE。该函数的使用代码如下所示：

```php
<?php
    $fp = fopen('data.txt', 'r') or die("文件打开失败");        //以只读模式打开文件

    while (false !== ($char = fgetc($fp))) {                    //在文件中每次循环读取一个字符
        echo $char."<br>";                                      //输出单个字符
    }
```

3．函数 file()

该函数非常有用，与 file_get_contents() 函数类似，不需要使用 fopen() 函数打开文件，不同的是 file() 函数可以把整个文件读入到一个数组中。数组中的每个元素对应文件中相应的行，各元素由换行符分隔，同时换行符仍附加在每个元素的末尾。这样就可以使用数组的相关函数对文件内容进行处理。该函数的使用代码如下所示：

```php
<?php
    //将文件test.txt中的内容读入到一个数组中，并输出
    print_r( file("test.txt") );
```

4．函数 readfile()

该函数可以读取指定的整个文件，立即输出到输出缓冲区，并返回读取的字节数。该函数也不需要使用 fopen() 函数打开文件。在下面的示例中，轻松地将文件内容输出到浏览器。代码如下所示：

```php
<?php
    //直接将文件data.txt中的数据读出并输出到浏览器
    readfile("data.txt");
```

11.3.4 访问远程文件

使用 PHP 不仅可以让用户通过浏览器访问服务器端的文件，还可以通过 HTTP 或 FTP 等协议访问其他服务器中的文件，可以在大多数需要用文件名作为参数的函数中使用 HTTP 和 FTP URL 来代替文件名。使用 fopen() 函数将指定的文件名与资源绑定到一个流上，如果文件名是 "scheme://..." 的格式，则被当成一个 URL，PHP 将搜索协议处理器（也被称为封装协议）来处理此模式。

如果需要访问远程文件，则必须在 PHP 的配置文件中激活 "allow_url_fopen" 选项，才能使用 fopen() 函数打开远程文件。而且还要确定其他服务器中的文件是否有访问权限。如

果使用 HTTP 协议对远程文件进行连接，则只能以"只读"模式打开。如果需要访问的远程 FTP 服务器中，对所提供的用户开启了"可写"权限，则使用 FTP 协议连接远程的文件时，就可以使用"只写"或"只读"模式打开文件，但不可以使用"可读可写"的模式。

使用 PHP 访问远程文件就像访问本地文件一样，都是使用相同的读/写函数处理。例如，可以用以下范例来打开远程 Web 服务器上的文件，解析我们需要的输出数据，然后将这些数据用在数据库的检索中，或者简单地将其输出到网站剩下内容的样式匹配中。代码如下所示：

```php
<?php
    //通过http打开远程文件
    $file = fopen ("http://www.lampbrother.com/", "r") or die("打开远程文件失败！！");

    while (!feof ($file)) {                                    //循环从文件中读取内容
        $line = fgets ($file, 1024);                           //每读取一行
        //如果找到远程文件中的标题标记则取出标题，并退出循环，不再读取文件
        if (preg_match("/<title>(.*)<\/title>/", $line, $out)) {  //使用正则匹配标题标记
            $title = $out[1];                                  //将标题标记中的标题字符取出
            break;                                             //退出循环，结束远程文件读取
        }
    }

    fclose($file);                                             //关闭文件资源
    echo $title;                                               //输出获取到的远程网页的标题
```

如果有合法的访问权限，可以以一个用户的身份和某 FTP 服务器建立连接，这样就可以向该 FTP 服务器端的文件进行写操作了。可以用该技术来存储远程日志文件，但仅能用该方法来创建新的文件。如果尝试覆盖已经存在的文件，fopen()函数的调用将会失败。而且要以匿名（anonymous）以外的用户名连接服务器，并需要指明用户名（甚至密码），例如"ftp://user:password@ftp.lampbrother.net/path/ to/file"。代码如下所示：

```php
<?php
    //在ftp.lampbrother.net的远程服务器上创建文件，以写的模式打开
    $file = fopen ("ftp://user:password@ftp.lampbrother.net/path/to/file", "w");
    //将一个字符串写入到远程文件中去
    fwrite ($file, "Linux+Apache+MySQL+PHP");
    //关闭文件资源
    fclose ($file);
```

为了避免由于访问远程主机时发生的超时错误，可以使用 set_time_limit()函数对程序的运行时间加以限制。

11.3.5 移动文件指针

在对文件进行读/写的过程中，有时需要在文件中跳转、从不同位置读取，以及将数据写入到不同的位置。例如，使用文件模拟数据库保存数据，就需要移动文件指针。指针的位置是以从文件头开始的字节数度量的，默认以不同模式打开文件时，文件指针通常在文件的开头或结尾处，可以通过 ftell()、fseek()和 rewind()三个函数对文件指针进行操作，它们的原型如下所示：

```
int ftell ( resource handle )                              //返回文件指针的当前位置
int fseek ( resource handle, int offset [, int whence] )   //移动文件指针到指定的位置
bool rewind ( resource handle )                            //移动文件指针到文件的开头
```

使用这些函数时，必须提供一个用 fopen()函数打开的、合法的文件指针。函数 ftell()获取指定资源中的文件指针当前位置的偏移量；函数 rewind()将文件指针移回到指定资源的开头；而函数 fseek()则将指针移动到第二个参数 offset 指定的位置，如果没有提供第三个可选参数 whence，则位置将设置为从文件开头的 offset 字节处。否则，第三个参数 whence 可以设置为以下三个可能的值，它将影响指针的位置。

➢ SEEK_CUR：设置指针位置为当前位置加上第二个参数所提供的 offset 字节。
➢ SEEK_END：设置指针位置为 EOF 加上 offset 字节。在这里，offset 必须设置为负值。
➢ SEEK_SET：设置指针位置为 offset 字节处。这与忽略第三个参数 whence 效果相同。

如果 fseek()函数执行成功，将返回 0，失败则返回–1。如果将文件以追加模式"a"或"a+"打开，写入文件的任何数据总是会被附加在后面，不会管文件指针的位置。代码如下所示：

```php
<?php
    //以只读模式打开文件
    $fp = fopen('data.txt', 'r') or die("文件打开失败");

    echo ftell($fp)."<br>";            //输出刚打开文件的指针默认位置，指针在文件的开头位置为0
    echo fread($fp, 10)."<br>";        //读取文件中的前10个字符输出，指针位置发生了变化
    echo ftell($fp)."<br>";            //读取文件的前10个字符之后，指针移动的位置在第10个字符处

    fseek($fp, 100, SEEK_CUR);         //将文件指针的位置由当前位置向后移动100个字节数
    echo ftell($fp)."<br>";            //文件位置在第110个字符处
    echo fread($fp, 10)."<br>";        //读取110~120字节数位置的字符串，读取后指针的位置为120

    fseek($fp, -10, SEEK_END);         //又将指针移动到倒数第10个字节位置处
    echo fread($fp, 10)."<br>";        //输出文件中最后10个字符

    rewind($fp);                       //又移动文件指针到文件的开头
    echo ftell($fp)."<br>";            //指针在文件的开头位置，输出0

    fclose($fp);                       //关闭文件资源
```

11.3.6　文件的锁定机制

文件系统操作是在网络环境下完成的，可能有多个客户端用户在同一时刻对服务器上的同一个文件进行访问。当这种并发访问发生时，很可能会破坏文件中的数据。例如，一个用户正向文件中写入数据，当还没有写完时，其他用户在这一时刻也向这个文件中写入数据，就会造成数据写入混乱。另外，当用户没有将数据写完时，其他用户就去获取这个文件中的内容，也会得到残缺的数据。

在 PHP 中提供了 flock()函数，可以对文件使用锁定机制（锁定或释放文件）。当一个进程在访问文件时加上锁，其他进程要想对该文件进行访问，则必须等到锁定被释放以后。这样就可以避免在并发访问同一个文件时破坏数据。该函数的原型如下：

bool flock (int handle, int operation [, int &wouldblock])　　　　　//轻便的咨询文件锁定

第一个参数 handle 必须是一个已经打开的文件资源；第二个参数 operation 也是必需的，规定使用哪种锁定类型。operation 可以是以下值之一。

- LOCK_SH：取得共享锁定（从文件中读取数据时使用）。
- LOCK_EX：取得独占锁定（向文件中写入数据时使用）。
- LOCK_UN：释放锁定（无论共享或独占锁，都用它释放）。
- LOCK_NB：附加锁定（如果不希望 flock()在锁定时堵塞，则应在上述锁定后加上该锁）。

如果锁定会堵塞（已经被 flock()锁定的文件，再次锁定时，flock()函数会被挂起，这时称为锁定堵塞），也可以将可选的第三个参数设置为 1，则当进行锁定时会阻挡其他进程。锁定操作也可以被 fclose()函数释放。为了让 flock()函数发挥作用，在所有访问文件的程序中都必须使用相同的方式锁定文件。该函数如果成功则返回 TRUE，失败则返回 FALSE。

在下面的示例中，通过编写一个网络留言本的模型，应用一下 flock()函数。首先创建一个包含表单内容的脚本文件，在表单中允许输入用户名、标题及留言内容三部分。并在脚本中接受表单提交的内容，存储到文本文件 text_data.txt 中，文件以追加方式打开。文本文件存储规则为每次提交存储一行，例如，"王小二||我要吃饭||哪里有饭店<|>"，每部分之间使用两条竖线分隔，每行以"<|>"结束。并读取存储在文本文件 text_data.txt 中的数据，以 HTML 方式输出。代码如下所示：

```php
1 <html>
2     <head><title>网络留言板模式</title></head>
3     <body>
4         <?php
5             //声明一个变量保存文件名，在这个文件中保存留言信息
6             $filename = "text_data.txt";
7
8             //判断用户是否按下提交按钮，用户提交后则条件成功
9             if(isset($_POST["sub"])){
10                //接收表单中三条内容，并整合为一条，使用"||"分隔，使用"<|>"结尾
11                $message = $_POST["username"]."||".$_POST["title"]."||".$_POST["mess"]."<|>";
12                writeMessage($filename, $message);    //调用自定义函数，将信息写入文件
13            }
14
15            if(file_exists($filename))                 //判断文件是否存在，如果存在则条件成立
16                readMessage($filename);                //文件存在则调用自定义函数，读取数据
17
18            /**
19             自定义一个向文件中写入数据的函数
20             @param  string  $filename    写入的文件名
21             @param  string  $message     写入文件的内容，即消息
22            */
23            function writeMessage($filename, $message) {
24                $fp = fopen($filename, "a");           //以追加模式打开文件
25                if (flock($fp, LOCK_EX)) {             //进行排他型锁定（独占锁定）
26                    fwrite($fp, $message);             //将数据写入文件
27                    flock($fp, LOCK_UN);               //同样使用flock()函数释放锁定
28                } else {
29                    echo "不能锁定文件！";              //如果建立独占锁定失败
30                }                                     //输出错误消息
31                fclose($fp);                           //关闭文件资源
32            }
```

```
33
34        /**
35             自定义一个遍历读取文件的函数
36             @param    string    $filename     读取的文件名
37        */
38        function readMessage($filename){
39            $fp = fopen($filename, "r");              //以只读的模式打开文件
40            flock($fp, LOCK_SH);                      //建立文件的共享锁定
41            $buffer = "";                             //将文件中的数据遍历后放入这个字符串中
42            while (!feof($fp)) {                      //使用while循环将文件中的数据遍历出来
43                $buffer.= fread($fp, 1024);           //读出数据追加到$buffer变量中
44            }
45
46            $data = explode("<|>", $buffer);          //通过"<|>"将每行留言分隔并存入到数组中
47            foreach($data as $line) {                 //遍历数组,将每行数据以HTML方式输出
48                //将每行数据再分隔
49                list($username, $title, $message)=explode("||",$line);
50                //判断每部分是否为空
51                if($username!="" && $title!="" && $message!="") {
52                    echo $username.'说: ';            //输出用户名
53                    echo ' '.$title.', ';        //输出标题
54                    echo $message."<hr>";             //输出留言主体信息
55                }
56            }
57            flock($fp, LOCK_UN);                      //释放锁定
58            fclose($fp);                              //关闭文件资源
59        }
60    ?>
61
62    <!-- 以下为用户输入表单界面(GUI) -->
63    <form action="" method="post">
64        用户名:<input type="text" size=10 name="username"><br>
65        标  题:<input type="text" size=30 name="title"><br>
66        <textarea name="mess" rows=4 cols=38>请在这里输入留言信息! </textarea>
67        <input type="submit" name="sub" value="留言">
68    </form>
69    </body>
70    </html>
```

该程序的运行结果如图 11-2 所示。

图 11-2 网络留言本模型的演示

在面的留言本程序中，在对文件进行读取和写入操作时，都使用 flock()函数对文件加锁和释放锁定。一个文件可以同时存在很多个共享锁定 LOCK_SH，这意味着多个用户可以在同一时刻拥有对该文件的读取访问权限。而一个独占锁定 LOCK_EX 中允许一个用户拥有一次，通常用于文件的写入操作。如果不希望出现锁定堵塞，则可以附加 LOCK_NB。代码如下所示：

```php
<?php
    $file = fopen("test.txt","w+");             //以读/写的模式打开文件
    flock($file, LOCK_EX+LOCK_NB);              //独占锁定加上附加锁定

    fwrite($file, "Write something");           //向文件中写入数据
    flock($file, LOCK_UN+LOCK_NB);              //释放锁定也加上了附加锁定

    fclose($file);                              //关闭文件资源
```

11.3.7　文件的一些基本操作函数

在对文件进行操作时，不仅可以对文件中的数据进行操作，还可以对文件本身进行操作，例如复制文件、删除文件、截取文件及为文件重命名等。在 PHP 中已经提供了这些文件处理方式的标准函数，使用也非常容易，如表 11-5 所示。

表 11-5　文件的基本操作函数

函　　数	语法结构	描　　述
copy()	copy(来源文件,目的文件)	复制文件
unlink()	unlink(目标文件)	删除文件
ftruncate()	ftruncate(目标文件资源,截取长度)	将文件截断到指定的长度
rename()	rename(旧文件名,新文件名)	重命名文件或目录

在表 11-5 中，4 个函数如果执行成功，则都会返回 TRUE，失败则返回 FALSE。它们的使用代码如下所示：

```php
<?php
    //复制文件示例
    if(copy('./file1.txt', '../data/file2.txt')) {
        echo "文件复制成功！";
    }else{
        echo "文件复制失败！";
    }

    //删除文件示例
    $filename = "file1.txt";
    if(file_exists($filename)){
        if(unlink($filename)) {
            echo "文件删除成功！";
        }else{
            echo "文件删除失败！";
        }
    }else{
        echo "目标文件不存在";
```

```
19      }
20
21      //重命名文件示例
22      if(rename('./demo.php', './demo.html')) {
23          echo "文件重命名成功！";
24      }else{
25          echo "文件重命名失败";
26      }
27
28      //截取文件示例
29      $fp = fopen('./data.txt', "r+") or die('文件打开失败');
30      if(ftruncate($fp, 1024)) {
31          echo "文件截取成功！";
32      }else{
33          echo "文件截取失败！";
34      }
```

11.4 文件的上传与下载

在 Web 开发中，经常需要将本地文件上传到 Web 服务器，也可以从 Web 服务器上下载一些文件到本地磁盘。文件的上传和下载应用十分广泛，在 PHP 中可以接受来自几乎所有类型浏览器上传的文件，PHP 还允许对服务器的下载进行控制。

11.4.1 文件上传

为了满足传递文件信息的需要，HTTP 协议实现了文件上传机制，从而可以将客户端的文件通过自己的浏览器上传到服务器上指定的目录存放。上传文件时，需要在客户端选择本地磁盘文件，而在服务器端需要接收并处理来自客户端上传的文件，所以客户端和 Web 服务器都需要设置。

1．客户端上传设置

文件上传的最基本方法是使用 HTML 表单选择本地文件进行提交，在 form 表单中可以通过<input type="file">标记选择本地文件。如果支持文件上传操作，必须在<form>标签中将 enctype 和 method 两个属性指明相应的值，如下所示：

➢ enctype = "multipart/form-data"用来指定表单编码数据方式，让服务器知道，我们要传递一个文件，并带有常规的表单信息。
➢ method = "POST"用来指明发送数据的方法。

另外，还需要在 form 表单中设置一个 hidden 类型的 input 框。其中 name 的值为 MAX_FILL_SIZE 的隐藏值域，并通过设置其 VALUE 的值限制上传文件的大小（单位为字节），但这个值不能超过 PHP 的配置文件中 upload_max_filesize 值设置的大小。文件上传表单的示例代码如下所示：

```html
 1  <html>
 2      <head><title>文件上传</title></head>
 3      <body>
 4          <form action="upload.php" method="post" enctype="multipart/form-data">
 5              <input type="hidden" name="MAX_FILE_SIZE" value="1000000">
 6              选择文件：<input type="file" name="myfile">
 7              <input type="submit" value="上传文件">
 8          </form>
 9      </body>
10  </html>
```

其中，隐藏表单 MAX_FILE_SIZE 的值只是对浏览器的一个建议，实际上可以被简单地攻击，我们不要对浏览器端的限制寄予什么希望，它只能避免君子的错误输入，对于普通的 Web 工程师都会跳过浏览器端的限制。但是最好还是在表单上使用 MAX_FILE_SIZE，因为对于善意的错误我们可以帮助纠正，避免用户花费很长的时间等待大文件上传，传了很长时间，才发现无法上传。

2．在服务器端通过 PHP 处理上传

在客户端上传表单只能提供本地文件选择，并提供将文件发送给服务器的标准化方式，但并没有提供相关功能来确定文件到达目的地之后发生了什么。所以上传文件的接收和后续处理就要通过 PHP 脚本来处理。要想通过 PHP 成功地管理文件上传，需要通过以下三方面信息。

> 设置 PHP 配置文件中的指令：用于精细地调节 PHP 的文件上传功能。
> $_FILES 多维数组：用于存储各种与上传文件有关的信息，其他数据还使用$_POST 去接收。
> PHP 的文件上传处理函数：用于上传文件的后续处理。

文件上传与 PHP 配置文件的设置有关。首先，应该设置 php.ini 文件中的一些指令，精细调节 PHP 的文件上传功能。在 PHP 配置文件 php.ini 中和上传文件有关的指令如表 11-6 所示。

表 11-6　PHP 配置文件中与文件上传有关的选项

指 令 名	默 认 值	功能描述
file_uploads	ON	确定服务器上的 PHP 脚本是否可以接受 HTTP 文件上传
upload_max_filesize	2MB	限制 PHP 处理上传文件大小的最大值，此值必须小于 post_max_size 值
post_max_size	8MB	限制通过 POST 方法可以接受信息的最大值，此值应当大于配置指令 upload_max_file 的值，因为除了上传的文件，还可能传递其他的表单域
upload_tmp_dir	NULL	上传文件存放的临时路径，可以是一个绝对路径。这个目录对于拥有此服务器进程的用户必须是可写的。上传的文件在处理之前必须成功地传输到服务器，所以必须指定一个位置，可以临时放置这些文件，直到文件移到最终目的地为止。例如，upload_tmp_dir=/tmp/.uploads/。默认值 NULL 则为操作系统的临时文件夹

表单提交给服务器的数据，可以通过在 PHP 脚本中使用全局数组$_GET、$_POST 或 $_REQUEST 接收。而通过 POST 方法上传的文件有关信息都被存储在多维数组$_FILES 中，

这些信息对于通过 PHP 脚本上传到服务器的文件至关重要。因为文件上传后，首先存储于服务器的临时目录中，同时在 PHP 脚本中就会获取一个$_FILES 全局数组。$_FILES 数组的第二维中共有 5 项，如表 11-7 所示。

表 11-7　全局数组$_FILES 中的元素说明

数　　组	描　　述
$_FILES["myfile"]["name"]	客户端机器文件的原名称，包含扩展名
$_FILES["myfile"]["size"]	已上传文件的大小，单位为字节
$_FILES["myfile"]["tmp_name"]	文件被上传后，在服务器端存储的临时文件名。这是存储在临时目录（由 PHP 指令 upload_tmp_dir 指定）中时所指定的文件名
$_FILES["myfile"]["error"]	伴随文件上传时产生的错误信息，有 5 个可能的值。 ● 0：表示没有发生任何错误，文件上传成功。 ● 1：表示上传文件的大小超出了在 PHP 配置文件中指令 upload_max_filesize 选项限制的值。 ● 2：表示上传文件大小超出了 HTML 表单中 MAX_FILE_SIZE 选项所指定的值。 ● 3：表示文件只被部分上载。 ● 4：表示没有上传任何文件。 以及其他一些很少发生的错误
$_FILES["myfile"]["type"]	获取从客户端上传文件的 MIME 类型，MIME 类型规定了各种文件格式的类型。每种 MIME 类型都由"/"分隔的主类型和子类型组成，如"image/gif"，主类型为"图像"，子类型为 GIF 格式的文件，"text/html"代表文本的 HTML 文件，还有很多其他不同类型的文件

在表 11-7 中，$_FILES 数组的第一维所使用的"myfile"是一个点位符，代表赋给文件上传表单元素（<input type="file" name="myfile">）中 name 属性的值。因此，这个值将根据用户所选择的名字有所不同。

上传文件时，除了可以应用 PHP 中所提供的文件系统函数，PHP 还提供了专门用于文件上传的 is_uploaded_file()和 move_uploaded_file()函数。

1）函数 is_uploaded_file()

该函数判断指定的文件是否是通过 HTTP POST 上传的，如果是则返回 TRUE。该函数用于防止潜在的攻击者对原本不能通过脚本交互的文件进行非法管理，这可以用来确保恶意的用户无法欺骗脚本去访问本不能访问的文件，例如/etc/passwd。此函数的原型如下所示：

bool is_uploaded_file (string filename)	//判断指定的文件是否是通过 HTTP POST 上传的

为了能使此函数正常工作，唯一的参数必须指定类似于$_FILES['userfile']['tmp_name']的变量，才能判断指定的文件确实是上传文件。如果使用从客户端上传的文件名$_FILES['userfile']['name']，则不能正常运作。

2）函数 move_uploaded_file()

文件上传后，首先会存储于服务器的临时目录中，可以使用 move_uploaded_file()函数将上传的文件移动到新位置。此函数的原型如下所示：

bool move_uploaded_file (string filename, string destination) //将上传的文件移动到新位置

虽然函数 copy()和 move()同样易用，但函数 move_uploaded_file()还提供了一种额外的功能，即检查并确保由第一个参数 filename 指定的文件是否是合法的上传文件（即通过 PHP 的 HTTP POST 上传机制所上传的）。如果文件合法，则将其移动为由第二个参数 destination 指定的文件。如果 filename 不是合法的上传文件，则不会出现任何操作，将返回 FALSE。如果 filename 是合法的上传文件，但出于某些原因无法移动，则不会出现任何操作，也将返回 FALSE。此外还会发出一条警告。若成功则返回 TRUE。

既然对上传文件有了基本的概念，就可以实现文件上传功能了。在下面的示例中，限制了用户上传文件的"类型"和"大小"。同时将用户上传的文件从临时目录移动到当前的 uploads 目录下面，并将上传文件的原始文件名改为系统定义。脚本 upload.php 文件中的代码如下所示：

```php
<?php
    $allowtype = array("gif", "png", "jpg");     //设置允许上传的类型为gif、png和jpg
    $size = 1000000;                              //设置允许大小为1MB(1000000字节)以内的文件
    $path = "./uploads";                          //设置上传后保存文件的路径

    //判断文件是否可以成功上传到服务器，$_FILES['myfile']['error'] 为0表示上传成功
    if($_FILES['myfile']['error'] > 0) {
        echo '上传错误：';
        switch ($_FILES['myfile']['error']) {
            case 1:   die('上传文件大小超出了PHP配置文件中的约定值：upload_max_filesize');
            case 2:   die('上传文件大小超出了表单中的约定值：MAX_FILE_SIZE');
            case 3:   die('文件只被部分上载');
            case 4:   die('没有上传任何文件');
            default:  die('未知错误');
        }
    }

    //通过文件的扩展名判断上传的文件是否为允许的类型
    $hz = array_pop(explode(".", $_FILES['myfile']['name']));
    //通过判断文件的扩展名来决定文件是否是允许上传的类型
    if(!in_array($hz, $allowtype)) {
        die("这个后缀是<b>{$hz}</b>,不是允许的文件类型！");
    }

    /* 也可以通过获取上传文件的MIME类型中的主类型和子类型，来限制文件上传的类型
    list($maintype,$subtype)=explode("/",$_FILES['myfile']['type']);
    if ($maintype=="text") {    //通过主类型限制不能上传文本文件，例如.txt、.html、.php等文件
        die('问题：不能上传文本文件。');
    } */

    //判断上传的文件是否为允许大小
    if($_FILES['myfile']['size'] > $size ) {
        die("超过了允许的<b>{$size}</b>字节大小");
    }

    //为了系统安全，也为了同名文件不会被覆盖，上传后将文件名使用系统定义
    $filename = date("YmdHis").rand(100,999).".".$hz;

    //判断是否为上传文件
```

259

```
40    if (is_uploaded_file($_FILES['myfile']['tmp_name'])) {
41        if (!move_uploaded_file($_FILES['myfile']['tmp_name'], $path.'/'.$filename)) {
42            die('问题：不能将文件移动到指定目录。');
43        }
44    }else{
45        die("问题：上传文件{$_FILES['myfile']['name']}不是一个合法文件：");
46    }
47
48    //如果文件上传成功则输出
49    echo "文件{$upfile}上传成功,保存在目录{$path}中，大小为{$_FILES['myfile']['size']}字节";
```

执行上例时，需要在当前目录创建一个 uploads 目录，并且该目录必须具有 Web 服务器进程用户可写的权限。除了本例提供的限制文件类型和大小的方法，还可以通过设置 PHP 配置文件中的指令调整上传文件的大小限制，以及通过上传文件的 MIME 类型控制上传文件的类型等。

11.4.2 处理多个文件上传

多个文件上传和单独文件上传的处理方式是一样的，只需要在客户端多提供几个类型为"file"的输入表单，并指定不同的"name"属性值。例如，在下面的代码中，可以让用户同时选择三个本地文件一起上传给服务器，客户端的表单如下所示：

```
1  <html>
2      <head><title>多个文件上传表单</title></head>
3      <body>
4          <form action="mul_upload.php" method="post" enctype="multipart/form-data">
5              <input type="hidden" name="MAX_FILE_SIZE" value="1000000">
6              选择文件1: <input type="file" name="myfile[]"><br>
7              选择文件2: <input type="file" name="myfile[]"><br>
8              选择文件3: <input type="file" name="myfile[]"><br>
9              <input type="submit" value="上传文件">
10         </form>
11     </body>
12 </html>
```

在上面的代码中，将三个文件类型的表单以数组的形式组织在一起。当上面的表单提交给 PHP 的脚本文件 mul_upload.php 时，在服务器端同样使用全局数组$_FILES 存储所有上传文件的信息，但$_FILES 已经由二维数组转变为三维数组，这样就可以存储多个上传文件的信息。在脚本文件 mul_upload.php 中，使用 print_r()函数将$_FILES 数组中的内容输出，代码如下所示：

```
1  <?php
2      //打印三维数组$_FILES中的内容，查看一下存储上传文件的结构
3      print_r($_FILES);
```

当选择三个本地文件提交后，输出结果如下所示：

```
Array (
    [myfile] => Array (              --$_FILES["myfile"]数组中的内容如下
        [name] => Array (            -$_FILES["myfile"]["name"]存储所有上传文件的内容
```

```
            [0] => Rav.ini                          --$_FILES["myfile"]["name"][0]第一个上传文件的名称
            [1] => msgsocm.log                      --$_FILES["myfile"]["name"][1]第二个上传文件的名称
            [2] => NOTEPAD.EXE )                    --$_FILES["myfile"]["name"][2]第三个上传文件的名称
    [type] => Array (                               --$_FILES["myfile"]["type"]存储所有上传文件的类型
            [0] => application/octet-stream         --$_FILES["myfile"]["type"][0]第一个上传文件的类型
            [1] => application/octet-stream         --$_FILES["myfile"]["type"][1]第二个上传文件的类型
            [2] => application/octet-stream )       --$_FILES["myfile"]["type"][2]第三个上传文件的类型
    [tmp_name] => Array (
            [0] => C:\WINDOWS\Temp\phpAF.tmp
            [1] => C:\WINDOWS\Temp\phpB0.tmp
            [2] => C:\WINDOWS\Temp\phpB1.tmp )
    [error] => Array (
            [0] => 0
            [1] => 0
            [2] => 0 )
    [size] => Array (
            [0] => 64
            [1] => 1350
            [2] => 66560 ) )
)
```

通过输出$_FILES 数组的值可以看到，处理多个文件的上传和单个文件上传时的情况是一样的，只是$_FILES 数组的结构形式略有不同。通过这种方式可以支持更多数量的文件上传。

11.4.3 文件下载

简单的文件下载只需要使用 HTML 的链接标记<a>，并将属性 href 的 URL 值指定为下载的文件即可。代码如下所示：

```
<a href="http://www.lampbrother.net/download/book.rar">下载文件</a>
```

如果通过上面的代码实现文件下载，只能处理一些浏览器不能默认识别的 MIME 类型文件。例如当访问 book.rar 文件时，浏览器并没有直接打开，而是弹出一个下载提示框，提示用户"下载"还是"打开"等处理方式。但如果需要下载扩展名为.html 的网页文件、图片文件及 PHP 程序脚本文件等，使用这种链接形式，则会将文件内容直接输出到浏览器中，并不会提示用户下载。

为了提高文件的安全性，不希望在<a>标签中给出文件的链接，则必须向浏览器发送必要的头信息，以通知浏览器将要进行下载文件的处理。PHP 使用 header()函数发送网页的头部信息给浏览器，该函数接受一个头信息的字符串作为参数。文件下载需要发送的头信息包括三部分，通过调用三次 header()函数完成。以下载图片 test.gif 为例，需要发送的头信息的代码如下所示：

```
header('Content-Type: image/gif');                                          //发送指定文件 MIME 类型的头信息
header('Content-Disposition: attachment; filename="test.gif"');             //发送描述文件的头信息：附件和文件名
header('Content-Length: 3390');                                             //发送指定文件大小的信息，单位为字节
```

如果使用 header()函数向浏览器发送了这三行头信息，图片 test.gif 就不会直接在浏览器中显示，而是让浏览器将该文件形成下载的形式。在函数 header()中，"Content-Type"指定了文件的 MIME 类型；"Content-Disposition" 用于文件的描述；值 "attachment; filename="test.gif"" 说明这是一个附件，并且指定了下载后的文件名；"Content-Length" 则给出了被下载文件的大小。

设置完头部信息以后，需要将文件的内容输出到浏览器，以便进行下载。可以使用 PHP 中的文件系统函数将文件内容读取出来后，直接输出给浏览器。最方便的是使用 readfile() 函数，将文件内容读取出来并直接输出。下载文件 test.gif 的代码如下所示：

```php
<?php
    $filename = "test.gif";

    header('Content-Type: image/gif');                                          //指定下载文件的类型
    header('Content-Disposition: attachment; filename="'.$filename.'"');        //指定下载文件的描述
    header('Content-Length: '.filesize($filename));                             //指定下载文件的大小

    //将文件内容读取出来并直接输出，以便下载
    readfile($filename);
```

该程序的执行结果如图 11-3 所示。

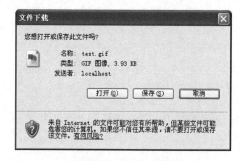

图 11-3 下载对话框

第 12 章

PHP 动态图像处理

PHP 不仅限于处理文本数据,还可以创建不同格式的动态图像,包括 GIF、PNG、JPG、WBMP 和 XPM 等。在 PHP 中,是通过使用 GD 扩展库实现对象图像的处理的,不仅可以创建新图像,而且可以处理已有的图像。更方便的是,PHP 不仅可以将动态处理后的图像以不同格式保存在服务器中,还可以直接将图像流输出到浏览器。例如验证码、股票走势图、电子相册等动态图像处理。

12.1 PHP 中 GD 库的使用

在 PHP 中,有一些简单的图像函数是可以直接使用的,但大多数要处理的图像都需要在编译 PHP 时加上 GD 库。除了安装 GD 库,在 PHP 中还可能需要其他的库,这可以根据需要支持哪些图像格式而定。GD 库可以在 http://www.boutell.com/gd/ 免费下载,不同的 GD 版本支持的图像格式不完全一样,最新的 GD 库版本支持 GIF、JPEG、PNG、WBMP、XBM 等格式的图像文件,还支持一些如 FreeType、Type 1 等字体库。通过 GD 库中的函数可以完成各种点、线、几何图形、文本及颜色的操作和处理,也可以创建或读取多种格式的图像文件。

在 PHP 中,通过 GD 库处理图像的操作,都是先在内存中处理,操作完成以后再以文件流的方式,输出到浏览器或保存在服务器的磁盘中。创建一幅图像应该完成如下 4 个基本步骤。

(1) 创建画布:所有的绘图设计都需要在一张背景图片上完成,而画布实际上就是在内存中开辟的一块临时区域,用于存储图像的信息。以后的图像操作都将基于这个背景画布,该画布的管理就类似于我们在画画时使用的画布。

(2) 绘制图像:画布创建完成以后,就可以通过这个画布资源,使用各种画像函数设置图像的颜色、填充画布、画点、线段、各种几何图形,以及向图像中添加文本等。

(3) 输出图像:完成整个图像的绘制以后,需要将图像以某种格式保存到服务器指定的文件中,或将图像直接输出到浏览器上显示给用户。但在图像输出之前,一定要使用 header()

函数发送 Content-type 通知浏览器，这次发送的是图片而不是文本。

（4）释放资源：图像被输出以后，画布中的内容也不再有用。出于节约系统资源的考虑，需要及时清除画布占用的所有内存资源。

我们先来了解一个非常简单的创建图像脚本。在下面的脚本文件 image.php 中，按前面介绍的绘制图像的 4 个步骤，使用 GD 库动态输出一幅扇形统计图。代码如下所示：

```php
<?php
    //创建画布，返回一个资源类型的变量$image，并在内存中开辟一块临时区域
    $image = imagecreatetruecolor(100, 100);                          //创建画布的大小为100×100像素

    //设置图像中所需的颜色，相当于在画画时准备的染料盒
    $white = imagecolorallocate($image, 0xFF, 0xFF, 0xFF);            //为图像分配颜色为白色
    $gray = imagecolorallocate($image, 0xC0, 0xC0, 0xC0);             //为图像分配颜色为灰色
    $darkgray = imagecolorallocate($image, 0x90, 0x90, 0x90);         //为图像分配颜色为暗灰色
    $navy = imagecolorallocate($image, 0x00, 0x00, 0x80);             //为图像分配颜色为深蓝色
    $darknavy = imagecolorallocate($image, 0x00, 0x00, 0x50);         //为图像分配颜色为暗深蓝色
    $red = imagecolorallocate($image, 0xFF, 0x00, 0x00);              //为图像分配颜色为红色
    $darkred = imagecolorallocate($image, 0x90, 0x00, 0x00);          //为图像分配颜色为暗红色

    imagefill($image, 0, 0, $white);                                  //为画布背景填充背景颜色
    //动态制做3D 效果
    for ($i = 60; $i > 50; $i--) {                                    //循环10次画出立体效果
        imagefilledarc($image, 50, $i, 100, 50, -160, 40, $darknavy, IMG_ARC_PIE);
        imagefilledarc($image, 50, $i, 100, 50, 40, 75 , $darkgray, IMG_ARC_PIE);
        imagefilledarc($image, 50, $i, 100, 50, 75, 200 , $darkred, IMG_ARC_PIE);
    }

    imagefilledarc($image, 50, 50, 100, 50, -160, 40, $navy, IMG_ARC_PIE);   //画一椭圆弧且填充
    imagefilledarc($image, 50, 50, 100, 50, 40, 75 , $gray, IMG_ARC_PIE);    //画一椭圆弧且填充
    imagefilledarc($image, 50, 50, 100, 50, 75, 200 , $red, IMG_ARC_PIE);    //画一椭圆弧且填充

    imageString($image, 1, 15, 55, '34.7%', $white);                  //水平地画一行字符串
    imageString($image, 1, 45, 35, '55.5%', $white);                  //水平地画一行字符串

    // 向浏览器中输出一张PNG格式的图片
    header('Content-type: image/png');                                //使用头函数告诉浏览器以图像方式处理以下输出
    imagepng($image);                                                 //向浏览器输出
    imagedestroy($image);                                             //销毁图像，释放资源
```

直接通过浏览器请求该脚本，或是将该脚本所在的 URL 赋给 HTML 中 IMG 标记的 src 属性，都可以获取动态输出的图像结果，如图 12-1 所示。

图 12-1　使用 PHP 的 GD 库动态绘制统计图

12.1.1 画布管理

使用 PHP 的 GD 库处理图像时，必须对画布进行管理。创建画布就是在内存中开辟一块存储区域，以后在 PHP 中对图像的所有操作都是基于这个画布处理的，画布就是一个图像资源。在 PHP 中，可以使用 imagecreate()和 imagecreatetruecolor()两个函数创建指定的画布。这两个函数的作用是一致的，都是建立一个指定大小的画布，它们的原型如下所示：

```
resource imagecreate ( int $x_size, int $y_size )              //新建一幅基于调色板的图像
resource imagecreatetruecolor ( int $x_size, int $y_size )     //新建一幅真彩色图像
```

虽然这两个函数都可以创建一个新的画布，但各自能够容纳颜色的总数是不同的。imagecreate()函数可以创建一幅基于普通调色板的图像，通常支持 256 色。而 imagecreatetruecolor()函数可以创建一幅真彩色图像，但该函数不能用于 GIF 文件格式。当画布创建后，返回一个图像标识符，代表了一幅宽度为$x_size 和高度为$y_size 的空白图像引用句柄。在后续的绘图过程中，都需要使用这个资源类型的句柄。例如，可以通过调用 imagex()和 imagey()两个函数获取图像的大小。代码如下所示：

```
1  <?php
2      $img = imagecreatetruecolor(300, 200);    //创建一个300×200像素的画布
3      echo imagesx($img);                        //输出画布宽度300像素
4      echo imagesy($img);                        //输出画布高度200像素
```

另外，画布的引用句柄如果不再使用，一定要将这个资源销毁，释放内存与该图像的存储单元。画布的销毁过程非常简单，调用 imagedestroy()函数就可以实现。其语法格式如下所示：

```
bool imagedestroy ( resource $image )              //销毁一幅图像
```

如果该方法调用成功，就会释放与参数$image 关联的内存。其中，参数$image 是由图像创建函数返回的图像标识符。

12.1.2 设置颜色

在使用 PHP 动态输出美丽图像的同时，也离不开颜色的设置，就像画画时需要使用调色板一样。设置图像中的颜色，需要调用 imagecolorallocate()函数完成。如果在图像中需要设置多种颜色，只要多次调用该函数即可。该函数的原型如下所示：

```
int imagecolorallocate ( resource $image, int $red, int $green, int $blue )   //为一幅图像分配颜色
```

该函数会返回一个标识符，代表了由给定的 RGB 成分组成的颜色。参数$red、$green 和$blue 分别是所需要的颜色的红、绿、蓝成分。这些参数是 0～255 的整数或者十六进制的 0x00～0xFF。第一个参数$image 是画布图像的句柄，该函数必须调用$image 所代表的图像中的颜色。但要注意，如果是使用 imagecreate()函数建立的画布，则第一次对

imagecolorallocate()函数的调用，会给基于调色板的图像填充背景色。该函数的使用代码如下所示：

```php
<?php
    $im = imagecreate(100, 100);                             //为设置颜色函数提供一个画布资源
    //背景设为红色
    $background = imagecolorallocate($im, 255, 0, 0);        //第一次调用即为画布设置背景颜色
    //设定一些颜色
    $white = imagecolorallocate($im, 255, 255, 255);         //返回由十进制整数设置为白色的标识符
    $black = imagecolorallocate($im, 0, 0, 0);               //返回由十进制整数设置为黑色的标识符
    //十六进制方式
    $white = imagecolorallocate($im, 0xFF, 0xFF, 0xFF);      //返回由十六进制整数设置为白色的标识符
    $black = imagecolorallocate($im, 0x00, 0x00, 0x00);      //返回由十六进制整数设置为黑色的标识符
```

12.1.3 生成图像

使用 GD 库中提供的函数动态绘制完成图像以后，就需要输出到浏览器或者将图像保存起来。在 PHP 中，可以将动态绘制完成的画布，直接生成 GIF、JPEG、PNG 和 WBMP 4 种图像格式。可以通过调用下面 4 个函数生成这些格式的图像：

```
bool imagegif (resource $image [, string $filename] )                              //以 GIF 格式将图像输出
bool imagejpeg(resource $image [, string $filename [, int $quality]])              //以 JPEG 格式将图像输出
bool imagepng ( resource $image [, string $filename] )                             //以 PNG 格式将图像输出
bool imagewbmp ( resource $image [, string $filename [, int $foreground]] )        //以 WBMP 格式将图像输出
```

以上 4 个函数的使用类似，前两个参数的使用是相同的。第一个参数$image 为必选项，是前面介绍的图像引用句柄。如果不为这些函数提供其他参数，访问时则直接将原图像流输出，并在浏览器中显示动态输出的图像。但一定要在输出之前使用 header()函数发送标头信息，用来通知浏览器使用正确的 MIME 类型对接收的内容进行解析，让它知道我们发送的是图片而不是文本的 HTML。以下代码段通过自动检测 GD 库支持的图像类型，来写出移植性更好的 PHP 程序：

```php
<?php
    if (function_exists("imagegif")) {                       //判断生成GIF格式图像的函数是否存在
        header("Content-type: image/gif");                   //发送标头信息设置MIME类型为image/gif
        imagegif($im);                                       //以GIF格式将图像输出到浏览器
    } elseif (function_exists("imagejpeg")) {                //判断生成JPEG格式图像的函数是否存在
        header("Content-type: image/jpeg");                  //发送标头信息设置MIME类型为image/jpeg
        imagejpeg($im, "", 0.5);                             //以JPEG格式将图像输出到浏览器
    } elseif (function_exists("imagepng")) {                 //判断生成PNG格式图像的函数是否存在
        header("Content-type: image/png");                   //发送标头信息设置MIME类型为image/png
        imagepng($im);                                       //以PNG格式将图像输出到浏览器
    } elseif (function_exists("imagewbmp")) {                //判断生成WBMP格式图像的函数是否存在
        header("Content-type: image/vnd.wap.wbmp");          //设置MIME类型为image/vnd.wap.wbmp
        imagewbmp($im);                                      //以WBMP格式将图像输出到浏览器
    } else {                                                 //如果没有可以使用的生成图像函数
        die("在PHP服务器中，不支持图像");                     //则PHP不支持图像操作，退出
    }
```

如果希望将 PHP 动态绘制的图像保存在本地服务器上，则必须在第二个可选参数中指定一个文件名字符串。这样，不仅不会将图像直接输出到浏览器，也不需要使用 header()函

数发送标头信息。

如果使用 imagejpeg()函数生成 JPEG 格式的图像，还可以通过第三个可选参数$quality 指定 JPEG 格式图像的品质，该参数可以提供的值是从 0（最差品质，但文件最小）到 100（最高品质，文件也最大）的整数，默认值为 75。也可以为函数 imagewbmp()提供第三个可选参数$forground，指定图像的前景颜色，默认颜色值为黑色。

12.1.4 绘制图像

在 PHP 中绘制图像的函数非常丰富，包括点、线、各种几何图形等可以想象出来的平面图形，都可以通过 PHP 中提供的各种画图函数完成。我们在这里只介绍一些常用的图像绘制，如果使用我们没有介绍过的函数，可以参考手册实现。另外，这些图形绘制函数都需要使用画布资源，并在画布中的位置通过坐标（原点是该画布左上角的起始位置，以像素为单位，沿着 X 轴正方向向右延伸，Y 轴正方向向下延伸）决定，而且还可以通过函数中的最后一个参数设置每个图形的颜色。画布中的坐标系统如图 12-2 所示。

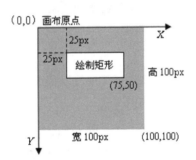

图 12-2　使用 PHP 绘制图像的坐标演示

1．图形区域填充

通过 PHP 仅仅绘制出只有边线的几何图形是不够的，还可以使用对应的填充函数，完成图形区域的填充。除了每个图形都有对应的填充函数之外，还可以使用 imagefill()函数实现区域填充。该函数的语法格式如下：

```
bool imagefill ( resource $image, int $x, int $y, int $color )            //区域填充
```

该函数在参数$image 代表的图像上，相对于图像左上角(0,0)坐标处，从坐标($x,$y)处用参数$color 指定的颜色执行区域填充，与坐标($x, $y)点颜色相同且相邻的点都会被填充。例如在下面的示例中，将画布的背景设置为红色。代码如下所示：

```php
<?php
    $im = imagecreatetruecolor(100, 100);            //创建100×100像素的画布
    $red = imagecolorallocate($im, 255, 0, 0);       //设置一个颜色变量为红色

    imagefill($im, 0, 0, $red);                      //将背景设为红色

    header('Content-type: image/png');               //通知浏览器这不是文本而是一张图片
```

```
8    imagepng($im);                    //生成PNG格式的图片输出给浏览器
9
10   imagedestroy($im);                //销毁图像资源，释放画布占用的内存空间
```

2．绘制点和线

画点和线是绘制图像中最基本的操作，如果灵活使用，可以通过它们绘制出千变万化的图像。在 PHP 中，使用 imagesetpixel()函数在画布中绘制一个单一像素的点，并且可以设置点的颜色。该函数的原型如下所示：

bool imagesetpixel (resource $image, int $x, int $y, int $color)   //画一个单一像素的点

该函数在第一个参数$image 提供的画布上，距离原点分别为$x 和$y 的坐标位置，绘制一个颜色为$color 的像素点。理论上使用画点函数便可以画出所需要的所有图形，也可以使用其他的绘图函数。如果需要绘制一条线段，可以使用 imageline()函数，其语法格式如下所示：

bool imageline (resource $image, int $x1, int $y1, int $x2, int $y2, int $color)   //画一条线段

我们都知道两点确定一条线段，所以该函数使用$color颜色在图像$image 中，从坐标($x1, $x2)开始到坐标($x2, $y2)结束画一条线段。

3．绘制矩形

可以使用 imagerectangle()函数绘制矩形，也可以通过 imagefilledrectangle()函数绘制一个矩形并填充。这两个函数的语法格式如下：

bool imagerectangle (resource $image, int $x1, int $y1, int $x2, int $y2, int $color)   //画一个矩形
bool imagefilledrectangle (resource image, int $x1, int $y1, int $x2, int $y2, int $color)   //画一个矩形并填充

这两个函数的行为类似，都是在$image 图像中画一个矩形，只不过前者是使用$color 参数指定矩形的边线颜色，而后者则是使用这个颜色填充矩形。相对于图像左上角的(0, 0)位置，矩形的左上角坐标为($x1, $y1)，右下角坐标为($x2, $y2)。

4．绘制多边形

可以使用 imagepolygon()函数绘制一个多边形，也可以通过 imagefilledpolygon()函数绘制一个多边形并填充。这两个函数的语法格式如下：

bool imagepolygon (resource $image, array $points, int $num_points, int $color)   //画一个多边形
bool imagefilledpolygon (resource $image, $array $points, int $num_points, int $color)   //画一个多边形并填充

这两个函数的行为类似，都是在$image 图像中画一个多边形，只不过前者是使用$color 参数指定多边形的边线颜色，而后者则是使用这个颜色填充多边形。第二个参数$points 是一个 PHP 数组，包含了多边形的各个顶点坐标。即 points[0]=x0, points[1]=y0, points[2]=x1, points[3]=y1，以此类推。第三个参数$num_points 是顶点的总数，必须大于 3。

5．绘制椭圆

可以使用 imageellipse()函数绘制一个椭圆，也可以通过 imagefilledellipse()函数绘制一个椭圆并填充。这两个函数的语法格式如下：

```
bool imageellipse ( resource $image, int $cx, int $cy, int $w, int $h, int $color )        //画一个椭圆
bool imagefilledellipse ( resource $image, int $cx, int $cy, int $w, int $h, int $color )  //画一个椭圆并填充
```

这两个函数的行为类似，都是在$image 图像中画一个椭圆，只不过前者是使用$color 参数指定椭圆形的边线颜色，而后者则是使用它填充颜色。相对于画布左上角坐标(0, 0)，以($cx, $cy)坐标为中心画一个椭圆，参数$w 和$h 分别指定了椭圆的宽和高。如果成功则返回 TRUE，失败则返回 FALSE。

6．绘制弧线

前面介绍的 3D 扇形统计图示例，就是使用绘制填充圆弧的函数实现的。可以使用 imagearc()函数绘制一条弧线，以及圆形和椭圆形。这个函数的语法格式如下：

```
bool imagearc ( resource $image, int $cx, int $cy, int $w, int $h, int $s, int $e, int $color )    //画椭圆弧
```

相对于画布左上角坐标(0, 0)，该函数以($cx, $cy)坐标为中心，在$image 所代表的图像中画一个椭圆弧。其中参数$w 和$h 分别指定了椭圆的宽度和高度，起始点和结束点以$s 和$e 参数以角度指定。0°位于三点钟位置，以顺时针方向绘画。如果要绘制一个完整的圆形，首先要将参数$w 和$h 设置为相等的值，然后将起始角度$s 指定为 0，结束角度$e 指定为 360。如果需要绘制填充圆弧，可以查询 imagefilledarc()函数使用。

12.1.5 在图像中绘制文字

在图像中显示的文字也需要按坐标位置画上去。在 PHP 中不仅支持比较多的字体库，而且提供了非常灵活的文字绘制方法。例如，在图像中绘制缩放、倾斜、旋转的文字等。可以使用 imagestring()、imagestringup()、imagechar()等函数使用内置的字体文字绘制到图像中。这些函数的原型如下所示：

```
bool imagestring ( resource $image, int $font, int $x, int y, string $s, int $color )   //水平地画一行字符串
bool imagestringup ( resource $image, int $font, int $x, int y, string $s, int $color ) //垂直地画一行字符串
bool imagechar ( resource $image, int $font, int $x, int $y, char $c, int $color )      //水平地画一个字符
bool imagecharup ( resource $image, int $font, int $x, int $y, char $c, int $color )    //垂直地画一个字符
```

在上面列出来的 4 个函数中，前两个函数 imagestring()和 imagestringup()分别用来向图像中水平和垂直地输出一行字符串，而后两个函数 imagechar()和 imagecharup()分别用来向图像中水平和垂直地输出一个字符。虽然这 4 个函数有所差异，但调用方式类似。它们都是在$image 图像中绘制由第五个参数指定的字符串或字符，绘制的位置都是从坐标($x, $y)开始输出。如果是水平地画一行字符串则是从左向右输出，而垂直地画一行字符串则是从下而上

输出。这些函数都可以通过最后一个参数$color 给出文字的颜色。第二个参数$font 则给出了文字字体标识符，其值为整数 1、2、3、4 或 5，则是使用内置的字体，数字越大则输出的文字尺寸就越大。下面是在一幅图像中输出文字的示例：

```php
<?php
    $im = imagecreate(150, 150);                             //创建一个150×150像素的画布

    $bg = imagecolorallocate($im, 255, 255, 255);            //设置画布的背景为白色
    $black = imagecolorallocate($im, 0, 0, 0);               //设置一个颜色变量为黑色

    $string = "LAMPBrother";                                 //在图像中输出的字符串

    imageString($im, 3, 28, 70, $string, $black);            //水平将字符串输出到图像中
    imageStringUp($im, 3, 59, 115, $string, $black);         //垂直由下而上输出到图像中
    for($i=0,$j=strlen($string); $i<strlen($string); $i++,$j--){  //循环单个字符输出到图像中
        imageChar($im, 3, 10*($i+1), 10*($i+2), $string[$i], $black);   //向下倾斜输出每个字符
        imageCharUp($im, 3, 10*($i+1), 10*($j+2), $string[$i], $black); //向上倾斜输出每个字符
    }

    header('Content-type: image/png');                       //设置输出的头部标识符
    imagepng($im);                                           //输出PNG格式的图片
```

直接请求该脚本，在浏览器中显示的图像如图 12-3 所示。

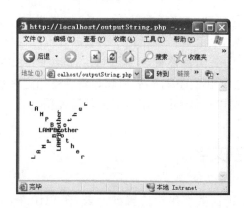

图 12-3 使用 PHP 的 GD 库绘制内置字体

除了通过上面介绍的 4 个函数输出内置的字体，还可以使用 imagettftext()函数，输出一种可以缩放的、与设备无关的 TrueType 字体。TrueType 是用数学函数描述字体轮廓外形，既可以用作打印字体，又可以用作屏幕显示，各种操作系统都可以兼容这种字体。由于它是由指令对字形进行描述，因此它与分辨率无关，输出时总是按照打印机的分辨率输出。无论放大或缩小，字符总是光滑的，不会有锯齿出现。例如在 Windows 系统中，字体库所在的文件夹 C:\WINDOWS\Fonts 下，对 TrueType 字体都有标注，如 simsun.ttf 为 TrueType 字体中的"宋体"。imagettftext()函数的原型如下所示：

array imagettftext(resource $image, float $size, float $angle, int $x, int $y, int $color, string $fontfile, string $text)

该函数需要多个参数，其中参数$image 需要提供一个图像资源。参数$size 用来设置字体大小，根据 GD 库版本不同，应该以像素大小指定（GD1）或点大小（GD2）。参数$angle

是角度制表示的角度，0°为从左向右读的文本，更高数值表示逆时针旋转。例如，90°表示从下向上读的文本。并由($x, $y)两个参数所表示的坐标定义了第一个字符的基本点，大概是字符的左下角。而这和 imagestring()函数有所不同，其($x, $y)坐标定义了第一个字符的左上角。参数$color 指定颜色索引，使用负的颜色索引值具有关闭防锯齿的效果。参数$fontfile 是想要使用的 TrueType 字体的路径。根据 PHP 所使用的 GD 库的不同，当 fontfil 没有以"/"开头时，则".ttf"将被加到文件名之后，并且会在库定义字体路径中尝试搜索该文件名。最后一个参数$text 指定需要输出的文本字符串，可以包含十进制数字化字符表示（形式为：€）来访问字体中超过位置 127 的字符。UTF-8 编码的字符串可以直接传递。如果字符串中使用的某个字符不被字体支持，一个空心矩形将替换该字符。

imagettftext()函数返回一个含有 8 个单元的数组，表示了文本外框的 4 个角，顺序为左下角—右下角—右上角—左上角。这些点是相对于文本的，和角度无关，因此"左上角"指的是以水平方向看文字时其左上角。我们通过在下例中的脚本生成一个白色的 400×30 像素的 PNG 图像，其中有黑色（带灰色阴影）"宋体"字体写的"LAMP 兄弟连——无兄弟，不编程！"。代码如下所示：

```php
<?php
    $im = imagecreatetruecolor(400, 30);            //创建400×30像素大小的画布

    $white = imagecolorallocate($im, 255, 255, 255); //创建白色
    $grey = imagecolorallocate($im, 128, 128, 128);  //创建灰色
    $black = imagecolorallocate($im, 0, 0, 0);       //创建黑色

    imagefilledrectangle($im, 0, 0, 399, 29, $white); //输出一个使用白色填充的矩形作为背景

    //如果有中文输出，需要将其转码，转换为UTF-8的字符串才可以直接传递
    $text = iconv("GB2312", "UTF-8", "LAMP兄弟连—无兄弟，不编程！");
    //指定字体，将系统中与simsum.ttc对应的字体复制到当前目录下
    $font = 'simsun.ttc';

    imagettftext($im, 20, 0, 12, 21, $grey, $font, $text);  //输出一个灰色的字符串作为阴影
    imagettftext($im, 20, 0, 10, 20, $black, $font, $text); //在阴影之上输出一个黑色的字符串

    header("Content-type: image/png");               //通知浏览器将输出格式为PNG的图像
    imagepng($im);                                   //向浏览器中输出PNG格式的图像

    imagedestroy($im);                               //销毁资源，释放内存占用的空间
```

直接请求该脚本，在浏览器中显示的图像如图 12-4 所示。

图 12-4 使用 PHP 的 GD 库绘制与设备无关的 TrueType 字体

12.2 设计经典的验证码类

验证码就是将一串随机产生的数字或符号动态生成一幅图片,再在图片中加上一些干扰像素,只要让用户可以通过肉眼识别其中的信息即可。并且在表单提交时使用,只有审核成功后才能使用某项功能。很多地方都需要使用验证码,它经常出现在用户注册、登录或者在网上发帖子时。因为用户的 Web 网站有时会碰到客户机恶意攻击,其中一种很常见的攻击手段就是身份欺骗。它通过在客户端脚本写入一些代码,然后利用其客户机在网站、论坛反复登录;或者攻击者创建一个 HTML 窗体,其窗体包含了注册窗体或发帖窗体等相同的字段。然后利用"http-post"传输数据到服务器,服务器就会执行相应的创建账户、提交垃圾数据等操作。如果服务器本身不能有效验证并拒绝此非法操作,则会很严重地耗费其系统资源,降低网站性能,甚至使程序崩溃。验证码就是为了防止有人利用机器人自动批量注册、对特定的注册用户用特定程序暴力破解方式进行不断的登录、灌水等。因为验证码是一个混合了数字或符号的图片,人眼看起来都费劲,机器识别起来就更困难了,这样可以确保当前访问者是一个人而非机器。

12.2.1 设计验证码类

我们通过本章中介绍的图像处理内容,设计一个验证码类 Vcode。将该类声明在文件 vcode.class.php 中,并通过面向对象的特性将一些实现的细节封装在该类中。只要在创建对象时,为构造方法提供三个参数,包括创建验证码图片的宽度、高度及验证码字母个数,就可以成功创建一个验证码类的对象。默认验证码的宽度为 80 像素,高度为 20 像素,由 4 个字母或数字组成。该类的声明代码如下所示:

```php
<?php
    /**
     file: vcode.class.php
     验证码类,类名Vcode
    */
    class Vcode {
        private $width;                        //验证码图片的宽度
        private $height;                       //验证码图片的高度
        private $codeNum;                      //验证码字符的个数
        private $disturbColorNum;              //干扰元素数量
        private $checkCode;                    //验证码字符
        private $image;                        //验证码资源

        /**
         * 构造方法用来实例化验证码对象,并为一些成员属性初始化
         * @param  int $width    设置验证码图片的宽度,默认宽度值为80像素
         * @param  int $height   设置验证码图片的高度,默认高度值为20像素
         * @param  int $codeNum  设置验证码中字母和数字的个数,默认个数为4个
         */
        function __construct($width=80, $height=20, $codeNum=4) {
            $this->width = $width;
            $this->height = $height;
```

```php
        $this->codeNum = $codeNum;
        $number = floor($height*$width/15);
        if($number > 240-$codeNum)
            $this->disturbColorNum = 240-$codeNum;
        else
            $this->disturbColorNum = $number;
        $this->checkCode = $this->createCheckCode();
    }

    /**
     * 用于输出验证码图片, 也向服务器的session中保存了验证码, 使用echo输出对象即可
     */
    function __toString(){
        /* 加到session中, 存储下标为code */
        $_SESSION["code"] = strtoupper($this->checkCode);
        $this->outImg();
        return '';
    }

    /* 内部使用的私有方法, 用于输出图像 */
    private function outImg(){
        $this->getCreateImage();
        $this->setDisturbColor();
        $this->outputText();
        $this->outputImage();
    }

    /* 内部使用的私有方法, 用来创建图像资源, 并初始化背景 */
    private function getCreateImage(){
        $this->image = imagecreatetruecolor($this->width,$this->height);

        $backColor = imagecolorallocate($this->image, rand(225,255),rand(225,255),rand(225,255));

        @imagefill($this->image, 0, 0, $backColor);

        $border = imageColorAllocate($this->image, 0, 0, 0);
        imageRectangle($this->image,0,0,$this->width-1,$this->height-1,$border);
    }

    /* 内部使用的私有方法, 随机生成用户指定个数的字符串,去掉了容易混淆的字符oOLlz和数字012 */
    private function createCheckCode(){
        $code="3456789abcdefghijkmnpqrstuvwxyABCDEFGHIJKMNPQRSTUVWXY";
        for($i=0; $i<$this->codeNum; $i++) {
            $char = $code{rand(0,strlen($code)-1)};

            $ascii .= $char;
        }
        return $ascii;
    }

    /* 内部使用的私有方法, 设置干扰像素, 向图像中输出不同颜色的点 */
    private function setDisturbColor() {
        for($i=0; $i <= $this->disturbColorNum; $i++) {
            $color = imagecolorallocate($this->image, rand(0,255), rand(0,255), rand(0,255));
            imagesetpixel($this->image,rand(1,$this->width-2),rand(1,$this->height-2),$color);
        }

        for($i=0; $i<10; $i++){
            $color=imagecolorallocate($this->image,rand(0,255),rand(0,255),rand(0,255));
            imagearc($this->image,rand(-10,$this->width),rand(-10,$this->height),rand(30,300),
                rand(20,200),55,44,$color);
        }
    }
```

```
 73        /* 内部使用的私有方法，设置干扰像素，向图像中输出不同颜色的点 */
 74        private function setDisturbColor() {
 75            for($i=0; $i <= $this->disturbColorNum; $i++) {
 76                $color = imagecolorallocate($this->image, rand(0,255), rand(0,255), rand(0,255));
 77                imagesetpixel($this->image,rand(1,$this->width-2),rand(1,$this->height-2),$color);
 78            }
 79
 80            for($i=0; $i<10; $i++){
 81                $color=imagecolorallocate($this->image,rand(0,255),rand(0,255),rand(0,255));
 82                imagearc($this->image,rand(-10,$this->width),rand(-10,$this->height),rand(30,300),
                        rand(20,200),55,44,$color);
 83            }
 84        }
 85
 86        /* 内部使用的私有方法，随机颜色、随机摆放、随机字符串向图像中输出 */
 87        private function outputText() {
 88            for ($i=0; $i<=$this->codeNum; $i++) {
 89                $fontcolor = imagecolorallocate($this->image, rand(0,128), rand(0,128), rand(0,128));
 90                $fontSize = rand(3,5);
 91                $x = floor($this->width/$this->codeNum)*$i+3;
 92                $y = rand(0,$this->height-imagefontheight($fontSize));
 93                imagechar($this->image, $fontSize, $x, $y, $this->checkCode{$i}, $fontcolor);
 94            }
 95        }
 96
 97        /* 内部使用的私有方法，自动检测GD支持的图像类型，并输出图像 */
 98        private function outputImage(){
 99            if(imagetypes() & IMG_GIF){
100                header("Content-type: image/gif");
101                imagegif($this->image);
102            }elseif(imagetypes() & IMG_JPG){
103                header("Content-type: image/jpeg");
104                imagejpeg($this->image, "", 0.5);
105            }elseif(imagetypes() & IMG_PNG){
106                header("Content-type: image/png");
107                imagepng($this->image);
108            }elseif(imagetypes() & IMG_WBMP){
109                header("Content-type: image/vnd.wap.wbmp");
110                imagewbmp($this->image);
111            }else{
112                die("PHP不支持图像创建！");
113            }
114        }
115
116        /* 析构方法，在对象结束之前自动销毁图像资源释放内存 */
117        function __destruct(){
118            imagedestroy($this->image);
119        }
120    }
```

在上面的脚本中，虽然声明验证码类 Vcode 的代码比较多，但细节都被封装在类中，只要直接输出对象，就可以向客户端浏览器中输出一幅图片，并且可以在浏览器表单中使用。另外，本类自动获取验证码图片中的字符串，保存在服务的$_SESSION["code"]中。在提交表单时，只有当用户在表单中输入验证码图片上显示的文字，并和服务器中保留的验证码字符串完全相同时，表单才可以提交成功。

注意：验证码在服务器端保存在$_SESSION["code"]中，所以必须开启 session 会话才能使用该类。另外，在服务器端存储时已经自动将验证码的内容全部转成了大写，所以在匹配时也要将客户端提交的验证码转成大写，以达到匹配时不区分大小写的目的。

12.2.2 应用验证码类的实例对象

在下面的脚本文件 imgcode.php 中，使用 session_start()函数开启了用户会话控制（本书后面的章节有详细介绍），然后包含验证码类 Vcode 所在文件 vcode.class.php，创建该类对象并直接输出，就可以将随机生成的验证码图片发送出去，同时会自动将这个验证码字符串保存在服务器中一份。代码如下所示：

```php
<?php
    /**
        file:imgcode.php
        用于请求时，通过验证码类的对象向客户端输出图片
    */
    session_start();                              //开启session,会使用$_SESSION["code"]在服务器中保存验证码

    require_once('vcode.class.php');              //包含验证码所在的类文件
    echo new Vcode();                             //创建验证码对象，并直接被输出，自动调用魔术方法__toString()
```

12.2.3 表单中应用验证码

在下面的脚本文件 image.php 中，包含用户输入表单和匹配验证码两部分。在表单中获取并显示验证码图片，如果验证码上的字符串看不清楚，还可以通过单击它重新获取一张。在表单中，按照验证码图片中显示的文字输出以后，提交时还会转到该脚本中验证。从客户端接收到的验证码，如果和服务器中保留的验证码相同，则提交成功。代码如下所示：

```php
<?php
    /** file:image.php 用于输出用户操作表单和验证用户的输入 */
    session_start();                                                        //开启session
    if(isset($_POST['submit'])){                                            //判断用户提交后执行
        /* 判断用户在表单中输入的字符串和验证码图片中的字符串是否相同 */
        if(strtoupper(trim($_POST["code"])) == $_SESSION['code']){          //如果验证码输出成功
            echo '验证码输入成功<br>';                                      //输出成功的提示信息
        }else{                                                              //如果验证码输入失败
            echo '<font color="red">验证码输入错误！！</font><br>';         //输出失败的提示信息
        }
    }
?>
<html>
    <head>
        <title>Image</title>
        <meta http-equiv="content-type" content="text/html;charset=utf-8" />
        <script>
            /* 定义一个JavaScript函数，当单击验证码时被调用，将重新请求并获取一张新的图片 */
            function newgdcode(obj,url) {
                /* 后面传递一个随机参数，否则在IE7和火狐浏览器下，不刷新图片 */
                obj.src = url+ '?nowtime=' + new Date().getTime();
            }
        </script>
    </head>
    <body>
        <!-- 在HTML中将PHP中动态生成的图片通过IMG标记输出，并添加了单击事件 -->
        <img src="imgcode.php" alt="看不清楚，换一张" style="cursor: pointer;" onclick="javascript:newgdcode(this, this.src);" />
        <form method="POST" action="image.php">
            <input type="text"  size="4" name="code" />
```

```
30          <input type="submit" name="submit" value="提交">
31      </form>
32  </body>
33  </html>
```

12.2.4 实例演示

打开浏览器访问 image.php 脚本，就可以运行本例。图 12-5 为本例的演示结果，分别使用一次正确输入和一次错误输入进行演示。

图 12-5　验证码实例演示

12.3　PHP 图片处理

像验证码或根据动态数据生成统计图表，以及前面介绍的一些 GD 库操作等都属于动态绘制图像。而在 Web 开发中，也会经常处理服务器中已存在的图片。例如，根据一些需求对图片进行缩放、加水印、裁剪、翻转和旋转等操作。在 Web 应用中，经常使用的图片格式有 GIF、JPEG 和 PNG 中的一种或几种，当然 GD 库也可以处理其他格式的图片，但很少用到。所以安装 GD 库时，至少要安装 GIF、JPEG 或 PNG 三种格式中的一种，本书的图片处理也仅针对这三种图片格式进行介绍。

12.3.1　图片背景管理

在前面介绍的画布管理中，使用 imagecreate()和 imagecreatetruecolor()两个函数去创建画布资源。但如果需要对已有的图片进行处理，只要将这个图片作为画布资源即可，也就是我们所说的创建图片背景。可以通过下面介绍的几个函数，打开服务器或网络文件中已经存在的 GIF、JPEG 和 PNG 图像，返回一个图像标识符，代表了从给定的文件名取得的图像作为操作的背景资源。这些函数的原型如下所示，它们在失败时都会返回一个空字符串，并且输出一条错误信息。

resource imagecreatefromjpeg (string $filename)　　//从 JPEG 文件或 URL 新建一幅图像
resource imagecreatefrompng (string $filename)　　//从 PNG 文件或 URL 新建一幅图像

resource imagecreatefromgif (string $filename)   //从 GIF 文件或 URL 新建一幅图像

不管使用哪个函数创建的图像资源，用完以后都需要使用 imagedestroy()函数进行销毁。再有就是图片格式对应的问题，任何一种方式打开的图片资源都可以保存为同一种格式。例如，对于使用 imagecreatefromjpeg()函数创建的图片资源，可以使用 imagepng()函数以 PNG 格式将图像输出到浏览器或文件。当然最好是打开的是哪种格式的图片，就保存成对应的图片格式。如果要做到这一点，我们还需要先认识一下 getimagesize()函数，通过图片名称就可以获取图片的类型、宽度和高度等。该函数的原型如下所示：

array getimagesize (string filename [, array &imageinfo])   //取得图片的大小和类型

如果不能访问 filename 指定的图像或者其不是有效的图像，该函数将返回 FALSE 并产生一条 E_WARNING 级的错误。如果不出错，getimagesize()函数将返回一个具有 4 个单元的数组，索引 0 包含图像宽度的像素值；索引 1 包含图像高度的像素值；索引 2 是图像类型的标记，如 1 = GIF，2 = JPG，3 = PNG，4 = SWF 等；索引 3 是文本字符串，内容为"height="yyy" width="xxx""，可直接用于 <IMG> 标记。示例代码如下所示：

```php
<?php
    list($width, $height, $type, $attr) = getimagesize("image/brophp.jpg");

    echo '<img src="image/brophp.jpg" '.$attr.'>'
```

下面的例子声明一个 image()函数，可以打开 GIF、JPG 和 PNG 中任意一种格式的图片，并在图片的中间加上一个字符串后，保存成原来格式（文字水印）。在以后的开发中，如果需要同样的操作（打开的是哪种格式的图片，也保存成对应格式的文件），可以参照本例的模式。代码如下所示：

```php
<?php
    /**
     * 向不同格式的图片中间画一个字符串（也是文字水印）
     * @param   string   $filename    图片的名称字符串，如果不是当前目录下的图片，请指明路径
     * @param   string   $string      水印文字字符串，如果使用中文，请使用UTF-8字符串
     */
    function image($filename, $string) {
        /* 获取图片的属性，第一个参数代表宽度，第二个参数代表高度，类型1=>gif, 2=>jpeg, 3=>png */
        list($width, $height, $type) = getimagesize($filename);
        /* 可以处理的图片类型 */
        $types = array(1=>"gif", 2=>"jpeg", 3=>"png");
        /* 通过图片类型去组合，可以创建对应图片格式的，创建图片资源的GD库函数 */
        $createfrom = "imagecreatefrom".$types[$type];
        /* 通过"变量函数"去找对应的函数创建图片的资源 */
        $image = $createfrom($filename);
        /* 设置居中字体的X轴坐标位置 */
        $x = ($width - imagefontwidth(5)*strlen($string)) / 2;
        /* 设置居中字体的Y轴坐标位置 */
        $y = ($height -imagefontheight(5)) / 2;
        /* 设置字体的颜色为红色 */
        $textcolor = imagecolorallocate($image, 255, 0, 0);
        /* 在图片上画一个指定的字符串 */
        imagestring($image, 5, $x, $y, $string, $textcolor);
        /* 通过图片类型去组合保存对应格式的图片函数 */
        $output = "image".$types[$type];
```

```
26          /* 通过变量函数去保存对应格式的图片 */
27          $output($image, $filename);
28          /* 销毁图像资源 */
29          imagedestroy($image);
30      }
31
32      image("brophp.gif", "GIF");      //向brophp.gif格式为GIF的图片中央画一个字符串GIF
33      image("brophp.jpg", "JPEG");     //向brophp.jpg格式为JPEG的图片中央画一个字符串JPEG
34      image("brophp.png", "PNG");      //向brophp.png格式为PNG的图片中央画一个字符串PNG
```

演示结果如图 12-6 所示。

操作 GIF 格式图片 brophp.gif

操作 JPEG 格式图片 brophp.jpg

操作 PNG 格式图片 brophp.png

图 12-6　演示打开和保存对应格式的图片

12.3.2　图片缩放

网站优化不能只盯在代码上，内容也是网站最需要优化的对象之一，而图像又是网站中最主要的内容。图像的优化最需要处理的就是将所有上传到网站中的大图片自动缩放成小图片（在网页中大小够用就行），以减少 N 倍的存储空间，并提高下载和浏览的速度。所以图片缩放已经成为一个动态网站必须要处理的任务。图片缩放经常和文件上传绑定在一起工作，能在上传图片的同时就调整其大小。当然有时也需要单独处理图片缩放，例如在做图片列表时，如果直接用大图而在显示时才将其缩放成小图，这样做不仅下载速度会很慢，也会降低页面响应时间。通常的解决方法是在上传图片时，再为图片缩放出一个专门用来做列表的小图标，当单击这个小图标时，才会去下载大图浏览。

使用 GD 库处理图片缩放，通常使用 imagecopyresized()和 imagecopyresampled()两个函数中的一个，而使用 imagecopyresampled()函数处理后图片质量会更好一些。这里只介绍一下 imagecopyresampled()函数的使用方法。该函数的原型如下所示：

bool imagecopyresampled (resource dst_image, resource src_image, int dst_x, int dst_y, int src_x, int src_y, int dst_w, int dst_h, int src_w, int src_h)

该函数将一幅图像中的一块正方形区域复制到另一幅图像中，平滑地插入像素值，因此，减小了图像的大小而仍然保持了极高的清晰度。如果成功则返回 TRUE，失败则返回 FALSE。参数 dst_image 和 src_image 分别是目标图像和源图像的标识符。如果源图像和目标图像的宽度和高度不同，则会进行相应的图像收缩与拉伸，坐标指的是左上角。本函数可用来在同一幅图像内部复制（如果 dst_image 和 src_image 相同的话）区域，但如果区域交叠，则结果不可预知。在下面的示例中，以 JPEG 图片格式为例，编写一个图像缩放的函数 thumb()：

```php
<?php
    /**
     用于对图片进行缩放
     @param   string   $filename       图片的URL
     @width    int     $width          设置图片缩放的最大宽度
     @height   int     $height         设置图片缩放的最大高度
    */
    function thumb($filename, $width=200, $height=200) {
        /* 获取源图像$filename的宽度$width_orig和高度$hteight_orig */
        list($width_orig, $height_orig) = getimagesize($filename);

        /* 根据参数$width和$height的值，换算出等比例缩放的宽度和高度 */
        if ($width && ($width_orig < $height_orig)) {
            $width = ($height / $height_orig) * $width_orig;
        } else {
            $height = ($width / $width_orig) * $height_orig;
        }

        /* 将原图缩放到这个新创建的图片资源中 */
        $image_p = imagecreatetruecolor($width, $height);
        /* 获取原图的图像资源 */
        $image = imagecreatefromjpeg($filename);

        /*使用imagecopyresampled()函数进行缩放设置 */
        imagecopyresampled($image_p, $image, 0, 0, 0, 0, $width, $height, $width_orig, $height_orig);

        /* 将缩放后的图片$image_p保存，图像品质设为100（最佳质量，文件最大）*/
        imagejpeg($image_p, $filename, 100);

        imagedestroy($image_p);             //销毁图片资源$image_p
        imagedestroy($image);               //销毁图片资源$image
    }

    thumb("brophp.jpg", 100,100);           //将brophp.jpg图片缩放成100x100像素的小图
    /* thumb("brophp.jpg", 200,2000);       //如果按一边进行等比例缩放，只需要将另一边赋予一个无限大的值 */
```

在上例声明的 thumb()函数中，第一个参数$filename 是要处理缩放图片的名称，也可以是图片位置的 URL；第二个参数$width 和第三个参数$height 分别指定图片缩放的目标宽度和高度。本例使用了等比例缩放的算法，如果只需要通过宽度来约束图片的缩放，则高度设置一个无限大的值即可；反之亦然。上例将图片 brophp.jpg 缩放成宽度不超过 100 像素、高度也不能超过 100 像素的图片。演示结果如图 12-7 所示。

原图 brophp.jpg（300 × 300 像素）　　缩放后图 brophp.jpg（100 × 100 像素）

图 12-7　缩放图片演示结果

12.3.3 图片裁剪

图片裁剪是指在一个大的背景图片中剪切出一张指定区域的图片，常见的应用是在用户设置个人头像时，可以从上传的图片中裁剪出一个合适的区域作为自己的个人头像图片。图片裁剪和图片缩放的原理相似，所以也是借助 imagecopyresampled()函数去实现这个功能。同样也是以 JPEG 图片格式为例，声明一个图像裁剪函数 cut()，代码如下所示：

```php
<?php
    /**
     * 在一个大的背景图片中剪裁出指定区域的图片, 以JPEG图片格式为例
     *
     * @param   string  $filename   需要剪切的背景图片
     * @param   int     $x          剪切图片左边开始的位置
     * @param   int     $y          剪切图片顶部开始的位置
     * @param   int     $width      图片剪裁的宽度
     * @param   int     $height     图片剪裁的高度
     */
    function cut($filename, $x, $y, $width, $height){
        /* 创建背景图片的资源 */
        $back = imagecreatefromjpeg($filename);
        /* 创建一个可以保存裁剪后图片的资源 */
        $cutimg = imagecreatetruecolor($width, $height);

        /* 使用imagecopyresampled()函数对图片进行裁剪 */
        imagecopyresampled($cutimg, $back, 0, 0, $x, $y, $width, $height, $width, $height);

        /* 保存裁剪后的图片, 如果不想覆盖原图片, 可以为裁剪后的图片加上前缀 */
        imagejpeg($cutimg, $filename);

        imagedestroy($cutimg);              //销毁图像资源$cutimg
        imagedestroy($back);                //销毁图像资源$back
    }

    /* 调用cut()函数去裁剪brophp.jpg图片, 从(50,50)开始裁出宽度和高度都为200像素的图片 */
    cut("brophp.jpg", 50, 50, 200, 200);
```

在上例声明的图片裁剪函数 cut()中，可以从第一个参数$filename 传入的图片上，左部以第二个参数$x 和顶部以第三个参数$y 位置开始，裁剪出大小通过第四个参数$width 指定的宽度和第五个参数$height 指定的高度图片。上例在图片 brophp.jpg 中，左部和顶部都是从 50 像素位置开始，裁剪出宽度和高度都是 200 像素的图片。演示结果如图 12-8 所示。

原图 brophp.jpg

裁剪后图 brophp.jpg

图 12-8　裁剪图片演示结果

12.3.4 添加图片水印

为图片添加水印也是图像处理中常见的功能。因为只要在页面中见到的图片都可以很轻松地拿到,你辛辛苦苦编辑的图片不想被别人不费吹灰之力拿走就用,所以为图片添加水印以确定版权,防止图片被盗用。制作水印可以使用文字(公司名称加网址),也可以使用图片(公司 Logo),图片水印效果会更好一些,因为可以通过一些作图软件进行美化。

使用文字做水印,只需要在图片上画上一些文字即可。如果制作图片水印,就需要先了解一下 GD 库中的 imagecopy()函数,它能复制图像的一部分。该函数的原型如下所示:

bool imagecopy (resource dst_im, resource src_im, int dst_x, int dst_y, int src_x, int src_y, int src_w, int src_h)

该函数的作用是将 src_im 图像中坐标从(src_x,src_y)开始,宽度为 src_w、高度为 src_h 的一部分复制到 dst_im 图像中坐标为(dst_x,dst_y)的位置上。以 JPEG 格式的图片为例,编写一个为图片添加水印的函数 watermark(),代码如下所示:

```php
<?php
/**
    为背景图片添加图片水印(位置随机),背景图片格式为JPEG,水印图片格式为GIF
    @param  string   $filename     需要添加水印的背景图片
    @param  string   $water        水印图片
*/
function watermark($filename, $water){
    /* 获取背景图片的宽度和高度 */
    list($b_w, $b_h) = getimagesize($filename);

    /* 获取水印图片的宽度和高度 */
    list($w_w, $w_h) = getimagesize($water);

    /* 在背景图片中放置水印图片的随机起始位置 */
    $posX = rand(0, ($b_w - $w_w));
    $posY = rand(0, ($b_h - $w_h));

    $back = imagecreatefromjpeg($filename);            //创建背景图片的资源
    $water = imagecreatefromgif($water);               //创建水印图片的资源

    /* 使用imagecopy()函数将水印图片复制到背景图片指定的位置中 */
    imagecopy($back, $water, $posX, $posY, 0, 0, $w_w, $w_h);

    /* 保存带有水印图片的背景图片 */
    imagejpeg($back,$filename);

    imagedestroy($back);               //销毁背景图片资源$back
    imagedestroy($water);              //销毁水印图片资源$water
}

/* 调用watermark()函数,为背景JPEG格式的图片brophp.jpg,添加GIF格式的水印图片logo.gif */
watermark("brophp.jpg", "logo.gif");
```

上例声明的 watermark()函数,第一个参数$filename 为背景图片的 URL,第二个参数$water 为水印图片的 URL。上例调用 watermark()函数,将水印图片 logo.gif 添加到背景图片 brophp.jpg 中,位置在背景图片中随机。演示结果如图 12-9 所示。

原图 brophp.jpg　　　　　　　　水印添加后图 brophp.jpg

图 12-9　为图片添加水印的演示结果

12.3.5　图片旋转和翻转

图片的旋转和翻转也是 Web 项目中比较常见的功能,但这是两个不同的概念,图片的旋转是指按特定的角度来转动图片,而图片的翻转则是将图片的内容按特定的方向对调。图片翻转需要自己编写函数来实现,而旋转图片则可以直接借助 GD 库中提供的 imagerotate() 函数完成。该函数的原型如下所示:

resource imagerotate (resource src_im, float angle, int bgd_color [, int ignore_transparent])

该函数可以将 src_im 图像用给定的 angle 角度旋转,bgd_color 指定了旋转后没有覆盖到的部分的颜色。旋转的中心是图像的中心,旋转后的图像会按比例缩小以适合目标图像的大小(边缘不会被剪去)。如果 ignore_transparent 被设为非零值,则透明色会被忽略(否则会被保留)。下面以 JPEG 格式的图片为例,声明一个可以旋转图片的函数 rotate(),代码如下所示:

```php
<?php
    /**
     * 用给定角度旋转图像,以JPEG图片格式为例
     * @param  string   $filename   要旋转的图片名称
     * @param  int      $degrees    指定旋转的角度
     */
    function rotate($filename, $degrees) {
        /* 创建图像资源,以JPEG格式为例 */
        $source = imagecreatefromjpeg($filename);
        /* 使用imagerotate()函数按指定的角度旋转 */
        $rotate = imagerotate($source, $degrees, 0);
        /* 将旋转后的图片保存 */
        imagejpeg($rotate, $filename);
    }

    /* 将把一幅图像brophp.jpg旋转180°,即上下颠倒 */
    rotate("brophp.jpg", 180);
```

上例声明的 rotate()函数需要两个参数,第一个参数$filename 指定一个图片的 URL,第二个参数$degrees 则指定图片旋转的角度。上例调用 rotate()函数,将图片 brophp.jpg 旋转 180°,即图片上下颠倒。

图片的翻转并不能随意指定角度,只能设置两个方向:沿 Y 轴水平翻转或沿 X 轴垂直翻转。如果是沿 Y 轴翻转,就是将原图从右向左(或从左向右)按 1 像素宽度及图片自身的高度循环复制到新资源中,保存的新资源就是沿 Y 轴翻转后的图片。以 JPEG 格式图片为例,声明一个可以沿 Y 轴翻转的图片函数 turn_y(),代码如下所示:

```php
<?php
    /**
     * 图片沿Y轴翻转,以JPEG格式为例
     * @param   string   $filename   图片名称
     */
    function trun_y($filename){
        /* 创建图片背景资源,以JPEG格式为例 */
        $back = imagecreatefromjpeg($filename);

        $width = imagesx($back);      //获取图片的宽度
        $height = imagesy($back);     //获取图片的高度

        /* 创建一个新的图片资源,用来保存沿Y轴翻转后的图片 */
        $new = imagecreatetruecolor($width, $height);
        /* 沿Y轴翻转就是将原图从右向左按一个像素宽度向新资中逐个复制 */
        for($x=0; $x < $width; $x++){
            /* 逐条复制图片本身高度、1像素宽度的图片到新资源中 */
            imagecopy($new, $back, $width-$x-1, 0, $x, 0, 1, $height);
        }

        /* 保存翻转后的图片资源 */
        imagejpeg($new, $filename);

        imagedestroy($back);          //销毁原背景图像资源
        imagedestroy($new);           //销毁新的图片资源
    }

    /* 图片沿Y轴翻转*/
    trun_y("brophp.jpg");
```

本例声明的 turn_y()函数只需要一个参数,就是要处理的图片 URL。本例调用 turn_y()函数将 brophp.jpg 图片沿 Y 轴进行翻转。如果是沿 X 轴翻转,就是将原图从上向下(或下左向上)按 1 像素高度及图片自身的宽度循环复制到新资源中,保存的新资源就是沿 X 轴翻转后的图片。也是以 JPEG 格式图片为例,声明一个可以沿 X 轴翻转的图片函数 turn_x(),代码如下所示:

```php
<?php
    /**
     * 图片沿X轴翻转,以JPEG格式为例
     * @param   string   $filename   图片名称
     */
    function trun_x($filename){
        /* 创建图片背景资源,以JPEG格式为例 */
        $back = imagecreatefromjpeg($filename);
```

```
10      $width = imagesx($back);        //获取图片的宽度
11      $height = imagesy($back);       //获取图片的高度
12
13      /* 创建一个新的图片资源,用来保存沿X轴翻转后的图片 */
14      $new = imagecreatetruecolor($width, $height);
15
16      /* 沿X轴翻转就是将原图从上向下按1像素高度向新资源中逐个复制 */
17      for($y=0; $y < $height; $y++){
18          /* 逐条复制图片本身宽度、1像素高度的图片到新资源中 */
19          imagecopy($new, $back,0, $height-$y-1, 0, $y, $width, 1);
20      }
21
22      /* 保存翻转后的图片资源 */
23      imagejpeg($new, $filename);
24
25      imagedestroy($back);            //销毁原背景图像资源
26      imagedestroy($new);             //销毁新的图片资源
27  }
28
29  /* 将图片brophp.jpg沿X轴翻转 */
30  trun_x("brophp.jpg");
```

本例声明的 turn_x() 函数和 turn_y() 函数用法很相似,也只需要一个参数,就是要处理的图片 URL。本例调用 turn_x() 函数将 brophp.jpg 图片沿 X 轴进行翻转。这几个例子的演示结果如图 12-10 所示。

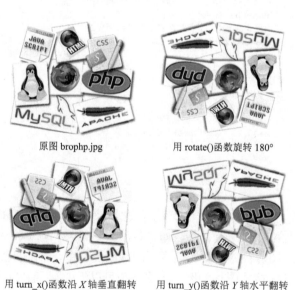

原图 brophp.jpg　　　　　　用 rotate()函数旋转 180°

用 turn_x()函数沿 X 轴垂直翻转　　　用 turn_y()函数沿 Y 轴水平翻转

图 12-10　图片的旋转和翻转运行结果演示

第13章 数据库抽象层 PDO

PHP 与流行的开放源代码的 MySQL 数据库服务器之间总是很有默契。它们的合作使它们各自都获得了备受推崇的地位。很多 PHP 应用程序开发人员都习惯于 PHP 与 MySQL 这对组合,以至于 PHP 对其他数据库的支持常常模仿处理 MySQL 的函数库。然而,并不是所有的数据库处理函数库都是一样的,也不是所有的数据库都提供相同的特性。虽然存在模仿,但不同的 PHP 数据库扩展都有它们各自的怪僻和不同之处,所以从一种数据库迁移到另一种数据库时会有一些困难。虽然 PHP 一直都拥有很好的数据库连接,但 PDO(PHP Data Object)的出现让 PHP 达到了一个新的高度。PDO 扩展类库为 PHP 访问数据库定义了一个轻量级的、一致性的接口,它提供了一个数据访问抽象层,这样,无论你使用什么数据库,都可以通过一致的函数执行查询和获取数据,大大简化了数据库的操作,并能够屏蔽不同数据库之间的差异。使用 PDO 可以很方便地进行跨数据库程序的开发,以及不同数据库间的移植,是将来 PHP 在数据库处理方面的主要发展方向。

13.1 PDO 所支持的数据库

使用 PHP 可以处理各种数据库系统,包括 MySQL、PostgreSQL、Oracle、MsSQL 等。但访问不同的数据库系统时,其所使用的 PHP 扩展函数也是不同的。例如,使用 PHP 的 mysql 或 mysqli 扩展函数,只能访问 MySQL 数据库。而如果需要处理 Oracle 数据库,就必须安装和重新学习 PHP 中处理 Oracle 的扩展函数库,如图 13-1 所示。应用每种数据库时都需要学习特定的函数库,这样是比较麻烦的,更重要的是这使得数据库间的移植难以实现。

为了解决这样的难题,就需要一种"数据库抽象层"。它能解决应用程序逻辑与数据库通信逻辑之间的耦合,通过这个通用接口传递所有与数据库相关的命令,应用程序就能使用多种数据库解决方案中的某一种,只要该数据库支持应用程序所需要的特性,而且抽象层提供了与该数据库兼容的驱动程序。图 13-2 描述了这个过程。

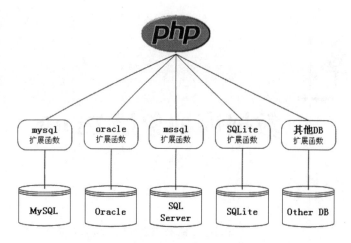

图 13-1　每种数据库都有对应的扩展函数

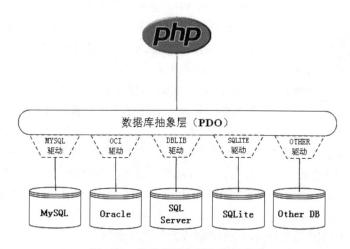

图 13-2　数据库抽象层的应用模式

　　PDO 就是一个"数据库访问抽象层",其作用是统一各种数据库的访问接口,能够轻松地在不同数据库之间进行切换,使得数据库间的移植容易实现。与 mysql 和 mysqli 的函数库相比,PDO 让跨数据库的使用更具有亲和力;与 ADODB 和 MDB2 等同类数据库访问抽象层相比,PDO 更高效。另外,PDO 与 PHP 支持的所有数据库扩展都非常相似,因为 PDO 借鉴了以往数据库扩展的最好特性。

　　对任何数据库的操作,并不是使用 PDO 扩展本身执行的,必须针对不同的数据库服务器使用特定的 PDO 驱动程序访问。驱动程序扩展则为 PDO 和本地 RDBMS 客户机 API 库架起一座桥梁,用来访问指定的数据库系统。这能大大提高 PDO 的灵活性,因为 PDO 在运行时才加载必需的数据库驱动程序,所以不需要在每次使用不同的数据库时重新配置和重新编译 PHP。例如,如果数据库服务器需要从 MySQL 切换到 Oracle,只要重新加载 PDO_OCI 驱动程序就可以了。PDO 对其他数据库的支持及对应使用的驱动名称如表 13-1 所示。

表 13-1　支持 PDO 的驱动及相应的数据库列表

驱 动 名	对应访问的数据库
PDO_DBLIB	FreeTDS / Microsoft SQL Server / Sybase
PDO_FIREBIRD	Firebird / Interbase 6
PDO_MYSQL	MySQL 3.x/4.x/5.x
PDO_OCI	Oracle (OCI=Oracle Call Interface)
PDO_ODBC	ODBC v3
PDO_PGSQL	PostgreSQL
PDO_SQLITE	SQLite 2.x/3.x

要确定所处的环境中有可用的 PDO 驱动程序，可以在浏览器中通过加载 phpinfo()函数，查看 PDO 部分的列表，或者通过查看 pdo_drivers()函数返回的数组。

13.2　PDO 的安装

PDO 随 PHP 5.1 发行，在 PHP 5 的 PECL 扩展中也可以使用。PDO 需要 PHP 5 核心面向对象特性的支持，所以它无法运行于之前的 PHP 版本中。无论如何，在配置 PHP 时，仍需要显式地指定所要包括的驱动程序。驱动程序除 PDO_SQLITE（默认已包括这个驱动程序）之外，都需要手工安装。

在 Linux 环境下为启用对 MySQL 的 PDO 驱动程序支持，需要在安装 PHP 5.1 版本以上的源代码包环境时，向 configure 命令中添加如下标志：

`--with-pdo-mysql=/usr/local/mysql` 　　　　//其中 "/usr/local/mysql" 为 MySQL 服务器安装目录

如果在安装 PHP 环境时，要开启其他各个特定 PDO 驱动程序的更多信息，请参考执行 configure --help 命令所获得的帮助结果。

在 Windows 环境下，在 PHP 5.1 以上版本中，PDO 和主要数据库的驱动同 PHP 一起作为扩展发布，要激活它们只需要简单地编辑 php.ini 文件。下面都是原本使用分号注释掉的选项，我们在后面追加下面的一行代码：

`extension=php_pdo.dll` 　　　　//所有 PDO 驱动程序共享的扩展，必须有

上面一行是所有 PDO 驱动程序共享必须要有的扩展。然后，就看使用什么数据库。如果使用 MySQL，那么添加下面的一行，加载 MySQL 数据库的 PDO 驱动：

`extension=php_pdo_mysql.dll` 　　　　//如果使用 MySQL 驱动程序，那么添加这一行

如果要激活其他一种数据库的 PDO 驱动程序，那么添加下面其中的一行；如果要激活多个数据库的 PDO 驱动程序，那么添加下面的多行：

`extension=php_pdo_mssql.dll` 　　　　//如果要使用 SQL Server 驱动程序，那么添加这一行
`extension=php_pdo_odbc.dll` 　　　　//如果要使用 ODBC 驱动程序，那么添加这一行

extension=php_pdo_oci.dll　　　　　　//如果要使用 Oracle 驱动程序，那么添加这一行

保存修改的 php.ini 文件变化，重启 Apache 服务器，查看 phpinfo()函数，可以看到如图 13-3 所示的结果，这表示 PDO 扩展和连接 MySQL 的 PDO 驱动（pdo_mysql）已经可以使用了。

图 13-3　通过查看 phpinfo()函数输出结果检查 PDO 的安装

13.3 创建 PDO 对象

使用 PDO 在与不同数据库管理系统之间交互时，PDO 对象中的成员方法是统一各种数据库的访问接口，所以在使用 PDO 与数据库交互之前，首先要创建一个 PDO 对象。在通过构造方法创建对象的同时，需要建立一个与数据库服务器的连接，并选择一个数据库。PDO 的构造方法原型如下：

__construct (string dsn [, string username [, string password [, array driver_options]]])　　//PDO 的构造方法

在构造方法中，第一个必选的参数是数据源名（DSN），用来定义一个确定的数据库和必须用到的驱动程序。DSN 的 PDO 命名惯例为 PDO 驱动程序的名称，后面跟一个冒号，再后面是可选的驱动程序的数据库连接变量信息，如主机名、端口和数据库名。例如，连接 Oracle 服务器和连接 MySQL 服务器的 DSN 格式分别如下所示：

//连接 Oracle 服务器的 DSN，oci:作为驱动前缀，主机 localhost，端口 1521，数据库 mydb
oci:dbname=//localhost:1521/mydb
//连接 MySQL 服务器的 DSN，mysql:作为驱动前缀，主机 localhost，数据库 testdb
mysql:host=localhost;dbname=testdb

构造方法中的第二个参数 username 和第三个参数 password 分别指定用于连接数据库的用户名和密码，是可选参数。最后一个参数 driver_options 需要一个数组，用来指定连接所需的所有额外选项，传递附加的调优参数到 PDO 或底层驱动程序。

13.3.1 以多种方式调用构造方法

可以以多种方式调用构造方法创建 PDO 对象。下面以连接 MySQL 和 Oracle 服务器为例，分别介绍构造方法的多种调用方式。

1. 将参数嵌入构造函数

在下面的连接 Oracle 服务器的示例中，在 DSN 字符串中加载 OCI 驱动程序并指定了两个可选参数：第一个是数据库名称；第二个是字符集。使用特定的字符集连接一个特定的数据库；如果不指定任何信息，就会使用默认的数据库。代码如下所示：

```php
<?php
    /*连接如果失败，使用异常处理模式进行捕获 */
    try {
        $dbh = new PDO("OCI:dbname=accounts;charset=UTF-8", "scott", "tiger");
    } catch (PDOException $e) {
        echo "数据库连接失败： " .$e->getMessage();
    }
```

OCI:dbname=accounts 告诉 PDO 它应该使用 OCI 驱动程序，并且应该使用 accounts 数据库。对于 MySQL 驱动程序，第一个冒号后面的所有内容都将被用作 MySQL 的 DSN。连接 MySQL 服务器的示例代码如下所示：

```php
<?php
    $dsn = 'mysql:dbname=testdb;host=127.0.0.1';    //连接MySQL数据库的DSN
    $user = 'dbuser';                                //MySQL数据库的用户名
    $password = 'dbpass';                            //MySQL数据库的密码
    try {
        $dbh = new PDO($dsn, $user, $password);
    } catch (PDOException $e) {
        echo '数据库连接失败： ' . $e->getMessage();
    }
```

其他的驱动程序会同样以不同的方式解释它的 DSN。如果无法加载驱动程序，或者连接失败，则会抛出一个 PDOException，以便开发人员可以决定如何最好地处理该故障。省略 try..catch 控制结构并无裨益，如果在应用程序的较高级别没有定义异常处理，则在无法建立数据库连接的情况下，该脚本会终止。

2. 将参数存放在文件中

在创建 PDO 对象时，可以把 DSN 字符串放在另一个本地或远程文件中，并在构造函数中引用这个文件。代码如下所示：

```php
<?php
    try {
        $dbh = new PDO('uri:file:///usr/local/dbconnect', 'webuser', 'password');
    } catch (PDOException $e) {
            echo '连接失败： ' . $e->getMessage();
    }
```

只要将文件/usr/local/dbconnect 中的 DSN 驱动改变，就可以在多个数据库系统之间切换。

但要确保该文件由负责执行 PHP 脚本的用户所拥有，而且此用户拥有必要的权限。

3．引用 php.ini 文件

也可以在 PHP 服务器的配置文件中维护 DSN 信息，只要在 php.ini 文件中把 DSN 信息赋给一个名为 pdo.dsn.aliasname 的配置参数，这里 aliasname 是后面将提供给构造函数的 DSN 别名。如下所示为连接 Oracle 服务器，在 php.ini 中为 DSN 指定的别名为 oraclepdo：

```
[PDO]
pdo.dsn.oraclepdo="OCI:dbname=//localhost:1521/mydb;charset=UTF-8";
```

重新启动 Oracle 服务器后，就可以在 PHP 程序中调用 PDO 构造方法时，在第一个参数中使用这个别名，代码如下所示：

```php
1  <?php
2      try {
3          //使用php.ini文件中的oraclepdo别名
4          $dbh = new PDO("oraclepdo", "scott", "tiger");
5      } catch (PDOException $e) {
6          echo "数据库连接失败： " .$e->getMessage();
7      }
```

4．PDO 与连接有关的选项

在创建 PDO 对象时，有一些与数据库连接有关的选项，可以将必要的几个选项组成数组传递给构造方法的第四个参数 driver_opts，用来传递附加的调优参数到 PDO 或底层驱动程序。一些常用的使用选项如表 13-2 所示。

表 13-2　PDO 的一些数据库连接有关的选项

选　项　名	描　　述
PDO::ATTR_AUTOCOMMIT	确定 PDO 是否关闭自动提交功能，设置 FALSE 值时关闭
PDO::ATTR_CASE	强制 PDO 获取的表字段字符的大小写转换，或原样使用列信息
PDO::ATTR_ERRMODE	设置错误处理的模式
PDO::ATTR_PERSISTENT	确定连接是否为持久连接，默认值为 FALSE
PDO::ATTR_ORACLE_NULLS	将返回的空字符串转换为 SQL 的 NULL
PDO::ATTR_PREFETCH	设置应用程序提前获取的数据大小，以 KB 为单位
PDO::ATTR_TIMEOUT	设置超时之前等待的时间（秒数）
PDO::ATTR_SERVER_INFO	包含数据库特有的服务器信息
PDO::ATTR_SERVER_VERSION	包含与数据库服务器版本号有关的信息
PDO::ATTR_CLIENT_VERSION	包含与数据库客户端版本号有关的信息
PDO::ATTR_CONNECTION_STATUS	包含数据库特有的与连接状态有关的信息

设置选项名为下标组成的关联数组，作为驱动程序特定的连接选项，传递给 PDO 构造方法的第四个参数。在下面的示例中使用连接选项创建持久连接，持久连接的好处是能够避免在每个页面执行时都打开和关闭数据库服务器连接，速度更快。如 MySQL 数据库的一个进程创建了两个连接，PHP 则会把原有连接与新的连接合并共享为一个连接。代码如下所示：

```php
<?php
//设置持久连接的选项数组作为最后一个参数,可以一起设置多个元素
$opt = array(PDO::ATTR_PERSISTENT => true);
try {
    $db = new PDO('mysql:host=localhost;dbname=test', 'dbuser', 'passwrod',$opt);
} catch (PDOException $e) {
    echo "数据库连接失败:  " .$e->getMessage();
}
```

13.3.2　PDO 对象中的成员方法

当 PDO 对象创建成功以后，与数据库的连接已经建立，就可以使用该对象了。PHP 与数据库服务器之间的交互都是通过 PDO 对象中的成员方法实现的，该对象中的全部成员方法如表 13-3 所示。

表 13-3　PDO 类中的成员方法（共 13 个）

方 法 名	描　　述
getAttribute()	获取一个"数据库连接对象"的属性
setAttribute()	为一个"数据库连接对象"设定属性
errorCode()	获取错误码
errorInfo()	获取错误的信息
exec()	处理一条 SQL 语句，并返回所影响的条目数
query()	处理一条 SQL 语句，并返回一个"PDOStatement"对象
quote()	为某个 SQL 中的字符串添加引号
lastInsertId()	获取插入到表中的最后一条数据的主键值
prepare()	负责准备要执行 SQL 语句
getAvailableDrivers()	获取有效的 PDO 驱动器名称
beginTransaction()	开始一个事务，标明回滚起始点
commit()	提交一个事务，并执行 SQL
rollback()	回滚一个事务

在表 13-3 中，从 PDO 对象中提供的成员方法可以看出，使用 PDO 对象可以完成与数据库服务器之间的连接管理、存取属性、错误处理、查询执行、预处理语句，以及事务等操作。

13.4　使用 PDO 对象

PDO 扩展类库为 PHP 访问数据库定义了一个轻量级的、一致性的接口，它提供了一个数据访问抽象层，这样，无论使用什么数据库，都可以通过一致的函数执行查询和获取数据，大大简化了数据库的操作，并能够屏蔽不同数据库之间的差异。

13.4.1 调整 PDO 的行为属性

在 PDO 对象中有很多属性可以用来调整 PDO 的行为或获取底层驱动程序状态,可以通过查看 PHP 帮助文档(http://www.php.net/pdo)获得详细的 PDO 属性列表信息。如果在创建 PDO 对象时,没有在构造方法中最后一个参数设置过的属性选项,也可以在对象创建完成以后,通过 PDO 对象中的 setAttribute()和 getAttribute()方法设置并获取这些属性的值。

1. getAttribute()

该方法只需要提供一个参数,传递一个特定的属性名称,如果执行成功,则返回该属性所指定的值,否则返回 NULL。示例如下:

```
1  <?php
2      $opt = array(PDO::ATTR_PERSISTENT => TRUE);
3      try {
4          $dbh = new PDO('mysql:dbname=testdb;host=localhost', 'mysql_user', 'mysql_pwd', $opt);
5      } catch (PDOException $e) {
6          echo '数据库连接失败。'.$e->getMessage();
7          exit;                                          //如果有异常发生则退出程序
8      }
9
10     echo "\nPDO是否关闭自动提交功能:  ". $dbh->getAttribute(PDO::ATTR_AUTOCOMMIT);
11     echo "\n当前PDO的错误处理的模式: ". $dbh->getAttribute(PDO::ATTR_ERRMODE);
12     echo "\n表字段字符的大小写转换: ". $dbh->getAttribute(PDO::ATTR_CASE);
13     echo "\n与连接状态相关特有信息: ". $dbh->getAttribute(PDO::ATTR_CONNECTION_STATUS);
14     echo "\n空字符串转换为SQL的null: ". $dbh->getAttribute(PDO::ATTR_ORACLE_NULLS);
15     echo "\n应用程序提前获取的数据大小: " .$dbh->getAttribute(PDO::ATTR_PERSISTENT);
16     echo "\n数据库特有的服务器信息: ". $dbh->getAttribute(PDO::ATTR_SERVER_INFO);
17     echo "\n数据库服务器版本号信息: ". $dbh->getAttribute(PDO::ATTR_SERVER_VERSION);
18     echo "\n数据库客户端版本号信息: ". $dbh->getAttribute(PDO::ATTR_CLIENT_VERSION);
```

2. setAttribute()

这个方法需要两个参数,第一个参数提供 PDO 对象特定的属性名,第二个参数则是为这个指定的属性赋一个值。例如,设置 PDO 的错误模式,需要如下设置 PDO 对象中 ATR_ERROMODE 属性的值:

$dbh->setAttribute(PDO::ATTR_ERRMODE, PDO::ERRMODE_EXCEPTION);   //设置抛出异常处理错误

13.4.2 PDO 处理 PHP 程序和数据库之间的数据类型转换

PDO 在某种程度上是对类型不可知的,因此它喜欢将任何数据都表示为字符串,而不是将其转换为整数或双精度类型。因为字符串类型是最精确的类型,在 PHP 中具有最广泛的应用范围,过早地将数据转换为整数或者双精度类型可能会导致截断或舍入错误。通过将数据以字符串抽出,PDO 为用户提供了一些脚本控制,使用普通的 PHP 类型转换方式就可以控制如何进行转换及何时进行转换。

如果结果集中的某列包含一个 NULL 值,PDO 则会将其映射为 PHP 的 NULL 值。Oracle 在将数据返回 PDO 时会将空字符串转换为 NULL,但是 PHP 支持的任何其他数据库都不会

这样处理，从而导致了可移植性问题。PDO 提供了一个驱动程序级属性 PDO::ATTR_ORACLE_NULLS，该属性会为其他数据驱动程序模拟此行为。此属性设置为 TRUE，在获取时会把空字符串转换为 NULL；默认情况下该属性值为 FALSE。代码如下：

`$dbh->setAttribute(PDO::ATTR_ORACLE_NULLS, true);`

该属性设置以后，通过$dbh 对象打开的任何语句中的空字符串都将被转换为 NULL。

13.4.3 PDO 的错误处理模式

PDO 共提供了三种不同的错误处理模式，不仅可以满足不同风格的编程，也可以调整扩展处理错误的方式。

1．PDO::ERRMODE_SILENT

这是默认模式，在错误发生时不进行任何操作，PDO 将只设置错误代码。开发人员可以通过 PDO 对象中的 errorCode()和 errorInfo()方法对语句和数据库对象进行检查。如果错误是由于对语句对象的调用而产生的，那么可以在那个语句对象上调用 errorCode()或 errorInfo()方法。如果错误是由于调用数据库对象而产生的，那么可以在那个数据库对象上调用上述两个方法。

2．PDO::ERRMODE_WARNING

除了设置错误代码，PDO 还将发出一条 PHP 传统的 E_WARNING 消息，可以使用常规的 PHP 错误处理程序捕获该警告。如果你只是想看看发生了什么问题，而无意中断应用程序的流程，那么在调试或测试当中这种设置很有用。该模式的设置方式如下：

```
//设置警告模式处理错误报告
$dbh->setAttribute(PDO::ATTR_ERRMODE, PDO::ERRMODE_WARNING);
```

3．PDO::ERRMODE_EXCEPTION

除了设置错误代码，PDO 还将抛出一个 PDOException，并设置其属性，以反映错误代码和错误信息。这种设置在调试中也很有用，因为它会放大脚本中产生错误的地方，从而可以非常快速地指出代码中有问题的潜在区域（记住，如果异常导致脚本终止，则事务将自动回滚）。异常模式另一个有用的地方是，与传统的 PHP 风格的警告相比，可以更清晰地构造自己的错误处理；而且，比起以静寂方式及显式地检查每个数据库调用的返回值，异常模式需要的代码及嵌套代码也更少。该模式的设置方式如下：

```
//设置抛出异常模式处理错误
$dbh->setAttribute(PDO::ATTR_ERRMODE, PDO::ERRMODE_EXCEPTION);
```

SQL 标准提供了一组用于指示 SQL 查询结果的诊断代码，称为 SQLSTATE 代码。PDO 制定了使用 SQL-92 SQLSTATE 错误代码字符串的标准，不同 PDO 驱动程序负责将它们的本地代码映射为适当的 SQLSTATE 代码。例如，可以在 MySQL 安装目录下的 include/sql_state.h 文件中找到 MySQL 的 SQLSTATE 代码列表。可以使用 PDO 对象或是

PDOStatement 对象中的 errorCode()方法返回一个 SQLSTATE 代码。如果需要关于一个错误的更多特定的信息,在这两个对象中还提供了一个 errorInfo()方法,该方法将返回一个数组,其中包含 SQLSTATE 代码、特定于驱动程序的错误代码,以及特定于驱动程序的错误字符串。

13.4.4　使用 PDO 执行 SQL 语句

在使用 PDO 执行查询数据之前,先提供一组相关的数据。创建 PDO 对象并通过 mysql 驱动连接 localhost 的 MySQL 数据库服务器,MySQL 服务器的登录名为"mysql_user",密码为"mysql_pwd"。创建一个以"testdb"命名的数据库,并在该数据库中创建一个联系人信息表 contactInfo。建立数据表的 SQL 语句如下所示:

```
CREATE TABLE contactInfo (                                          #创建表 contactInfo
    uid mediumint(8) unsigned NOT NULL AUTO_INCREMENT,              #联系人 ID
    name varchar(50) NOT NULL,                                      #姓名
    departmentId char(3) NOT NULL,                                  #部门编号
    address varchar(80) NOT NULL,                                   #联系地址
    phone varchar(20),                                              #联系电话
    email varchar(100),                                             #联系人的电子邮件
    PRIMARY KEY(uid)                                                #设置用户 ID 为主键
);
```

数据表 contactInfo 建立以后,向表中插入多行记录。本例中插入的数据如表 13-4 所示。

表 13-4　实例演示所需要的数据记录

UID	姓名	部门编号	联系地址	联系电话	电子邮件
1	高某某	D01	海淀区	15801688338	gmm@lampbrother.net
2	洛某某	D02	朝阳区	15801681234	lmm@lampbrother.net
3	峰某某	D03	东城区	15801689876	fmm@lampbrother.net
4	王某某	D01	西城区	15801681357	wmm@lampbrother.net
5	陈某某	D01	昌平区	15801682468	cmm@lampbrother.net

在 PHP 脚本中,通过 PDO 执行 SQL 查询与数据库进行交互,可以分为三种不同的策略,使用哪一种方法取决于你要执行什么操作。

1. 使用 PDO::exec()方法

当执行 INSERT、UPDATE 和 DELETE 等没有结果集的查询时,使用 PDO 对象中的 exec()方法去执行。该方法成功执行后,将返回受影响的行数。注意,该方法不能用于 SELECT 查询。示例代码如下所示:

```
1  <?php
2      try{
3          $dbh = new PDO('mysql:dbname=testdb;host=localhost', 'mysql_user', 'mysql_pwd');
4      }catch(PDOException $e){
```

```php
5         echo '数据库连接失败: '.$e->getMessage();
6         exit;
7     }
8
9  $query = "UPDATE contactInfo SET phone='15801680168' where name='高某某'";
10 //使用exec()方法可以执行INSERT、UPDATE和DELETE等操作
11 $affected = $dbh->exec($query);
12
13 if($affected){
14     echo '数据表contactInfo中受影响的行数为: '.$affected;
15 }else{
16     print_r($dbh->errorInfo());
17 }
```

2. 使用 PDO::query()方法

当执行返回结果集的 SELECT 查询时，或者所影响的行数无关紧要时，应当使用 PDO 对象中的 query()方法。如果该方法成功执行指定的查询，则返回一个 PDOStatement 对象。如果使用了 query()方法，并想了解获取的数据行总数，可以使用 PDOStatement 对象中的 rowCount()方法获取。示例代码如下所示：

```php
1  <?php
2      $dbh = new PDO('mysql:dbname=testdb;host=localhost', 'mysql_user', 'mysql_pwd');
3      $dbh->setAttribute(PDO::ATTR_ERRMODE, PDO::ERRMODE_EXCEPTION);
4
5      $query = "SELECT name, phone, email FROM contactInfo WHERE departmentId='D01'";
6
7      try {
8          //执行SELECT查询，并返回PDOStatement对象
9          $pdostatement = $dbh->query($query);
10         echo "一共从表中获取到".$pdostatement->rowCount()."条记录:\n";
11         foreach ($pdostatement as $row) {         //从PDOStatement对象中遍历结果
12             echo $row['name'] . "\t";             //输出从表中获取到的联系人的名字
13             echo $row['phone'] . "\t";            //输出从表中获取到的联系人的电话
14             echo $row['email'] . "\n";            //输出从表中获取到的联系人的电子邮件
15         }
16     } catch (PDOException $e) {
17         echo $e->getMessage();
18     }
```

根据前面给出的数据样本，输出以下三条符合条件的数据记录：

```
一共从表中获取到三条记录:
高某某    15801680168    gmm@lampbrother.net
王某某    15801681357    wmm@lampbrother.net
陈某某    15801682468    cmm@lampbrother.net
```

另外，可以使用 PDO 过滤一些特殊字符，防止一些能引起 SQL 注入的代码。我们在 PDO 中使用 quote()方法实现，使用例子如下：

$query = "SELECT * FROM users WHERE login=".$dbh->quote($_POST['login'])." AND passwd=".$db->quote($_POST['pass']);

3. 使用 PDO::prepare()和 PDOStatement::execute()两个方法

当同一个查询需要多次执行时（有时需要迭代传入不同的列值），使用预处理语句的方式来实现效率会更高。从 MySQL 4.1 开始，就可以结合 MySQL 使用 PDO 对预处理语句的

支持。使用预处理语句就需要使用 PDO 对象中的 prepare()方法去准备一个将要执行的查询，再使用 PDOStatement 对象中的 execute()方法来执行。这部分内容将在 13.5 节中详细介绍。

13.5 PDO 对预处理语句的支持

在生成网页时，许多 PHP 脚本通常都会执行除参数以外其他部分完全相同的查询语句。针对这种重复执行一个查询，每次迭代使用不同参数的情况，PDO 提供了一种名为预处理语句（Prepared Statement）的机制，如图 13-4 所示。它可以将整个 SQL 命令向数据库服务器发送一次，以后只要参数发生变化，数据库服务器只需对命令的结构做一次分析就够了，即编译一次，可以多次执行。它会在服务器上缓存查询的语句和执行过程，而只在服务器和客户端之间传输有变化的列值，以此来消除这些额外的开销。这不仅大大减少了需要传输的数据量，还提高了命令的处理效率，可以有效防止 SQL 注入，在执行单个查询时快于直接使用 query()/exec()方法，而且安全，推荐使用。

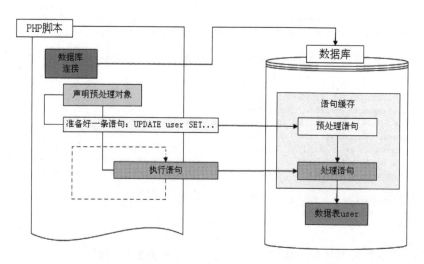

图 13-4　预处理语句的机制

13.5.1　了解 PDOStatement 对象

PDO 对预处理语句的支持需要使用 PDOStatement 类对象，但该类的对象并不是通过 NEW 关键字实例化出来的，而是通过执行 PDO 对象中的 prepare()方法，在数据库服务器中准备好一个预处理的 SQL 语句后直接返回的。如果通过之前执行 PDO 对象中的 query()方法返回的 PDOStatement 类对象，代表的只是一个结果集对象；而如果通过执行 PDO 对象中的 prepare()方法产生的 PDOStatement 类对象，则为一个查询对象，能定义和执行参数化的 SQL 命令。PDOStatement 类中的全部成员方法如表 13-5 所示。

表 13-5　PDOStatement 类中的成员方法（共 18 个）

方 法 名	描　　述
bindColumn()	用来匹配列名和一个指定的变量名，这样每次获取各行记录时，会自动将相应的列值赋给该变量
bindParam()	将参数绑定到相应的查询占位符上
bindValue()	将一值绑定到对应的一个参数中
closeCursor()	关闭游标，使该声明再次被执行
columnCount()	在结果集中返回列的数目
errorCode()	获取错误码
errorInfo()	获取错误的信息
execute()	负责执行一个准备好的预处理查询
fetch()	返回结果集的下一行，当到达结果集末尾时返回 false
fetchAll()	通过一次调用就可以获取结果集中的所有行，并赋给返回的数组
fetchColumn()	返回结果集中下一行某个列的值
fetchObject()	获取下一行记录并返回它作为一个对象
getAttribute()	获取一个声明属性
getColumnMeta()	在结果集中返回某一列的属性信息
nextRowset()	检索下一行集（结果集）
rowCount()	返回执行 DQL 语句后查询结果的记录行数，或返回执行 DML 语句后受影响的记录行总数
setAttribute()	为一条预处理语句设置属性
setFetchMode()	设置获取结果集合的类型

13.5.2　准备语句

　　重复执行一个 SQL 查询，通过每次迭代使用不同的参数，这种情况使用预处理语句运行效率最高。使用预处理语句，首先需要在数据库服务器中准备好"一条 SQL 语句"，但并不需要马上执行。PDO 支持使用"占位符"语法，将变量绑定到这条预处理的 SQL 语句中。另外，PDO 几乎为所支持的所有数据库提供了命名占位符模拟，甚至可以为生来就不支持该概念的数据库模拟预处理语句和绑定参数。这是 PHP 向前迈进的积极一步，因为这样可以使开发人员能够用 PHP 编写"企业级"的数据库应用程序，而不必特别关注数据库平台的能力。

　　对于一条准备好的 SQL 语句，如果在每次执行时都要改变一些列值，则必须使用"占位符号"而不是具体的列值；或者只要有需要使用变量作为值的地方，就先使用占位符号替代。准备好一条没有传值的 SQL 语句，在数据库服务器的缓存区等待处理，然后再去单独赋给占位符号具体的值，再通知这条准备好的预处理语句执行。在 PDO 中有两种使用占位符的语法："命名参数"和"问号参数"，使用哪一种语法要看个人的喜好。

➢ 使用命名参数作为占位符的 INSERT 查询如下所示：

$dbh->prepare("INSERT INTO contactInfo (name, address, phone) VALUES (:name, :address, :phone)");

需要自定义一个字符串作为"命名参数"，每个命名参数需要以冒号（:）开始，参数的命名一定要有意义，最好和对应的字段名称相同。

➢ 使用问号（?）参数作为占位符的 INSERT 查询如下所示：

$dbh->prepare("INSERT INTO contactInfo (name, address, phone) VALUES (?, ?, ?)");

问号参数一定要和字段的位置顺序对应。

不管是使用哪一种参数作为占位符构成的查询，还是语句中没有用到占位符，都需要使用 PDO 对象中的 prepare()方法去准备这个将要用于迭代执行的查询，并返回 PDOStatement 类对象。

13.5.3 绑定参数

当 SQL 语句通过 PDO 对象中的 prepare()方法，在数据库服务器端准备好之后，如果使用了占位符，就需要在每次执行时替换输入的参数。可以通过 PDOStatement 对象中的 bindParam()方法，把参数变量绑定到准备好的占位符上（位置或名字要对应）。方法 bindParam()的原型如下所示：

bindParam (mixed parameter, mixed &variable [, int data_type [, int length [, mixed driver_options]]])

第一个参数 parameter 是必选项。如果在准备好的查询中占位符语法使用名字参数，那么将名字参数字符串作为 bindParam()方法的第一个参数提供。如果占位符语法使用问号参数，那么将准备好的查询中列值占位符的索引偏移量作为该方法的第一个参数提供。

第二个参数 variable 也是必选项，提供赋给第一个参数所指定占位符的值。因为该参数是按引用传递的，所以只能提供变量作为参数，不能直接提供数值。

第三个参数 data_type 是可选项，显式地为当前被绑定的参数设置数据类型。可以为以下值。

➢ PDO::PARAM_BOOL：代表 boolean 数据类型。
➢ PDO::PARAM_NULL：代表 SQL 中 NULL 类型。
➢ PDO::PARAM_INT：代表 SQL 中 INTEGER 数据类型。
➢ PDO::PARAM_STR：代表 SQL 中 CHAR、VARCHAR 和其他字符串数据类型。
➢ PDO::PARAM_LOB：代表 SQL 中大对象数据类型。

第四个参数 length 是可选项，用于指定数据类型的长度。

第五个参数 driver_options 是可选项，通过该参数提供任何数据库驱动程序特定的选项。

将上一节中使用两种占位符语法准备的 SQL 查询，使用 bindParam()方法分别绑定对应的参数。查询中使用命名参数的绑定示例如下所示：

```php
<?php
    ...
    $query = "INSERT INTO contactInfo (name, address, phone) VALUES (:name, :address, :phone)";
    $stmt = $dbh->prepare($query);              //调用PDO对象中的prepare()方法

    //第二个参数需要按引用传递,所以需要变量作为参数
    $stmt->bindParam(':name', $name);           //将变量$name的引用绑定到准备好的查询名字参数':name'中
    $stmt->bindParam(':address', $address);     //将变量$address的引用绑定到查询的名字参数':address'中
    $stmt->bindParam(':phone', $phone);         //将变量$phone的引用绑定到查询的名字参数':phone'中

    $name = "张某某";                            //声明一个参数变量$name
    $address = "北京海淀区中关村";                 //声明一个参数变量$address
    $phone = "15801688988";                     //声明一个参数变量$phone
```

查询中使用问号(?)参数的绑定示例如下所示,并在绑定时通过第三个参数显式地指定数据类型。当然使用名字参数一样可以通过第三个参数指定类型和通过第四个参数指定长度。

```php
<?php
    ...
    $query = "INSERT INTO contactInfo (name, address, phone) VALUES (?, ?, ?)";
    $stmt = $dbh->prepare($query);              //调用PDO对象中的prepare()方法

    //第一个参数需要对应占位符号(?)的顺序
    $stmt->bindParam(1, $name, PDO::PARAM_STR);        //将变量$name绑定到查询的第一个问号参数中
    $stmt->bindParam(2, $address,PDO::PARAM_STR);      //将变量$address绑定到查询的第二个问号参数中
    $stmt->bindParam(3, $phone,PDO::PARAM_STR,20);     //将变量$phone绑定到查询的第三个问号参数中

    $name = "张某某";
    $address = "北京海淀区中关村";
    $phone = "15801688988";
```

13.5.4 执行准备好的查询

当准备好查询并绑定了相应的参数后,就可以通过调用 PDOStatement 类对象中的 execute()方法,反复执行在数据库缓存区准备好的语句了。在下面的示例中,向前面提供的 contactInfo 表中使用预处理方式连续执行同一条 INSERT 语句,通过改变不同的参数添加两条记录。代码如下所示:

```php
<?php
    try{
        $dbh = new PDO('mysql:dbname=testdb;host=localhost', 'mysql_user', 'mysql_pwd');
    }catch(PDOException $e){
        echo '数据库连接失败:'.$e->getMessage();
        exit;
    }

    $query = "INSERT INTO contactInfo (name, address, phone) VALUES (?, ?, ?)";
    $stmt = $dbh->prepare($query);              //调用PDO对象中的prepare()方法准备查询

    $stmt->bindParam(1, $name);                 //将变量$name绑定到查询的第一个问号参数中
    $stmt->bindParam(2, $address);              //将变量$address绑定到查询的第二个问号参数中
    $stmt->bindParam(3, $phone);                //将变量$phone绑定到查询的第三个问号参数中

    $name = "赵某某";                            //声明一个参数变量$name
    $address = "海淀区中关村";                    //声明一个参数变量$address
```

```
18      $phone = "15801688348";              //声明一个参数变量$phone
19
20      $stmt->execute();                    //执行参数被绑定值后的准备语句
21
22      $name = "孙某某";                     //为变量$name重新赋值
23      $address = "宣武区";                  //为变量$address重新赋值
24      $phone = "15801688698";              //为变量$phone重新赋值
25
26      $stmt->execute();                    //再次执行参数被绑定值后的准备语句,插入第二条语句
```

如果你只是要传递输入参数，并且有许多这样的参数要传递，那么你会觉得下面示例提供的快捷方式语法非常有帮助。该示例是通过在 execute() 方法中提供一个可选参数，该参数是由准备查询中的命名参数占位符组成的数组，这是第二种为预处理查询在执行中替换输入参数的方式。此语法能够省去对 $stmt->bindParam() 的调用。将上面的示例做如下修改：

```
1  <?php
2      ...
3      $query = "INSERT INTO contactInfo (name, address, phone) VALUES (:name, :address, :phone)";
4      //调用PDO对象中的prepare()方法准备查询,使用命名参数
5      $stmt = $dbh->prepare($query);
6
7      //传递一个数组为预处理查询中的命名参数绑定值,并执行一次
8      $stmt->execute(array(":name"=>"赵某某",":address"=>"海淀区", ":phone"=>"15801688348"));
9
10     //再次传递一个数组为预处理查询中的命名参数绑定值,并执行第二次插入数据
11     $stmt->execute(array(":name"=>"孙某某",":address"=>"宣武区", ":phone"=>"15801688698"));
```

上例是使用命名参数去准备好一条 SQL 语句，则调用 execute() 方法时就必须传递一个关联数组，并且这个关联数组的每个下标名称都要和命名参数名称一一对应（可以不用命名参数前缀"："），数组中的值才能对应地替换 SQL 语句中的命名参数。如果使用的是问号（?）参数，则需要传递一个索引数组，数组中每个值的位置都要对应每个问号参数。将上面的示例片段做如下修改：

```
1  <?php
2      ...
3      $query = "INSERT INTO contactInfo (name, address, phone) VALUES (?, ?, ?)";
4      $stmt = $dbh->prepare($query);
5
6      //传递一个数组为预处理查询中的问号参数绑定值,并执行一次
7      $stmt->execute(array("赵某某", "海淀区", "15801688348"));
8
9      //再次传递一个数组为预处理查询中的问号参数绑定值,并执行第二次插入数据
10     $stmt->execute(array("孙某某", "宣武区", "15801688698"));
```

另外，如果执行的是 INSERT 语句，并且数据表有自动增长的 ID 字段，可以使用 PDO 对象中的 lastInsertId() 方法获取最后插入数据表中的记录 ID。如果需要查看其他 DML 语句是否执行成功，可以通过 PDOStatement 类对象中的 rowCount() 方法获取影响记录的行数。

13.5.5 获取数据

PDO 的数据获取方法与其他数据库扩展都非常类似，只要成功执行 SELECT 查询，都会有结果集对象生成。不管是使用 PDO 对象中的 query() 方法，还是使用 prepare() 和 execute()

等方法结合的预处理语句，执行 SELECT 查询都会得到相同的结果集对象 PDOStatement，而且都需要通过 PDOStatement 类对象中的方法将数据遍历出来。下面介绍 PDOStatement 类中常见的几个获取结果集数据的方法。

1. fetch()方法

PDOStatement 类中的 fetch()方法可以将结果集中当前行的记录以某种方式返回，并将结果集指针移至下一行，当到达结果集末尾时返回 FALSE。该方法的原型如下：

fetch ([int fetch_style [, int cursor_orientation [, int cursor_offset]]])   //返回结果集的下一行

第一个参数 fetch_style 是可选项。在获取的一行数据记录中，各列的引用方式取决于这个参数如何设置。可以使用的设置有以下 6 种。

- PDO::FETCH_ASSOC：从结果集中获取以列名为索引的关联数组。
- PDO::FETCH_NUM：从结果集中获取一个以列在行中的数值偏移为索引的值数组。
- PDO::FETCH_BOTH：这是默认值，包含上面两种数组。
- PDO::FETCH_OBJ：从结果集当前行的记录中获取其属性对应各个列名的一个对象。
- PDO::FETCH_BOUND：使用 fetch()返回 TRUE，并将获取的列值赋给在 bindParm() 方法中指定的相应变量。
- PDO::FETCH_LAZY：创建关联数组和索引数组，以及包含列属性的一个对象，从而可以在这三种接口中任选一种。

第二个参数 cursor_orientation 是可选项，用来确定当对象是一个可滚动的游标时应当获取哪一行。

第三个参数 cursor_offset 也是可选项，需要提供一个整数值，表示要获取的行相对于当前游标位置的偏移。

在下面的示例中，首先使用 PDO 对象中的 query()方法执行 SELECT 查询，获取联系人信息表 contactInfo 中的信息，并返回 PDOStatement 类对象作为结果集；然后通过 fetch()方法结合 while 循环遍历数据，并以 HTML 表格的形式输出。代码如下所示：

```
<?php
    try{
        $dbh = new PDO('mysql:dbname=testdb;host=localhost', 'mysql_user', 'mysql_pwd');
    }catch(PDOException $e){
        echo '数据库连接失败：'.$e->getMessage();
        exit;
    }

    echo '<table border="1" align="center" width=90%>';
    echo '<caption><h1>联系人信息表</h1></caption>';
    echo '<tr bgcolor="#cccccc">';
    echo '<th>UID</th><th>姓名</th><th>联系地址</th><th>联系电话</th><th>电子邮件</th></tr>';

    //使用query方式执行SELECT语句，建议使用prepare()和execute()形式执行语句
    $stmt = $dbh->query("SELECT uid,name,address,phone,email FROM contactInfo");

    //以PDO::FETCH_NUM形式获取索引并遍历
    while(list($uid, $name, $address, $phone, $email) = $stmt->fetch(PDO::FETCH_NUM)){
        echo '<tr>';                                    //输出每行的开始标记
        echo '<td>'.$uid.'</td>';                       //从结果行数组中获取uid
```

```
21        echo '<td>'.$name.'</td>';              //从结果行数组中获取name
22        echo '<td>'.$address.'</td>';           //从结果行数组中获取address
23        echo '<td>'.$phone.'</td>';             //从结果行数组中获取phone
24        echo '<td>'.$email.'</td>';             //从结果行数组中获取email
25        echo '</tr>';                           //输出每行的结束标记
26    }
27    echo '</table>';                            //输出表格的结束标记
```

该程序的输出结果如图 13-5 所示。

图 13-5　数据输出结果演示

2．fetchAll()方法

fetchAll()方法与 fetch()方法类似，但是该方法只需要调用一次就可以获取结果集中的所有行，并赋给返回的数组（二维）。该方法的原型如下：

fetchAll ([int fetch_style [, int column_index]])　　　　　　//一次调用返回结果集中的所有行

第一个参数 fetch_style 是可选项，以何种方式引用所获取的列取决于该参数。默认值为 PDO::FETCH_BOTH，所有可用的值可以参考在 fetch()方法中介绍的第一个参数的列表；还可以指定 PDO::FETCH_COLUMN 值，从结果集中返回一个包含单列的所有值。

第二个参数 column_index 是可选项，需要提供一个整数索引，当在 fetchAll()方法的第一个参数中指定 PDO::FETCH_COLUMN 值时，从结果集中返回通过该参数提供的索引所指定列的所有值。fetchAll()方法的应用示例如下所示：

```
1  <?php
2    try{
3        $dbh = new PDO('mysql:dbname=testdb;host=localhost', 'mysql_user', 'mysql_pwd');
4    }catch(PDOException $e){
5        echo '数据库连接失败：'.$e->getMessage();
6        exit;
7    }
8
9    echo '<table border="1" align="center" width=90%>';
10   echo '<caption><h1>联系人信息表</h1></caption>';
11   echo '<tr bgcolor="#cccccc">';
12   echo '<th>UID</th><th>姓名</th><th>联系地址</th><th>联系电话</th><th>电子邮件</th></tr>';
13
14   $stmt = $dbh->prepare("SELECT uid,name,address,phone,email FROM contactInfo");
15   $stmt->execute();
16   $allRows = $stmt->fetchAll(PDO::FETCH_ASSOC);         //以关联下标从结果集中获取所有数据
17
```

```
18    foreach($allRows as $row){                              //遍历获取到的所有行数组$allRows
19        echo '<tr>';
20        echo '<td>'.$row['uid'].'</td>';                    //从结果行数组中获取uid
21        echo '<td>'.$row['name'].'</td>';                   //从结果行数组中获取name
22        echo '<td>'.$row['address'].'</td>';                //从结果行数组中获取address
23        echo '<td>'.$row['phone'].'</td>';                  //从结果行数组中获取phone
24        echo '<td>'.$row['email'].'</td>';                  //从结果行数组中获取email
25        echo '</tr>';                                       //输出每行的结束标记
26    }
27    echo '</table>';
28
29    /* 以下是在fetchAll()方法中使用两个特别参数的演示示例 */
30    $stmt->execute();                                       //再次执行一条准备好的SELECT语句
31    $row=$stmt->fetchAll(PDO::FETCH_COLUMN, 1);             //从结果集中获取第二列的所有值
32    echo '所有联系人的姓名：';                              //输出提示
33    print_r($row);                                          //输出获取到的第二列所有姓名数组
```

该程序的输出结果和前一个示例相似，只是多输出一个包含所有联系人姓名的数组。在很大程度上是出于方便考虑，选择使用 fetchAll()方法代替 fetch()方法。但使用 fetchAll()方法处理特别大的结果集时，会给数据库服务器资源和网络带宽带来很大的负担。

3．setFetchMode()方法

PDOStatement 对象中的 fetch()和 fetchAll()两个方法，获取结果数据的引用方式默认都是一样的，既按列名索引又按列在行中的数值偏移（从 0 开始）索引的值数组，因为它们的默认模式都被设置为 PDO::FETCH_BOTH 值。如果计划使用其他模式来改变这个默认设置，可以在 fetch()或 fetchAll()方法中提供需要的模式参数。但如果多次使用这两个方法，在每次调用时都需要设置新的模式来改变默认的模式。这时就可以使用 PDOStatement 类对象中的 setFetchMode()方法，在脚本页面的顶部设置一次模式，以后所有 fetch()和 fetchAll()方法的调用都将生成相应引用的结果集，减少了多次在调用 fetch()方法时的参数录入。

4．bindColumn()方法

使用该方法可以将一个列和一个指定的变量名绑定，这样在每次使用 fetch()方法获取各行记录时，会自动将相应的列值赋给该变量，但必须是在 fetch()方法的第一个参数设置为 PDO::FETCH_BOTH 值时。bindColumn()方法的原型如下所示：

bindColumn (mixed column, mixed &param [, int type])   //设置绑定列值到变量上

第一个参数 column 为必选项，可以使用整数的列偏移位置索引（索引值从 1 开始），或是列的名称字符串。第二个参数 param 也是必选项，需要传递一个引用，所以必须提供一个相应的变量名。第三个参数 type 是可选项，通过设置变量的类型来限制变量值，该参数支持的值和介绍 bindParam()方法时提供的一样。该方法的应用示例如下所示：

```
1  <?php
2      try{
3          $dbh = new PDO('mysql:dbname=testdb;host=localhost', 'mysql_user', 'mysql_pwd');
4          $dbh->setAttribute(PDO::ATTR_ERRMODE, PDO::ERRMODE_EXCEPTION);
5      }catch(PDOException $e){
6          echo '数据库连接失败：'.$e->getMessage();
7          exit;
8      }
9
10     //声明一个SELECT查询，从表contactInfo中获取D01部门的四个字段的信息
```

```
11      $query = "SELECT uid, name, phone, email FROM contactInfo WHERE departmentId='D01'";
12      try {
13          $stmt = $dbh->prepare($query);                          //准备声明好的一个查询
14          $stmt->execute();                                       //执行准备好的查询
15          $stmt->bindColumn(1, $uid);                             //通过列位置偏移数绑定变量$uid
16          $stmt->bindColumn(2, $name);                            //通过列位置偏移数绑定变量$name
17          $stmt->bindColumn('phone', $phone);                     //绑定列名称到变量$phone上
18          $stmt->bindColumn('email', $email);                     //绑定列名称到变量$email上
19
20          while ($stmt->fetch(PDO::FETCH_BOUND)) {                //fetch()方法传入特定的参数遍历
21              echo $uid."\t".$name."\t".$phone."\t".$email."\n";  //输出自动将列值赋给对应变量的值
22          }
23      } catch (PDOException $e) {
24          echo $e->getMessage();
25      }
```

在本例中,既在第 15 行和第 16 行,使用整数的列偏移位置索引,将第一列和变量$uid 绑定,第二列和变量$name 绑定;又在第 17 行和第 18 行,使用列的名称字符串分别将 phone 和 email 两个列绑定到变量$phone 和$email 上。根据前面给出的数据样本,有三条符合条件的数据记录,输出的结果如下:

1	高某某	15801680168	gmm@lampbrother.net
4	王某某	15801681357	wmm@lampbrother.net
5	陈某某	15801682468	cmm@lampbrother.net

5.获取数据列的属性信息

在项目开发中,除了可以通过上面的几种方式获取数据表中的记录信息,还可以使用 PDOStatement 类对象的 columnCount()方法获取数据表中字段的数量,并且可以通过 PDOStatement 类对象的 getColumnMeta()方法获取具体列的属性信息。

第 14 章 会话控制

会话控制是一种面向连接的可靠通信方式，通常根据会话控制记录判断用户登录的行为。例如，当我们在某网站的 E-mail 系统上成功登录以后，在这之间的查看邮件、收信、发信等过程，有可能需要访问多个页面来完成。但在同一个系统上，多个页面之间互相切换时，还能保持用户登录的状态，并且访问的都是登录用户自己的信息。这种能够在网站中跟踪一个用户，并且可以处理在同一个网站中同一个用户在多个页面共享数据的机制，都需要使用会话控制的思想完成。

14.1 为什么要使用会话控制

我们在浏览网站时，访问的每一个 Web 页面都需要使用 HTTP 协议实现。而 HTTP 协议是无状态协议，也就是说 HTTP 协议没有一个内建机制来维护两个事务之间的状态。当一个用户请求一个页面以后，再请求同一个网站上的其他页面时，HTTP 协议不能告诉我们这两个请求是来自同一个用户，会被当作独立的请求，而并不会将这两次访问联系在一起，如图 14-1 所示。

在图 14-1 中，当某网站的用户通过客户机的浏览器请求 Web 服务器中的"网页一"时，该页面会经由服务器处理以后动态地将内容响应给浏览器显示。由于 HTTP 协议的无状态性，当用户通过"网页一"中的链接或直接在地址栏中输入 Web 服务器 URL 来请求本站的其他网页时，会被看作和前一次毫无关系的连接，和使用者相关的资料并不会自动传递到新请求的页面中。例如，在第一个页面中登录了一次，再转到同一个网站的其他页面时，如果还想使用该用户的身份访问，则必须重复执行登录的动作。因为 HTTP 协议是无状态的，所以不能在不同页面之间跟踪用户。

会话控制的思想就是允许服务器跟踪同一个客户端作出的连续请求。这样，我们就可以很容易地做到用户登录的支持，而不是在每浏览一个网页时都去重复执行登录的动作。当然，除了使用会话控制在同一个网站中跟踪 Web 用户外，对同一个访问者的请求还可以在多个页面之间为其共享数据。

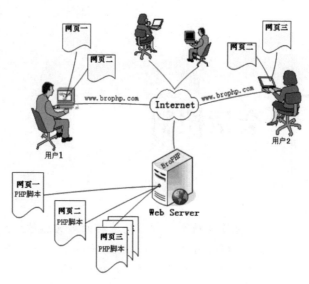

图 14-1　用户连续请求 Web 服务器中的多个页面演示

14.2　会话跟踪的方式

　　HTTP 是无状态的协议，所以不能维护两个事务之间的状态。但一个用户在请求一个页面以后再请求另一个页面时，还要让服务器知道这是同一个用户。PHP 系统为了防止这种情况的发生，提供了三种网页之间传递数据的方法。

> 使用超链接或者 header()函数等重定向的方式。通过在 URL 的 GET 请求中附加参数的形式，将数据从一个页面转向另一个 PHP 脚本中。也可以通过网页中的各种隐藏表单来存储使用者的资料，并将这些信息在提交表单时传递给服务器中的 PHP 脚本使用。

> 使用 Cookie 将用户的状态信息存放在客户端的计算机之中，让其他程序能通过存取客户端计算机的 Cookie，来存取目前的使用者资料。

> 相对于 Cookie 还可以使用 Session，将访问者的状态信息存放于服务器之中，让其他程序能透过服务器中的文件或数据库，来存取使用者资料。

　　在上面三种网页间数据的传递方式之中，使用 URL 的 GET 或 HTTP POST 方式，主要是用来处理参数的传递或是多笔资料的输入，适合两个脚本之间的简单数据传递。例如，通过表单修改或删除数据时，可以将在数据库中对应的行 ID 传递给其他脚本。如果需要传递的数据比较多，页面传递的次数比较频繁，或者需要传递数组时，使用这种办法有些烦琐。特别是在项目中跟踪一个用户时，要为不同权限的用户提供不同的动态页面，需要每个页面都知道现在的用户是谁，所以就需要每个页面都能够获得这个用户的相关信息。如果使用 URL 的方式，我们要在每个页面转向的 URL 上都加上同样的用户信息，这样就给项目开发人员工作带来很大的困难。所以对于这种情况，通常选用 Cookie 和 Session 技术。

14.3 Cookie 的应用

Cookie 是一种由服务器发送给客户端的片段信息，存储在客户端浏览器的内存或者硬盘上，在客户对该服务的请求中发回它。PHP 透明地支持 HTTP Cookie。可以利用它在远程浏览器端存储数据并以此来跟踪和识别用户的机制。Cookie 的中文含义是"小甜饼"，是 Web 服务器端给客户端的。但是这个"小甜饼"并不是服务器白给客户端的，需要客户端使用 Cookie 为服务器记录一些信息。例如，把 Web 服务器比作一家商场，商场中的每个店面比作一个页面，而 Cookie 则好比你第一次去商场时，由商场为你提供的一张会员卡或者积分卡。当你在这家商场的任何店面中购物时，只要你提供你所保存的会员卡，就会被看作本商场的会员而享受打折的待遇。而且在会员卡的期限内，任何时间来到这家商场，都会被看作商场的会员。

14.3.1 Cookie 概述

Cookie 是用来将使用者资料记录在客户端的技术，这种技术让 Web 服务器能将一些只需存放于客户端，或者可以在客户端进行运算的资料，存放于用户的计算机系统之中。如此就不需要在连接服务器时，再通过网络传输、处理这些资料，进而提高网页处理的效率，降低服务器的负担，如图 14-2 所示。

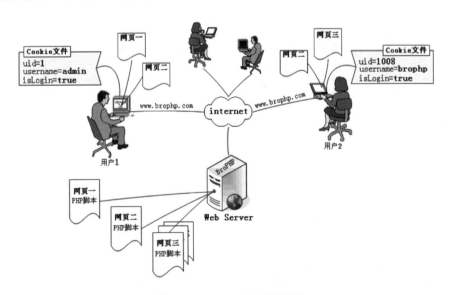

图 14-2 Cookie 的应用模型

在图 14-2 中，假设某网站的用户通过客户端的浏览器，访问 Web 服务器中的"网页一"进行用户登录。当通过验证并成功登录网站后，在"网页一"的 PHP 脚本中，会把和这个用户有关的信息，以键/值对的形式设置到客户端计算机的 Cookie 中（通过 HTTP 响应头部信息发送给客户端）。当再次访问同一台服务器中的其他 PHP 脚本时，就会自动携带 Cookie 中的数据一起访问（通过 HTTP 请求的头部信息传回给服务器）。在服务器的每个脚本中都可以接受 Cookie 中的数据，并重新对登录者的身份进行验证，而不需要每访问一个页面就重新输入一次登录者的信息。

14.3.2 向客户端计算机中设置 Cookie

Cookie 的建立十分简单，只要用户的浏览器支持 Cookie 功能，就可以使用 PHP 内建的 setCookie()函数来新建立一个 Cookie。Cookie 是 HTTP 标头的一部分，因此 setCookie()函数必须在其他信息被输出到浏览器前调用。所以即使是空格或空行，都不要在调用 setCookie()函数之前输出，这和调用 header()函数的限制类似。setCookie()函数的语法格式如下所示：

```
bool setCookie (string $name [, string $value [, int $expire [, string $path [, string $domain [, bool $secure ]]]]])
```

setCookie()函数定义一个和其余的 HTTP 标头一起发送的 Cookie，它的所有参数是对应 HTTP 标头 Cookie 资料的属性。虽然 setCookie()函数的导入参数看起来不少，但除了参数 name，其他都是非必需的，而我们经常使用的只有前三个参数。它的每个参数代表的意义如表 14-1 所示。

表 14-1 setCookie()函数的参数说明

参 数	描 述	示 例
$name	Cookie 的识别名称	使用$_COOKIE['cookiename']调用名为 cookiename 的 Cookie
$value	Cookie 的值，可以为数值或字符串形态，此值保存在客户端，不要用来保存敏感数据	假定第一个参数为'cookiename'，可以通过$_COOKIE['cookiename']取得其值
$expire	Cookie 的生存期限，这是一个 UNIX 时间戳，即从 UNIX 纪元开始的秒数	如 time()+60*60*24*7 将设定 Cookie 在一周后失效，如果未设定 Cookie，则会在会话结束后就立即失效
$path	Cookie 在服务器端的指定路径，当设定此值时，服务器中只有指定路径下的网页或程序可以存取此 Cookie	如果该参数设为'/'，Cookie 就在整个 domain 内有效；如果设为'/foo/'，Cookie 就只在 domain 下的/foo/目录及其子目录内有效。默认值为设定 Cookie 的当前目录
$domain	指定此 Cookie 所属服务器的网址名称，预设是建立此 Cookie 服务器的网址	要使 Cookie 能在如 example.com 域名下的所有子域都有效，该参数应该设为'.example.com'。虽然"."并不是必需的，但加上它会兼容更多的浏览器。如果该参数设为 www.example.com，就只在 www 子域内有效
$secure	指明 Cookie 是否仅通过安全的 HTTPS 连接传送中的 Cookie 的安全识别常数，如果设定此值则代表只有在某种情况下，才能在客户端与服务器端之间传递	当设为 TRUE 时，Cookie 仅在安全的连接中被设置。默认值为 FALSE

如果只有$name 这一个参数，则原有此名称的 Cookie 选项将会被删除，也可以使用空字符串（""）来略过此参数。参数$expire 和$secure 是一个整数，可以使用 0 来略过此参数，而不是使用空字符串。但参数$expire 是一个正规的 UNIX 时间整数，由 time()或 mktime()函数传回。参数$secure 指出此 Cookie 将只有在安全的 HTTPS 连接时传送。在实际建立 Cookie 时通常仅使用前三项参数，其简单使用如下所示：

```
1  <?php
2      //向客户端发送一个Cookie,将变量username 赋值为skygao,保存客户端一周的时间
3      setCookie("username", "skygao", time()+60*60*24*7);
```

如果访问该脚本就会设置 Cookie，并把用户名添加到访问者计算机的 Cookie 中去。上例表示建立一个识别名称为"username"的 Cookie，其内容值为字符串"skygao"，而在客户端有效的存储期限则指定为一周。如果其他三个参数也需要使用，可以按如下方式指定：

```
1  <?php
2      //使用setCookie()函数的全部参数设置
3      setCookie("username", "skygao", time()+60*60*24*7, "/test", ".example.com", 1);
```

在上例中，参数"/test/"表示 Cookie 只有在服务器的这个目录或子目录中有效。参数".example.com" 使 Cookie 能在如 example.com 域名下的所有子域中都有效，虽然"."并不是必需的，但加上它会兼容更多的浏览器。当最后一个参数设为 1 时，则 Cookie 仅在安全的连接中才能被设置。如果需要向客户端设置多个 Cookie，可以通过调用多次 setCookie()函数实现。但如果两次设置相同的 Cookie 识别名称，则后设置的 Cookie 会把值赋给与自己同名的 Cookie 变量；如果原来的值不为空，则会被覆盖。

14.3.3 在 PHP 脚本中读取 Cookie 的资料内容

如果 Cookie 设置成功，客户端就拥有了 Cookie 文件，用来保存 Web 服务器为其设置的用户信息。假设我们在客户端使用 Windows 系统去浏览服务器中的脚本，Cookie 文件会被存放在"C:\Documents and Settings\用户名\Cookies"文件夹下。Cookie 是一个以普通文本文件形式记录信息的，虽然直接使用文本编辑器就可以打开浏览，但直接去阅读 Cookie 文件中的信息没有意义。而是当客户再次访问该网站时，浏览器会自动把与该站点对应的 Cookie 信息全部发回给服务器。从 PHP 5 以后，任何从客户端发送过来的 Cookie 信息，都被自动保存在$_COOKIE 全局数组中，所以在每个 PHP 脚本中都可以从该数组中读取相应的 Cookie 信息。$_COOKIE 全局数组存储所有通过 HTTP 传递的 Cookie 资料内容，并以 Cookie 的识别名称为索引值、内容值为元素，和我们前面介绍的全局数组$_GET 和$_POST 的用法相似。

在设置 Cookie 的脚本中，第一次读取它的信息并不会生效，必须刷新或到下一个页面才可以看到 Cookie 值。因为 Cookie 要先被设置到客户端，再次访问时才能被发送回来，这时才能被获取。所以要测试一个 Cookie 是否被成功设定，可以在其到期之前通过另外一个页面来访问其值。可以简单地使用 print_r($_COOKIE)指令来调试现有的 Cookies，如下所示：

```php
<?php
    //输出Cookie中保存的所有用户信息
    print_r($_COOKIE);
```

如果使用 Cookie 中的单个信息，可以在$_COOKIE 中通过 Cookie 标识名称进行访问。如果 Cookie 中的信息需要批量处理，可以通过数组遍历的方式对其进行处理。

14.3.4 数组形态的 Cookie 应用

Cookie 也可以利用多维数组的形式，将多个内容值存储在相同的 Cookie 名称标识符下。但不能直接使用 setCookie()函数将数组变量插入到第二个参数作为 Cookie 的值，因为 setCookie()函数的第二个参数必须传入一个字符串的值。如果需要将数组变量设置到 Cookie 中，可以在 setCookie()函数的第一个参数中，通过在 Cookie 标识名称中指定数组下标的形式设置。如下所示：

```php
<?php
    setCookie("user[username]", "skygao");                         //设置为$_COOKIE["user"]["username"]
    setCookie("user[password]", md5("123456"));                    //设置为$_COOKIE["user"]["password"]
    setCookie("user[email]", "skygao@lampbrother.net");            //设置为$_COOKIE["user"]["email"]
```

在上面一段程序中，建立了一个标识名称为"user"的 Cookie，但其中包含了三个数据，这样就形成了 Cookie 的关联数组形态。设置成功之后，如果需要在 PHP 脚本中获取其值，同样是使用$_COOKIE 超级全局数组。但这时的$_COOKIE 数组并不是一维的了，而是变成了一个二维数组（一维的下标变量是"user"）。在下面的 PHP 脚本中，我们使用 foreach() 函数遍历上面设置的 Cookie。

```php
<?php
    //遍历$_COOKIE["user"]数组
    foreach($_COOKIE["user"] as $key => $value){
        //输出Cookie数组中二维的键/值对
        echo $key.":".$value."\n";
    }
```

当然我们也可以设置 Cookie 为索引数组形态。其实使用 Cookie 的数组形态，和我们直接在 PHP 脚本中声明的数组非常相似。区别在于，我们把数组保存到了客户端的计算机中，然后在服务器端的每个 PHP 脚本中都可以使用这个数组。

14.3.5 删除 Cookie

如果需要删除保存在客户端的 Cookie，可以使用两种方法。而这两种方法和设置 Cookie 一样，也是调用 setCookie()函数实现删除的动作：第一种方式，省略 setCookie()函数的所有参数列，仅导入第一个参数——Cookie 识别名称参数，来删除指定名称的 Cookie 资料；第二种方式，利用 setCookie()函数把目标 Cookie 设定为"已过期"状态。示例代码如下所示：

```php
<?php
    //只指定Cookie识别名称一个参数，即删除客户端中这个指定名称的Cookie资料
    setCookie("account");                            //第一种方法

    //设置Cookie在当前时间之前已经过期，因此系统会自动删除识别名称为isLogin的Cookie
    setCookie("isLogin", "", time()-1);              //第二种方法
```

第一种方法将 Cookie 的生存时间默认设置为空，则生存期限与浏览器一样，浏览器关闭时 Cookie 就会被删除。而对于第二种删除 Cookie 的方法，Cookie 的有效期限参数的含义是当超过设定时间时，系统会自动删除客户端的 Cookie 程序。

14.3.6 基于 Cookie 的用户登录模块

大部分 Web 系统软件都会有登录和退出模块，这是为了维护系统的安全性，确保只有通过身份验证的用户才能访问该系统。本例将采用 Cookie 保存用户登录信息，并且在每个 PHP 脚本中都可以跟踪登录的用户。用户登录文件 login.php 中的代码如下，该文件包含登录操作、退出操作和登录表单三部分内容。代码如下所示：

```php
<?php
    /* 声明一个删除Cookie的函数，调用时清除在客户端设置的所有Cookie */
    function clearCookies() {
        setCookie('username', '', time()-3600);     //删除Cookie中的标识符为username的变量
        setCookie('isLogin', '', time()-3600);      //删除Cookie中的标识符为isLogin的变量
    }

    /* 判断用户是否执行的是登录操作 */
    if($_GET["action"]=="login") {
        /* 调用时清除在客户端先前设置的所有Cookie */
        clearCookies();
        /* 检查用户是否为admin，并且密码是否等于123456 */
        if($_POST["username"]=="admin" && $_POST["password"]=="123456") {
            /* 向Cookie中设置标识符为username，值是表单中提交的，期限为一周 */
            setCookie('username', $_POST["username"], time()+60*60*24*7);
            /* 向Cookie中设置标识符为isLogin，用来在其他页面检查用户是否登录 */
            setCookie('isLogin', '1', time()+60*60*24*7);
            /* 如果Cookie设置成功则转向网站首页 */
            header("Location:index.php");
        }else{
            die("用户名或密码错误！");
        }
    /* 判断用户是否执行的是退出操作 */
    }else if($_GET["action"]=="logout"){
        /* 退出时清除在客户端设置的所有Cookie */
        clearCookies();
    }
?>
<html>
    <head><title>用户登录</title></head>
    <body>
        <h2>用户登录</h2>
        <form action="login.php?action=login" method="post">
            用户名 <input type="text" name="username" /> <br>
            密    码 <input type="password" name="password" /><br>
            <input type="submit" value="登录" />
```

```
37          </form>
38      </body>
39  </html>
```

在上例中，根据 action 事件参数判断用户执行的是登录还是退出操作。如果参数 action 的值为 login，首先调用 clearCookies()函数将前一个可以登录的用户注销，再判断从登录表单中提交的用户名和密码是否与指定的相同。如果用户的信息保存在数据库中，可以在连接数据库与注册过的用户时进行匹配。匹配成功后则向 Cookie 中设置 username 和 isLogin 两个选项，即登录成功，并将脚本使用 header()函数转向 index.php 脚本。文件 index.php 是系统的首页，代码如下所示：

```
 1  <?php
 2      /* 如果用户没有通过身份验证,页面跳转至登录页面 */
 3      if(!(isset($_COOKIE['isLogin']) && $_COOKIE['isLogin'] == '1')) {
 4          header("Location:login.php");
 5          exit;
 6      }
 7  ?>
 8
 9  <html>
10      <head><title>网站主页面</title></head>
11      <body>
12          <?php
13              /* 从Cookie中获取用户名username */
14              echo '您好：'.$_COOKIE["username"];
15          ?>
16          <a href="login.php?action=logout">退出</a>
17          <p>这里显示网页的主体内容</p>
18  </html>
```

在上面的脚本中，在内容显示之前，需要通过 Cookie 变量进行用户身份判断。若 Cookie 中的变量 isLogin 存在并且值为 1，则表明该用户已经通过身份验证登录了系统，并在页面中输出用户名，以及提供一个用户可以退出的操作链接。若 Cookie 中变量 isLogin 的值不为 1，则页面跳转至登录脚本。因为在开发系统时，每一个操作脚本中都需要进行身份验证，所以可以将身份判断过程写在一个公共脚本中，然后在每个脚本中都去包含它。

直接运行 index.php 脚本文件时，因为没有登录不允许操作，所以直接转到 login.php 脚本中执行输出登录表单操作。如前面程序所示，如果在表单中输入正确的用户名"admin"和密码"123456"，就可以转到 index.php 脚本中显示首页内容，如图 14-3 所示。

图 14-3　基于 Cookie 的登录应用演示

14.4 Session 的应用

Session 技术与 Cookie 相似，都是用来存储使用者的相关资料。但最大的不同之处在于 Cookie 是将数据存放于客户端计算机之中，而 Session 则是将数据存放于服务器系统之下。Session 的中文含义是"会话"，在 Web 系统中，通常是指用户与 Web 系统的对话过程。也就是从用户打开浏览器登录到 Web 系统开始，到关闭浏览器离开 Web 系统的这段时间，同一个用户在 Session 中注册的变量，在会话期间各个 Web 页面中这个用户都可以使用，每个用户使用自己的变量。

14.4.1 Session 概述

在 Web 技术发展史上，虽然 Cookie 技术的出现是一次重大的变革，但 Cookie 是在客户端的计算机中保存资料，所以引起了一个争议：用户有权阻止 Cookie 的使用，使 Web 服务器无法通过 Cookie 来跟踪用户信息。而 Session 技术是将使用者相关的资料存放在服务器系统之下，所以使用者无法停止 Session 的使用。

可以把 Cookie 比喻成第一次去商场时为用户提供的会员卡，并由用户自己保存。如果用户下次再去商场购物时忘记带卡了，或者是把卡弄丢了，这样用户就不能再以会员的身份购物了。但是如果商场在为用户办理完会员卡以后，再由商场保存这张卡，用户就不用每天都把卡放在身上了。但是商场的会员特别多，用户每次来时，商场怎么知道用户是这里的会员呢？所以在用户办理会员卡时，商场会要求用户保存会员卡的卡号。下次这个用户再来购物时，商场就可以通过用户提供的卡号查询到会员的登记信息了。

Session 就是这样，在客户端仅需要保存由服务器为用户创建的一个 Session 标识符（相当于会员卡卡号），称为 Session ID，而在服务器端（文件/数据库/MemCache 中）保存 Session 变量的值。Session ID 是一个既不会重复又不容易被找到规律的、由 32 位十六进制数组成的字符串。Session ID 会保存在客户端的 Cookie 里，如果用户阻止 Cookie 的使用，则可以将 Session ID 保存在用户浏览器地址栏的 URL 中。当用户请求 Web 服务器时，就会把 Session ID 发送给服务器，再通过 Session ID 提取保存在服务器中的 Session 变量。可以把 Session 中保存的变量当作这个用户的全局变量，同一个用户对每个脚本的访问都共享这些变量，如图 14-4 所示。

当某个用户向 Web 服务器发出请求时，服务器首先会检查这个客户端的请求里是否已经包含了一个 Session ID。如果包含，则说明之前已经为此用户创建了 Session，服务器则按该 Session ID 把 Session 检索出来使用。如果客户端请求不包含 Session ID，则为该用户创建一个 Session，并且生成一个与此 Session 关联的 Session ID，在本次响应中被传送给客户端保存。

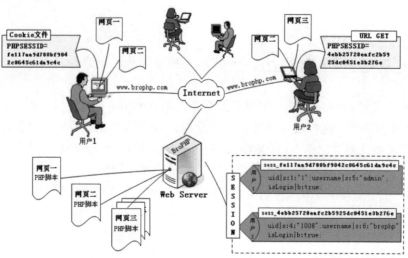

图 14-4 Session 的应用模型

14.4.2 配置 Session

在 PHP 配置文件中，有一组和 Session 相关的配置选项。通过对一些选项设置新值，就可以对 Session 进行配置，否则将使用默认的 Session 配置。在 php.ini 文件中和 Session 有关的一些有意义的选项及其描述如表 14-2 所示。

表 14-2 php.ini 中和 Session 有关的几个常用配置选项

选 项 名	描　　述	默 认 值
session.auto_start	在客户访问任何页面时都自动开启并初始化 Session，默认禁用（因为类定义必须在会话启动之前被载入，所以若打开这个选项，就不能在会话中存放对象）	禁用（0）
session.cookie_domain	传递会话 ID 的 Cookie 作用域（默认为空时会根据 Cookie 规范去自动生成主机名）	none
session.cookie_lifetime	Cookie 中的 Session ID 在客户机上保存的有效期（秒），0 表示延续到浏览器关闭时	0
session.cookie_path	传递会话 ID 的 Cookie 作用路径	/
session.name	会话的名称，用在客户端 Cookie 里的会话 ID 标识名，只能包含字母和数字	PHPSESSID
session.save_path	对于 files 处理器，此值是创建会话数据文件的路径	/tmp
session.use_cookies	是否使用 Cookie 在客户端保存会话 ID，1 表示允许	1
session.use_trans_sid	是否使用明码在 URL 中显示 SID（会话 ID）（基于 URL 的会话管理总是比基于 Cookie 的会话管理有更多的风险，所以应当禁用）	默认禁止（false）
session.gc_probability	定义在每次初始化会话时，启动垃圾回收程序的概率，这个收集概率计算公式如下： session.gc_probability/session.gc_divisor 对会话页面访问越频繁，概率就越小。建议值为 1/(1000～5000)	1/100
session.gc_divisor		

续表

选项名	描述	默认值
session.gc_maxlifetime	超过此参数所指的秒数后，保存的数据将被视为"垃圾"并由垃圾回收程序清理	1440（24分钟）
session.save_handler	存储和检索与会话关联的数据的处理器名字，可以使用 files、user、sqlite、memcache 中的一个值，默认为文件（files），如果想要使用自定义的处理器（如基于数据库或 MemCache 的处理器），可用 user	files

14.4.3　Session 的声明与使用

Session 的设置不同于 Cookie，必须先启动，在 PHP 中必须调用 session_start()函数，以便让 PHP 核心程序将和 Session 相关的内建环境变量预先载入内存中。session_start()函数的语法格式如下所示：

```
bool session_start ( void )         //创建 Session，开始一个会话，进行 Session 初始化
```

这个函数没有参数，且返回值均为 TRUE。该函数有两个主要作用，一是开始一个会话，二是返回已经存在的会话。

当第一次访问网站时，session_start()函数就会创建一个唯一的 Session ID，并自动通过 HTTP 的响应头将这个 Session ID 保存到客户端 Cookie 中。同时，也在服务器端创建一个以这个 Sesssion ID 命名的文件，用于保存这个用户的会话信息。当同一个用户再次访问这个网站时，也会自动通过 HTTP 的请求头将客户端 Cookie 中保存的 Session ID 再携带过来，这时 session_start()函数就不会再去分配一个新的 Session ID，而是在服务器的硬盘中去寻找和这个 Session ID 同名的 Session 文件，将之前为这个用户保存的会话信息读出，在当前脚本中应用，达到跟踪这个用户的目的。所以在会话期间，同一个用户在访问服务器上任何一个页面时，都是使用同一个 Session ID。

注意：如果使用基于 Cookie 的 Session，在使用该函数开启 Session 之前，不能有任何输出的内容。因为基于 Cookie 的 Session 是在开启的时候，调用 session_start()函数生成一个唯一的 Session ID，需要保存在客户端计算机的 Cookie 中，和 setCookie()函数一样，有头信息的设置过程，所以在调用之前不能有任何的输出，空格或空行也不行。

如果不想在每个脚本中都使用 session_start()函数来开启 Session，可以在 php.ini 里设置 "session. auto_start=1"，则无须每次使用 Session 之前都要调用 session_start()函数。但启用该选项也有一些限制，即不能将对象放入 Session 中，因为类定义必须在启动 Session 之前加载。所以不建议使用 php.ini 中的 session.auto_start 属性来开启 Session。

14.4.4　注册一个会话变量和读取 Session

在 PHP 中使用 Session 变量，除了必须要启动，还要经过注册的过程。注册和读取 Session

变量，都要通过访问$_SESSION 数组完成。自 PHP 4.1.0 起，$_SESSION 如同$_POST、$_GET 或$_COOKIE 等一样成为超级全局数组，但必须在调用 session_start()函数开启 Session 之后才能使用。与$HTTP_SESSION_VARS 不同，$_SESSION 总是具有全局范围，因此不要对$_SESSION 使用 global 关键字。在$_SESSION 关联数组中的键名具有和 PHP 中普通变量名相同的命名规则。注册 Session 变量的代码如下所示：

```php
<?php
    //启动Session 的初始化
    session_start();

    //注册Session 变量，赋值为一个用户的名称
    $_SESSION["username"] = "skygao";
    //注册Session 变量，赋值为一个用户的ID
    $_SESSION["uid"] = 1;
```

执行该脚本后，两个 Session 变量就会被保存在服务器端的某个文件中。该文件的位置是通过 php.ini 文件，在 session.save_path 属性指定的目录下，为这个访问用户单独创建的一个文件，用来保存注册的 Session 变量。例如，某个保存 Session 变量的文件名为"sess_040958e2514bf112d61a03ab8adc8c74"，文件名中包含 Session ID，所以每个访问用户在服务器中都有自己的保存 Session 变量的文件，而且这个文件可以直接使用文本编辑器打开。该文件的内容结构如下所示：

变量名|类型:长度:值;　　　　　　　　　　　　//每个变量都使用相同的结构保存

本例在 Session 中注册了两个变量，如果在服务器中找到为该用户保存 Session 变量的文件，打开后可以看到如下内容：

username|s:6:"skygao";uid|i:1:"1";　　　　　　　//保存某用户 Session 中注册的两个变量内容

注意：在声明"$_SESSION["username"] = "skygao""时，或者有其他同样的对数组$_SESSION 赋值的操作，这不仅是在给一个数组变量赋值，同时也会将信息追加到这个用户 Session ID（040958e2514bf112d61a03ab8adc8c74）对应的服务器端文件中（例如，在文件 sess_040958e2514bf112d 61a03ab8adc8c74 中追加）。当同一个用户再请求本页或转到其他页面时，执行"echo $_SESSION ["username"]"时，也不仅是从数组中读取值，而是先从这个用户的 Session 文件（sess_040958e2514bf 112d61a03ab8adc8c74）中获取全部数据信息进入$_SESSION 数组中，所以可以跟踪用户获取在其他页面中注册的信息，但感觉像直接从数组$_SESSION 中获取数据一样。

14.4.5　注销变量与销毁 Session

当使用完一个 Session 变量后，可以将其删除；当完成一个会话后，也可以将其销毁。如果用户想退出 Web 系统，就需要为他提供一个注销的功能，把他的所有信息在服务器中销毁。销毁和当前 Session 有关的所有资料，可以调用 session_destroy()函数结束当前的会话，并清空会话中的所有资源。该函数的语法格式如下所示：

```
bool session_destroy ( void )                    //销毁和当前 Session 有关的所有资料
```

相对于 session_start()函数（创建 Session 文件），该函数用来关闭 Session 的运作（删除 Session 文件），如果成功则返回 TRUE，销毁 Session 资料失败则返回 FALSE。但该函数并不会释放和当前 Session 相关的变量，也不会删除保存在客户端 Cookie 中的 Session ID。因为$_SESSION 数组和自定义的数组在使用上是相同的，所以我们可以使用 unset()函数来释放在 Session 中注册的单个变量，如下所示：

```
unset($_SESSION["username"]);                    //删除在 Session 中注册的用户名变量
unset($_SESSION["passwrod"]);                    //删除在 Session 中注册的用户密码变量
```

一定要注意，不要使用 unset($_SESSION)删除整个$_SESSION 数组，这样将不能再通过$_SESSION 超全局数组注册变量了。但如果想把某个用户在 Session 中注册的所有变量都删除，可以直接将数组变量$_SESSION 赋上一个空数组，如下所示：

```
$_SESSION=array();                               //将某个用户在 Session 中注册的变量全部清除
```

PHP 默认的 Session 是基于 Cookie 的，Session ID 被服务器存储在客户端的 Cookie 中，所以在注销 Session 时也需要清除 Cookie 中保存的 Session ID，而这就必须借助 setCookie()函数完成。在 Cookie 中，保存 Session ID 的 Cookie 标识名称就是 Session 的名称，这个名称是在 php.ini 中，通过 session.name 属性指定的值。在 PHP 脚本中，可以通过调用 session_name()函数获取 Session 名称。删除保存在客户端 Cookie 中的 Session ID，代码如下所示：

```php
<?php
    //判断Cookie中是否保存Session ID
    if (isset( $_COOKIE[session_name()] )) {
        //删除包含Session ID的Cookie，注意第4个参数一定要和php.ini设置的路径相同
        setcookie(session_name(), '', time()-3600, '/');
    }
```

通过前面的介绍可以总结出，Session 的注销过程共需要 4 个步骤。在下例中，提供完整的 4 个步骤代码，运行该脚本就可以关闭 Session，并销毁与本次会话有关的所有资源。代码如下所示：

```php
<?php
    //第一步：开启Session并初始化
    session_start();
    //第二步：删除所有Session的变量，也可用unset($_SESSION[xxx])逐个删除
    $_SESSION = array();
    //第三步：如果使用基于Cookie的Session，使用setCooike()删除包含Session ID的Cookie
    if (isset($_COOKIE[session_name()])) {
        setcookie(session_name(), '', time()-42000, '/');
    }
    //第四步：最后彻底销毁Session
    session_destroy();
```

注意：使用"$_SESSION = array()"清空$_SESSION 数组的同时，也将这个用户在服务器端对应的 Session 文件内容清空。而使用 session_destroy()函数时，则是将这个用户在服务器端对应的 Session 文件删除。

14.4.6 Session 的自动回收机制

在上一节中，可以通过在页面中提供的一个"退出"按钮，单击销毁本次会话。但用户如果没有单击退出按钮，而是直接关闭浏览器，或断网等情况，在服务器端保存的 Session 文件是不会被删除的。虽然关闭浏览器，下次需要分配一个新的 Session ID 重新登录，但这只是因为在 php.ini 中的设置 session.cookie_lifetime=0，来设定 Session ID 在客户端 Cookie 中的有效期限，以秒为单位指定了发送到浏览器的 Cookie 的生命周期。值为 0 表示"直到关闭浏览器"，默认为 0。当系统赋予 Session 有效期限后，不管浏览器是否开启，Session ID 都会自动消失。而客户端的 Session ID 消失，服务器端保存的 Session 文件并没有被删除。所以没有被 Session ID 引用的服务器端 Session 文件，就成为"垃圾"。为了防止这些垃圾 Session 文件对系统造成过大的负荷（因为 Session 并不像 Cookie 是一种半永久性的存在），对于永远也用不上的 Session 文件（垃圾文件），系统有自动清理的机制。

服务器端保存的 Session 文件就是一个普通的文本文件，所以都会有文件修改时间。"垃圾回收程序"启动后就是根据 Session 文件的修改时间，将所有过期的 Session 文件全部删除。通过在 php.ini 中设置 session.gc_maxlifetime 选项来指定一个时间（单位：秒），例如设置该选项值为 1440（24 分钟）。"垃圾回收程序"就会在所有 Session 文件中排查，如果有修改时间距离当前系统时间大于 1440 秒的就将其删除。所以失去客户端 Session ID 引用的服务器端 Session 文件，不能再访问就一定会过期被删除；而没有失去客户端 Session ID 引用的文件，表示用户还在使用，只要用户有一个动作，哪怕只是一个刷新，这个 Session 文件都会更新，修改时间就会更新而不过期。当然，如果 Session ID 还在使用，而用户没有动作，Session 文件的修改时间也不会发生改变，超过 1440 秒后同样会被"垃圾回收程序"删除，再访问时就需要重新登录，也重新创建一个 Session 文件。

"垃圾回收程序"是什么样的启动机制呢？"垃圾回收程序"是在调用 session_start()函数时启动的。而一个网站有多个脚本，每个脚本又都要使用 session_start()函数开启会话，又会有很多个用户同时访问，这就很有可能使得 session_start()函数在 1 秒内被调用 N 次，而如果每次都会启动"垃圾回收程序"，这样是很不合理的。笔者建议最少控制在 15 分钟以上启动一次"垃圾回收程序"，一天也要清理 100 次左右。通过在 php.ini 文件中修改 session.gc_probability 和 session.gc_divisor 两个选项，设置启动垃圾回收程序的概率。系统会根据"session.gc_probability/session.gc_divisor"公式计算概率，例如选项 session.gc_probability=1，而选项 session.gc_divisor=100，这样的概率就是"1/100"，即 session_start()函数被调用 100 次才会有一次可能启动"垃圾回收程序"。所以对会话页面访问越频繁，概率就应当越小。建议值为 1/(1000～5000)。

14.4.7 传递 Session ID

使用 Session 跟踪一个用户，是通过在各个页面之间传递唯一的 Session ID，并通过 Session ID 提取这个用户在服务器中保存的 Session 变量。常见的 Session ID 传送方法有以下两种。

- 第一种方法是基于 Cookie 的方式传递 Session ID，这种方法更优化，但不总是可用，因为用户在客户端可以屏蔽 Cookie。
- 第二种方法则是通过 URL 参数进行传递，直接将会话 ID 嵌入 URL 中去。

在 Session 的实现中通常都是采用基于 Cookie 的方式，客户端保存的 Session ID 就是一个 Cookie。当客户端禁用 Cookie 时，Session ID 就不能再在 Cookie 中保存，也就不能在页面之间传递，此时 Session 失效。不过 PHP 5 在 Linux 平台上可以自动检查 Cookie 状态，如果客户端禁用它，则系统自动把 Session ID 附加到 URL 上传送。而使用 Windows 系统作为 Web 服务器则无此功能。

1. 通过 Cookie 传递 Session ID

如果客户端没有禁用 Cookie，则在 PHP 脚本中通过 session_start()函数进行初始化后，服务器会自动发送 HTTP 标头将 Session ID 保存到客户端计算机的 Cookie 中。类似于下面的设置方式：

```
setCookie(session_name(), session_id(), 0, '/')          //虚拟向 Cookie 中设置 Session ID 的过程
```

- 在第一个参数中调用 session_name()函数，返回当前 Session 的名称作为 Cookie 的标识名称。Session 名称的默认值为 PHPSESSID，是在 php.ini 文件中由 session.name 选项指定的值。也可以在调用 session_name()函数时提供参数改变当前 Session 的名称。
- 在第二个参数中调用 session_id()函数，返回当前 Session ID 作为 Cookie 的值。也可以通过调用 session_id()函数时提供参数设定当前 Session ID。
- 第三个参数的值 0，是通过在 php.ini 文件中由 session.cookie_lifetime 选项设置的值。默认值为 0，表示 Session ID 将在客户机的 Cookie 中延续到浏览器关闭。
- 最后一个参数"/"，也是通过 PHP 配置文件指定的值，在 php.ini 中由 session.cookie_path 选项设置的值。默认值为"/"，表示在 Cookie 中要设置的路径在整个域内都有效。

如果服务器成功将 Session ID 保存在客户端的 Cookie 中，当用户再次请求服务器时，就会把 Session ID 发送回来。所以当在脚本中再次使用 session_start()函数时，就会根据 Cookie 中的 Session ID 返回已经存在的 Session。

2. 通过 URL 传递 Session ID

如果客户端浏览器支持 Cookie，就把 Session ID 作为 Cookie 保存在浏览器中。但如果客户端禁止 Cookie 的使用，则浏览器中就不存在作为 Cookie 的 Session ID，因此在客户端请求中不包含 Cookie 信息。如果调用 session_start()函数时，无法从客户端浏览器中取得作为 Cookie 的 Session ID，则又创建了一个新的 Session ID，也就无法跟踪用户状态。因此，每次用户请求支持 Session 的 PHP 脚本，session_start()函数在开启 Session 时都会创建一个新的 Session，这样就失去了跟踪用户状态的功能。

使用任何一种浏览器都可以禁用本地的 Cookie。以使用 Windows 系统作为客户端为例，在 IE 浏览器中禁止本地 Intranet 的 Cookie。在 IE 中选择【工具】→【Internet 选项】→【隐私】→【高级】选项，然后选择禁用 Cookie，如图 14-5 所示。

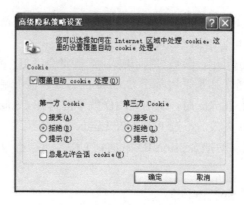

图 14-5　在 IE 浏览器中禁用 Cookie

在 PHP 中提出了跟踪 Session 的另一种机制，如果客户端浏览器不支持 Cookie，则 PHP 可以重写客户端请求的 URL，把 Session ID 添加到 URL 中。可以手动在每个超链接的 URL 中都添加一个 Session ID，但工作量比较大，不建议使用这种方式。示例代码如下所示：

```php
<?php
    //开启Session
    session_start();
    //在每个URL后面附加参数，变量名为session_name()获取的名称，值通过session_id()获取
    echo '<a href="demo.php?'.session_name().'='.session_id().'">链接演示</a>';
```

在使用 Linux 系统作为服务器时，并且选用 PHP 4.2 以后的版本，则在编辑 PHP 时如果使用了 --enable-trans-sid 配置选项，以及运行时选项 session.use_trans_sid 都被激活，在客户端禁用 Cookie 时，相对 URL 将被自动修改为包含会话 ID。如果没有这么配置，或者使用 Windows 系统作为服务器时，可以使用常量 SID。该常量在会话启动时被定义，如果客户端没有发送适当的会话 Cookie，则 SID 的格式为 session_name=session_id，否则就为一个空字符串。因此可以无条件地将其嵌入 URL 中去。

下例中使用两个脚本程序，演示了 Session ID 的传送方法。在第一个脚本 test1.php 中，输出链接时将 SID 常量附加到 URL 上，并将一个用户名通过 Session 传递给目标页面输出。代码如下所示：

```php
<?php
    session_start();
    //注册一个Session变量，保存用户名
    $_SESSION["username"] = "admin";
    //在当前页面输出Session ID
    echo "Session ID: ".session_id()."<br>";
?>
<!-- 在URL中附加SID -->
<a href="test2.php?<?php echo SID ?>">通过URL传递Session ID</a>
```

在脚本 test2.php 中，输出 test1.php 脚本在 Session 变量中保存的一个用户名。同时在该页面中输出一次 Session ID，通过对比可以判断两个脚本是否使用同一个 Session ID。另外，在开启或关闭 Cookie 时，注意浏览器址栏中 URL 的变化。代码如下所示：

```php
1 <?php
2     session_start();
3     //输出Session变量的值
4     echo $_SESSION["username"]."<br>";
5     //输出Session ID
6     echo "Session ID: ".session_id()."<br>";
```

如果禁用客户端 Cookie，则单击 test1.php 页面中的超链接，在地址栏里会把 Session ID 以 session_name=session_id 的格式添加到 URL 上，如图 14-6 所示。

图 14-6　禁用 Cookie 以 URL 传递 Session ID

如果客户端 Cookie 可以使用，则会把 Session ID 保存到客户端 Cookie 中，而 SID 就成为一个空字符串，不会在地址栏中的 URL 后面显示。启用客户端的 Cookie，重复前面的操作，将出现如图 14-7 所示的结果。

图 14-7　启用 Cookie 以 Cookie 传递 Session ID

如果使用 Linux 系统作为服务器，并配置好相应的选项，就不用像上例那样，手动在每个 URL 后面附加 SID，相对 URL 将被自动修改为包含 Session ID。但要注意，非相对的 URL 被假定为指向外部站点，因此不能附加 SID。因为这可能是一个安全隐患，会将 SID 泄露给不同的服务器。

14.5　一个简单的邮件系统实例

本例通过模拟一个电子邮件系统，实现系统登录、收信及退出系统等几个简单的过程，需要对用户进行跟踪。使用 Cookie 或 Session 技术都可以实现这些功能，但我们这里选择使用 Session 技术，并基于 Cookie 的方式传递 Session ID，这是推荐使用的方式。

14.5.1　为邮件系统准备数据

在编写代码之前，需要数据库中的两张表。假设连接主机为"localhost"的 MySQL 数据库系统，连接的用户名和密码分别为"mysql_user"和"mysql_pwd"，并创建一个名为"testmail"的数据库。本例需要在 testmail 数据库中创建"user"和"mail"两张表，分别用来保存邮件系统的注册用户和用户对应的邮件信息。创建表的 SQL 语句如下所示：

```
CREATE TABLE user (                              #创建名为 user 的数据表
    id int(11) unsigned NOT NULL auto_increment,  #保存用户的 ID，无符号、非空、自动增长
    username varchar(20) NOT NULL default '',     #保存用户名
    userpwd varchar(32) NOT NULL default '',      #保存用户密码
    PRIMARY KEY  (id)                             #将用户的 ID 设置为主键
);

CREATE TABLE mail (                              #创建名为 mail 的数据表
    id int(11) unsigned NOT NULL auto_increment,  #保存邮件的 ID，无符号、非空、自动增长
    uid mediumint(8) unsigned NOT NULL DEFAULT '0', #保存用户的 ID，与用户表进行关联
    mailtitle varchar(20) NOT NULL default '',    #保存邮件标题
    maildt int(10) unsigned NOT NULL DEFAULT '0', #保存邮件接收的时间
    PRIMARY KEY  (id)                             #将邮件的 ID 设置为主键
);
```

在 mail 表中保存了用户的 ID，通过用户 ID 就可以检索出这个用户的全部邮件。本例中，在 user 表中插入两条记录，表示邮件系统中注册的两个用户。这两个用户名分别为 admin 和 user，密码和用户名相同，但使用 md5()函数对其进行了加密。而在 mail 表中为这两个用户各插入几条记录，表示每个用户所接收到的邮件。本例中，在这两张数据表中插入的记录如表 14-3 和表 14-4 所示。

表 14-3　用户表 user 中的记录（2 条）

id	username	userpwd
1	admin	21232f297a57a5a743894a0e4a801fc3
2	user	ee11cbb19052e40b07aac0ca060c23ee

表 14-4　邮件表 mail 中的记录（5 条）

Id	uid	mailtitle	maildt
1	1	admin_mail_one	1336886600
2	1	admin_mail_two	1336887601
3	1	admin_mail_three	1336888602
4	2	user_mail_one	1336889602
5	2	user_mail_two	1336889605

14.5.2 编码实现邮件系统

本例只是一个简单的邮件系统演示,所以只由 connect.inc.php、login.php、index.php 和 logout.php 4 个 PHP 脚本组成,并将这 4 个文件存放在 Web 服务器根目录下的 mail 目录中。这 4 个文件分别介绍如下。

1. 文件 connect.inc.php

该文件是公用连接数据库的文件,需要在其他 PHP 脚本中将其包含进来。通过该文件可以设置 MySQL 服务器的主机、数据库用户名和密码及需要连接的数据库,并创建 PDO 对象及检查数据库是否连接成功等。代码如下所示:

```php
<?php
    /**
        file: conn.inc.php  作为数据库连接的公共文件
    */
    define("DSN", "mysql:host=localhost;dbname=testmail");   //定义连接MySQL的DSN
    define("DBUSER", "mysql_user");                           //MySQL的登录用户
    define("DBPASS", "mysql_pwd");                            //MySQL的登录密码

    try {
        $pdo = new PDO(DSN, DBUSER, DBPASS);                  //创建连接数据库的PDO对象
    }catch(PDOException $e) {
        die("连接失败: ".$e->getMessage());                    //失败退出并打印错误报告
    }
```

2. 文件 login.php

该文件不仅提供用户登录的表单界面,而且当用户提交表单时,也会在自己的脚本中验证用户的合法性,并注册 Session 变量。如果用户在表单中输出合法的用户名,就会转到邮件系统的首页查看用户的邮件列表;否则将提示错误信息,并重新进行登录。代码如下所示:

```php
<?php
    /**
        file:login.php  提供用户登录表单和处理用户登录
    */
    session_start();
    /* 包含连接数据库的文件connect.inc.php */
    require "connect.inc.php";
    /* 如果用户单击提交表单的事件则进行验证 */
    if(isset($_POST['sub'])) {
        /*使用从表单中接收到的用户名和密码,作为在数据库用户表user中查询的条件 */
        $stmt = $pdo->prepare("SELECT id,username FROM user WHERE username=? and userpwd=?");
        $stmt -> execute(array($_POST["username"], md5($_POST["password"])));
        /*如果能从user表中获取到数据记录则登录成功*/
        if($stmt->rowCount() > 0){
            $_SESSION = $stmt -> fetch(PDO::FETCH_ASSOC);      //将用户信息全部注册到Session中
            $_SESSION["isLogin"]=1;                            //注册一个用来判断登录成功的变量
            header("Location:index.php");                      //将脚本执行转向邮件系统的首页
        }else{
            echo '<font color="red">用户名或密码错误! </font>'; //如果用户名或密码无效则登录失败
        }
    }
?>
<html>
<head><title>邮件系统登录</title></head>
```

```
25      <body>
26          <p>欢迎光临邮件系统,Session ID:<?php echo session_id(); ?></p>
27          <form action="login.php" method="post">
28              用户名: <input type="text" name="username"><br>
29              密    码: <input type="password" name="password"><br>
30              <input type="submit" name="sub" value="登录">
31          </form>
32      </body>
33  </html>
```

3. 文件 index.php

该脚本是邮件系统的首页，需要通过 Session 变量进行用户身份判断。如果该用户已经通过了身份验证，就可以成功登录系统浏览该用户的全部邮件列表。如果用户没有登录而直接访问该脚本，就会自动转向登录界面要求用户登录。如果邮件系统还需要其他的脚本文件，则在每个脚本中都应该采用同样的身份判断方式。代码如下所示：

```php
1  <?php
2      /**
3          file:index.php 主页面,用于显示用户信息及当前用户的邮件信息
4      */
5      session_start();
6      /* 判断Session中的登录变量是否为真 */
7      if(isset($_SESSION['isLogin']) && $_SESSION['isLogin'] === 1){
8          echo "<p>当前用户为: <b> ".$_SESSION["username"]."</b>, ";   //输出登录用户名
9          echo "<a href='logout.php'>退出</a></p>";                        //提供退出操作链接
10     /* 如果用户没有登录则没有权限访问该页 */
11     }else{
12         header("Location:login.php");                                    //转向登录页面重新登录
13         exit;                                                             //退出程序而不向下执行
14     }
15 ?>
16 <html>
17     <head><title>邮件系统</title></head>
18     <body>
19         <?php
20             /* 包含连接数据库的文件 */
21             require "connect.inc.php";
22             /* 通过Session中传递的user id,作为mail表的查询条件,获取这个用户的邮件列表 */
23             $stmt = $pdo -> prepare("SELECT id, mailtitle, maildt FROM MAIL WHERE uid=?");
24             $stmt -> execute(array($_SESSION['id']));
25         ?>
26         <p>你的信箱中有<b><?php echo $stmt -> rowCount(); ?></b>邮件</p>
27         <table border="0" cellspacing="0" cellpadding="0" width="380">
28             <tr><th>编号</th><th>邮件标题</th><th>接收时间</th></tr>
29             <?php
30                 while(list($id, $mailtitle, $maildt) = $stmt -> fetch(PDO::FETCH_NUM)) {
31                     echo '<tr align="center">';
32                     echo '<td>'.$id.'</td>';                              //输出邮件编号
33                     echo '<td>'.$mailtitle.'</td>';                       //输出邮件标题
34                     echo '<td>'.date("Y-m-d H:i:s",$maildt).'</td>';      //输出邮件接收日期
35                     echo '</tr>';
36                 }
37             ?>
38         </table>
39     </body>
40 </html>
```

4. 文件 logout.php

执行该脚本时注销用户退出邮件系统，清除和登录用户有关的所有 Session 变量；销毁

当前的 Session，并给出重新登录系统的链接。代码如下所示：

```php
<?php
    /**
        file: logout.php 注销用户的会话信息,用户退出
    */
    session_start();
    /* 从Session中获取登录用户名 */
    $username = $_SESSION["username"];
    /* 删除所有Session的变量 */
    $_SESSION = array();
    /* 判断是否是使用基于Cookie的Session, 删除包含Session ID的Cookie */
    if (isset($_COOKIE[session_name()])) {
        setcookie(session_name(), '', time()-42000, '/');
    }
    /* 最后彻底销毁Session */
    session_destroy();
?>
<html>
    <head><title>退出系统</title></head>
    <body>
        <p><?php echo $username ?>再见！</p>
        <p><a href="login.php">重新登录邮件系统</a></p>
    </body>
</html>
```

14.5.3 邮件系统执行说明

假定数据库已经配置完成，并存有数据记录。将这 4 个 PHP 脚本文件发布到 Web 服务器文档根目录下的 mail 应用中。访问 http://localhost/mail/login.php 时，输入用户名和口令都为 "admin"。成功登录以后，邮件系统中每个页面中都会跟踪 "admin" 用户。具体的操作如图 14-8 所示。

图 14-8　使用 admin 用户登录邮件系统演示

如果退出"admin"用户以后，单击"重新登录邮件系统"链接，再次进入登录页面时，会显示一个新的 Session ID。输入用户名和口令都为"user"，成功登录以后，邮件系统中每个页面中都会跟踪"user"用户。具体的操作如图 14-9 所示。

图 14-9　使用 user 用户登录邮件系统演示

在上面的演示中，用不同的账号分别访问邮件系统，服务器就会创建两个 Session，并且这两个 Session 相互独立。如果使用两个浏览器同时访问相同的网页，则会看到各个浏览器端显示的内容各自独立。

第15章

PHP 的模板引擎 Smarty

设计一个交互式的网站，我们需要关注两个主要的问题，分别是图形用户界面和业务逻辑。例如，一个标准的 Web 开发小组由两名美工和三名程序员组成，而开发一个 Web 程序在传统的项目组中会出现这样的流程：计划文档提交之后，美工制作了网站的界面模板，然后把它交给后台程序员，程序员再在外观模板的基础上使用 PHP+MySQL 实现程序的业务逻辑，然后工程又被返回到美工手里继续完善界面。这样工程就可能在后台程序员和页面美工之间来来回回好多次。由于后台程序员不喜欢干预任何有关 HTML 标签，同时也不想美工和 PHP 代码搅和在一起，而美工也只是需要配置文件、动态区块和其他的界面部分，没必要去接触那些错综复杂的 PHP 代码，这时候有一个很好的模板引擎支持就显得尤其重要了。

15.1 什么是模板引擎

什么是网站模板？准确地说是指网站页面模板。即每个页面仅是一个版式，包括结构、样式和页面布局，是创建网页内容的样板，也可以理解为做好的网页框架。可以将模板中原有的内容替换成从服务器端数据库中获取的动态内容，目的是可以保持页面风格一致。例如，有一个"简历模板"，每个人都可以按这个模板的格式将内容替换为自己的信息。

PHP 是一种 HTML 内嵌式的在服务器端执行的脚本语言，所以大部分 PHP 开发出来的 Web 应用，初始的开发模板就是混合层的数据编程。项目编写者必须既是"网页设计者"，又是"PHP 开发者"。但实际情况是，多数 Web 开发人员要么精通网页设计，能够设计出漂亮的网页外观，但是编写的 PHP 代码很糟糕；要么仅熟悉 PHP 编程，能够写出健壮的 PHP 代码，但是设计的网页外观很难看。具备两种才能的开发人员很少见。

现在已经有很多解决方案，几乎可以将网站的页面设计和 PHP 应用程序完全分离。这些解决方案称为"模板引擎"，它们正在逐步消除由于缺乏层次分离而带来的难题。设计模板引擎的目的就是要达到上述提到的逻辑分离的功能。它能让程序开发者专注于资料的控制或是功能的达成；而网页设计师则可专注于网页排版，让网页看起来更具有专业感。因此，模板引擎很适合公司的 Web 开发团队使用，使每个人都能发挥其专长。此外，因为大多数模板引擎使用的表现逻辑一般比应用程序所使用的编程语言的语法更简单，所以，美工不需要为完成其工作而在程序语言上花费太多精力。

另外，像微博、论坛、商城、SNS 及 CMS 等都有让用户自定义或选择模板切换的功能，而传统的混合开发模式则很难办到。如果实现此功能就相当于项目重新开发，需要针对每种输出目标复制并修改代码，这会带来非常严重的代码冗余，极大地降低了可管理性。而采用模板技术就可将问题简化，因为项目的核心业务代码是不需要任何改变的，只需要美工为此开发多套模板轮流使用即可。还可以使用同样的业务代码基于不同目标生成数据，例如，生成打印的数据、生成 Web 页面或生成电子数据表、使用手机及其他设备呈现数据等。同样，如果有一天程序员想要改变程序逻辑，这个改变不影响模板设计者，内容仍将准确地输出到模板。因此，程序员可以改变逻辑而不需要重新构建模板，模板设计者可以改变模板而不影响逻辑。

模板引擎技术的核心比较简单。只要将美工页面（不包含任何的 PHP 代码）指定为模板文件，并将这个模板文件中动态的内容，如数据库输出、用户交互等部分定义成使用特殊"定界符"包含的"变量"，然后放在模板文件中相应的位置。当用户浏览时，由 PHP 脚本程序打开该模板文件，并将模板文件中定义的变量进行替换。这样，模板中的特殊变量被替换为不同的动态内容时，就会输出需要的页面，如图 15-1 所示。

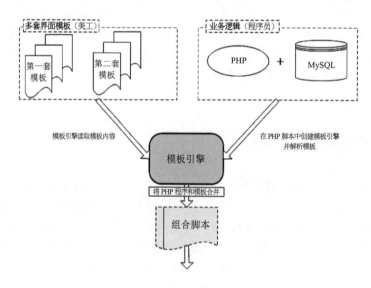

图 15-1　一般的模板引擎示意图

通过图 15-1 中展示的内容，我们可以打个比方。例如，玩橡皮泥时，用不同的模子按上去，就可以做出需要的形状。我们假设 PHP 中的动态数据就是一块大橡皮泥，页面模板就像是一个模子，玩家就好比是 PHP 程序员，模板引擎比作使用模子的工具。玩家创建了一个使用模子的工具，并在工具中将模子安装上，然后用力将橡皮泥按下，这样就做出需要的形状来了。

目前，可以在 PHP 中应用并且比较成熟的模板有很多，如 Smarty、PHPLIB、IPB 等几十种。使用这些通过 PHP 编写的模板引擎，可以让你的代码脉络更加清晰，结构更加合理化；也可以让网站的维护和更新变得更容易，创造一个良好的开发环境，让开发和设计工作更容易结合在一起。但是，对于一名 PHP 程序员来说，没有哪一个 PHP 模板引擎是最合适、最完美的。因为 PHP 模板引擎就是大众化的东西，并不是针对某个人开发的。如果能在对模板引擎的特点、应用有清楚的认识的基础上，充分认识到模板引擎的优势和劣势，就可以知道是否选择使用模板引擎或选择使用哪个模板引擎。

15.2 选择 Smarty 模板引擎

Smarty 是一个 PHP 模板引擎（使用 PHP 编写出来，在 PHP 项目中使用），并不是一个在网站开发中一切从零做起的独立工具。Smarty 只是一个从应用程序中剥离表现层的工具，是一种从程序逻辑层（PHP）抽出外在（HTML/CSS）描述的 PHP 框架，即分开了逻辑程序和外在的内容，提供了一种易于管理的方法。可以描述为应用程序员和美工扮演了不同的角色，因为在大多数情况下，他们不可能是同一个人。因此，程序员可以改变逻辑而不需要重新构建模板，模板设计者可以改变模板而不影响到程序逻辑。有时，Smarty 有点类似于 MVC 模式，但 Smarty 不是 MVC 框架，它只是一种描述层，更多地类似于 MVC 的 V 部分。事实上，Smarty 能够很容易地整合到 MVC 中的视图层（V），很多流行的 MVC 框架（例如，BroPHP 框架）指明整合 Smarty。

在引擎中，Smarty 将模板"编译"（基于复制和转换）成 PHP 脚本。它只发生一次，当第一次读取模板的时候，指针前进时调取编译版本，Smarty 帮你保管它，因此，模板设计者只需编辑 Smarty 模板，而不必管理编译版本。这也使得模板很容易维护，而执行速度非常快，因为它只是 PHP。如果开启了模板缓存，则直接运行缓存的静态页面，而不再去执行 PHP 的应用程序（没有反复连接数据库和执行大量 SQL 语句的动作），大大提高了页面的访问速度。Smarty 模板引擎运作示意图如图 15-2 所示。

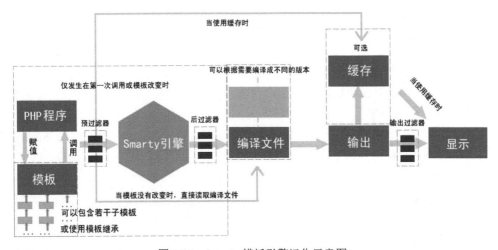

图 15-2　Smarty 模板引擎运作示意图

对 PHP 来说，有很多模板引擎可供选择，但 Smarty 是目前业界最著名、功能最强大的一种 PHP 模板引擎，目前应用的 Smarty 是 3.0 以上的版本。Smarty 像 PHP 一样拥有丰富的函数库，从统计字数到自动缩进、文字环绕及正则表达式都可以直接使用。如果觉得不够，Smarty 还有很强的扩展能力，可以通过插件的形式进行扩充。另外，Smarty 也是一种自由软件，用户可以自由使用、修改，以及重新分发该软件。Smarty 的优点概括如下。

> **速度**：相对于其他的模板引擎技术而言，采用 Smarty 编写的程序可以获得最大速度的提高。最主要的是可以提高开发速度，程序员、美工能够快速开发部署，易于维护。
> **编译型**：采用 Smarty 编写的程序在运行时要编译（组合）成一个非模板技术的 PHP 文件，这个文件采用了 PHP 与 HTML 混合的方式，在下一次访问模板时将 Web 请求直接转换到这个文件中，而不再进行模板重新编译（在源程序没有改动的情况下），使后续的调用速度更快。
> **缓存技术**：Smarty 提供了一种可选择使用的缓存技术，它可以将用户最终看到的 HTML 文件缓存成一个静态的 HTML 页面。当用户开启 Smarty 缓存时，并在设定的时间内，将用户的 Web 请求直接转换到这个静态的 HTML 文件中来，这相当于调用一个静态的 HTML 文件。
> **插件技术**：Smarty 模板引擎是采用 PHP 的面向对象技术实现的，不仅可以在源代码中修改，还可以自定义一些功能插件（就是一些按规则自定义的功能函数）。
> **强大的表现逻辑**：PHP 负责后台，Smarty 模板负责前端。在 Smarty 模板中能够通过条件判断及迭代地处理数据，它实际上也是一种自定义的程序设计语言，客户在开发中富有弹性。同时抛弃应用程序中 PHP 与其他语言杂糅的描述方式，使之统一样式，从 PHP 独立出来，比较安全。另外，语法简单、容易理解，开发人员不必具备 PHP 知识。
> **模板继承**：模板的继承是 Smarty 3.0 的新事物，它也是诸多伟大新特性之一。在模板继承里，我们将保持模板作为独立页而不用加载其他页面，可以操纵内容块继承它们，这使得模板更直观、更有效和易管理。

15.3 安装 Smarty 及初始化配置

Smarty 的安装比较容易，因为它不属于 PHP 的应用扩展模块，只是采用 PHP 的面向对象思想编写的软件，只要在我们的 PHP 脚本中加载 Smarty 类，并创建一个 Smarty 对象，就可以使用 Smarty 模板引擎了。本章全部以当前 Smarty 最新版本（3.0 以上）进行讲解，新版本的 Smarty 3.0 和旧版本的 Smarty 2.0 相比，改动还是比较大的，最主要的还是 Smarty 内部功能的实现改动，而功能应用上改动不算太大，基本上可以向下兼容。

15.3.1 安装 Smarty

安装 Smarty 很简单，Smarty 库文件全部放在解压包的/libs/目录里面，请不要对这些 PHP

文件进行修改。这些文件被所有应用程序共享，也只能在你升级到新版 Smarty 的时候得到更新。通过前面的介绍可知，安装 Smarty 就是在自己的 PHP 项目中包含 Smarty 类库。安装步骤如下：

（1）到 Smarty 官方网站 http://www.smarty.net/download.php 下载最新的稳定版本，所有版本的 Smarty 类库都可以在 UNIX 和 Windows 服务器上使用。例如，下载的软件包为 Smarty-3.1.8.tar.gz（本书出版时的最高版本）。

（2）解压压缩包，解开后会看到很多文件，其中有一个名为 libs 的文件夹，就是存有 Smarty 类库的文件夹。安装 Smarty 只需要这一个文件夹，其他的文件都没有必要使用。

（3）在 libs 文件夹中应该会有 Smarty.class.php 和 SmartyBC.class.php 两个 PHP 文件、一个 debug.tpl 文件、一个自定义插件 plugins 文件夹（外部使用可以扩充）和一个系统插件 sysplugins 文件夹（内部插件）。直接将 libs 文件夹复制到自己的程序主文件夹下（也可以将 libs 目录名重新命名）。

（4）在执行的 PHP 脚本中，通过 require()语句将 libs 目录中的 Smarty.class.php 类文件加载进来，Smarty 类库就可以使用了（注意 Smarty.class.php 中的"S"大写），其他的类文件都会在 Smarty 类中自动加载完成。

Smarty 3.0 以上的新版本是采用完全面向对象的新技术改进的，所以必须在 PHP 5 以上的环境下运行。下面是在 PHP 脚本里创建一个 Smarty 应用实例的例子（PHP 脚本和 libs 在相同目录下）：

```php
<?php
    /* 注意Smarty.class.php中的"S"是大写的，并指定了Smarty.class.php所在位置 */
    require './libs/Smarty.class.php';
    /* 实例化Smarty类的对象$smarty */
    $smarty = new Smarty();
```

15.3.2 初始化 Smarty 类库的默认设置

实例化 Smarty 类的对象以后，还需要对 Smarty 对象进行一些初始化的设置，例如，设置模板所在的目录、编译后文件的自动存放位置等（最好不要直接在 Smarty 类的源文件中修改）。在项目中，经常需要自己设置的一些 Smarty 对象中的成员属性如表 15-1 所示。

表 15-1　Smarty 类中需要关注的成员属性

成员属性名	描述
$template_dir	网站中的所有模板文件都需要放置在该属性所指定的目录或子目录中，即定义默认模板目录的名字，Smarty 模板引擎会自动按这个属性值的位置去寻找模板。在 Smarty 3.0 以上的版本中，该属性为一个数组值，可以设置多个模板目录。默认情况下，将会在和 PHP 执行脚本相同的目录下寻找模板目录 "templates"。建议将该属性指定的目录放在 Web 服务器文档根目录之外的位置。可以通过下列方法设置和获取模板路径： $smarty -> template_dir = "./templates/";　　#设置新的模板目录，2.0 的设置方法，3.0 沿用但不推荐 $smarty->setTemplateDir("./templates/");　　#注意设置后模板目录的数组只有该值一个，不管原来有几个值 $smarty->addTemplateDir("./templates2/");　　#多添加新的模板路径，添加多个模板路径 $smarty->getTemplateDir();　　#得到当前模板目录路径的数组

续表

成员属性名	描述
$compile_dir	Smarty 编译过的所有模板文件都会被存储到这个属性所指定的目录中。默认将会在和 PHP 执行脚本相同的目录下寻找 "templates_c"。除了创建此目录，在 Linux 服务器上还需要修改权限，使 Web 服务器的用户能够对这个目录有写的权限。该设置必须是一个相对或绝对路径，也不推荐把编译目录放在 Web 服务器根目录下。可以通过下列方法设置和获取这个编译路径： $smarty -> compile_dir = "./templates_c/";　　#设置新的编译目录，2.0 的设置方法，3.0 沿用但不推荐 $smarty->setCompileDir("./templates_c/");　　#设置新的编译目录 $smarty->getCompileDir();　　#得到当前编译目录路径
$config_dir	该变量定义用于存放模板特殊配置文件的目录，默认情况下，将会在和 PHP 执行脚本相同的目录下寻找配置目录 "configs"。也不推荐把编译目录放在 Web 服务器根目录下。可以通过下列方法设置和获取这个配置路径： $smarty -> config_dir = "./configs/";　　#设置新的配置目录，2.0 的设置方法，3.0 沿用但不推荐 $smarty->setConfigDir("./templates_c/");　　#设置新的配置目录 $smarty->getConfigDir();　　#得到当前配置目录路径
$plugins_dir	本变量设置 Smarty 寻找所需插件的目录。默认是在 SMARTY_DIR（即 Smarty 类所在目录）目录下的 "plugins" 目录。如果提供了一个相对路径，Smarty 将首先在 SMARTY_DIR 目录下寻找，然后到当前工作目录下寻找，继而到 PHP 包含路径中的每个路径中寻找。如果$plugins_dir 是一个目录数组，那么 Smarty 将根据给定的命令在目录数组中逐个搜索所需插件。可以设置为绝对路径、SMARTY_DIR 的相对路径或当前工作路径目录。可以通过下列方法设置和获取插件路径： $smarty->setPluginsDir("./templates/");　　#注意设置后插件目录的数组只有该值一个，不管原来有几个值 $smarty->addPluginsDir("./templates2/");　　#多添加新的插件路径，如果有 set 将取消插件数组，变为单值 $smarty->getPluginsDir();　　#得到当前插件目录路径的数组
$left_delimiter	用于模板中的左结束符变量，默认是 "{"。但这个默认设置会和模板中使用的 CSS/JavaScript 代码结构发生冲突，通常需要修改其默认行为。例如："<{"
$right_delimiter	用于模板中的右结束符变量，默认是 "}"。但这个默认设置会和模板中使用的 CSS/JavaScript 代码结构发生冲突，通常需要修改其默认行为。例如："}>"
$caching	本变量用于告诉 Smarty 是否缓存模板的输出，默认情况下，它将常量设置为 Smarty::CACHING_OFF，即否。如果模板内容冗余、重复，建议打开缓存，这样有利于获得良好的性能增益。也可以为同一模板设置多个缓存。本变量设置有所升级，使用了类静态常量
$cache_dir	在启动缓存的特性情况下，这个属性所指定的目录中放置 Smarty 缓存的所有模板。默认情况下，可以在和 PHP 执行脚本相同目录下寻找缓存目录 "cache"。除了创建此目录，在 Linux 服务器上还需要修改权限，使 Web 服务器的用户能够对这个目录有写的权限。建议将该属性指定的目录放在 Web 服务器文档根目录之外的位置。可以通过下列方法设置和获取这个缓存路径： $smarty -> cache_dir = "./cache/";　　#设置新的缓存目录，2.0 的设置方法，3.0 沿用但不推荐 $smarty->setCacheDir("./templates_c/");　　#设置新的缓存目录 $smarty->getCacheDir();　　#得到当前缓存目录

续表

成员属性名	描述
$cache_lifetime	该变量定义模板缓存有效时间段的长度（单位为秒）。一旦这个时间失效，则缓存将会重新生成。如果希望实现所有效果，$caching 必须因$cache_lifetime 需要而设为 "true"。值为−1 时，将强迫缓存永不过期。0 值将导致缓存总是重新生成（仅有利于测试，一个更有效的使缓存无效的方法是设置$caching = 0）

如果我们不修改 Smarty 类中的默认行为，也需要创建表 15-1 中介绍的几个 Smarty 路径，因为 Smarty 将会在和 PHP 执行脚本相同的目录下寻找这些配置目录。但为了系统安全，通常建议将这些目录放在 Web 服务器文档根目录之外的位置上，这样就只能通过 Smarty 引擎使用这些目录中的文件，而不能再通过 Web 服务器在远程访问它们。为了避免重复地配置路径，项目中常见的方法是在一个独立的文件里配置这些变量，并在每个需要使用 Smarty 的脚本中包含这个文件即可。将以下这个文件命名为 init.inc.php，并放置到主文件夹下，和 Smarty 类库所在的文件夹 libs 在同一个目录中。代码如下所示：

初始化 Smarty 成员属性的公用文件 init.inc.php

```php
<?php
    /**
     *    file: init.inc.php Smarty对象的实例化及初始化文件
     */
    define("ROOT", str_replace("\\", "/",dirname(__FILE__)).'/');//指定项目的根路径
    require ROOT.'libs/Smarty.class.php';                        //加载Smarty类文件
    $smarty = new Smarty();                                      //实例化Smarty类的对象$smarty

    /* 推荐使用Smarty 3.0以上版本方式设置默认的路径，设置成功后都返回$smarty对象本身，可以使用连贯操作 */
    $smarty ->setTemplateDir(ROOT.'templates/')                  //设置所有模板文件存放的目录
    //       ->addTemplateDir(ROOT.'templates2/')                //可以添加多个模板目录（前后台各一个）
            ->setCompileDir(ROOT.'templates_c/')                 //设置所有编译过的模板文件存放的目录
            ->setPluginsDir(ROOT.'plugins/')                     //设置为模板扩充插件存放的目录
            ->setCacheDir(ROOT.'cache/')                         //设置缓存文件存放的目录
            ->setConfigDir(ROOT.'configs');                      //设置模板配置文件存放的目录

    $smarty->caching = false;                                    //设置Smarty缓存开关功能
    $smarty->cache_lifetime = 60*60*24;                          //设置模板缓存有效时间段的长度为1天
    $smarty->left_delimiter = '<{';                              //设置模板语言中的左结束符
    $smarty->right_delimiter = '}>';                             //设置模板语言中的右结束符
```

init.inc.php 是 Smarty 的对象实例化和初始化的文件，可以被每个应用 Smarty 的 PHP 脚本包含使用。作为一个公共的文件，可以减少在每个脚本中重复这些操作，可以将所有需要对 Smarty 初始化的内容都定义在这个文件中。在本例中定义了一个 ROOT 常量，采用自动获取项目绝对路径的方式声明，这样做的好处是当项目的路径迁移时不用修改代码。另外，采用绝对路径部署 Smarty 的好处是，PHP 脚本可以不受一些复杂路径之间文件相互包含的限制。在 init.inc.php 中除了实例化 Smarty 类的对象，还分别对 Smarty 应用时的一些路径进行部署、缓存的设置及自定义定界符。当然不一定在刚开始学习 Smarty 时需要这么复杂的设置，这里只是先统一进行说明，在后面的章节中会有详细的说明。

本例并没有采用 Smarty 2.0 中的方式去部署路径，而是采用了推荐的 Smarty 3.0 中新提供的方法。即使用 Smarty 3.0 类中提供的方法对这些路径属性进行设置，而不像 Smarty 2.0

中直接操作属性的方式（直接为 Smarty 成员属性赋值）。在 init.inc.php 脚本中动态设置编译、模板、缓存、配置路径说明如下所示。

➢ Smarty 2.0 时的设置方式：

```
$smarty->template_dir = "./templates";            //设置模板目录，2.0 设置方法，3.0 沿用但不推荐
$smarty->compile_dir = "./templates_c";           //设置编译目录，2.0 设置方法，3.0 沿用但不推荐
$smarty->config_dir = './configs/';               //设置配置目录，2.0 设置方法，3.0 沿用但不推荐
$smarty->cache_dir = './cache/';                  //设置缓存目录，2.0 设置方法，3.0 沿用但不推荐
```

➢ Smary 在 3.0 中对属性进行了封装。可以使用如下方法进行访问获得目录：

```
$smarty->getCacheDir();                           //得到当前缓存目录路径
$smarty->getTemplateDir();                        //得到当前模板目录路径的数组
$smarty->getConfigDir();                          //得到当前配置目录路径
$smarty->getCompileDir();                         //得到当前编译目录路径
$smarty->getPluginsDir();                         //得到当前插件目录路径的数组
```

➢ 同样用下面的方法进行目录设置：

```
#设置新的模板目录，注意设置后模板目录的数组只有该值一个，不管原来有几个值
$smarty->setTemplateDir("./templates/");
$smarty->setCompileDir("./templates_c/");         //设置新的编译目录
$smarty->setConfigDir("./configs/");              //设置新的配置目录
$smarty->setCacheDir("./cache/");                 //设置新的缓存目录
//引用的模板文件的路径必须在模板目录数组中，否则报错。由于沿用原来的模板文件，这样模板数组中有两个路径
$smarty->addTemplateDir("./templates2/");
//添加一个新的插件目录，如果用 set 将取消插件数组，变为单指
$smarty->addPluginsDir('./myplugins');
```

另外，这些 Smarty 对象中的设置方法，设置成功以后返回的仍旧是 Smarty 类的对象（$this），所以可以像 init.inc.php 脚本中应用的方式一样，采用对象的连贯操作方式部署 Smarty 路径。

15.3.3　第一个 Smarty 的简单示例

通过前面的介绍可知，如果了解了 Smarty 并学会了安装，就可以通过一个简单的示例测试一下。使用 Smarty 模板编写的大型项目也会有同样的目录结构。按照上一节的介绍，我们需要创建一个项目的主目录 project，并将存放 Smarty 类库的文件夹 libs 复制到这个目录中，还需要在该目录中分别创建 Smarty 引擎所需要的各个目录。Smarty 对象的创建及设置常用成员属性的默认行为，直接借用 init.inc.php 文件在主程序中使用。

在这个例子中，唯一的动作就是在 PHP 程序中替代模板文件中特定的 Smarty 变量。首先在项目主目录下的 templates 目录中创建一个模板文件，这个模板文件的扩展名可以任意命名。注意，在模板中声明了$title 和$conten 两个 Smarty 变量，都放在大括号"{ }"中。大

括号是 Smarty 的默认定界符,就像在 PHP 的字符串中直接解析变量时,需要使用"{}"将变量包含起来一样。但为了在模板中嵌入 CSS 及 JavaScript 的关系,最好将它换掉,例如,在 init.inc.php 脚本中,将默认定界符修改为"<{"和"}>"的形式。这些定界符只能在模板文件中使用,并告诉 Smarty 要对定界符所包围的内容完成某些操作。在 templates 目录中创建一个名为 test.htm 的模板文件,代码如下所示:

简单的 Smarty 设计模板(templates/test.htm)

```
1  <html>
2      <head>
3          <meta http-equiv="Content-type" content="text/html; charset=utf-8">
4          <title> {$title} </title>
5      </head>
6      <body>
7          {$content}
8      </body>
9  </html>
```

本例中,模板文件只是一个表现层界面,还需要 PHP 应用程序逻辑将适当的变量值传入 Smarty 模板。直接在项目的主目录中创建一个名为 index.php 的 PHP 脚本文件,作为 templates 目录中 test.htm 模板的应用程序逻辑。代码如下所示:

在项目的主目录中创建 index.php

```
1  <?php
2      /* 第一步:加载自定义的Smarty初始化文件 */
3      require "init.inc.php";
4      /* 第二步:用assign()方法将变量置入模板里 */
5      $smarty->assign("title", "测试用的网页标题");
6      /* 也属于第二步,分配其他变量置入模板里。可以向模板中置入任何类型的变量 */
7      $smarty->assign("content", "测试用的网页内容");
8      /* 利用Smarty对象中的display()方法将网页输出 */
9      $smarty->display("test.htm");
```

这个示例展示了 Smarty 能够完全分离 Web 应用程序逻辑层(index.php)和表现层(test.htm)。用户通过浏览器直接访问项目目录中的 index.php 文件,就会将模板文件 test.htm 中的变量替换后显示出来,如图 15-3 所示。

图 15-3 使用 Smarty 的简单示例输出结果

看到输出结果以后,再到项目主目录下的 templates_c 目录中,我们会看到一个文件名比较奇怪的文件(如 6de075ad1631a2055582ed132ee1e0b22eb732d8.file.test.htm.php)。打开该文件后的代码如下所示:

Smarty 编译过的文件（templates_c/6de075ad1631a2055582ed132ee1e0b22eb732d8.file.test.htm.php）

```
<?php /* Smarty version Smarty-3.1.8, created on 2012-05-20 01:21:51
         compiled from "C:/AppServ/www/book/smarty/sm/project/templates\test.htm" */ ?>
<?php /*%%SmartyHeaderCode:268234fb8471395ef71-69998263%%*/if(!defined('SMARTY_DIR')) exit('no direct access allowed');

<?php if ($_valid && !is_callable('content_4fb84713aacad2_89490606'))
{function content_4fb84713aacad2_89490606($_smarty_tpl) {?>
<html>
    <head>
        <meta http-equiv="Content-type" content="text/html; charset=utf-8">
        <title><?php echo $_smarty_tpl->tpl_vars['title']->value;?>
 </title>
    </head>
    <body>
        <?php echo $_smarty_tpl->tpl_vars['content']->value;?>
    </body>
</html>
<?php }} ?>
```

这就是 Smarty 编译过的文件（片段），是在第一次使用模板文件 test.htm 时由 Smarty 引擎自动创建的，它将我们在模板中由特殊定界符声明的变量转换成了 PHP 的语法来执行。下次再读取同样的内容时，Smarty 就会直接抓取这个文件来执行，直到模板文件 test.htm 有改动时，该文件内容才会跟着更新。本例的各目录及文件的作用说明如图 15-4 所示。

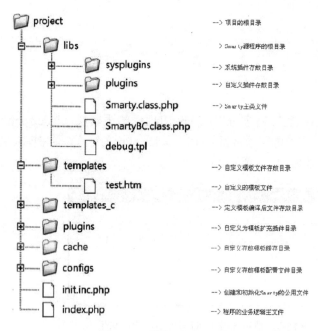

图 15-4　应用 Smarty 项目的目录部署结构

通过图 15-4 中提供的一个项目的目录结构，可以清晰地了解在使用模板时各种组件存放的位置。当然用户可以根据自己的项目情况，参考本例提供的方式任意定义自己的目录结构。但我们一定要按这种规定的目录结构去存放数据，例如，在本例中所有的模板文件都存放在 templates 目录中，在需要使用模板文件时，模板引擎会自动到该目录中去寻找对应的模板文件；如果在模板文件中需要加载特殊的配置文件，也会到 configs 目录中去寻找；如果模板文件有改动或是第一次使用，会通过模板引擎将编译过的模板文件自动写入到 templates_c 目录中建立的一个文件中；如果为 Smarty 扩充功能，即自定义插件将文件声明在 plugins 目录中；如果开启缓存，Smarty 缓存的所有静态页面还会被自动存储到 cache 目录中。

注意：需要 Smarty 引擎去主动修改的 cache 和 templates_c 两个目录，一定要让 PHP 脚本的执行用户有写的权限。

15.4 Smarty 的基本应用

Smarty 引擎既然是分离 Web 应用程序逻辑层和表现层的工具，目的也是让应用程序员和美工分开扮演不同的角色，所以程序员和美工都需要学习和使用 Smarty，但学习的内容有所不同。作为程序员需要学习 Smarty 的"模板程序员篇"，重点包括以下几方面内容：

- Smarty 引擎的安装。
- 变量的分配和加载显示模板。
- 以插件形式扩展 Smarty。
- 缓存控制技术。

如果你是一名页面美工，主要学习 Smarty 的"模板设计者篇"，包括以下内容：

- 编写 Smarty 模板的基本语法。
- 变量。
- 变量修改器和组合修改器。
- 自定义函数。
- Smarty 内置函数。
- 模板继承机制。

PHP 程序员学习的内容相对于美工来说还是比较容易的，除了 PHP 的语法，基本上不涉及其他的内容，只需要按 Smarty 的语法规则进行编程即可。而大量的 Smarty 应用还是在美工的模板设计上，因为美工平时就很少接触一些业务逻辑，所以在模板中使用的一些 Smarty 语法对于他们还讲还是有一些难度的。当然，模板引擎在设计时也考虑了美工的基础，尽量将 Smarty 在模板中使用的语法向美工熟悉的 HTML 语法靠拢。

15.4.1 PHP 程序员常用的和 Smarty 相关的操作

在使用 Smarty 技术开发项目时，PHP 程序员除了需要完成整个项目的业务逻辑，还需要将用户请求的动态内容通过 Smarty 引擎交给模板去显示。Smarty 的安装前面已经重点介

绍过了，扩充自定义插件和缓存控制技术后面有单独的章节进行详细介绍。本节重点介绍 PHP 的变量分配和加载模板进行显示，这是需要通过访问 Smarty 对象中的方法完成的，前面也仅使用过一次，这里有必要正式地介绍一下 assign()和 display()这两个方法。

1．assign()方法

在 PHP 脚本中调用该方法可以为 Smarty 模板文件中的变量赋值，可以传递一对名称/数值对，也可以传递包含名称/数值对的关联数组。它的使用方法比较简单，原型如下所示：

```
void assign (string varname, mixed var)      //传递一对名称/数值对到模板中
void assign(mixed var)                       //传递包含名称/数值的关联数组到模板中
```

通过调用 Smarty 对象中的 assign()方法，可以将任何 PHP 所支持的类型数据赋值给模板中的变量，包含数组和对象类型。下例给出使用两种方式分配变量到模板中，即指定一对"名称/数值"和指定包含"名称/数值"的联合数组：

```
//指定一对"名称/数值"的使用方式
$smarty->assign("name","Fred");                    //将字符串"Fred"赋给模板中的变量{$name}
$smarty->assign("address",$address);               //将变量$address 的值赋给模板中的变量{$address}

//指定包含"名称/数值"的联合数组的使用方式
$smarty->assign(array("city" => "Lincoln","state" => "Nebraska"));     //这种方式很少使用
```

2．display()方法

基于 Smarty 的脚本中必须用到这个方法，而且在一个脚本中只能使用一次，因为它负责获取和显示由 Smarty 引擎引用的模板。该方法的原型如下所示：

```
Void display (string template [, string cache_id [, string compile_id]])    //用来获取和显示 Smarty 模板
```

第一个参数 template 是必选的，需要指定一个合法的模板资源的类型和路径。还可以通过第二个可选参数 cache_id 指定一个缓存标识符的名称，第三个可选参数 compile_id 在维护一个页面的多个缓存时使用，这两个可选参数将在本章的后面章节中讨论。在下面的示例中使用多种方式指定一个合法的模板资源：

```
//获取和显示由 Smarty 对象中的$template_dir 属性所指定目录下的模板文件 index.htm
$smarty->display("index.htm");
//获取和显示由 Smarty 对象中的$template_dir 变量所指定的目录下子目录 admin 中的模板文件 index.htm
$smarty->display("admin/index.htm");
//绝对路径，用来使用不在$template_dir 模板目录下的文件
$smarty->display("/usr/local/include/templates/header.htm");
//绝对路径的另外一种方式，在 Windows 平台下的绝对路径必须使用"file:"前缀
$smarty->display("file:C:/www/pub/templates/header.htm");
```

在使用 Smarty 的 PHP 脚本文件中，除了基于 Smarty 的内容需要上面的操作，程序的其他逻辑没有改变。例如，文件处理、图像处理、数据库连接、MVC 的设计模式等，使用形式都没有发生变化。

15.4.2 模板设计时美工的常用操作

表现层的模板设计是 Smarty 的主要战场，但并不只是单纯地在一对特殊的定界符中声明一个变量，然后再通过模板引擎在运行时由 PHP 程序逻辑动态赋值。有时也需要在模板中使用某种迭代，遍历由 PHP 程序动态分配到模板中的数组，或是通过选择结构过滤数据等程序逻辑。这样就会有一些页面设计者抱怨在表现层中集成了某种程序逻辑，因为使用模板引擎的主旨就是为了完全分离表现层和逻辑层，但要想得到十全十美的解决方案，不太可能。因为页面设计人员通常并不是编程人员，所以 Smarty 的开发者只在引擎中集成了一些简单但非常有效的应用程序逻辑，即使是从没有接触过编程的人员，也可以很快学会。模板的设计是学习的重点，后面的章节中会有详细的介绍。

当然，美工人员在设计模板时，最常用到的操作还是遇到页面中有动态数据载入的位置，自己不去处理，而是声明一个有特殊标记的变量占位符号，然后由 PHP 程序员从数据库中获取动态数据，显示模板时将每个占位符号替换成对应的值。引用前面介绍过的例子，在 Smarty 模板中直接输出变量：

```
1  <html>
2      <head>
3          <meta http-equiv="Content-type" content="text/html; charset=utf-8">
4          <title> <{$title}> </title>
5      </head>
6      <body>
7          <{$content}>
8      </body>
9  </html>
```

在 Smarty 模板设计中，一切以变量为主。如果在 Smarty 模板中输出从 PHP 中分配的变量，则需要在前面加上"$"符号并用定界符将它括起来，命名方式和 PHP 的变量命名方式是一样的（注意：变量区分大小写）。并且定界符又有点像是 PHP 中的"<?php"和"?>"（事实上它们的确会被替换成这个）。另外，可以在模板中的任意位置插入占位变量，就和使用 PHP 定界符将 PHP 代码嵌入 HTML 中一样。

注意：在 Smarty 3.0 的模板中，默认情况下，定界符"{"和"}"与变量名称"$title"之间不能存在空格，这是为了不与 CSS/JavaScript 语法产生冲突。

15.5 Smarty 模板设计的基本语法

虽然我们可以对默认的 Smarty 定界符"{"和"}"作出更改（推荐），但本书的示例将全部使用默认的定界符。在 Smarty 中，所有定界符外的内容要么作为静态内容直接输出，要么保持原样。当 Smarty 遇到模板标签时，将尝试解释它们，并在声明位置恰当地显示输出。另外，Smarty 能处理一些复杂的表达式和语法，但从经验上来说，一个好的做法是最低限度地使用模板语法，将其专注于表现外在内容。如果发现你的模板语法太复杂，最好将与外在表现无关的后台处理通过插件或调解器交给 PHP 处理。其实在模板中使用的语法总结起来一共只有两种：一种是变量，另一种就是在模板中使用函数。在模板中不管使用多么复杂的语法，都是这两种应用的不同形式。

15.5.1 模板中的注释

每一个 Smarty 模板文件，都是通过 Web 前台语言（XHTML、CSS 和 JavaScript 等）结合 Smarty 引擎的语法共同开发的。除了在模板中多加了一些 Smarty 语法用来处理程序逻辑，用到的其他 Web 前台开发语言和原来完全一样，注释也没有变化。如果在模板文件中使用 HTML 或是 JavaScript 等前台语言的注释，用户可以通过浏览网页源代码的方式查看到这些注释内容。Smarty 也在模板中给我们提供了一种注释的语法，包围在定界标记"{*"和"*}"之间的都是注释内容，可以包括一行或多行。这与<!-- HTML 注释-->不同，Smarty 注释内容不会在用户浏览页面源代码时查看到，它只是模板内在的注释，因为在模板编译时会将注释的内容去掉。以下是一个合法的 Smarty 注释：

```
{* this is a comment *}            //模板注释被*号包围，它不会在模板文件的最后输出中出现
```

推荐在设计模板时采用 Smarty 这种注释方式，这一点非常有用。试想，注释只存在于模板里面，而在输出的页面中谁也看不见。

15.5.2 模板中的变量应用

对于 PHP 程序员来说，只要是将数据分配到模板中使用，而不用管数据是什么类型的，全部使用 Smarty 对象中的 assign()方法完成。虽然在模板中使用各种类型变量的语法和 PHP 相似，而对于不太熟悉 PHP 语法的美工来说，设计模板时涉及各种类型数据的处理还是比较复杂的。需要注意的是，在 Smarty 模板中变量预设是全域的。也就是说你只要分配一次就可以了，如果分配两次以上，变量内容会以最后分配的为主。就算我们在主模板中加载了外部的子模板，子模板中同样的变量一样也会被替代，这样我们就不用针对子模板再做一次解析的动作。

1. 在模板中使用一些复杂变量

模板变量用美元符号$开始，可以包含数字、字母和下画线，这与 PHP 变量很相似。你可以引用数组的数字或非数字索引，当然也可以引用对象属性和方法。按照说明，像$abc、$abc123、$abc_123、$abc[1]、$abc['a']、$abc->a、$abc->a()这些模板变量都是有效的。也可以使用 PHP 原生语法风格引用索引数组，如下所示：

```
<?php
    /* 声明一个联系方式的索引多维数组，包括传真、电子邮箱和多组电话 */
    $contacts = array("010-123456789", "gaolf@brophp.com", array('15801684888', '18810090000'));
    /* 分配索引数组到模板中 */
```

```
        $smarty->assign('Contacts', $contacts);
        /* 显示 index.tpl 模板 */
        $smarty->display('index.tpl');
?>
```

模板文件 index.tpl 的源代码，通过索引访问数组如下所示：

```
{$Contacts[0]}<br />
{$Contacts[1]}<br />

{* 你也可以输出二维数组 *}
{$Contacts[2][0]}<br />
{$Contacts[2][1]}<br />
```

输出结果如下所示：

```
010-123456789<br />
gaolf@brophp.com<br />
15801684888<br />
18810090000<br />
```

在模板中访问关联数组有两种格式，既可以使用 PHP 原生语法风格引用索引数组（Smarty 3.0 中引入），又可以通过句号"."后接数组键的方式来引用从 PHP 中分配的关联数组变量。访问关联数组变量如下所示：

```
<?php
        /* 声明一个联系方式的索引多维数组，包括传真、电子邮箱和多组电话 */
        $contacts = array(
                    'fax'=>"010-123456789",
                    'email'=>"gaolf@brophp.com",
                    'phone' => array('15801684888', 'home'=>'18810090000'));

        /* 分配关联数组到模板中 */
        $smarty->assign('Contacts', $contacts);
        /* 显示 index.tpl 模板 */
        $smarty->display('index.tpl');
?>
```

模板文件 index.tpl 的源代码如下所示：

```
{*Smarty "dot" 语法 *}
{$Contacts.fax}
{$Contacts.email}
{$contacts.phone.home}
{$contacts.phone[0]}

{*PHP 式语法，"dot"语法外的另一种选择*}
{$Contacts['fax']}
{$Contacts['email']}
{$contacts['phone']['home']}
{$contacts['phone'][0]}
```

通常，在模板中通过遍历输出数组中的每个元素，可以通过 Smarty 中提供的 foreach 或 section 语句完成，而本节主要介绍在模板中单独输出数组中的某个元素。在模板中使用 PHP 分配的对象变量，可以通过 "->" 符号后接指定属性名或方法的方式访问 PHP 分配的成员，和在 PHP 中访问对象中的成员方式完全一致。另外，在 Smarty 3.0 中也实现了对象的方法链（对象的连贯操作），如下所示：

```
{$person->name}
{$person->say()}
```

Smarty 3.0 中引入的对象链操作方式如下所示：

```
{$object->method1($x)->method2($y)}
```

2．在模板中应用表达式

Smarty 3.0 在几乎所有地方都支持表达式。如果安全策略允许，表达式中甚至可以包含 PHP 函数、对象的方法及属性。简单应用如下所示：

```
{$x+$y}
{$foo = strlen($bar)}
{assign var=foo value= $x+$y}
{$foo = myfunct( ($x+$y)*3 )}
{$foo[$x+3]}
```

3．双引号里嵌入变量

在 Smarty 模板中可以识别嵌入双引号中的变量，只要此变量只包含数字、字母、下画线或中括号（[]）。对于其他的符号（句号、对象相关的等），此变量必须用两个反引号 "`"（此符号和 "~" 在同一个键上）包围。使用示例如下所示：

```
{func var="test $foo test"}              {* 在双引号中嵌入标量类型的变量 *}
{func var="test $foo[0] test"}           {* 将索引数组嵌入模板的双引号中 *}
{func var="test $foo[bar] test"}         {* 也可以将关联数组嵌入模板的双引号中 *}
{func var="test `$foo.bar` test"}        {* 嵌入对象中的成员时将变量使用反引号包围 *}
```

另外，在 Smarty 3.0 中，Smarty 的标签也可以作为其他标签的值，并且 Smarty 的标签还可以在双引号中间使用，PHP 的函数也可以在双引号中使用。示例代码如下所示：

```
{$foo={counter}+3}                                    {* Smarty 的标签也可以作为其他标签的值*}
{$foo="this is message {counter}"}                    {* Smarty 的标签可以在双引号中使用*}
{func var="variable foo is {if !$foo}not {/if} defined"}  {* Smarty 的块标签也可以在双引号中使用*}
{func var="test {time()} test"}                       {*PHP 函数的执行结果也可以在双引号中使用*}
```

15.5.3　模板中的函数应用

在模板设计中，使用 Smarty 的语法总结后只有两种：一种是变量，另一种就是函数。在 Smarty 3.0 中提供了可以直接在模板中调用 PHP 的系统函数和自定义函数的功能，但美工又能了解多少个 PHP 函数呢？虽然在模板中直接调用函数的方式和在 PHP 中调用的形式完全一样，但并不推荐这么使用。

```php
<?php
    /* 在 PHP 中自定义一个函数 */
    function myfun(){
        return date("H:i:s");
    }
    /* 显示 index.tpl 模板 */
    $smarty->display('index.tpl');
?>
```

模板文件 index.tpl 的源代码，访问 PHP 的系统函数和自定义函数如下所示：

```
{date("Y-m-d", time())}           {* 调用 PHP 的系统函数 date()和 time() *}
{myfun()}                          {* 调用 PHP 的自定义函数 myfun() * }
```

输出结果如下所示：

```
2012-05-21 10:46:40
```

如果直接使用模板变量符号引用 PHP 函数，该函数应有返回值。这种方式如果是由程序员去开发模板时使用还比较适合，但如果是让美工去调用 PHP 函数，最好还是按 Smarty 2.0 中延续过来的方式。先将函数注册成 Smarty 的插件，使 PHP 的函数成为 Smarty 标签的形式，这样美工就可以按 HTML 标签的语法格式去调用 PHP 的函数了，这对不太了解 PHP 语法的美工来说还是非常有必要的。

在模板里分为 Smarty 内置函数和自定义函数两种。内置 Smarty 函数将在 Smarty 内部工作，不能对它们进行修改。自定义函数通过插件机制起作用，它们是附加函数，可以根据自己的喜好，随意修改和自行添加。如何将 PHP 函数转换成 Smarty 标签（扩充插件）是在本章后面重点介绍的内容，这里先简单介绍一下 Smarty 函数的类型和一些基本的使用。在 Smarty 中常用的函数类型有三种：函数、块函数、变量修改器。变量修改器的声明与应用也将在后面的章节中介绍，这里先来了解一下 Smarty 的两种类型函数。

1. 函数

Smarty 函数的使用方法和 HTML 独立元素标签非常相似，Smarty 函数名相当于 HTML 标签名称，调用 Smarty 函数传递的参数相当于 HTML 标签的属性，这是专门给熟悉 HTML 的美工提供的一种 Smarty 函数调用方法。如下所示：

```
{*在模板中使用 HTML 标签的格式*}
<input type="text" name="username" value="admin" >

{*在模板中使用 Smarty 函数的格式*}
{funcname attr1="val1" attr2="val2" attr3="val3" }
```

在定界符"{}"内的函数 funcname 和其属性将被处理和输出。上例中调用函数 funcname 可以是 Smarty 内置函数，也可以是自定义的 PHP 函数（插件），为函数传递的参数格式和 HTML 标签的属性用法完全一致。使用示例如下所示：

```
{config_load file="colors.conf"}        {*调用 Smarty 内置 config_load 函数加载配置文件 colors.conf*}
{include file="header.tpl"}              {*调用 Smarty 内置 include 函数包含头部模板文件 header.tpl*}
{include file="footer.tpl"}              {*调用 Smarty 内置 include 函数包含尾部模板文件 footer.tpl*}
```

2. 块函数

Smarty 中的块函数也是函数的一种形式，只不过 Smarty 的函数相当于 HTML 独立标签，而 Smarty 的块函数则相当于 HTML 的闭合标签元素。和 HTML 对比介绍如下所示：

```
{*在模板中使用 HTML 闭合标签的格式*}
<font color="red" size="7" >
    内容
</font>

{*在模板中使用 Smarty 块函数的格式*}
{blockname attr1="val1" attr2="val2"}
    内容
{/blockname}
```

Smarty 的块函数需要结束标签来关闭"{blockname} … {/blockname}"，在执行时会将块中的内容回传到函数 blockname 中，并结合属性的行为去处理和输出。Smarty 块函数在模板中的使用示例如下所示：

```
{nocache}
    {$smarty.now|date_format}
{/nocache}

{if $highlight_name}
    Welcome, <font color="{#fontColor#}">{$name}!</font>
{else}
    Welcome, {$name}!
{/if}
```

上面两个都是 Smarty 内置的块函数应用形式，在模板里无论是内置函数还是自定义函数都有相同的语法。

3. 属性

Smarty 的函数、块函数的属性实际是函数的参数。大多数函数都带有自己的属性以便于明确说明或者修改它们的行为，Smarty 函数的属性很像 HTML 中的属性。静态数值不需要加引号，但是字符串建议使用引号。可以使用普通 Smarty 变量，也可以使用带调解器的变量作为属性值，它们也不用加引号。甚至可以使用 PHP 函数返回值和复杂表达式作为属性值。一些属性用到了布尔值（true 或 false），它们表明为真或为假。如果没有为这些属性赋布尔值，那么默认使用 true 为其值。一些属性值的常见用法如下所示：

```
{include file="header.tpl" nocache}              {*使用 boolean 属性，nocache=true *}
{include file=$includeFile}                      {*使用变量作为属性值*}
{include file=#includeFile# title="My Title"}    {*使用配置文件中的变量作为属性值*}
{assign var=foo value={counter}}                 {*使用 Smarty 函数结果作为属性值*}
{assign var=foo value=substr($bar,2,5)}          {*使用 PHP 函数结果作为属性值*}
{assign var=foo value=$bar|strlen}               {*使用变量调解器处理的结果作为属性值*}
{assign   var=foo value=$buh+$bar|strlen}        {*使用复制的表达式作为属性值*}

<select name="company_id">
    {html_options options=$companies selected=$company_id}
</select>
```

15.5.4 忽略 Smarty 解析

有时，忽略 Smarty 对某些语句段的解析很有必要，一种典型的情况是嵌入模板中的 JavaScript 或 CSS 代码，原因在于这些语言使用与 Smarty 默认定界符"{"和"}"一样的符号。一个避免出现这种情况的好习惯是把你的 JavaScript/CSS 代码分离出来保存成一个独立文件，再用 HTML 方法链接到模板中。这样做也有利于浏览器缓存脚本。如果你想把 Smarty 变量、方法嵌入 JavaScript/CSS 代码中，有以下几种方法。

> 在 Smarty 3.0 的模板中，如果"{"和"}"之间包含有空格，那么整个{}内容会被忽略。当然我们可以设置 Smarty 类变量$auto_literal=false 来取消这种规则。

> 使用前面介绍过的方式，将默认的定界符号"{"和"}"修改一下。用 Smarty 的 $left_delimiter 和$right_delimiter 设置相应的值，例如：

```
$smarty->left_delimiter = '<!--{';        //在初始化 Smarty 对象时，将左定界符号改为"<!--{"
$smarty->right_delimiter = '}-->';        //在初始化 Smarty 对象时，将右定界符号改为"}-->"
```

> Smarty 有内置的{literal}…{/literal}块函数，块中的内容可以被模板语法解析时忽略，也可以用{ldelim}、{rdelim}标签或{$smarty.ldelim}、{$smarty.rdelim}变量来忽略个别大括号。例如：

```
<script>
    //以下大括号的内容会被 Smarty 忽略，因为它们里面有空格
    function myfun() {
        alert('foobar!');
    }

    //下面的内容会保持原义输出
    {literal}
        function fun2() {alert('foobar!');}
    {/literal}
</script>
```

15.5.5 在模板中使用保留变量

在 Smarty 模板中可以直接访问的变量就是保留变量，即模板中的默认变量，就是已经定义好的一些变量，只要直接使用就可以了，通常用于访问一些特殊的 Smarty 变量。示例代码如下所示：

```
<?php
    /* 开启会话并在 Session 保存两个变量 */
    $_SESSION["username"] = "admin";
    $_SESSION["uid"] = 1;

    /* 显示 index.tpl 模板 */
    $smarty->display('index.tpl');
?>
```

模板文件 index.tpl 的源代码如下所示：

你好:{$smarty.session.username}，<a href="user.php?uid={$smarty.session.uid}">个人中心</a>

输出结果如下所示：

你好:**admin**，个人中心

本例在 PHP 脚本的 Session 中声明了用户名称(**$_SESSION["username"] = "admin"**)和用户 ID 两个变量，但并没有使用 Smarty 对象中的 assign()方法分配到模板中，而是在模板中直接使用如{$smarty.session.username}的格式读取到了 Session 中的数据。{$smarty}就是模板中的保留变量，并且是一个数组类型，在{$smarty}数组中声明了很多类似 Session 的特殊变量。{$smarty}变量是 Smarty 引擎自动声明好的，在引擎内部自动分配的格式类似于下面的方式：

```php
<?php
$smarty -> assign("smarty", array(
    "get"=>$_GET,
    "post"=>$_POST,
    "request"=>$_REQUEST,
    "session"=>$_SESSION,
    "cookies"=>$_COOKIE,
    "server"=>$_SERVER,
    "env"=>$_ENV,
    "now"=>time(),
    "config"=>...,
    "const"=>...,
    ...
));
```

了解了数组{$smarty}的格式，访问的方式则完全按模板中访问数组的方式进行。在 Smarty 3.0 中可以使用的保留变量如表 15-2 所示。

表 15-2 Smarty 模板中的保留变量

保留变量名	描 述
Request variables[页面请求变量]	请求变量诸如$_GET, $_POST,$_COOKIE, $_SERVER, $_ENV and $_SESSION,在模板中都有对应的保留变量，可以直接在模板中访问。如下所示： {* 类似在 PHP 脚本中访问$_GET["page"] *} {$smarty.get.page} {* 类似在 PHP 脚本中访问$_POST["page"] *} {$smarty.post.page} {* 类似在 PHP 脚本中访问$_COOKIE["username"] *} {$smarty.cookies.username} {* 类似在 PHP 脚本中访问$_SERVER["SERVER_NAME"] *} {$smarty.server.SERVER_NAME} {* 类似在 PHP 脚本中访问$_ENV["PATH"]*} {$smarty.env.PATH}

续表

保留变量名	描 述
	{* 类似在 PHP 脚本中访问$_SESSION["id"] *} {$smarty.session.id} {* 类似在 PHP 脚本中访问$_REQUEST["username"] *} {$smarty.request.username}
{$smarty.now}	可以通过{$smarty.now}取得当前时间戳,可以直接通过变量调解器 date_format 输出显示。 {$smarty.now|date_format:'%Y-%m-%d %H:%M:%S'}
{$smarty.const}	在 PHP 脚本中有系统常量、自定义常量和魔术常量,在 Smarty 模板中可以直接被访问,而且不需要从 PHP 中分配,只要通过{$smarty.const}保留变量就可以直接输出常量的值。在模板中输出常量的示例如下所示: {$smarty.const._MY_CONST_VAL} {* 在模板中输出 PHP 脚本中用户自定义的常量 *} {$smarty.const.__FILE__} {* 在模板中通过保留变量直接输出魔术常量 *}
{$smarty.capture}	可以通过{$smarty.capture}变量捕获内置的{capture}...{/capture}模板输出
{$smarty.config}	{$smarty.config}可以取得配置文件中的变量。{$smarty.config.foo}是{#foo#}的同义词
{$smarty.section}	{$smarty.section}用来指向{section}循环的属性,里面包含一些有用的值,比如.first/.index 等
{$smarty.template}	返回经过处理的当前模板名(不包括目录)
{$smarty.current_dir}	返回经过处理的当前模板目录名
{$smarty.version}	返回经过编译的 Smarty 模板版本号
{$smarty.block.child}	返回子模板文本块
{$smarty.block.parent}	返回父模板文本块
{$smarty.ldelim},{$smarty.rdelim}	这两个变量用来打印 left-delimiter 和 right-delimiter 的字面值,等同于{ldelim}和{rdelim}

15.6 Smarty 模板中的变量调解器

变量调解器也称为变量修改器。在模板中的变量都是直接输出的,但有时变量在输出前先修改一下还是很有必要的。例如,将数据表以二维数组的形式分配到模板中,如果表中有某个字段使用时间戳代替时间类型,就需要在模板中输出这个变量前,修改为用户可以读懂的"年-月-日 时:分:秒"的格式。如果将这样的处理过程放在 PHP 脚本中完成,就成为固定的数据格式了,美工在设计模板时,就不能根据自己的想法在模板中灵活修改变量的内容了。当然,在 Smarty 3.0 中,也可以直接在模板中调用 PHP 函数修改模板中的变量,但让美工去使用 PHP 函数的情况还是应该尽量避免。所以在模板中使用变量调解器函数,在变量输出前进行一些处理还是比较合适的。

15.6.1 变量调解器函数的使用方式

在 Smarty 中，系统已经内置了一些常用的变量调解器函数，也可以通过 Smarty 插件机制自己扩充一些变量调解器函数，但使用方式都是相同的。和在 PHP 中调用函数处理文本相似，只是语法格式有所不同。变量在模板中输出以前如果需要调解，可以在该变量后面跟一条竖线"|"，然后在后面使用调解的命令（调用函数插件）。而且对于同一个变量，可以使用多个修改器，它们将从左到右按照设定好的顺序被依次组合使用，使用时必须要用"|"字符作为它们之间的分隔符。语法如下所示：

```
{$var|modifier: "args1":"args2":...}          {* 在模板中的变量后使用修改器 modifier 及参数 *}
{$var|modifier1|modifier2|modifier3|...}      {* 在模板中的变量后面多个调解器组合使用的语法 *}
```

另外，变量调解器由赋予的参数值决定其行为，参数由冒号":"分开。有的调解器命令有多个参数，但调解器中的第一个参数必须是变量本身。使用变量调节器的命令和调用 PHP 函数有些类似，其实每个调解器命令都对应一个 PHP 函数。对比介绍如下所示：

```
{$var|modifier: "args1":"args2"}    {*在模板中使用调解器命令 modifier 格式,参数为"args1"和"args2"*}
对比
modifier($var, "args1":"args2");    //调用 PHP 中函数 modifier 的格式，参数为$var, "args1","args2"
```

如果对同一个变量同时使用了多个调解器，也和在 PHP 中同时调用多个函数嵌套处理一个变量相似。在下面的示例中使用 Smarty 内置的变量调解器命令 truncate，将变量字符串截取为指定数量的字符：

```
{$topic|truncate:40:"..."}        {* 截取变量值的字符串长度为 40，并在结尾使用"…"表示省略 *}
```

truncate 函数默认截取字符串的长度为 80 个字符，但可以通过提供的第一个可选参数来改变截取的长度，如上例中指定截取的长度为 40 个字符。还可以指定一个字符串作为第二个可选参数的值，追加到截取后的字符串后面，如省略号（…）。此外，还可以通过第三个可选参数指定到达指定的字符数限制后立即截取，或是还需要考虑单词的边界，这个参数默认为 FALSE 值，则截取到达限制后的单词边界。在 Smarty 2.0 中只按 ASCII 码进行截取，并没有考虑双字节和多字节的字符集问题，所以截取中文会出现乱码。但在 Smarty 3.0 中弥补了这个缺陷，可以正常截取中文字符了。

15.6.2 Smarty 默认提供的变量调解器

Smarty 系统默认提供了一些变量调解器函数，但只有部分是常用的，如 date_format、truncate、escape、regex_replace 等。而有一些变量调解器是用来处理英文文本的，和中文文本的处理方式不相同，所以会很少用到。Smarty 默认提供的变量调解器函数如表 15-3 所示。

表 15-3 Smarty 模板中的默认变量调解器函数

成员方法名	描述
capitalize	将变量里的所有单词首字母大写，参数值 boolean 型决定带数字的单词是否首字大写，默认不大写
count_characters	计算变量值里的字符个数，参数值 boolean 型决定是否计算空格数，默认不计算空格
cat	将 cat 里的参数值连接到给定的变量后面，默认为空
count_paragraphs	计算变量里的段落数量
count_sentences	计算变量里的句子数量
count_words	计算变量里的词数
date_format	日期格式化，第一个参数控制日期格式，如果传给 date_format 的数据是空的，将使用第二个参数作为默认时间
default	为空变量设置一个默认值，当变量为空或者未分配时，由给定的默认值替代输出
escape	用于 HTML 转码、URL 转码，在没有转码的变量上转换单引号、十六进制转码、十六进制美化，或者 JavaScript 转码。默认是 HTML 转码
indent	在每行缩进字符串，第一个参数指定缩进多少个字符，默认是 4 个字符；第二个参数指定缩进用什么字符代替
Lower	将变量字符串小写
nl2br	所有的换行符将被替换成 ，功能同 PHP 中的 nl2br()函数一样
Regex_replace	寻找和替换正则表达式，必须有两个参数，参数 1 是替换正则表达式，参数 2 是使用什么文本字符串来替换
replace	简单地搜索和替换字符串，必须有两个参数，参数 1 是将被替换的字符串，参数 2 是用来替换的文本
spacify	在字符串的每个字符之间插入空格或者其他的字符串.，参数表示将在两个字符之间插入的字符串，默认为一个空格
String_format	是一种格式化浮点数的方法，如十进制数，使用 sprintf 语法格式化。参数是必需的，规定使用的格式化方式。%d 表示显示整数，%.2f 表示截取两个浮点数
Strip	替换所有重复的空格，换行和 tab 为单个或者指定的字符串。如果有参数则是指定的字符串
strip_tags	去除所有 HTML 标签
truncate	从字符串开始处截取某长度的字符，默认是 80 个
upper	将变量改为大写
wordwrap	可以指定段落的宽度（也就是多少个字符一行，超过这个字符数换行），默认为 80。第二个参数可选，可以指定在约束点使用什么字符（默认是换行符\n）。默认情况下 Smarty 将截取到词尾。如果想精确到设定长度的字符，请将第三个参数设为 TURE

表 15-3 中所提供的变量修饰函数都比较容易使用。在下面的示例中，多个变量修饰函数组合使用，它们将从左到右按照设定好的顺序，依次对模板中的同一个变量进行调解。首先在 index.php 脚本中，向模板中分配一个文章标题变量$articleTitle，该变量由大小写字母混合组成，并且是一个较长的字符串。代码如下所示：

```php
<?php
    $smarty = new Smarty();
    $smarty->assign('articleTitle', 'Smokers are Productive, but Death Cuts Efficiency.');
    $smarty->display('index.tpl');
```

在下面的模板文件 index.tpl 中，同一个变量将被输出多次，但在每次输出前都通过多个不同修饰函数组合调解过。代码如下所示：

```
{$articleTitle}                                    {* 没有被任何修饰函数调用，直接输出变量的值 *}
{$articleTitle|upper|spacify}                      {* 调解为全部大写并在每个字母之间插入一个空格 *}
{$articleTitle|lower|spacify|truncate}             {* 全部小写，字母间插入空格，截取 80 个字符长度 *}
{$articleTitle|lower|truncate:30|spacify}          {* 全部小写，截取 30 个字符，字母间插入空格*}
{$articleTitle|lower|spacify|truncate:30:"..."}    {* 改变修饰顺序，从左到右按指定的顺序进行调解 *}
```

该示例运行以后输出结果如下所示：

```
Smokers are Productive, but Death Cuts Efficiency.
S M O K E R S A R E P R O D U C T I V E , B U T D E A T H C U T S E F F I C I E N C Y .
s m o k e r s a r e p r o d u c t i v e , b u t d e a t h c u t s...
s m o k e r s a r e p r o d u c t i v e , b u t...
s m o k e r s a r e p...
```

系统中默认的变量调解器函数都是 Smarty 自带的插件，每个函数都各自声明在一个独立的文件中，全部存放在 Smarty 库文件所在目录下的 plugins 目录中（libs/plugins/），并都是以 "modifier." 为前缀的文件。我们可以对这些插件进行修改、删除，以及按下一节介绍的方式添加一些自己的变量调解器函数。

15.7 Smarty 模板中的内置函数

在 Smarty 模板中，内置函数和自定义函数使用相同的语法，但内置函数将在 Smarty 内部工作，不能修改它们。内置函数都是 Smarty 自带的，这些内置函数是 Smarty 模板引擎的组成部分，它们被编译成相应的内嵌 PHP 代码，以获得最大性能。扩充自定义函数不能与内置函数同名。

在 Smarty 3.0 中对内置函数改动比较大，添加了很多新的功能，已经很接近一门独立的开发语言了，功能包括变量声明、表达式、流程控制（if,for,while）、函数、数组等。虽然新版的 Smarty 3.0 内置函数让开发模板变得非常灵活，但也会给美工的学习带来很大的困难。所以建议不要在模板中使用过于复杂的逻辑，而是要尽量将一些程序设计逻辑写到 PHP 中，并在模板中采用非常简单的语法即可调用。通常只在模板中进行一些如变量输出、流程判断及数组遍历等操作即可。

15.7.1 流程控制

流程控制是开发程序逻辑必有的功能，主要包括顺序结构、分支结构和循环结构。在

Smarty 2.0 中只有分支结构，使用内置的块函数{if}实现；但在 Smarty 3.0 中新增了{for}和{while}两个内置函数，用来处理循环逻辑。

1．在 Smarty 模板中使用{if}函数处理分支结构

随着 Smarty 3.0 将一些特性加入到模板引擎，Smarty 的{if}语句与 PHP 的 if 语句已经基本相同了。每一个{if}必须与一个{/if}成对出现，也允许使用{else}和{elseif}两个从句，所有的 PHP 条件格式和函数在这里同样适用，诸如||、or、&&、and、is_array()等。在{if}中可以使用表 15-4 中给出的全部条件修饰词，它们的左右必须用空格分隔开。注意列出的清单中方括号是可选的，在适用情况下使用相应的等号（全等或不全等）。

表 15-4　Smarty 模板中的 if 语句使用的条件限定符

条件修饰符	备用词	语法用例	说明	PHP 等同表达
==	eq	$a eq $b	相等	==
!=	ne,neq	$a neq $b	不相等	!=
>	gt	$a gt $b	大于	>
<	lt	$a lt $b	小于	<
>=	gte,ge	$a ge $b	大于等于	>=
<=	lte,le	$a le $b	小于等于	<=
===		$a === 0	全等	===
!	Not	not $a	非	!
%	mod	$a mod $b	求模	%
is [not] div by		$a is not div by $b	是否能被整除	$a % $b == 0
is [not] even		$a is not even	是否为偶数	$a % 2 == 0
is [not] even by		$a is not even by $b	商是否为偶数	($a / $b) % 2 == 0
is [not] odd		$a is not odd	是否为奇数	$a % 2 != 0
is [no] odd by		$a is no odd by $b	商是否为奇数	($a / $b) % 2 != 0

通过表 15-4 可以详细看到在 Smarty 模板中{if}语句使用的条件限定符号，要尽量使用备用词来代替条件修饰符，这样可以避免在模板中使用时和 HTML 标记符号产生冲突。Smarty 模板中在使用这些修饰词时，它们必须和变量或常量用空格隔开。此外，在 PHP 标准代码中，必须把条件语句包围在小括号中，而在 Smarty 中小括号的使用则是可选的，括号主要用来改变运算符号的优先级别。一些常见的选择控制结构用法如下所示：

```
{if $name eq "Fred"}                        {* 判断变量$name 的值是否为 Fred *}
    Welcome Sir.                            {* 如果条件成立则输出这个区块的代码 *}
{elseif $name eq "Wilma"}                   {* 否则判断变量$name 的值是否为 Wilma *}
    Welcome Ma'am.                          {* 如果条件成立则输出这个区块的代码 *}
{else}                                      {* 否则从句，在其他条件都不成立时执行 *}
    Welcome, whatever you are.              {* 如果条件成立则输出这个区块的代码 *}
{/if}                                       {* 条件控制的关闭标记，if 必须成对出现 *}

{if $name eq "Fred" or $name eq "Wilma"}    {* 使用逻辑运算符 "or" 的一个例子 *}
```

```
    ...                                          {* 如果条件成立则输出这个区块的代码 *}
{/if}                                            {* 条件控制的关闭标记,if 必须成对出现 *}

{if $name == "Fred" || $name == "Wilma"}         {* 和上面的例子一样,"or"和"||"没有区别 *}
    ...                                          {* 如果条件成立则输出这个区块的代码 *}
{/if}                                            {* 条件控制的关闭标记,if 必须成对出现 *}

{if $name=="Fred" || $name=="Wilma"}             {* 错误的语法,条件符号和变量要用空格隔开 *}
    ...                                          {* 如果条件成立则输出这个区块的代码 *}
{/if}                                            {* 条件控制的关闭标记,if 必须成对出现 *}

{if ( $amount < 0 or $amount > 1000 ) and $volume >= #minVolAmt#}    {* 允许使用圆括号 *}
...
{/if}

{if count($var) gt 0}                            {* 可以嵌入函数 *}
...
{/if}

{if is_array($foo) }                             {* 数组检查 *}
.....
{/if}

{if isset($foo) }                                {* 是否空值检查 *}
.....
{/if}

{if $var is even}                                {* 测试值为偶数还是奇数 *}
...
{/if}
{if $var is odd}
...
{/if}
{if $var is not odd}
...
{/if}

{if $var is div by 4}                            {* 测试 var 能否被 4 整除 *}
...
{/if}

{if $var is even by 2}                           {* 测试发现 var 是偶数,两个为一组 *}
...
{/if}

{if isset($name) && $name == 'Blog'}             {* 更多{if}例子 *}
{* do something *}
{elseif $name == $foo}
{* do something *}
{/if}

{if is_array($foo) && count($foo) > 0}
  {* do a foreach loop *}
{/if}
```

15.7.2 数组遍历

在模板中遍历数组变量，可以选择 Smarty 提供的{foreach}和{section}中的一个内置函数使用。虽然在 Smarty 2.0 时也是使用这两个内置函数去遍历数组，但在 Smarty 3.0 中将{foreach}函数的机制全部重新改写，现在的格式和 PHP 中的 foreach 语法结构基本一样，而{section}的用法则没有变化。{foreach}可以做{section}能做的所有事，而且语法更简单、更容易。在 Smarty 3.0 中{foreach}通常是循环数组的首选。

1. 在 Smarty 模板中使用{foreach}函数遍历数组

在 Smarty 3.0 中提供的{foreach}函数与 PHP 中的 foreach 语法格式相同，所以{foreach}语法不能接受任何属性名。使用{foreach}函数遍历数组数据，与{section}循环相比更简单、语法更干净，也可以用来遍历关联数组。Smarty 中{foreach}函数的语法格式如下所示：

{foreach $arrayvar as $itemvar} ... {/foreach} 或 {foreach $arrayvar as $keyvar=>$itemvar} ... {/foreach}	只遍历数组变量$arrayvar 中的值 遍历出数组变量$arrayvar 中的值和下标

可以使用{foreach}循环进行嵌套遍历多维数组。$arrayvar 通常是一个数组的值，用来指导循环的次数，可以为循环传递一个整数。如果使用{foreachelse}从句，当数组变量无值时执行。{foreach}循环的简单例子如下所示：

```
# 在 PHP 脚本中声明一个数组变量，以变量$lamp 分配到模板中使用
<?php
        $lamp = array('Linux', 'Apache', 'MySQL', 'PHP');
        $smarty->assign('lamp', $lamp);
?>

# 在模板中使用{foreach}函数遍历数组$lamp，并以列表形式输出
<ul>
        {foreach $lamp as $value}
                <li>{$value}</li>
        {/foreach}
</ul>

# 上例的输出结果
<ul>
        <li>Linux</li>
        <li>Apache</li>
        <li>MySQL</li>
        <li>PHP</li>
</ul>
```

将上例修改一下，加了键变量的演示并结合{foreachelse}从句，如下所示：

```
# 在 PHP 脚本中声明一个数组变量，以变量$lamp 分配到模板中使用
<?php
        $lamp = array('os'=>'Linux', 'webserver'=>'Apache', 'database'=>'MySQL', 'language'=>'PHP');
        $smarty->assign('lamp', $lamp);
?>
```

```
# 在模板中使用{foreach}函数遍历数组$lamp，并以列表形式输出
<ul>
    {foreach $lamp as $key =>$value}
        <li>{$key}:{$value}</li>
    {foreachelse}
        <li>数组$lamp 为空或没有分配</li>
    {/foreach}
</ul>

# 上例的输出结果
<ul>
    <li>os:Linux</li>
    <li>webserver:Apache</li>
    <li>database:MySQL</li>
    <li>language:PHP</li>
</ul>
```

在遍历数组时，如果没有指定获取数组下标，也可以在循环体中用循环项目中的当前键（声明的当前值变量）（{$item@key}）代替键值变量。将上例中的数组遍历改为如下形式，可以获取同样的结果：

```
# 在模板中使用{foreach}函数遍历数组$lamp，并以列表形式输出
<ul>
    {foreach $lamp as $value}
        <li>{$value@key}:{$value}</li>
    {foreachelse}
        <li>数组$lamp 为空或没有分配</li>
    {/foreach}
</ul>
```

另外，在模板中遍历数组的两个函数{foreach}和{section}都带有一些比较实用的属性。在 Smarty 2.0 中都是使用 Smarty 的保留变量{$smarty.foreach.name.property}和{$smarty.section.name.property}进行访问的。但在 Smarty 3.0 的新语法中，{foreach}的属性改为"$var@property"的访问格式，其中$var 是在{$foreach}中声明接收当前循环数组值的变量，用于区分在同一模板中使用其他{foreach}的前缀；@property 代表@index、@iteration、@first、@last、@show、@total 中的一个属性。但为了和老版本兼容，使用 Smarty 2.0 的$smarty.foreach.name.property 语法仍然予以支持。{foreach}属性介绍如表 15-5 所示。

表 15-5 {foreach}的属性说明

属 性 名	描 述
@index	包含当前数组的下标，开始时为 0
@iteration	包含当前循环的迭代，总是以 1 开始，这一点与 index 不同，每迭代一次值自动加 1
@first	当{foreach}循环第一个时 first 为真
@last	当{foreach}迭代到最后时 last 为真
@show	用在检测{foreach}循环是否无数据显示，show 是一个布尔值（true or false）
@total	包含{foreach}循环的总数（整数），可以用在{foreach}里面或后面

假设从 PHP 中分配一个二维数组变量$users 到模板中，$users 是从数据库 users 表中获

取的全部记录，包括 id、name、age 和 sex 4 个字段。在模板中使用{foreach}函数进行嵌套遍历输出 HTML 表格，并使用{foreach}函数的一些属性进行效果操作。例如，设置隔行换色、第一行和最后一行输出特殊背景颜色等。代码如下所示：

```
1  <table border="1" width="800" align="center">
2      <caption><h1>USERS</h1></caption>
3
4      <tr>
5          <th>@index</th><th>@iteration</th><th>ID</th> <th>NAME</th> <th>AGE</th> <th>SEX</th>
6      </tr>
7      {* 遍历数组$users,将数据表数组$users每行数据赋值给$row（$row也是一个数组，存有每行数据）*}
8      {foreach $users as $row}
9          {if $row@first}                          {* 使用@first判断是第一行，设置背景颜色为yellow *}
10             <tr bgcolor="yellow">
11         {elseif $row@last}                       {* 使用@last判断是最后一行，设置背景颜色为blue *}
12             <tr bgcolor="blue">
13         {elseif $row@index is even}              {* 使用@index判断是偶数行，设置背景颜色为#cccccc *}
14             <tr bgcolor="#CCCCCC">
15         {else}
16             <tr>
17         {/if}
18             <td>{$row@index}</td>                {* 输出@index和@iteration两个属性进行对比 *}
19             <td>{$row@iteration}</td>
20             {* 双层foreach嵌套遍历每行数据 *}
21             {foreach $row as $col}
22                 <td>{$col}</td>
23             {/foreach}
24         </tr>
25     {/foreach}
26     {* 使用@show判断{foreach}循环是否无数据显示 *}
27     {if $row@show} <tr><td colspan="6">如果无数据显示,在这做一些事。</td></tr> {/if}
28 </table>
29
30 循环共{$row@total}次<br>                         {* 在循环外输出使用@total输出记录的总数 *}
```

第 16 章 MVC 模式与 PHP 框架

软件的设计模式是一套被反复使用的、多数人知晓的、经过分类编目的、代码设计经验的总结。使用设计模式是为了可重用代码、让代码更容易被他人理解、保证代码可靠性。MVC 就是一种非常重要的设计模式，是三个单词的缩写，分别为：模型（Model）、视图（View）和控制器（Controller）。MVC 模式的目的就是实现 Web 系统的职能分工，它强制性地使应用程序的输入、处理和输出分开，可以各自处理自己的任务，是一种分层的概念。Model 层实现系统中的业务逻辑，View 层用于与用户的交互，Controller 层是 Model 与 View 之间沟通的桥梁，它可以分派用户的请求并选择恰当的视图用于显示，同时它也可以解释用户的输入并将它们映射为模型层可执行的操作。

16.1 MVC 模式在 Web 中的应用

在大部分 Web 应用程序中，例如，PHP 开发的系统，会将像数据库查询语句这样的数据层代码和像 HTML 这样的表示层代码混在一起。经验比较丰富的开发者会将数据从表示层分离开来，但这通常不是很容易做到的，它需要精心的计划和不断的尝试。使用 Smarty 也只能做到将程序分成两层，而 MVC 从根本上强制性地将程序分为三层进行管理。尽管构造 MVC 应用程序需要一些额外的工作，但是它给我们带来的好处是毋庸置疑的。

16.1.1 MVC 模式的工作原理

MVC 是一种目前广泛流行的软件设计模式。近来，随着 PHP 的成熟，它正在成为在 LAMP 平台上推荐的一种设计模型，也是广大 PHP 开发者非常感兴趣的设计模型，并有增长趋势。随着网络应用的快速增加，MVC 模式对于 Web 应用的开发无疑是一种非常先进的设计思想，无论你选择哪种语言，无论应用多复杂，它都能为你理解分析应用模型提供最基本的分析方法，为你构造产品提供清晰的设计框架，为你的软件工程提供规范的依据。MVC

设计思想是把一个应用的输入、处理、输出流程按照 Model、View、Controller 的方式进行分离,这样一个应用将被分为三层(模型层、视图层、控制层),如图 16-1 所示。

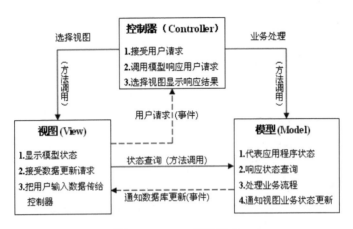

图 16-1　MVC 设计模式

1. 视图(View)

视图代表用户交互界面,对于 Web 应用来说,可以概括为 HTML 界面,也可以理解为 Smarty 模板。随着应用的复杂性和规模性,界面的处理也变得具有挑战性。一个应用可能有很多不同的视图,MVC 设计模式对于视图的处理仅限于视图上数据的采集和处理,以及用户的请求,而不包括在视图上的业务流程的处理。业务流程交予模型(Model)处理。比如一个订单的视图只接受来自模型的数据并显示给用户,并将用户界面的输入数据与请求传递给控制和模型。

2. 模型(Model)

模型就是业务流程/状态的处理及业务规则的制定。业务流程的处理过程对其他层来说是暗箱操作,模型接受视图请求的数据,并返回最终的处理结果。业务模型的设计可以说是 MVC 最主要的核心。对一个开发者来说,就可以专注于业务模型的设计。MVC 设计模式告诉我们,把应用的模型按一定的规则抽取出来,抽取的层次很重要,这也是判断开发人员是否优秀的依据。抽象与具体隔得不能太远,也不能太近。MVC 并没有提供模型的设计方法,而只告诉你应该组织管理这些模型,以便于模型的重构和提高重用性。我们可以用对象编程来做比喻,MVC 定义了一个顶级类,告诉它的子类你只能做这些,但没法限制你能做这些。这一点对编程的开发人员非常重要。业务模型还有一个很重要的模型,那就是数据模型。数据模型主要指实体对象的数据保存(持续化)。比如将一张订单保存到数据库,从数据库获取订单。我们可以将这个模型单独列出,所有有关数据库的操作只限制在该模型中。

3. 控制(Controller)

控制可以理解为从用户接收请求,将模型与视图匹配在一起,共同完成用户的请求。划分控制层的作用也很明显,它清楚地告诉你,它就是一个分发器,选择什么样的模型,选择什么样的视图,可以完成什么样的用户请求。控制层并不做任何的数据处理。例如,用户单击一个链接，控制层接受请求后，并不处理业务信息，它只把用户的信息传递给模型，告诉模型做什么，选择符合要求的视图返回给用户。因此，一个模型可能对应多个视图，一个视图可能对应多个模型。

16.1.2 MVC 模式的优缺点

使用 PHP 开发出来的 Web 应用，初始的开发模板就是混合层的数据编程。例如，直接向数据库发送请求并用 HTML 显示，开发速度往往比较快，但由于数据页面的分离不是很直接，因而很难体现出业务模型的样子或者模型的重用性。产品设计弹性力度很小，很难满足用户的变化性需求。MVC 要求对应用分层，虽然要花费额外的工作，但产品的结构清晰，产品的应用通过模型可以得到更好的体现。

首先，最重要的是应该有多个视图对应一个模型的能力。在目前用户需求的快速变化下，可能有多种方式访问应用的要求。例如，订单模型可能有本系统的订单，也有网上订单，或者其他系统的订单，但对于订单的处理都是一样的，也就是说对订单的处理是一致的。按 MVC 设计模式，一个订单模型及多个视图即可解决问题。这样减少了代码的复制，即减少了代码的维护量，一旦模型发生改变，也易于维护。随着技术的不断进步，现在需要用越来越多的方式来访问应用程序。MVC 模式允许用户使用各种不同样式的视图来访问同一个服务器端的代码。它包括任何 Web（HTTP）浏览器或者无线浏览器（WAP），比如，用户可通过计算机也可通过手机来订购某样产品，虽然订购的方式不一样，但处理订购产品的方式是一样的。由于模型返回的数据没有进行格式化，所以同样的构件能被不同的界面使用。例如，很多数据可能用 HTML 来表示，但是也有可能用 WAP 来表示，而这些表示所需要的命令是改变视图层的实现方式，而控制层和模型层无须做任何改变。

其次，由于模型返回的数据不带任何显示格式，因而这些模型也可直接应用于接口的使用。

再次，由于一个应用被分离为三层，因此有时改变其中的一层就能满足应用的改变。一个应用的业务流程或者业务规则的改变只需改动 MVC 的模型层。控制层的概念也很有效，由于它把不同的模型和不同的视图组合在一起完成不同的请求，因此，控制层可以说是包含了用户请求权限的概念。

最后，它还有利于软件工程化管理。由于不同的层各司其职，每一层不同的应用具有某些相同的特征，有利于通过工程化、工具化产生管理程序代码。

当然 MVC 模式也有一些缺点。MVC 的设计实现并不十分容易，理解起来比较容易，但对开发人员的要求比较高。MVC 只是一种基本的设计思想，还需要详细的设计规划。模型和视图的严格分离可能使得调试困难一些，但比较容易发现错误。经验表明，MVC 由于将应用分为三层，意味着代码文件增多，因此，对于文件的管理需要费点心思。如果使用本书下一章要介绍的 BroPHP 框架进行开发，则完全可以解决这些不足。

综合上述，MVC 是构筑软件非常好的基本模式，至少将业务处理与显示分离，强迫将应用分为模型、视图及控制层，使得开发人员会认真考虑应用的额外复杂性，把这些想法融入架构中，增加了应用的可拓展性。如果能把握这一点，MVC 模式将会开发出来的应用更加强壮、更加有弹性、更加个性化。

16.2 PHP 开发框架

PHP 框架对很多新手而言可能会觉得很难攀越，其实不然，只要知道一个框架的流程，明白了框架的基本工作原理，类似框架都很容易学习。PHP 框架真正的发展是从 PHP 5 开始的，在 PHP 5 中的面向对象模型的修改对框架的发展起了很大的作用。PHP 框架就是通过提供一个开发 Web 程序的基本架构，把基于 Web 开发的 PHP 程序摆到了流水线上。换句话说，PHP 开发框架有助于促进快速软件开发，节约了开发者的时间，有助于创建更为稳定的程序，并减少开发者的重复编写代码的劳动。这些框架还通过确保正确的数据库操作及只在表现层编程的方式帮助初学者创建稳定的程序。PHP 开发框架使得开发人员可以花更多的时间去创造真正的 Web 程序，而不是编写重复性的代码。

16.2.1 什么是框架

框架（Framework）其实就是开发一个系统的"半成品"，是在一个给定的问题领域内，实现了一个应用程序的一部分设计，是整个或部分系统的可重用设计，表现为一组抽象构件及构件实例间交互的方法。简单地说就是项目的骨架已经搭好，并提供了丰富的组件库，只增加一些内容或调用一些提供好的组件就可以完成自己的系统。

如图 16-2 所示，已经有一个成型的房子骨架和一些建筑材料，我们可以把它比喻成一个程序的框架。其中骨架可以看作为我们创建的项目管理结构（半成品），而建筑材料则相当于为我们提供的现成组件库。在这个已有房子框架结构的基础上，结合现成的建筑材料，再经过我们的"装修"，就可以将这个半成品建造成私有住宅、办公楼、超市及酒吧等。同理，使用程序框架也会很快开发出个人主页、OA 系统、电子商城和 SNS 系统等软件产品。

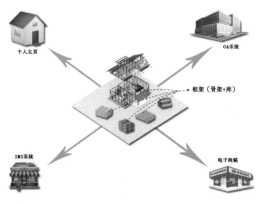

图 16-2　框架说明

16.2.2 为什么要用框架

框架的最大好处就是重用。面向对象系统获得的最大的复用方式就是框架,一个大的应用系统往往可能由多层互相协作的框架组成。因为 Web 系统发展到今天已经很复杂了,特别是服务器端软件,涉及的知识、内容和问题已经非常多了。在项目开发中如果使用一个成熟的框架,就相当于让别人帮你完成一些基础工作(大约为 50%以上),你只需要集中精力完成系统的业务逻辑设计。而且框架一般是成熟稳健的,它可以处理系统的很多细节问题。比如,事物处理、安全性、数据流控制等问题。框架一般都经过很多人使用,所以结构很好,扩展性也很好,而且它是不断升级的,你可以直接享受别人升级代码带来的好处。框架也可以将问题划分开来各个解决,易于控制,易于延展,易于分配资源。应用框架强调的是软件的设计重用性和系统的可扩充性,以缩短大型应用软件系统的开发周期,提高开发质量。框架能够采用一种结构化的方式对某个特定的业务领域进行描述,也就是将这个领域相关的技术以代码、文档、模型等方式固化下来。

16.2.3 框架和 MVC 设计模式的关系

框架是软件,而设计模式是软件的知识,一个框架中往往含有一个或多个设计模式。现在几乎所有流行的 PHP 框架都能实现 MVC 设计模式,将用户开发的程序强制拆分为视图、控制器和模型三层,所以使用框架就不用再纠结如何去实现 MVC 模式了。如果不用框架去实现 MVC 模式,不仅 MVC 模式不容易理解,分离的难度也比较高,所以现在都使用框架去设计 MVC 模式的程序。一个框架不仅需要实现 MVC 模式,还应具备以下一些功能。

1. 目录组织结构

可以自动部署项目所需要的全部目录结构,或按框架的规则要求,创建项目的应用目录结构。

2. 类加载

在框架中,所有开发中用到的功能类都可以自动加载,包括系统中提供的强大的基类类库,以及用户自定义的功能类。

3. 基础类

在每个成熟的框架中,都为用户提供了非常丰富的基类,让程序员在自定义方法中直接就可以使用从基类中继承过来的大量功能。

4. URL 处理

在框架中几乎都需要有 URL 处理方式,对 URL 的管理包括两个方面。首先,当用户请求约定的 URL 时,应用程序需要解析它变成可以理解的参数。第二,应用程序需要提供一种创造 URL 的方法,以便创建的 URL 应用程序是可以理解的。

5. 输入处理

用户的一些输入通常都在 URL 参数中，或者通过表单进行提交。为了防止一些不合理的数据和输入攻击，在框架中可以完成对输入内容进行过滤及自动完成一些数据验证工作。

6. 错误异常处理

在使用框架开发系统时，框架都会提供一些配套的错误处理方式和程序调试模式，方便程序员快速解决程序中的问题。

7. 扩展类

在框架中除了提供一些丰富的基类，还会提供一些常用的扩展功能类，包括 Web 项目中的一些常见功能，像分页程序、上传类等，也会提供用户自定义扩展类的接口。

16.2.4 比较流行的 PHP 框架

PHP 框架最为广泛，国内外开源的框架加在一起也不止几百种。以下是国际和国内目前最流行的基于 MVC 设计模式的 PHP 框架，具体排名顺序未必准确，这里只是简单做一些对比介绍。

1. Yii

Yii 是一个基于组件的高性能的 PHP 框架，用于开发大规模的 Web 应用。Yii 采用严格的 OOP 编写，并有着完善的库引用及全面的教程。从 MVC，DAO/ActiveRecord，widgets，caching，等级式 RBAC，Web 服务，到主体化，I18N 和 L10N，Yii 提供了今日 Web 2.0 应用开发所需要的几乎一切功能。而且这个框架的价格也并不太高。事实上，Yii 是最有效率的 PHP 框架之一。

2. CodeIgniter

CodeIgniter 是一个应用开发框架，是一个为建立 PHP 网站的人们所设计的工具包。其目标在于快速地开发项目：它提供了丰富的库组以完成常见的任务，以及简单的界面、富有条理性的架构来访问这些库。使用 CodeIgniter 开发可以向项目中注入更多的创造力，因为它节省了大量的编码时间。

3. Kohana

Kohana 中文是对纯 PHP 5 框架 Kohana 的中文推广而建立的交流平台。它是一款基于 MVC 模式开发的、完全社区驱动的框架，具有高安全性、轻量级代码、迅捷开发、轻松上手的特性。

4. CakePHP

CakePHP 是一个快速开发 PHP 的框架，其中使用了一些常见的设计模式如 ActiveRecord、Association Data Mapping、Front Controller 及 MVC。其主要目标在于提供一个令任意水平的 PHP 开发人员都能够快速开发 Web 应用的框架，而且这个快速的实现并没

有牺牲项目的弹性。

5. Symfony

Symfony 是一个用于开发 PHP 5 项目的 Web 应用框架。这个框架的目的在于加速 Web 应用的开发及维护，减少重复的编码工作。Symfony 的系统需求不高，可以被轻易地安装在任意设置上：只需一个 UNIX 或 Windows 操作系统，搭配一个安装了 PHP 5 的网络服务器即可。它与几乎所有的数据库兼容。Symfony 的价位不高，相比主机上的花销要低得多。Symfony 旨在建立企业级的完善应用程序。也就是说，你拥有整个设置的控制权：从路径结构到外部库，几乎一切都可以自定义。为了符合企业的开发条例，Symfony 还绑定了一些额外的工具，以便于项目的测试、调试及归档。

6. PHPDevShell

PHPDevShell 是一个开源（GNU/LGPL）的快速应用开发框架，用于开发不含 JavaScript 的纯 PHP。它有一个完整的 GUI 管理员后台界面。其主要目标在于开发插件一类的基于管理的应用，其中速度、安全、稳定性及弹性是优先考虑的重点。其设计形成了一个简单的学习曲线，PHP 开发者无须学习复杂的新术语。PHPDevShell 的到来满足了开发者对于一个轻量级但是功能完善、可以无限制地进行配置的 GUI 的需求。

7. ZendFramework

作为 PHP 艺术及精神的延伸，Zend 框架的基础在于简单、面向对象的最佳方法、方便企业的许可协议，以及经过反复测试的快速代码库。Zend 框架旨在建造更安全、更可靠的 Web 2.0 应用及 Web 服务，并不断从前沿厂商（如 Google、Amazon、Yahoo、Flickr、StrikeIron 和 ProgrammableWeb 等）的 API 那里吸收精华。但 Zend 框架现在做得有点又大又笨，所以不太适合 PHP 初学者使用。

除了以上一些国际常用的 PHP 框架，在国内也有一些非常好用的 PHP 开发框架，符合中国程序员的开发习惯，也有详细的中文参考文档，但国内的框架多多少少会有一些不太规范的地方。国内比较流行的框架主要有 ThinkPHP、QeePHP 和 BroPHP。其中 BroPHP 是专为本书读者开发的 PHP 框架，将在下一章中详细介绍。BroPHP 框架的定位是"学习型" PHP 开发框架，对于 PHP 开发者而言，使用 BroPHP 是一件很自然的事，其学习周期只需短短一天，干净的设计及代码的可读性将缩短开发时间。

另外，除了在开发中可以使用一些开源的框架，很多软件公司都会开发自己的框架。因为开源框架对使用者开源，同时对"黑客"也是开源的，所以一旦黑客了解你所使用的框架漏洞，则所有使用这个框架开发的项目都存在同样的漏洞。但公司内部开发的框架考虑更多的还是运行效率问题，所以应用的简易性上会稍差一些，很多功能都需要程序员手动设置。

16.3 划分模块和操作

为了能更好地便于协作开发，节约开发时间，减少重复代码，需要将项目划分为各自独立的模块，并且每一个模块都能采用独立的 MVC 模式设计。以模块为单位去设计和开发项目，能够更好地进行管理、维护及扩展。而模块的划分又是由多个相关的用户操作决定的，例如，BroPHP 就是基于模块和操作的框架，每个模块都能遵循独立的 MVC 分层结构。

16.3.1 为项目划分模块

在程序设计中，为完成某一功能所需的一段程序或子程序，是能够单独命名并独立地完成一定功能的程序语句的集合，是独立的程序单位，也是大型软件系统的一部分。也可以说是项目中的一种文件组织形式，主要是将使用频率较高的代码组织到一起，其他程序编写中可以导入并且调用现成模块中的子程序，节约开发时间，减少重复代码，便于协作开发。它具有两个基本的特征：外部特征和内部特征。外部特征是指模块跟外部环境联系的接口（即其他模块或程序调用该模块的方式，包括输入/输出参数、引用的全局变量）和模块的功能；内部特征是指模块的内部环境具有的特点（即该模块的局部数据和程序代码）。

如图 16-3 所示是本书光盘提供的 CMS 项目（BroCMS）的模块划分。在这个项目中分为"前台"和"后台"两个应用，而后台又分为 4 个"频道"，项目的最基本的组成单位就是划分的底层的 12 个模块，每个模块都具有独立的可操作性。

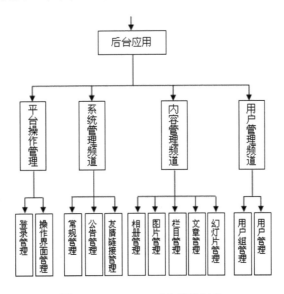

图 16-3 BroCMS 后台模块划分

16.3.2 为模块设置操作

操作是指用户对模块管理的一种行为，是用户按照一定的规范和要领操作模块的动作。项目中的每个模块都是让用户去操作的，所以确认每个模块的操作，就能确定用户对这个模块的管理行为。确定了操作也就能确定一段独立开发的程序代码。例如，在图 16-3 中的"友情链接管理"模块中，可以设置添加、修改、查看、删除、搜索等操作，每个操作都是一段独立代码编写的过程。如果一个模块的操作比较多，最好还是按操作的性质再去划分为多个子模块。例如，将图 16-3 中的"用户组管理"和"用户管理"看作一个模块也是可行的，那么它们的操作也会混在一起，这样就不太利于程序的管理和扩展了。所以在划分模块时最好根据操作数的个数来决定，如果一个模块中的操作太少，则项目中的模块必然就会过多，而模块中操作过多，则模块的管理又会太差，最好控制一个模块的操作数为 8～12 个。

16.4 小结

目前主流的框架大都是基于 MVC 设计模式实现的，项目也都是基于框架开发的。使用框架开发项目不仅可以大大提高开发效率，而且能更好地组织代码和文件结构，同时便于项目的维护和功能扩展，更有利于新人快速融入项目团队，还能很好地控制代码安全。总之，开发一个新项目首先应该考虑的就是使用框架，所以掌握一个或多个主流 PHP 框架是非常有必要的。

第17章 超轻量级 PHP 框架 BroPHP 2.0

BroPHP 是一个免费开源的超轻量级 PHP 框架,是国内唯一一个专门为学习 PHP 框架打造的产品。作者允许把基于 BroPHP 框架开发的应用去开源或发布、销售商业产品。BroPHP 框架完全采用面向对象的程序设计思想,并且是基于 MVC 的三层设计模式,具有部署和应用极为简单、效率高、速度快、扩展性和可维护性都很好等特点,可以稳定地用于商业及门户的开发。BroPHP 框架包括单入口文件、MVC 模式、目录组织结构、类自动加载、强大基础类、URL 处理、输入处理、错误处理、缓存机制、扩展类等功能,是专门为《细说 PHP》的读者及 LAMP 兄弟连全体学员提供的"学习型 PHP 框架"。当然,任何 PHP 应用开发爱好者都可以从 BroPHP 框架的简单和快速的特性中受益。另外,BroPHP 框架的应用不仅使 Web 开发变得更简单、更快捷,最主要的目的是让 PHP 学习者通过使用本框架从而去了解 PHP 框架,再去研究框架,最后达到开发自己的框架的目的。BroPHP 2.0 更是在兼容 1.0 版本的基础上做了比较多的升级和优化,增加了像网站主程序与 Web 目录分离、允许用户把不同的数据表分离到不同的数据库服务器上、资源文件分布式部署,同时也增加了一些实用的工具类等,并改进了 URL 的访问模式、用户提示模式、调试模式等功能。

17.1 BroPHP 框架概述

BroPHP 是"学习型"的超轻量级框架(文件很小,对 CPU 和内存消耗极低),目前版本为 BroPHP 2.0。虽然功能不算很多,但具备了一个框架构成最少应该有的全部功能(包括 MVC 模式、目录组织结构、类自动加载、基类、URL 处理、输入处理、错误处理、扩展类等)。本框架在已有的功能上,不管从组织结构上,还是从代码质量上,以及运行效率上,都做到了单服务器最佳的效果。使用 BroPHP 框架适合开发 BBS、电子商城、SNS、CMS、Blog、企业门户等中小型系统。另外,本框架特别适合学习使用,可以让读者认识框架、分析框架内幕,从而达到编写自己框架的目的;并通过 BroPHP 框架改版,直接作为公司内部的开发框架使用。

17.1.1 系统特点

BroPHP 框架的编码结构尽量实现各模块功能独立，并将《细说 PHP》中各章节知识点整合在了一起。当你在分析框架源码时，PHP 的技术点可以参考《细说 PHP》基础部分的各个章节，也会将你了解的零散的 PHP 知识点组织在一起。BroPHP 框架部分特点如下。

（1）第一次访问时为用户自动创建了项目所需要的全部目录结构，用户无须再为组织项目的目录结构而烦恼。在网站部署中，考虑网站的安全性问题，可以将网站主程序与 Web 目录分离，使主程序在 Web 目录之外，从而提高网站的安全性。

（2）本框架采用模块和操作的方式来执行，简单易用，功能适中，更符合中国 Web 程序员的开发习惯。

（3）通过本框架编写的项目完全采用 PHP 面向对象的思想，符合人类的思维模式，具有独立性、通用性、灵活性，有利于项目的维护和调试。

（4）基于 MVC 的开发模式，将视图层和业务层分离，达到快速部署，具有很好的可维护性，以及高重用性和可适用性，特别有利于软件工程化管理。

（5）内建丰富的 SQL 查询机制，操作灵活，简单易用。

（6）采用了目前业界最著名的 PHP 模板引擎 Smarty，对于熟悉 Smarty 的程序员而言具有很好的模板开发优势。

（7）使用 memcached 对 SQL 和 session 进行缓存，也可以使用 Smarty 缓存技术进行页面静态化，提升效率，减少运行消耗。

（8）本框架提供一些常用的扩展类，直接使用即可完成一些常见的功能。例如，文件上传、图像处理、分页实现及验证码类。BroPHP 2.0 增加了无限分类操作类、文件缓存类等扩展类。

（9）本框架支持自定义扩展类库和扩展函数的使用，可以无限地实现功能扩展。BroPHP 2.0 增加了更多实用的操作函数。

（10）采用人性化的调试模式，可以了解项目的运行过程，也可以快速解决项目开发时遇到的错误和异常。

（11）框架源码简单明了、结构清晰，方便在工作中根据当前项目的需求对框架进行改造。

（12）BroPHP 2.0 实现了数据表和访问资源分布式的部署。

可以在本书配套光盘中找到 BroPHP 两个版本的框架源码，也可以到 http://www.itxdl.cn 或 http://www.ydma.cn（猿代码）网站中下载 BroPHP 框架最新版本和最新的帮助文档。

17.1.2 环境要求

操作系统：支持 Linux/Windows 服务器，可以跨平台应用。
Web 服务器：可运行于 Apache、IIS 和 Nginx 中。
PHP 环境：PHP 5.3 以上版本，需要安装 XML、PDO、GD 库、MemCache 等扩展模块。

注意：对于 PHP 新手，推荐使用集成开发环境 AppServ 或 WAMP 对 BroPHP 进行本地开发和测试。

17.1.3 BroPHP 框架源码的目录结构

下例为 BroPHP 框架的系统目录，在项目开发时直接将 brophp 目录及子目录的所有文件复制到项目根目录中即可，并不需要对这个框架源文件做任何修改。但在 Linux 操作系统中需要注意，要将本框架的目录及子目录的权限，设置成运行 PHP 的用户有读的权限。

```
|-- brophp           目录    #BroPHP 框架目录
    |-- bases        目录    #BroPHP 框架基础类存放目录
    |-- classes      目录    #BroPHP 框架扩展类存放目录
    |-- commons      目录    #BroPHP 框架通用函数和资源存放目录
    |-- libs         目录    #Smarty 模板引擎源文件存放目录
    |-- bro.php      文件    #BroPHP 2.0 框架的公共入口文件，在 BroPHP 1.0 中文件名为 brophp.php
    |-- config.inc.php 文件  #BroPHP 2.0 新增文件，为框架的全局配置文件，对框架一些模式进行初始化
    |-- link1.db.php 文件    #BroPHP 2.0 新增数据表分布式文件，参考文件，需要将其复制到指定位置使用
    |-- path.inc.php 文件    #BroPHP 2.0 新增资源分布部署文件，参考文件，需要将其复制到指定位置使用
```

17.2 单一入口

在使用 PHP 过程化编程时，每个 PHP 文件都能独立访问并运行，就像一个体育场有多个入口一样，需要在每个入口都进行检票和安全检查。而采用单一入口模式进行项目部署和访问，无论完成什么功能，一个项目只有一个统一（但不一定是唯一）的入口，就像一个体育场如果只能从一个入口入场（程序是抽象的，一个入口和多个入口效率是一样的），控制起来则更灵活，几乎没有什么缺点。使用主入口文件部署项目的优点如下。

1．加载文件方便

在编写和阅读过程化程序代码时，经常会遇到文件之间互相包含的情况，其中包括 PHP 使用 include 包括函数库和公共资源文件，也包括在 HTML 中使用<link>和<script>加载 CSS 和 JavaScript 文件。项目越大，文件越多，越让人感觉头疼，就像一张大网一样将文件交织在了一起，不容易找到头绪。而使用单一入口则解决了这个难题，在项目应用中用到的任何一个文件，只要相对于单一入口文件的位置查找即可。

2．权限验证容易

如果每个 PHP 文件都可以独立访问，在进行用户权限验证时就需要对每个文件进行判断。而采用单一入口，则只需要在一个位置进行判断即可。

3．URL 重写简单

如果每个 PHP 文件及不同目录下的 PHP 文件都可以独立访问，则在 Web 服务器中对

URL 进行重新编写时，就需要编写很多条规则。而采用单一入口，则在 URL 重写时只需要简单的几条规则即可。

基于 BroPHP 框架的单一入口编写规则

例如，在项目的根目录下，声明 index.php 文件作为当前项目应用的单一入口文件，和 BroPHP 框架库文件目录同级。编写的单一入口文件 index.php 的内容可以参考下面三个示例之一。

示例一：只需要在入口文件中加载 BroPHP 框架目录下的入口文件 bro.php 即可以启动程序（bro.php 是 BroPHP 2.0 新命名的文件名称，原文件名为 brophp.php）。示例一如下所示：

```php
<?php
    /**
     * 示例（一）file:index.php 单一入口文件，基于BroPHP 2.0框架开发
     */
    require('./brophp/bro.php');       #加载BroPHP 2.0框架目录下的入口文件bro.php, BroPHP 1.0为brophp.php
```

示例二：除了必须加载框架中的入口文件 bro.php，也可以指定一个应用名称，设置常量 APP 的值（BroPHP 1.0 中是目录格式，本版本只需要填写名称字符串即可）。如果声明了常量 APP 但没有给出具体的名称，和没有声明这个常量是一样的效果，与示例一相同。示例二如下所示：

```php
<?php
    /**
     * 示例（二）file:index.php 单一入口文件，基于BroPHP 2.0框架开发
     */
    define("APP", "");                 #定义项目的应用名称，也可以是define("App", './')的格式（等同于空字符串）
    require('./brophp/bro.php');       #加载BroPHP 2.0框架目录下的入口文件bro.php, BroPHP 1.0为brophp.php
```

示例三：在主入口文件 index.php 中，通过声明常量 APP 指定一个应用名称。这是声明入口文件推荐的做法。示例三如下所示：

```php
<?php
    /**
     * 示例（三）file:index.php 单一入口文件，基于BroPHP 2.0框架开发
     */
    define("APP", "home");             #定义项目的应用名称，例如define("App", 'admin/')的格式也可以
    require('./brophp/bro.php');       #加载BroPHP 2.0框架目录下的入口文件bro.php, BroPHP 1.0为brophp.php
```

基于 BroPHP 框架项目的单一入口文件，可以自己定义名称，如 index.php、admin.php、blog.php 之类的命令都可以，根据项目的应用数决定。需要为每个应用都声明一个独立的入口文件。如果有一个以上的应用，则需要通过声明常量 APP 指定每个应用不同的名称加以区分。

17.3 部署项目应用目录

下例提供的是项目应用目录的默认方式。项目的应用目录结构并不需要开发人员手动创建，定义好项目的入口文件后，系统会在第一次访问入口文件时自动生成项目必需的目录结构。例如访问上一节示例一中声明的单一入口文件，自动创建的目录结构及说明如下所示：

```
|-- brophp                              目录    #BroPHP 2.0 框架库文件所在的目录
|-- index.php                           文件    #主入口文件（可以使用其他名称，也可以放在其他位置）
|-- config.inc.php                      文件    #项目的配置文件
|-- controls                            目录    #声明控制器类的目录
        |-- common.class.php            文件    #默认控制器的基类（用于写权限）
        |-- index.class.php             文件    #默认控制器（提供参考）
|-- models                              目录    #声明业务模型类的目录
|-- views                               目录    #声明视图的目录（Smarty 模板存放目录）
        |-- default                     目录    #默认模板存入目录（可以为项目提供多套模板）
                |-- xxx                 目录    #特定模块自己创建的目录（xxx 和模块同名）
                        |-- xxx.tpl     文件    #为特定的操作自己定义的模板文件（xxx 和动作同名）
                |-- public              目录    #同一应用中公用模板存放目录
                        |--             文件    #同一应用页面跳转提示模板
success.tpl
                |-- resource            目录    #当前项目模板的资源目录
                        |-- css         目录    #当前项目模板的样式目录
                        |-- js          目录    #当前项目模板的 JavaScript 目录
                        |-- images      目录    #当前项目模板的图片
|-- classes                             目录    #用户自定义的扩展类目录
|-- commons                             文件    #用户自定义的扩展函数目录
        |-- functions.inc.php           目录    #用户自定义的扩展函数都必须写在这个文件中
|-- public                              目录    #项目的所有应用公用的资源目录
        |-- css                         目录    #项目的所有应用公用的 CSS 目录
        |-- js                          目录    #项目的所有应用公用的 JavaScript 目录
        |-- images                      目录    #项目的所有应用公用的图片
        |-- uploads                     目录    #项目的所有应用公用的文件上传目录
|-- runtime                             目录    #项目运行时自动生成文件存放目录（可以随时删除）
        |-- comps                       目录    #Smarty 模板编译文件存放目录
        |-- cache                       目录    #Smarty 页面静态缓存目录
        |-- data                        目录    #项目使用的数据表结构缓存目录
        |-- controls                    目录    #控制器缓存目录
        |-- models                      目录    #业务模型缓存目录
        |-- default_cache_data          文件    #文件缓存默认存放目录（BroPHP 2.0 新加内容）
        |-- _index.php                          #文件锁，如果目录结构存在则不再重新生成
```

上例只是以入口文件 index.php 为例，并且应用目录和框架目录在同一级时，默认生成的目录结构。具体的每个目录和文件的作用，在应用时可以参考后面部分的详细介绍。

注意：在 Linux 操作系统中，开发阶段需要让运行 PHP 的用户有可写的权限；而当项目上线运行时，只需要给 runtime 目录及子目录和上传目录 public/uploads 赋予可写的权限，其他目录只要让运行 PHP 的用户具有可读的权限即可。

17.3.1 项目推荐的部署方式

在部署项目时,项目的目录结构往往由不同项目的应用所决定。在使用 BroPHP 框架时,项目的应用目录(controls、models、views)和入口文件的位置可以由不同项目的应用自己决定,而其他公用资源目录和配置文件(classes、commons、public、runtime、config.inc.php)默认同框架目录 brophp 在同一级。推荐的方式是将项目的应用放到自己定义的应用目录下。例如前面介绍的示例三入口文件 index.php 内容所示:

```php
<?php
    /**
     * 示例(三) file:index.php 单一入口文件,基于BroPHP 2.0框架开发
     */
    define("APP", "home");              #定义项目的应用名称,例如define("App", 'admin/')的格式也可以
    require('./brophp/bro.php');        #加载BroPHP 2.0框架目录下的入口文件bro.php, BroPHP 1.0为brophp.php
```

在主入口文件 index.php(可以改为其他名称)中,声明一个应用名为"home"(根据实际项目中的应用自定义名称)。只需要在主入口文件中声明一个常量名为 APP,并且将应用名称字符串作为常量值,然后直接访问主入口文件,即可生成所有目录结构。controls、models 和 views 三个主要目录在应用名称 home 目录的下级,如下所示:

```
|-- brophp
|-- index.php
|-- config.inc.php
|-- home              目录    #自定义的项目应用目录(自定义的应用名称home,生成对应应用的目录名home)
        |-- controls  目录    #声明控制器类的目录
        |-- models    目录    #声明业务模型类的目录
        |-- views     目录    #声明视图的目录(Smarty 模板存放目录)
|-- classes
|-- commons
|-- public
|-- runtime
```

如果需要再添加一个应用,例如网站后台,只需要新建一个入口文件,并在文件中声明一个常量"APP"即可。例如后台应用的入口文件命名为 admin.php,应用名称命名为"admin",如下所示:

```php
<?php
    /**
     * file:admin.php 后台应用的入口文件
     */
    define("APP", "admin");             #定义项目的应用名称admin
    require('./brophp/bro.php');        #加载BroPHP 2.0框架目录下的入口文件bro.php
```

前、后台入口文件与框架目录 brophp 在同一级目录中,前台和后台的应用目录分别定义在 home(可以改为其他名称)和 admin(可以改为其他名称)目录下。然后分别访问两个入口文件,即可生成所有目录结构。如下所示:

```
|-- brophp
|-- index.php         文件    #前台应用的主入口文件(可以使用其他名称,也可以放在其他位置)
|-- admin.php         文件    #后台应用的主入口文件(可以使用其他名称,也可以放在其他位置)
```

```
|-- config.inc.php
|-- home                    目录        #前台的应用目录 home
      |-- controls          目录
      |-- models            目录
      |-- views             目录
|-- admin                   目录        #后台的应用目录 admin
      |-- controls          目录
      |-- models            目录
      |-- views             目录
|-- classes
|-- commons
|-- public
|-- runtime
```

如果项目有多个应用，例如，除了有前台和后台，还有博客和论坛，每个应用都需要有独立的入口文件和自己的应用目录。可以让所有入口文件在同一级（例如，与框架在同级目录，但名称不能相同，可以和应用目录名称相同），也可以将每个入口文件放在自己的应用目录中（入口名称就可以统一命名为 index.php）。

17.3.2 URL 访问

BroPHP 1.0 框架的 URL 都是使用 PATHINFO 模式，新版本 BroPHP 2.0 中又引入了传统的普通 URL 访问模式。应用的访问方式都是采用单一入口，所以访问一个应用中的具体模块及模块中的某个操作，都需要在 URL 中通过入口文件后的参数来访问和执行。这样一来，所有访问都会变成由 URL 的参数来统一解析和调度。

1．PATHINFO 的 URL 访问模式

BroPHP 2.0 默认情况下使用 PATHINFO 模式，提供灵活和友好的 URL 支持，是一种伪静态的做法，可以提供强大的 URL 解析、调度及路由功能，但只能在绝大多数的服务器环境里面部署成功（少数服务器需要手工配置开启此模式）。PATHINFO 模式能自动识别模块和操作，格式如下所示：

```
http://www.brophp.com/入口文件/模块名/操作名/参数1/值1     #URL 统一解析和调度的 PATHINFO 模式
```

例如，项目应用代码直接放到主机为 www.brophp.com 的 Web 服务器的文档根目录下，入口文件名为 index.php，访问用户模块（user），再去执行添加（add）的操作方法，则 URL 的格式如下：

```
http://www.brophp.com/index.php/user/add                #通过 URL 统一解析和调度
```

如果还需要其他参数，例如，在上例添加数据时，需要将数据加到类别 ID 为 5 的类别（cid=5）中，则可以在上例 URL 的操作名后继续加多个参数，URL 的格式如下：

```
http://www.brophp.com/index.php/user/add/cid/5          #也可以有更多的参数
```

如果访问某个应用的入口时没有给出需要访问的模块和操作，则默认访问模块为 index，默认访问操作为 index。下面几个 URL 的访问结果是相同的。

```
http://www.brophp.com/                                    #默认访问入口文件 index.php，默认模块 index，默认操作 index
http://www.brophp.com/index.php                           #默认模块 index，默认操作 index
http://www.brophp.com/index.php/                          #路径符号"/"可加可省
http://www.brophp.com/index.php/index                     #默认操作 index
http://www.brophp.com/index.php/index/                    #路径符号"/"可加可省
http://www.brophp.com/index.php/index/index               #路径符号"/"可省
http://www.brophp.com/index.php/index/index/              #路径符号"/"可加
```

如果访问某个应用的入口时只给出访问的模块名，没有给出访问模块中的动作名，则默认访问这个模块中的 index 操作。例如访问用户模块（user），下面几个 URL 的访问结果也是相同的。

```
http://www.brophp.com/index.php/user                      #默认操作 index
http://www.brophp.com/index.php/user/                     #路径符号"/"可加可省
http://www.brophp.com/index.php/user/index                #路径符号"/"可省
http://www.brophp.com/index.php/user/index/               #路径符号"/"可加
```

如果在 URL 访问中除了模块和操作，还需要其他参数，就必须给出模块名和动作名（包括默认的模块 Index 和默认的操作 Index）全格式，再加上多个参数，格式如下所示：

```
http://www.brophp.com/index.php/index/index/cid/5/page/6      #追加两个参数 cid=5 和 page=6
```

PATHINFO 模式对以往的编程方式没有影响，GET 和 POST 方式传值依然有效，因为在框架中会对 PATHINFO 方式进行自动处理。例如，上面 URL 地址中 cid 的值，在每个操作中还可以通过$_GET['cid']的方式正常获取到。

2. BroPHP 2.0 引入的传统 URL 访问模式

BroPHP 2.0 新加入的普通 URL 访问模式，是为了能够在所有服务器环境里面部署成功。该 URL 模式和 PATHINFO 模式功能一样，格式如下所示：

```
http://www.brophp.com/入口文件.php?m=模块名&a=操作名&args=other      #传统的 URL 访问模式
```

和前面的例子一样，如果项目放在主机为 www.brophp.com 的 Web 服务器的文档根目录下，入口文件名为 index.php，访问用户模块（user），再去执行添加（add）的操作方法，并附带两个变量（cid=5 和 page=6），则 URL 的格式如下：

```
http://www.brophp.com/index.php?m=user&a=add&cid=5&page=6        #通过 URL 统一解析和调度
```

其中参数名"m"和"a"是两个保留变量名称，通过变量 m 指定访问的模块，通过变量 a 访问执行的操作方法。

注意：不管使用哪一种模式，除访问的模块和操作使用变量名"m"和"a"，其他参数则不能使用，否则将发生覆盖而进入错误的模块或操作中。

3. 切换 URL 的访问模式

BroPHP 2.0 支持两种 URL 访问模式，需要通过修改配置文件进行手动切换。在 BroPHP 2.0 框架目录 brophp 下，新增加一个系统全局配置文件 config.inc.php，只要手动修改该文件中的常量 URLMOD 的值即可。可以设置两个可选值，默认值"1"为 PATHINFO

模式；如果需要使用普通 URL 访问模式，则修改其值为"0"，保存配置文件重新以新模式进行 URL 访问即可。

```
define("URLMOD",  1);          //设置 URL 的访问模式，1 为 PATHINFO 模式，0 为普通模式
```

17.4 BroPHP 框架的基本设置

在 BroPHP 2.0 框架中，自动开启了一些常用选项，如编码、时区等，这些选项如果不使用默认值，用户只需要在配置文件中修改初始值即可。另外，项目需要的配置文件也是自动生成的，并在框架中提供了几个常用的函数。当然，用户也可以根据自己的需要，在框架中为具体的项目添加更多的内容。

17.4.1 默认开启

在自定义应用的每个入口文件中，最后一行"require('./brophp/bro.php')"加载了 BroPHP 框架目录下的入口文件 bro.php，该文件中有一些为整个应用默认开启的功能，所以在项目应用时就不需要再去设置了。除非很有必要，否则默认的设置都不需要进行修改，如表 17-1 所示。

表 17-1 BroPHP 默认开启的功能和描述

默认开启功能	描　　述
输出字符集（UTF-8）	UTF-8 字符集是网站和 MySQL 数据库的最佳选择，没有必要做其他改变
设置时区（PRC）	将 PHP 环境中的默认时区改为中国时区
自动加载项目的配置文件（config.inc.php）	项目核心配置文件"config.inc.php"，在项目中被自动包含，在用到配置文件中的所有选项时，都可以直接使用
自动包括类库和函数库	在应用中用到的所有类和函数都是自动包含的，在进行项目开发时只要按规范去编写，都不需要去特意包含
自动开启 Session	自动开启会话控制。如果启用 memcached，则将用户的会话信息写入到 memcahed 服务器；否则使用默认的写入方式

17.4.2 配置文件

Web 项目几乎都需要有配置文件，这样才能更灵活地对项目进行管理和维护。BroPHP 1.0 时只有一个配置文件，就是在第一次访问框架时，为整个项目自动创建了一个配置文件 config.inc.php，存放在与框架目录同级的目录中，并且默认被包含在程序中，所以在项目开发时配置文件中的选项都可以直接应用。在 BroPHP 2.0 中，又引入了专门为框架设置一些

全局属性初始值的配置文件 config.inc.php，存放在框架 brophp 目录下，也是被框架自动加载的。BroPHP 2.0 设置框架的配置文件 config.inc.php 介绍如表 17-2 所示。

表 17-2 BroPHP 2.0 引入的和框架设置有关的配置文件选项及描述

配置选项	描述
define("OUTPUT_CHARSET", "utf-8");	设置发送到客户端数据的字符集，默认为 UTF-8
define("DEFAULT_TIMEZONE", "PRC");	设置时区，默认值为 PRC（中华人民共和国）
define("URLMOD", 1);	设置 URL 的访问模式，1 为 PATHINFO 模式，0 为普通模式，默认值为 1
define("MESSMOD", 0);	设置消息弹出模式，1 为弹出模式，0 为 Ajax 模式，默认值为 1
define("TPLPREFIX", "html");	模板文件的扩展名，默认以 html 为扩展名
define("LEFT_DELIMITER", "<{");	模板文件中使用的"左"分隔符号，默认值为"<{"
define("RIGHT_DELIMITER", "}>");	模板文件中使用的"右"分隔符号，默认值为"}>"

两个配置文件同名，但不在同一个目录下，虽然新增一些自定义的配置选项写在哪个里面都是一样的，但对框架的设置最好写在框架目录下的 config.inc.php 文件中，对项目的设置选项还是写在和框架目录同级的 config.inc.php 文件中。又因为写项目时对框架本身的改动很小，所以我们主要进行管理配置的还是和项目相关的配置文件。在配置文件中自定义添加的选项可以是常量，也可以是变量和数组等。如果添加的是变量或数组，则在所有自定义的函数和类中需要使用 global 包含这些全局变量。系统自动创建的配置文件默认选项介绍如表 17-3 所示。

表 17-3 基于 BroPHP 框架项目配置文件的选项和描述

配置选项	描述
define("DEBUG", 1);	设置是否开启调试模式（1 开启，0 关闭），建议在开发时使用 1 值开启调试模式，上线运行则使用 0 值将其关闭。默认值为 1
define("CHARSET", 'utf8');	设置数据库的传输字符集，注释掉本行则不进行设置，如果设置则默认值为 UTF-8
define("DRIVER","pdo");	设置数据库的驱动选项，本系统支持 PDO（默认）和 mysqli 两种驱动方式。在开启 mysqli 时需要 PHP 环境安装 mysqli 扩展模块；在使用 PDO 选项时，除了需要 PHP 环境中安装 PDO 的扩展模块，还需要安装相应数据库的驱动
//define("DSN","mysql:host=localhost;dbname=xsphp");	当上面的 DRIVER 选项设置为 PDO 时，则可开启这个 PDO 的数据源设置。如果设置了此选项，则可以不用再去设置以下的 HOST、USER、PASS 和 DBNAME 选项
define("HOST", "localhost");	数据库系统的主机设置选项，默认为 localhost
define("USER", "root");	数据库系统用户名，默认为 root
define("PASS", "123456");	数据库系统用户密码，默认为空
define("DBNAME","brophp");	应用的数据库名称，默认为 brophp
define("TABPREFIX", "bro_");	设置数据表名的前缀，防止在相同的数据库中保存两张以上 BroPHP 框架开发项目的数据表。另外，这个选项同时也作为 MemCache 的键前缀，作用同表名前缀一样，防止同一台 MemCache 服务器有两个以上的 BroPHP 应用

续表

配置选项	描述
define("CSTART", 0);	这个选项用来设置 Smarty 的缓存，项目开发阶段使用 0 关闭缓存，在项目上线运行时设置 1 将其开启。默认值为 0
define("CTIME", 60*60*24*7);	这个选项设置 Smarty 模板的缓存时间，同时也是 Session 在 MemCache 中的生存时间。默认值为一周
define("TPLSTYLE", "default");	这个选项设置项目使用的模板风格。可以为一个项目开发多套模板风格，使用这个选项进行切换。默认使用的模板风格为 default

//$memServers = array("localhost", 11211);
// $memServers = array(
    array("www.lampbrother.net",'11211'),
    array("www.brophp.com", '11211'),
    ...
);
	这个选项用来设置 MemCache 服务器的主机和端口。如果是一个一维数组，则连接一台 MemCache 服务器；也可以是一个二维数组，同时连接多台 MemCache 服务器。另外，如果注释没有打开，则没有开启 MemCache 服务器。建议安装 MemCache 服务器并将其开启

17.4.3 内置函数

在 BroPHP 框架中，提供了一些常用快捷操作的全局函数，在任何位置需要都可以直接使用。当然用户可以定义更多常用的函数放在框架中，详细的功能介绍和用法如表 17-4 所示。

表 17-4 BroPHP 框架中提供的全局函数

函数名称	描述
P()	按照特定格式打印输出一个或多个任意类型（数组、对象、字符串等）的变量或数据，打印的值供程序员作为开发程序时的参考，只用于开发阶段的程序调试和排错
D()	快速实例化 Model 类的对象，实例化 Model 类也只能用这个函数。而且这个函数不仅可以实例化已声明的 Model 类，也可以实例化没有定义的 Model 类（只要参数对应的表名存在即可）。另外，不仅可以声明自己应用中的 Model 类，也可以实例化其他应用中的 Model 类对象。该函数大量用于控制器中
tosize()	这就是一个普通的功能函数，将字节大小根据范围转成对应的单位（KB、MB、GB 和 TB 等）。该函数只有一个参数，就是字节数
debug()	在开发中用来设置某个区域中关闭调试模式的功能函数
bdirs()	用来遍历文件夹的函数
createFolder()	用于创建多级文件夹
bro_ip()	获取客户端 IP 地址
bro_fromto()	用于获取当前网址为下个地址的重定向
bro_dayago()	获取"多久以前"的功能
bro_dirsize()	获取文件夹大小
bro_dirdel()	删除文件夹

17.5 声明控制器（Control）

BroPHP 框架是以"模块"和"操作"的方式来执行的，一个项目的应用中会有多个模块，每个模块又需要单独去调度，所以控制器是一个"模块"的核心，建议一个模块单独声明一个控制器类。

17.5.1 控制器的声明（模块）

系统会自动到主入口文件指定的应用中，寻找 controls 目录下面对应的类，如果没有找到，则输出错误报告。例如，一个网上书店中有用户管理（user）、类别管理（cat）和图书管理（book）三个模块，则需要创建三个控制器类——User 类、Cat 类、Book 类与这三个模块相对应。访问一个模块中的控制器和控制器中的操作都需要通过入口文件完成，控制器会管理整个用户的执行过程，负责模块的调度和操作的执行。另外，任何一个 Web 行为都可以认为是一个模块的某个操作，也需要通过入口文件来执行，BroPHP 框架中会根据当前的 URL 来分析要执行的模块和操作。以 PHPINFO 的 URL 访问模式为例，在前面介绍了 BroPHP 框架的 URL 访问格式，如下所示：

```
http://www.brophp.com/入口文件/模块名/操作名/参数1/值1        #URL 统一解析和调度的 PATHINFO 模式
或
http://www.brophp.com/入口文件?m=模块名&a=操作名&参数=值 #URL 统一解析和调度的普通模式
```

例如：

```
http://www.brophp.com/index.php/user/mod/id/5                    #URL 访问格式
```

上例用于获取当前需要执行项目的入口文件（index.php）、模块（user）和操作（mod），如果有其他的 PATHINFO 参数（/id/5），则会转成 get 请求（$_GET["id"]=5）的格式。在这个例子中，用户访问的是 User 模块，就需要为这个模块定义一个控制器 User 类才能被调度。该模块的控制器在 BroPHP 中有专门的声明位置，声明在当前项目应用目录下的 controls 目录中，类名必须和模块名相同。这个例子中使用 user 模块，就需要创建一个 User 类（每个单词的首字母要大写）保存在 user.class.php 文件中（文件名和类名相同，所有 BroPHP 中声明的类都要以.class.php 作为扩展名）。如下所示：

```php
1  <?php
2     /**
3      *  file: user.class.php 用户模块控制器，必须定义在当前应用的controls目录下
4      */
5     Class User {
6        //声明控制器的操作
7     }
```

在自定义的控制器类 User 中，通常不需要去继承其他的类；如果写继承，也只能继承

BroPHP 框架中的基础类 Action，不能有其他的继承方式。如下所示：

```php
1  <?php
2      /**
3       * file: user.class.php 用户模块控制器，如果写继承也只能去继承BroPHP框架中的Action类
4       */
5      Class User extends Action{
6          //声明控制器的操作
7      }
```

在自定义的控制器类 User 中，如果不去继承系统中的 Action 类，则默认会继承控制器的通用类 **Common**。Common 类声明在 common.class.php 文件中，是部署项目应用时自动创建的一个文件，也保存在当前应用的 controls 目录下。Common 类的默认格式如下所示：

```php
1  <?php
2      /**
3       * file:common.class.php 所有控制器的默认父类，自动生成并定义在当前应用的controls目录下
4       */
5      class Common extends Action {
6          function init() {
7              //所有的操作都会执行这个方法
8              //通常用于设置用户登录
9          }
10
11         // 可以自定义一些方法,作为所有控制器的公用操作方法
12     }
```

用户自定义的控制器类（User）自动继承了 Common 类，而 Common 类又继承了 BroPHP 框架基础类中的 Action 类。所以在 **User** 类中就可以直接使用从 **Action** 类中继承过来的所有属性和方法。Common 类存在的目的有两个：

（1）在 Common 类中有一个默认的方法 init()，如果自动继承该类，则每个模块中的操作在执行前都会自动调用 init()方法。所以可以在这个方法中完成像用户登录和权限控制等操作。

（2）在 Common 类中也可以自定义一些方法，作为自动继承该类的控制器的公用操作。

17.5.2　操作的声明

在上例的 URL 访问中，除了需要声明控制器 User 类，还需要 User 模板定义用户的操作。**每个操作都对应当前模块控制器中的一个方法**。例如，上例访问的模块是 user（对应 User 类），而执行的动作是 mod（对应 User 类中的 mod 方法），如果后面还有其他 PATHINFO 参数，则将以 GET 方式传递给这个方法。代码如下所示：

```php
1  <?php
2      /** file: user.class.php 在controls目录下，默认继承Common及Action类 */
3      class User {
4          /* 控制器中默认的方法，用于获取用户默认的操作，例如输出用户列表信息 */
5          function index() {
6              // 这个方法的URL访问有如下两种方式，可以不写操作名（index）
7              // http://www.brophp.com/index.php/user/
8              // http://www.brophp.com/index.php/user/index
```

```
 9          }
10
11          /* 控制器中声明的方法,用于获取添加用户界面的操作*/
12          function add() {
13              // 这个操作的访问如下,模块为user,操作为add
14              // http://www.brophp.com/index.php/user/add
15          }
16
17          /* 控制器中声明的方法,用于修改用户的操作*/
18          function mod() {
19              // 这个操作的访问如下,模块为user,操作为mod
20              // http://www.brophp.com/index.php/user/mod/id/5
21              p( $_GET["5"] );    //输出结果: Array( "id"=>5 );
22          }
23
24          /* 控制器中声明的私有的其他方法,不是一个操作,最好写到Model中 */
25          private function upload() {
26              //用于上传用户头像,不是操作则不能用URL访问
27          }
28      }
```

17.5.3 页面跳转

自定义的控制器类直接或间接地继承 BroPHP 系统中的基类 Action,所以 Action 类内置了一些方法,并且可以在每个控制器的方法中直接使用$this 进行访问。例如,开发中经常会遇到一些带有提示信息的跳转页面,操作成功或者操作错误需要自动跳转到另外一个目标页面。页面跳转在 Action 类中提供了 success()和 error()两个方法,详细的使用方法介绍如下。

1. 成功操作跳转 success()

在执行添加或修改等操作时,如果操作成功,通常都会自动跳转到一个提示页面,然后再自动跳转到一个目标页面。success()方法是系统 Action 类内置的方法,用在自定义控制器的方法中。这个方法的格式如下所示:

success(提示消息, [跳转时间], [目标位置]**)**

这个方法有三个参数,并且都是可选的。其中第一个参数用于在提示页面中输出成功消息,默认消息就是简单的"操作成功"的提示字样。第二个参数用于设置提示页面的停留时间,默认为 1 秒(时间很短,成功提示没有必要停留时间过长),可以通过传递一个整数重新设置这个时间(单位:秒)。第三个参数是自动跳转的目标位置(这个位置必须是 PATHINFO 的格式)。如果只有一个字符串(index)指定目标方法,则表示自动跳转到同一个模块的这个方法中;如果是使用"/"分开的字符串(模块/操作,如 user/index),则表示跳转到其他模块指定的操作中;也可以在这个参数中使用其他的参数将一些数据带到新的目标操作方法中。如果没有提供第三个参数,则默认返回(window.history.back())。常见的用法如下所示:

```
$this->success();                                //默认方式
$this->success("添加成功");                       //只有第一个参数
$this->success("添加成功", 3);                    //使用两个参数
$this->success("添加成功", 3, "user/index");      //使用三个参数
```

```
$this->success("添加成功", 3, "user/index/cid/5");              //可以附加资源
```

成功的提示界面如图 17-1 所示，用户可以根据自己的爱好对界面进行修改。在提示界面中，有停止跳转的操作，也可以手动"单击"跳转。

2．失败操作跳转 error()

在执行添加或修改等操作时，如果操作失败，则需要自动跳转到一个提示页面，查看出错原因，然后再自动跳转到一个目标页面。error()方法也是系统 Action 类内置的方法，也用在自定义控制器的方法中。这个方法的使用方式和 success()方法完全相同，只是提示界面和默认的提示消息及跳转时间不同而已。失败的提示界面如图 17-2 所示。

图 17-1　success()方法成功提示界面　　　　图 17-2　error()方法失败提示界面

在 BroPHP 2.0 中，对这两个跳转方法进行了功能扩展和升级。其中包括对参数的功能升级，如果用户使用 PATHINFO 模式，则跳转的位置 URL 参数也最好使用 PATHINFO 模式；如果将访问 URL 改成普通模式，则参数中的 URL 最好也使用普通模式。其实不管访问网站 URL 使用哪种模式，这两个提示方法的参数中，都可以使用这两种模式中的任意一种。如下所示：

```
$this->success("添加成功", 1, "user/index/cid/5");              //PATHINFO 的 URL 模式参数
$this->success("添加成功", 1, "m=user&a=index&cid=5");          //普通的 URL 模式参数
```

BroPHP 2.0 对这两个方法的功能扩展主要体现在增加了一种用户消息提示模式，在框架目录 brophp 下面，手动修改配置文件 config.inc.php 中的"MESSMOD"常量的值，就可以切换用户的消息模式。默认值为"1"，即原版本中使用的弹窗消息模式；如果将值修改为"0"，就切换为新增加的"AJAX 消息模式"。这是现在非常流行的消息提示模式，提示框出现后按用户设置的时间停留然后渐渐消失。AJAX 消息模式的提示界面如图 17-3 所示。

图 17-3　BroPHP 2.0 新增加的 AJAX 模式提示界面

另外，很多项目中经常会使用 HTML 分帧（iframe）进行窗口嵌套。在 BroPHP 2.0 中

为 success()和 error()这两个方法新增加了第四个参数。默认值为空，即在本窗口中显示提示消息。如果设置值为"top"，就会回到最顶层窗口显示消息框。

17.5.4 重定向

如果某个操作（控制器中的方法）执行完成以后，也需要直接转向其他的操作中，但并不需要一些提示，并且也需要将当前操作中的一些数据带到新的操作中，则可以使用从系统基类 Action 中继承过来的 redirect()方法实现，重定向后会改变当前的 URL 地址。例如，在 User 模块的控制器中，执行 del 操作成功删除用户后，重定向到自己模块的 index 操作中。代码如下所示：

```php
<?php
    /** file: user.class.php 在controls目录下，默认继承Common及Action类 */
    class User {
        /* 控制器中默认的方法，用于获取用户默认的操作 */
        function index() {
            //默认的操作方法
        }

        /* 控制器中声明的方法，用于删除用户的操作 */
        function del() {
            //创建用户对象
            $user = D("user");
            //使用用户对象中的delete方法删除指定的一个用户
            if( $user->delete($_GET["id"]) ) {
                //如果删除成功就重定向到本模板的默认操作index中
                $this -> redirect("index");
            } else {
                //如果删除失败就跳转到提示界面，并返回
                $this -> error("删除用户失败");
            }
        }
    }
```

redirect()方法的其他应用如下所示：

```
$this->redirect("模块/动作");              #如果有则使用"/"分成模块和操作
$this->redirect("book/add");              #重定向到book模块的add操作中（例）
```

如果在重定向到其他操作中时，还需要传递一些参数，还可使用第二个参数以 PATHINFO 的形式将数据传递过去，如下所示：

```
$this->redirect("模块/动作", "参数");              #使用第二个参数传递数据（PATHINFO 格式）
$this->redirect("book/index", "cid/5/page/3");   #PATHINFO 模式传递了 cid 和 page 两个参数（例）
```

上例在 redirect()方法中使用了第二个参数，在重定向到 book 模块的 index()方法中的同时，也将 cid=5 和 page=3 两个参数传到了 book 模块的 index()方法中，在 index()方法中可以直接使用$_GET 进行接收。在 BroPHP 2.0 中，也对该函数的第二个参数进行了扩展。如果项目使用普通的 URL 访问模式，则第二个参数也最好由 PATHINFO 模式改为普通模式，如下所示：

```
$this->redirect("book/index", "cid=5&page=3");   #普通 URL 模式传递了 cid 和 page 两个参数（例）
```

17.6 设计视图（View）

视图（View）是用户看到并与之交互的界面，对 Web 应用程序来说，视图扮演着重要的角色。View 层用于与用户的交互；Controller 层是 Model 与 View 之间沟通的桥梁，它可以分派用户的请求并选择恰当的视图用于显示。BroPHP 框架内置最流行的 Smarty 模板引擎，所有的视图界面都是 Smarty 编写的模板（参考前面的 Smarty 章节）。

17.6.1 视图与控制器之间的交互

向视图中分配动态数据并显示输出，都是在控制器类的某个操作方法中完成的。我们自定义的控制器类都间接地继承了 Smarty 类，所以在每个控制器类中都可以直接使用$this 访问从 Smarty 类中继承过来的成员。在每个模块控制器的操作中常用的 Smarty 成员如下所示：

```php
<?php
    /** file: user.class.php  定义一个控制器类User */
    class User {
        /* 控制器中默认的方法 */
        function index() {
            //向模板中分配变量
            $this->assign("data", $data);
            //输出模板（这个方法在BroPHP框架中改写了）
            $this->display();
            //判断模板是否已经被缓存
            $this->isCached();
            //消除单个模板缓存
            $this->clearCache();
            //消除所有缓存的模板
            $this->clearAllCache();
        }
    }
```

使用$this 就相当于在使用 Smarty 对象，可以通过$this->assign()方法向模板（视图）分配变量，并通过$this->display()方法加载并显示对应的模板。所有使用 Smarty 对象可以完成的操作，这里也都可以实现。

17.6.2 切换模板风格

当前应用下的所有视图，都要将模板声明在当前项目应用的 views 目录下。因为可以为同一个应用程序编写多套模板，所以在 views 目录下声明的每个目录，都是为当前的应用创建的一套独立的模板风格，默认的风格声明在 default 目录下。如果为一个应用编写了几套风格模板，只要修改配置文件中的"TPLSTYLE"选项即可（选项值和目录名对应）。如下所示：

```
/* 修改配置文件 config.inc.php */
define("TPLSTYLE", "default");           //找 views/default/下面的模板风格显示
//define("TPLSTYLE", "home1");           //找 views/home1/下面的模板风格显示
//define("TPLSTYLE", "home2");           //找 views/home2/下面的模板风格显示
```

如果项目中有两个或多个应用,又因为BroPHP框架所有应用共用同一个配置文件,例如,项目分为前台和后台两个应用,所以如果在配置文件中将 TPLSTYLE 改变,则前后台都要有对应的模板。如果只想前台有多套模板风格切换使用,而后台只要一套默认的模板风格不变,就需要将上例的选项 "define ("TPLSTYLE", "default");" 写在每个应用的主入口文件的最上面,因为每个应用的入口文件也可以充当当前应用的子配置文件。

17.6.3 模板文件的声明规则

在每套模板目录下有两个默认的目录 public 和 resource。public 目录下声明的是当前风格的公用模板文件。例如,header.tpl 模板、footer.tpl 模板等。默认有一个 success.tpl 模板,用来显示提示消息框(在控制器 success()和 error()两个方法中使用,如果是 BroPHP 2.0 新提供的 AJAX 消息提示模式,则不需要该文件)。resource 目录是当前模板风格使用的资源目录,包括模板中用到的 CSS、JS 和 Image 等。

在 BroPHP 框架中,对父类 Smarty 中的 display()方法重新改写过,所以声明模板的位置和模板文件名要按一定的规则。一个项目应用通常都会有多个模块,一个模块又对应一个控制器类,也需要在对应的风格模板目录下,为每个模块单独创建一个目录(目录名和控制类名相同,但全部为小写)。然后,在这个目录下创建和控制器中的操作方法同名的模板文件,模板文件的扩展名由框架全局配置文件 config.inc.php 中的 "TPLPREFIX" 选项决定,默认是 ".tpl",可以修改为.html 或.htm 及其他的扩展名。例如,需要在 user 模板中的 add 操作中输出模板视图,就需要在当前模板风格目录中(view/default 目录下)创建一个 user 目录,并在 user 目录下创建一个模板文件 add.tpl。

17.6.4 display()的新用法

display()方法重载了父类 Smarty 中的方法,其他的参数都没有变化,只是将第一个参数的用法改写了。在控制器的操作中,display()方法的多种应用形式如下所示:

```
1  <?php
2      /** file: user.class.php  定义一个控制器类User */
3      class User {
4          /* 控制器中默认的方法 */
5          function index() {
6              /*
7                  如果没有提供参数,默认找和当前模块相同目录名(user)下的
8                  默认模板文件名为当前操作名(index),扩展名为tpl(配置文件中可改)
9                  例如:view/default/user/index.tpl 模板文件
```

```
10          */
11          $this -> display();
12
13          /*
14              如果提供的参数没有"/"，默认找和当前模块相同目录名(user)下的
15              模板文件名为参数名add，扩展名为tpl
16              例如：view/default/user/add.tpl 模板文件
17          */
18          $this -> display("add");
19
20          /*
21              如果提供的参数有"/"，找和"/"前模块同名目录（shop）下的
22              模板文件名为参数名add，扩展名为tpl(配置文件可改)
23              例如：view/default/shop/add.tpl 模板文件
24          */
25          $this -> display("shop/add");
26      }
27  }
```

17.6.5 模板中的几个常用变量应用

在编写模板文件时，经常会用到链接地址、图片的位置、CSS 文件的地址或是 JS 文件的地址。如果直接写 URL，不仅非常烦琐，而且当域名或主入口文件有改变时，所有 URL 都需要重新修改。所以在控制器的操作中将一些常用的 URL（和服务器对应）自动分配到了模板中，并且可以在模板中直接使用。

```
/* 例如，在 add.tpl 模板中（项目声明在 shop 目录下，入口文件为 admin.php，模块为 index） */
<{$root}>;              //到项目应用的根目录              /shop
<{$app}>;               //到项目应用的主入口文件          /shop/admin.php
<{$url}>;               //到访问的模块                    /shop/admin.php/index
<{$public}>;            //所有应用的共用资源 public       /shop/public
<{$res}>;               //到模板风格下的 resource 目录    /shop/views/default/resource
```

例如：

```
<a href="<{$url}>/mod/id/5">修改</a>
<script src="<{$res}>/js/jquery.js"></script>
```

上例会自动解析为：

```
<a href="/shop/admin.php/index/mod/id/5">修改</a>
<script src=" /shop/views/default/resource/js/jquery.js"></script>
```

注意：在编写项目时，向模板中分配自定义变量名称时，应尽量避开这些名称，以免变量命名冲突发生覆盖，给调试带来不便。

17.6.6 在 PHP 程序中定义资源位置

虽然 BroPHP 框架对所有的类库和函数都是自动包含的,但如果需要在控制器或模型中加载自定义 PHP 某个文件,或是操作一些服务器中的文件,以及设置上传文件目录等,可以使用相对于主入口文件的相对位置,也可以通过 PROJECT_PATH 和 APP_PATH 两个路径完成。

> **PROJECT_PATH**:代表项目所在的根路径,即与框架所在的目录同级。
> **APP_PATH**:代表项目中当前应用目录(在入口文件中指定的应用路径)。

除了在模板中可以直接使用<{$root}>、<{$app}>、<{$url}>、<{$public}>、<{$res}>等路径,如果不是使用模板文件,而是在 PHP 中直接访问前台文件(JS、CSS、HTML、图片等),则可以使用 BroPHP 框架中的几个常量或几个全局$GLOBALS 变量,都是从 Web 服务器根目录开始的绝对路径。如下所示:

B_ROOT 或$GLOBALS["root"]	//Web 服务器根到项目的根
B_APP 或$GLOBALS["app"]	//当前应用脚本文件
B_URL 或$GLOBALS["url"]	//访问到当前模块
B_PUBLIC 或$GLOBALS["public"]	//项目的全局资源目录
B_URL 或$GLOBALS["res"]	//当前应用模板的资源

另外,可以在每个模板的操作中,通过**$_GET["m"]**获取当前访问的模块名称,也可以通过**$_GET["a"]**访问当前的操作名称。

17.7 应用模型(Model)

模型(Model)就是业务流程/状态的处理及业务规则的制定。业务流程的处理过程对其他层来说是暗箱操作,模型接受从控制器请求的数据,并返回最终的处理结果。业务模型的设计可以说是 MVC 最主要的核心。在 BroPHP 中基础的模型类就是内置的 DB 类,该类完成了基本的数据表增、删、改、查、连贯操作和统计查询,一些高级特性都被封装到模型的基类中。

17.7.1 BroPHP 数据库操作接口的特性

编写程序的业务逻辑最烦琐的地方就是对不同数据表的反复编写、执行及处理 SQL 语句(增、删、改、查)。降低网站性能的最大开销是在程序中执行大量的 SQL 查询,攻击网站最常见的方式是使用 SQL 注入。但在 BroPHP 框架中解决了这些问题。系统模型基类的一些基本特性如下所示。

1. 重用性

BroPHP 内置了抽象数据库访问层，把不同的数据库操作封装起来，而使用了统一的操作接口。只需要使用公共的 DB 类进行 SQL 操作，而无须针对不同的数据表写重复的代码和底层实现。

2. 高效性

在 BroPHP 框架的 Model 中，所有的 SQL 语句都是通过 prepare() 和 execute() 方法去准备和执行的，效率要比直接使用 query() 方法高得多。另外，最主要的是在 BroPHP 中所有的查询结果都使用 memcached 进行缓存，所以只要获取一次结果集，同样的查询下次不管再执行多少次，都不需要再重新连接数据库了，而是直接从 memcached 中获取数据，这样可以大大提高网站的性能。并且如果有执行对表有影响的 SQL 语句，就会清除该表的缓存，所以还可以达到动态更新的效果。

3. 安全性

每条 SQL 语句都是使用 PDO 或 mysqli 中的预处理方式，并通过"？"参数绑定的形式先将语句在服务器中准备好，再为这个"？"绑定的任何"值"，都不会再重新编译一次 SQL 语句，所以 BroPHP 框架没有 SQL 注入的可能。

4. 简易性

BroPHP 框架为所有自定义 Model 类的实例化提供了统一的内置函数 D() 来实现，简化了 Model 类的对象创建过程。而且所有的 SQL 查询都可以采用连贯操作方式，并使用系统中内置的方法就可以以最简单的方式完成对数据表的操作。

5. 扩展性

BroPHP 框架中 Model 类之间的继承关系简单明了，很容易通过自己定义的 Model 类对系统中内置 DB 类的功能进行扩展，完成特定的功能。

6. 维护性

BroPHP 框架中所有和 SQL 语句相关的执行都汇总到了一个操作中，并有统一的处理方式，这样就可以大大提高 Model 类的可维护性。

17.7.2 切换数据库驱动

BroPHP 框架支持 mysqli 和 PDO 两种连接方式的驱动，并且都是使用它们的"预处理"方式来处理 SQL 语句，这样不仅效率高，而且能防止 SQL 注入。默认是使用 PDO 的连接方式（推荐使用 PDO，除了可以连接 MySQL 数据库，还可以连接其他数据库）。不管使用哪种连接方式，在使用前要先安装 PHP 扩展库，PDO 还需要安装对应的数据库驱动。切换的方式也很容易，只要修改配置文件（和框架在相同目录的 config.inc.php 文件）中的一个参数，DB 类就会自动调用相应的数据库适配器来处理。如下所示：

```
/*项目的配置文件 config.inc.php（和框架在同级目录下）*/
define("DRIVER","pdo");                          //PDO（默认），可改成 mysqli
```

在 Model 中如果能正确地连接数据库,除了在配置文件中设置上例中选择的数据库驱动方式,还需要配置数据库的连接用户和密码,以及数据库的库名。如下所示：

```
/* 正确的配置数据库的连接 */
define("HOST","localhost");                      // 数据库服务器的主机位置
define("USER","root");                           // 数据库服务器的登录用户
define("PASS","");                               // 数据库登录用户的密码
define("DBNAME","brophp");                       // 数据库的库名
define("TABPREFIX","bro_");                      // 数据表的名称前缀
```

如果选择 PDO 来连接数据库,还可以使用 DSN（数据源名）的方式来配置数据库的连接。这样的配置不仅可以使用 PDO 连接 MySQL 数据库,还可以连接其他数据库。也是通过在配置文件中修改配置,如下所示：

```
/*使用 DSN 的方式配置 PDO 连接数据库*/
define("DSN","mysql:host=localhost;dbname=brophp");    //DSN 方式
```

如果使用 DSN 的方式配置数据库连接,则不用再去配置 HOST 和 DBNAME 两个选项了,因为在 DSN 中都有了设置。

17.7.3 声明和实例化 Model

所有对数据表的操作都需要使用 BroPHP 的 Model 完成,而不管是自定义 Model 类（DB 类的子类）,还是直接使用系统内置的数据库操作类,都需要使用内置的 D()方法来实例化一个 Model 类对象。

1. 声明自定义的 Model 类

在配置文件中配置好与数据库连接有关的选项以后,就可以为数据表声明一个对应的 Model 类来处理它了。自定义的 Model 类名必须和数据表名相同（BroPHP 采用的是通过类名找对应的表进行处理）。例如,数据库中有三张表 bro_books、bro_users 和 bro_articles（其中 bro_为表名前缀,会自动处理）,就需要在当前应用下的 models 目录下创建 books.class.php、users.class.php 和 articles.class.php 三个文件（类名不用加表前缀名）。在每个文件中只声明一个对应的类,如果不去写继承,会自动继承系统中的 DB 类,就可以直接使用从 DB 类中继承过来的内置方法操作数据表了。自定义的 Model 类 Users 如下所示：

```php
1  <?php
2      /**
3          file: users.class.php 自定义处理users表的Model类，声明在当前应用下的models目录下
4          默认继承系统内置DB类，可以直接使用所有从DB类中继承过来的方法
5      */
6  class Users {
7      /* 声明一个用户登录的方法 */
8      function isLogin() {
```

```
 9          //方法体
10      }
11
12      /* 声明一个退出系统的方法 */
13      function isLogout() {
14          //方法体
15      }
16  }
```

如果有两个 Model 类需要声明一个父子类，用于构建共用的属性和方法，系统也直接支持使用 extends 继承一个自定义的一个公用父类，但主动继承的父类也会自动继承系统内置的 DB 类。所以自定义的 Model 类还是间接地继承了 DB 类，这样除了可以直接使用自定义父类中的成员，还可以直接使用系统内置类 DB 中的成员。自定义的 Model 类 Books 继承自定义的 Demo 类，如下所示：

```
 1  <?php
 2      /**
 3          file: Demo.class.php 在models目录下，将来会自动继承DB类作为多个Model的父类
 4      */
 5      class Demo {
 6          //声明一个功能方法
 7          function fun() {
 8              //多个子类可以共用这个方法
 9          }
10      }
```

自定义的 Model 类 Books 主动使用 extends 继承上例中的 Demo 类，如下所示：

```
 1  <?php
 2      /**
 3          file: books.class.php 声明一个类Books主动继承Demo类，间接继承了DB类
 4      */
 5      class Books extends Demo {
 6          //在这个类中可以使用Demo类和系统内置DB类中的所有继承过来的成员
 7      }
```

在声明好一个 Model 类之后，就可以在当前项目应用的控制器中，使用系统内置的 D() 函数去实例化这个 Model 类的对象，再通过这个对象就可以直接对业务进行处理了。在使用 D() 函数时，需要提供一个参数，参数必须是自定义的 Model 类名（也是要处理的表名称）。例如，声明好了一个 User 模型类后，在 User 控制器中的使用过程如下所示：

```
 1  <?php
 2      /**
 3          file: user.class.php 在controls目录下，声明用户模块控制器，默认继承Common及Action类
 4      */
 5      class User {
 6          /* 控制器中默认的方法，用于获取用户默认的操作 */
 7          function index() {
 8              //创建用户对象，参数user找模型中的User类创建
 9              $user = D("user");
10              $data = $user->select();    //调用父类中的方法查询表中所有记录
11              //$user -> isLogin();        //也可以调用User类中声明的方法
12          }
13      }
```

在使用 D() 函数实例化模型类时，系统会自动通过参数字符串找到对应的数据表。如果

这张数据表是第一次操作，则系统会自动获取表结构并缓存起来，以后的每次操作都是从缓存中直接获取表结构，不会每次都重新连接数据库反复获取表结构。

2. 直接使用内置 DB 类

如果只需使用系统内置 DB 类中的功能就可以完成对业务的处理，则没有必要单独声明一个空（没有成员）的 Model 类（只有需要对某张表执行特定的操作，而 DB 类没有提供相应的功能，才去自定义 Model 完成一些特定的处理），也是使用 D()函数实现。例如，没有声明对用户表（user）操作的模型类时，使用 D()函数直接传表名（不用加前缀）作为参数（用于获取表结构），就可以实例化一个 DB 类的对象，完成对 user 表的操作。如下所示：

```php
<?php
/**
 *     file: user.class.php 在controls目录下，声明用户模块控制器
 */
class User {
    /* 控制器中默认的方法，用于获取用户默认的操作 */
    function index() {
        $user = D("user");              //模型User类不存在，参数为表名
        $data = $user -> select();      //调用系统DB类中的方法查询表中所有记录
    }
}
```

3. 使用跨应用的 Model 类

如果项目中有前台和后台两个应用（也可以有更多的应用），是否需要各自定义一个业务模型对同一张表进行操作呢？例如，在后台应用（admin）中的 model 目录下声明一个 User 类，类中声明了处理用户登录和退出的方法，如果在前台应用中的 model 目录下也声明一个 User 类，在类中再写一次处理用户登录和退出的方法，就会发生代码重复编写的情况。所以在 BroPHP 框架中对同一个项目有多个应用时，相同表的处理可以使用同一个 Model 类来完成。当然也是使用系统内置的 D()函数完成，只不过除了使用第一个参数传递一个类名（或是表名），还需要使用第二个参数传递另一个应用的目录名（与入口文件中声明的应用目录名同名）。例如，在前台应用的控制器 Index 类的 index()方法中，使用后台应用（在 admin 目录下）中的模型 User 类处理 user 表。D()函数的使用如下所示：

```php
<?php
/**
 *     file: index.class.php 在前台controls目录下声明的主控制器
 */
class Index {
    /* 控制器中默认的方法 */
    function index() {
        /* 创建后台admin目录中models目录下的User类对象 */
        $user = D("user", "admin");
        $user -> isLogin();             //在前台调用后台User类中的登录方法
    }
}
```

4. 没有为 D()方法提供参数

如果在使用 D()方法时没有提供参数，也可以创建 Model 类对象，但不能对数据表进行操作，只能完成一些非表操作的功能，例如获取数据库的使用大小、获取数据库系统的版本、

事务处理等。D()函数的使用如下所示：

```php
<?php
    /**
        file: index.class.php    在前台controls目录下声明的主控制器
    */
    class Index {
        /* 控制器中默认的方法 */
        function index() {
            //如果没有传递表名或类名，则直接创建DB对象，但不能对表进行操作
            $db = D();                          //可以访问DB对象中非表的操作方法

            $db -> dbSize();                    //获取数据库的空间使用信息
            $db -> dbVersion();                 //获取数据库系统的版本
            $db -> beginTransaction();          //开启事务
            $db -> commit();                    //提交事务
            $db -> rollback();                  //回滚事务
        }
    }
```

17.7.4 数据库的统一操作接口

BroPHP 框架中为所有对表的操作提供了统一的接口，这样不仅可以省去编写 SQL 语句的烦恼，也不用考虑 SQL 语句的执行效率和 SQL 优化及 SQL 注入等安全问题，因为所有的 SQL 语句都已经在框架中封装好了。并且这些接口操作简单，符合程序员的开发习惯。在 BroPHP 框架中提供的数据库操作接口及描述如表 17-5 所示。

表 17-5　数据库的操作接口及描述

方 法 名	描 述
insert()	向表中新增数据，返回最后插入的自动增长 ID
update()	更新表中的数据，返回更新的影响行数
delete()	删除表中的数据，返回删除的影响行数
field()	连贯操作时使用，设置查询的字段，返回对象$this
where()	连贯操作时使用，设置查询条件，返回对象$this
order()	连贯操作时使用，设置 SQL 的排序方式，返回对象$this
limit()	连贯操作时使用，设置获取的记录数，返回对象$this
group()	连贯操作时使用，设置 SQL 的分组条件，返回对象$this
having()	连贯操作时使用，设置分组时的查询条件，返回对象$this
total()	获取符合条件的记录总数
find()	获取数据表的单条记录，返回一维数组
select()	获取数据表的多条记录，返回二维数组
r_select()	关联查询，从有关联的多张表中获取数据
r_delete()	关联删除，一起删除多张表中有关联的记录
query()	任意的 SQL 语句都可以使用该方法执行

续表

方 法 名	描 述
beginTransaction()	开启事务处理操作
commit()	提交事务
rollback()	回滚事务
dbSize()	获取数据库使用大小
dbVersion()	获取数据库的版本
setMsg()	设置提示消息,该方法设置的消息可以通过 getMsg()方法获取
getMsg()	获取一些验证信息,提示给用户使用,可以一起获取多条,以字符串返回
psql()	BroPHP 2.0 新增加的方法,用于调试程序时,打印出该访问前面最后执行的一条 SQL 语句

以上的每个方法在使用时都不用提供表名,因为在使用这些方法时要先为数据表创建对应的 Model 类对象,在使用 D()函数创建对象时已经传递了表名,也自动获取了表结构。每个方法的详细使用如下所示。

1. insert([array $post][, mixed filter][,bool validata])

该方法是向数据表中新增一条记录,只要为该函数提供正确的新增所需要的数据(是一个数组),就可以直接插入到表中。通常都是在控制器中接收表单提交过来的数据,再在控制器中调用 Model 类中的这个方法完成数据添加。在向表中新增数据时需要注意以下两点。

(1)所有 Form 表单的提交方法最好使用"post"方式。

(2)每个表单项的名称一定要和数据表的字段名相同,只有相互对应的项才能加入到表中。

该函数有三个可选参数。如果没有提供第一个参数,则默认是将表单提交过来的数组 $_POST 作为第一个参数。也可以直接将$_POST 数组作为第一个参数传递,当然也可以根据自己的需要组合一个数组后再传递给第一个参数。例如,bro_users 表结构如下所示:

```
Create table bro_users(                              #表名为 bro_users
        id int not null auto_increment,              #用户编号 ID
        name varchar(30) not null default '',        #用户名
        age int not null default 0,                  #用户年龄
        sex char(4) not null default '男',           #用户性别
        ptime int not null default 0,                #用户注册时间
        email varchar(60) not null default '',       #用户电子邮箱
        primary key(id)
);
```

表单提交过来的数组$_POST 如下所示:

```
$_POST=array(
        "name"=>"admin",                    #<input name="name">
        "age"=>"22",                        #<input name="age">
        "sex"=>"男",                        #<input name="sex">
        "email"=>"gaolf@php.net",           #<input name="email">
        "sub"=>"注册"                       #<input name="sub" type="submit">
);
```

从$_POST数组中可以看到，表单中提交过来的数组没有提交id（表中是自动增长的）和ptime（注册时间需要从PHP服务器自动获取）；而和bro_users表字段不一样的是多了一个名为sub的提交按钮。在控制器中的简单应用如下所示：

```php
<?php
    /**
        file: user.class.php 在controls目录下，声明用户模块控制器
    */
    class User {
        /* 控制器中的添加方法 */
        function add() {
            $user = D("user");                      //创建用户实例对象

            $_POST["ptime"] = time();               //向$_POST数组中添加用户注册时间
            $id = $user->insert();                  //默认使用$_POST数组作为参数
            //$id = $user -> insert($_POST);        //也可以直接传递$_POST参数
        }
    }
```

按上例insert()方法的使用，内部将组合成一条准备好的语句，如下所示：

SQL: "INSERT INTO bro_users(name,age,sex,ptime,email) values(?,?,?,?,?)"
对应的数组绑定?参数 array("admin", "22","男","123322122","gaolf@brophp.net");

在insert()方法内部有一个处理，会将传递过来的$_POST数组下标和表字段名称进行匹配，如果有匹配成功的，则说明表单项的名称和数据表的字段名称相同。例如，在""sub"=>"注册""中，下标"sub"就不是表的字段名，所以在组合SQL语句时将其去掉。

insert()方法需要的第二个参数$filter，默认值是1（只要是"真"值都可以），这个参数决定是否对表单传递过来的数据进行过滤。因为表单是黑客攻击网站的主要入口，所以为了防止用户在表单中输出一些不允许的HTML标记或恶意的JavaScript代码，在insert()中使用PHP中内置的两个方法stripslashes()和htmlspecialchars()进行了处理，不仅能将HTML标记转换为HTML实体，同时也去掉了在表单中输入的单引号或双引号自动添加的转义符号。特定情况下可以使用0值（只要是"假"值都可以）关闭这个过滤功能。如果使用一个数组作为参数，数组中的元素为表单名称，则也可以部分关闭过滤功能。

insert()函数也可以提供第三个参数$validata，默认值是0（只要是"假"值都可以），这个参数决定是否需要使用XML对数据进行自动验证，"假"值是不需要验证的。

insert()方法执行成功返回最后自动增长的ID，失败返回false；如果数据表没有自动增长的字段，成功返回true。

2. update([array $array][, int filter] [, bool validata])

该方法用于更新数据表中的记录，有三个可选参数，第二个和第三个参数与insert()方法中的两个参数一样，用于设置表单过滤功能和设置自动验证。该方法可以以主键为条件更新一条记录，也可以以自己设置的条件同时更新多条记录，还可以设置更新特定的字段。例如，数据表bro_users的结构同上，update()方法常用的几种方式如下。

第一种：最常用，通过update()方法更新一条数据，将修改表单提交过来的$_POST数组直接传给该函数的第一个参数（不需要修改的字段可以在$_POST数组中去掉），则会以

$\_POST 数组中和表主键字段名称相同的元素下标作为条件更新一条记录。例如，$_POST 数组中的内容如下：

```
$_POST=array(
        "id"=>"5",                    #<input name="name" type="hidden">
        "name"=>"admin",              #<input name="name">
        "age"=>"25",                  #<input name="age">
        "sex"=>"男",                  #<input name="sex">
        "email"=>"gaolf@php.net",     #<input name="email">
        "sub"=>"修改"                 #<input name="sub" type="submit">
);
```

这里需要注意，修改表单的名称中一定要有一个对应表的主键（本例是 ID，通常使用隐藏表单传递），将这个$_POST 作为每一个参数传入 update()方法。使用和组合后的 SQL 语句如下：

```php
<?php
    /**
     * file: user.class.php 在controls目录下，声明用户模块控制器
     */
    class User {
        /* 控制器中的修改方法 */
        function mod() {
            $user = D("user");              //创建用户实例对象

            $rows = $user -> update();      //默认使用$_POST数组作为参数
            //$rows = $user -> update($_POST); //也可以直接传递$_POST参数
        }
    }
```

SQL: "UPDATE bro_users SET name=?,age=?,sex=?,email=? WHERE id=?";
对应的数组绑定？参数 array("admin", "25","男","gaolf@php.net",5);

第二种：可以通过 where()方法（详见 where()方法）使用连贯操作，设置更新的条件去更新一条或多条记录。例如，使用 where()方法设置条件更新主键值为 1、2 和 3 的三条记录，使用和组合后的 SQL 语句如下：

```php
<?php
    /**
     * file: user.class.php 在controls目录下，声明用户模块控制器
     */
    class User {
        /* 控制器中的修改方法 */
        function mod() {
            $user = D("user");              //创建用户实例对象

            //默认使用$_POST数组作为参数(可以默认)，加上where()连贯操作
            $rows = $user ->where("1, 2, 3") -> update($_POST);
        }
    }
```

SQL: "UPDATE bro_users SET name=?,age=?,sex=?,email=? WHERE id in(?,?,?)";
对应的数组绑定？参数 array("admin", "25","男","gaolf@php.net",1,2,3);

第三种：在前两种方式的基础上，还可以使用 update()方法更新指定的字段。例如，计

算一篇文章的访问数，访问一次则访问数字段值就累加一次。本例设置 bro_users 表中 id 为 5 的记录中年龄字段（age）的值累加 1。也是使用 update()方法的第一个参数实现，只要在参数中使用一个字符串，这个字符串就是 SQL 语句中 SET 后面的设置内容。使用和组合后的 SQL 语句如下：

D('users ')->where(array("id"=>5))->update("age=age+1");

SQL: "UPDATE bro_users SET age=age+1 WHERE id=?";
对应的数组绑定？参数 array(5);

另外，update()方法也可以和 limit()及 order()两个方法组合使用。例如，将最新添加的 5 条用户记录的性别（sex 字段）都改为"女"，就需要使用 order()方法倒序排列，并使用 limit()方法限制 5 条记录被修改。使用和组合后的 SQL 语句如下：

D('users ')->order("id desc")->limit(5)->update(array("sex"=>"女"));

SQL: "UPDATE bro_users SET sex=? ORDER BY id DESC LIMIT 5";
对应的数组绑定？参数 array('女');

update()方法执行成功后，返回影响记录的行数，没有行数影响可以作为 false 值使用。

3. delete()

该方法用于删除数据表中的记录，可以以主键为条件删除一条记录，也可以按自己设置的条件同时删除多条记录。其实 delete()方法和 where()方法（详见 where()方法）的参数是一样的，可以任意设置条件删除记录。例如，数据表 bro_users 的结构同上，delete()方法常用的几种方式如下：

第一种：如果你想一次删除一条记录，只要将主键（通常是 id）值作为参数传入即可。使用和组合后的 SQL 语句如下：

```php
<?php
    /**
        file: user.class.php 在controls目录下，声明用户模块控制器
    */
    class User {
        /* 控制器中的删除方法 */
        function del() {
            $user = D("user");              //创建用户实例对象

            //使用$_GET数组传过来的主键作为参数删除一条记录，例如$_GET['id'] = 5;
            $rows = $user -> delete( $_GET['id'] );
        }
    }
```

SQL: "DELETE FROM bro_users WHERE id=?";
对应的数组绑定？参数 array(5);

第二种：通常在用户列表中可以通过复选框选中多条记录一起删除，只要将多条记录的主键（像 id）组合成数组作为参数传入 delete()方法即可。使用和组合后的 SQL 语句如下：

```php
<?php
/**
    file: user.class.php  在controls目录下，声明用户模块控制器
*/
class User {
    /* 控制器中的删除方法 */
    function del() {
        $user = D("user");                    //创建用户实例对象

        /*
            $_POST数组中是传过来的多个主键（复选框中选中id为前5条）
            例如： $_POST = array("id" => array(1, 2, 3, 4, 5));
        */
        $rows = $user -> delete( $_POST['id'] );
    }
}
```

SQL: "DELETE FROM bro_users WHERE id IN(?,?,?,?,?)";
对应的数组绑定？参数　array(1,2,3,4,5);

当然，delete()方法也可以有其他用法，例如删除"id > 5"的所有记录，或是删除名称中包含"php"字符串的记录，也可以和where()组成连贯操作一起使用，总之条件可以任意设置。如下所示：

D('users ')->delete(array("id >"=>5));   //删除 id > 5 的记录
或
D('users ')->where(array("id >"=>5))->delete();   //同上

SQL: "DELETE FROM bro_users WHERE id > ?";
对应的数组绑定？参数　array(5);

为了防止条件组合不成立时误删除表中的全部记录，在使用 delete()方法时如果 where 条件为空或不成立，则不会删除任何记录。另外，delete()方法除了可以和 where()方法一起使用，也可以和 limit()及 order()两个方法组合使用。例如，删除最新添加的 5 条记录，使用和组合后的 SQL 语句如下所示：

D('users ')->order("id desc")->limit(5)->delete();

SQL: "DELETE FROM bro_users ORDER BY id DESC LIMIT 5";

delete()方法执行成功后，返回影响记录的行数，没有行数影响可以作为 false 值使用。

4．find()

该方法用于从一张数据表中获取满足条件的一条记录，以一维数组的方式返回查找到的结果。经常用在修改数据时先通过这个方法获取一条记录放到修改表单中，也会用在用户登录时获取当前用户信息。这个方法常见的使用方式有两种。

第一种：直接通过参数传入需要查找记录的主键（通常为 id），返回主键对应记录的一维数组。使用和组合后的 SQL 语句如下：

```php
<?php
/**
    file: user.class.php  在controls目录下，声明用户模块控制器
```

```
 4      */
 5     class User {
 6         /* 控制器中修改用户的方法 */
 7         function mod() {
 8             $user = D("user");                       //创建用户实例对象
 9
10             $data = $user -> find( $_GET['id'] );    //$_GET['id'] = 5
11             p( $data );                              //打印结果数组
12         }
13     }
```

SQL: "SELECT id,name,age,sex,email FROM bro_users WHERE id=? LIMIT 1";
对应的数组绑定？参数 array(5);
结果数组：Array("id"=>5, "name"=>"zs", "age"=>20, "sex"=>"男", "email"=>"a@b.c");

　　第二种：可以通过 where()方法（详见 where()方法）和 field()方法（详见 field()方法）使用连贯操作，自己定义查询条件和查找指定的字段。例如，在用户登录时，通过用户提交的用户名和密码到数据库中查找用户注册过的信息。使用和组合后的 SQL 语句如下所示：

```
D('users ') -> field('id,username')
          -> where(array("username"=>$_POST['username'], "pass"=>$_POST['pass']))
          -> find();
```

SQL: "SELECT id,username FROM bro_users WHERE username=? AND pass=? LIMIT 1";
对应的数组绑定？参数　array("admin", "123456");
结果数组：Array("id"=>1, "username"=>"admin");

5．field()

　　该方法不能单独使用，需要和 find()或 select()方法一起使用，形成连贯操作去组合一条 SQL 语句，用于设置查询指定的字段。用法很简单，只要在 SQL 语句的"SELECT"和"表名"之间可以写的内容都可以写在这个方法的参数中。例如，和 find()方法一起使用，如下所示：

D('users ')->**field**("id,name,sex")->**find**(5);

SQL: "SELECT id,name,sex FROM bro_users WHERE id = ? LIMIT 1";
对应的数组绑定？参数　array(5);

　　或设置查找字段时为字段指定别名，如下所示：

D('users ')->**field**("id as '编号',name '用户名',sex '性别'")->**find**(5);

SQL: "SELECT id as '编号',name '用户名',sex '性别' FROM bro_users WHERE id = ? LIMIT 1";
对应的数组绑定？参数　array(5);

6．where()

　　该方法也不能单独使用，需要和 find()、select()、update()、total()或 delete()等方法之一一起使用，形成连贯操作去组合一条 SQL 语句，用于设置查询条件。例如，前面见过和 find()、update()及 delete()方法配合使用的方式。使用这个方法设置查询条件非常灵活，有很多种使用方式，基本上可以通过这个方法组合成任意的查询条件。这个方法常见的使用方式如下。

第一种：如果没有传递参数，或条件为空（例如：""、0、false 等），则在 SQL 语句中不使用 where 条件。例如，从 bro_users 表中使用 select()获取数据，但组合条件 where 条件时没有传递参数，如下所示：

D('users ')->**where**("")->**select**();   //where("")参数为空，或 0、false

SQL: "SELECT id,name,age,sex,email FROM bro_users";   //没有 where 条件

第二种：如果直接在这个方法的参数中传入一个整数，则组合的 where 条件就是直接设置主键（通常为自动增长的 id）的值。例如，从 bro_users 表中查找 id（主键）为 5 的记录，如下所示：

D('users ')->**where**(5)->**select**();   //使用整数作为参数

SQL: "SELECT id,name,age,sex,email FROM bro_users WHERE   id=?";
对应的数组绑定？参数   array(5);

第三种：如果使用以逗号分隔的数字字符串或一维的索引数组作为参数，则组合的 SQL 语句通过 IN 关键字为主键设置多个查询的值。例如，从 bro_users 表中查找 id（主键）为"1,2,3"的三条记录。两种方式如下所示：

D('users ')->**where**('1,2,3')->**select**();   //使用数字字符串作为参数
D('users ')->**where**(array(1,2,3))->**select**();   //使用一维的索引数组作为参数

SQL: "SELECT id,name,age,sex,email FROM bro_users WHERE   id IN(?,?,?)";
对应的数组绑定？参数   array(1,2,3);

第四种：如果是以一个关联数组作为参数，数组中的第一个元素还是一个数组（二维数组），则组合的 SQL 语句通过 IN 关键字设置多个查询的值，元素下标作为字段名。例如，从 bro_articles 表中查找 uid（非主键）为"1,2,3"的三条记录，如下所示：

D('users ')->**where**(array("uid"=>array(1,2,3)))->**select**();   //二维数组参数

SQL: "SELECT id,title,content FROM bro_articles WHERE   uid IN(?,?,?)";
对应的数组绑定？参数   array(1,2,3);

第五种：如果是以一个关联数组作为参数，则数组的下标是数据表的字段名，数组的值是这个字段查询的值。例如，从 bro_users 表中查找性别（sex）为"男"所有记录，如下所示：

D('users ')->**where**(array("sex"=>"男"))->**select**();   //使用关联数组作为参数

SQL: "SELECT id,name,age,sex,email FROM bro_users WHERE sex=?";
对应的数组绑定？参数   array("男");

第六种：如果还是以一个关联数组作为参数，但在数组的值中使用两个百分号（"%值%"），则会组合成模糊查询的形式。例如，从 bro_users 表中查找名字（name）中包含字符串"feng"的所有记录，如下所示：

D('users ')->where(array("name"=>"%feng%"))->select();   //使用关联数组作为参数

SQL: "SELECT id,name,age,sex,email FROM bro_users WHERE   name LIKE ? ";
对应的数组绑定？参数   array("%feng%");

第七种：也是以一个关联数组作为参数，但在关联数组的下标中使用"空格"分为两部分，空格前面是指定数据表的字段名，空格后面是指定的查询运算符号。例如，从 bro_users 表中查找年龄（age）大于"20"岁的所有记录，如下所示：

D('users ')->where(array("age >"=>20))->select();   //使用关联数组作为参数

SQL: "SELECT id,name,age,sex,email FROM bro_users WHERE   age > ? ";
对应的数组绑定？参数   array(20);

第八种：如果参数的关联数组是由多个元素组成的，则设置多个 where 条件，多个条件之间使用"and"隔开，是"逻辑与"的关系。例如，从 bro_users 表中查找年龄（age）大于"20"岁，并且性别（sex）为"男"的所有记录，如下所示：

D('users ')->where(array("age >"=>20, "sex"=>"男"))->select();   //数组中多个元素

SQL: "SELECT id,name,age,sex,email FROM bro_users WHERE   age >? AND sex=?";
对应的数组绑定？参数   array(20, "男");

第九种：如果参数是多个关联数组，则设置多个 where 条件，但多个条件之前使用"or"隔开，是"逻辑或"的关系。例如，从 bro_users 表中查找名字（name）中包含字符串"feng"的，或者性别（sex）为"男"的所有记录，如下所示：

D('users ')->where(array("name"=>"%feng%"), array("sex"=>"男"))->select();

SQL: "SELECT id,name,age,sex,email FROM bro_users WHERE name LIKE ? OR sex=?";
对应的数组绑定？参数   array("%feng%", "男");

第十种：也是最后一种，如果直接以字符串作为参数，就像直接写 SQL 语句中的 where 条件一样。在 BroPHP 2.0 中新增了一个特性，就是在条件中使用一些数据，最好将数据使用"?"参数占位，再通过第二个参数用数组对"?"赋值，也能防止 SQL 注入。例如，从 bro_users 表中查找年龄（age）大于"20"岁，并且性别（sex）为"男"的所有记录，两种写法如下所示：

D('users ')->where("age > 20 AND sex='男' ")->select();   //直接使用字符串参数
或
D('users ')->where("age > ? AND sex=? ", array(20, '男')))->select();   //使用占位符号参数

SQL: "SELECT id,name,age,sex,email FROM bro_users WHERE   age >20 AND sex='男' ";

7．order()

该方法也不能单独使用，需要和 select()、delete()、update()方法及其他连贯操作的方法一起使用，用于设置 SQL 的排序条件。默认所有表都是按主键（通常为 id）正序排序。如

果需要改变查询结果的排序方式,就可以通过这个方法实现。例如,从 bro_users 表中查找年龄(age)大于 "20" 岁的用户,并按年龄从大到小排序,如下所示:

D('users ')->where(array("age >"=>20))->order("age desc")->select();

SQL: "SELECT id,name,age,sex,email FROM bro_users WHERE age >20 ORDER age DESC";

//或删除年龄大于 20 岁的最后 5 条记录
D('users ')->where(array("age >"=>20))->order("age desc")->limit(5)->delete();

SQL: "DELETE FROM bro_users WHERE age >20 ORDER age DESC Limit 5";

8. limit()

该方法也不能单独使用,需要和 select()、delete()、update()方法及其他连贯操作的方法一起使用,用于设置 SQL 语句限制查询记录的个数。可以使用的方式有以下两种。

第一种:直接使用一个整数作为参数,就是限制记录的个数,如下所示:

D('users ')->limit(10)->select();   //取 10 条记录

SQL: "SELECT id,name,age,sex,email FROM bro_users LIMIT 10";

第二种:可以使用两个整数作为参数(也可以以逗号分隔开两个数字的字符串作为参数),分别设置从哪条记录开始查询和取多少条记录,如下所示:

D('users ')->limit(30,10)->select();   //从 30 条开始取,取 10 条记录,两个数字参数
D('users ')->limit('30,10')->select();   //从 30 条开始取,取 10 条记录,字符串参数

SQL: "SELECT id,name,age,sex,email FROM bro_users LIMIT 30,10";

9. group()

该方法也不能单独使用,需要和 select()方法及其他连贯操作的方法一起使用,用于为数据表的查询记录设置分组条件。例如,在 bro_users 表中按性别(sex)统计男生和女生两组的总记录数,如下所示:

D('users ')->field('sex, count(sex)')->group('sex')->select(); //按性别分组

SQL: "SELECT sex, count(sex) FROM bro_users GROUP BY sex";

10. having()

该方法也不能单独使用,需要和 select()方法及其他连贯操作的方法一起使用,用于设置分组后的筛选条件,必须和 group()方法一起使用。例如,统计 bro_users 表中平均年龄大于 20 岁的男生和女生数量,如下所示:

D('users ')->field('sex,count(sex)')->group('sex')->having('avg(age)>20')->select();

SQL: "SELECT sex, count(sex) FROM bro_users GROUP BY sex HAVING avg(age)>20";

11. total()

获取满足条件的记录总数,通常用于计算分页。可以和 where()方法连贯操作设置条件,

也可以直接在参数中传递查询条件。如果没有指定参数，则获取表中所有记录的总数。例如，统计 bro_users 表年龄（age）大于 20 的数量，如下所示：

```
$count = D('users ')->total(array("age >"=>20));           //直接使用
$count = D('users ')->where(array("age >"=>20))->total();  //和 where()方法一起使用
```

SQL: "SELECT COUNT(*) as count FROM bro_users WHERE age > ?";
对应的数组绑定？参数　array(20);

12. select()

从一张数据表中获取满足条件的一条或多条记录，返回二维数组。具体的连贯操作参考前面的 field()、where()、order()、limit()、group()、having()等方法。例如，从表 bro_users 中获取主键值为 1,2,3 的三条记录。使用和组合后的 SQL 语句如下：

```php
1  <?php
2    /**
3       file: user.class.php 在controls目录下，声明用户模块控制器
4    */
5    class User {
6       /* 控制器中的默认操作方法 */
7       function index() {
8          $user = D("user");                        //创建用户实例对象
9
10         $data = $user -> field('id, name, age')   //设置查询字段
11                       ->where('1, 2, 3')          //设置查询条件
12                       ->order('id desc')          //设置排序条件
13                       ->select();                 //获取满足条件的记录
14
15         P( $data );                               //打印二维数组
16      }
17   }
```

SQL: "SELECT id,name,age FROM bro_users WHERE id in(?,?,?) ORDER id desc";
对应的数组绑定？参数　array(1,2,3);

返回的二维数组$data 的格式：
```
$data=array(
    [0]=>Array("id"=>3, "name"=>"wangwu", "age"=>30),
    [1]=>Array("id"=>2, "name"=>"lisi", "age"=>20),
    [2]=>Array("id"=>1, "name"=>"zhangsan", "age"=>10)
);
```

13. r_select()

目前使用的数据库系统都是关联数据库系统，关联关系则是指表与表之间存在一定的关联关系（在一张表中使用外键保存另一张表的主键）。通常我们所说的关联关系包括下面三种。

（1）一对一关联（1:1）：一个用户一个购物车（用户表中一条记录和购物车中一条记录关系）。

（2）一对多关联（1:n）：一个类别中有多篇文章（类别表中一条记录和文章表中多条记录关系）。

（3）多对多关联（n:m）：一个班级有多个学生，一个学生上多个班级的课。

r_select()方法用于关联查询，可以按关联关系从多张表中获取记录。该方法和 select()一样可以通过连贯操作获取指定的记录。这个方法的参数需要传递一个或多个数组，每个数组关联一张数据表。例如，需要和其他两张数据表进行关联查询，则需要一起传递两个数组，每个参数的数组结构都是一样的。数组中每个元素的作用说明如表 17-6 所示。

表 17-6 r_select()方法每个参数的结构说明

数组中的元素位置	描 述
第一个元素	需要关联的表的名称
第二个元素	关联表的字段列表。如果使用 1∶1 关联数组的方式（没有提供第四个元素时），关联的数据表字段名和主表的字段名是不能相同的（如果相同，则从表和主表重名的字段将自动加上表名前缀 user_name，user 为表名，name 为重名字段），就需要在这个元素中，为和主表同名的字段起个别名。在这个参数中使用空字符串或 null，则获取关联表的所有字段
第三个元素	关联的外键
第四个元素	这个元素可以是一个数组或一个字段名称字符串，是可选的。如果没有提供这个参数，则是以 1∶1 的表关系返回记录列表（右关联）。如果提供了第四个元素，是一个字段名称字符串，则是自己指定主表中某个字段需要和关系的表外键关联的键（也是以 1∶1 的关联，但记录以主表为主，是左关联）；当设置这个参数为一个数组时，就会以子数组形式进行关联查询（适合一对多的表关系）。在这个数组中也有 4 个可用的元素，分别介绍如下。 ➢ 元素一：子数组的下标 ➢ 元素二：子数组记录的排序方式（可选） ➢ 元素三：限制子数组记录的个数（可选） ➢ 元素四：子数组查询的 where 条件（可选）

例如，有 bro_cats（类别表）、bro_articles（文章表）、bro_test（测试表）三张表，表结构和记录内容如下所示：

```
# bro_cats（类别表）
Create table bro_cats(                              #表名为 bro_cats
    id int not null auto_increment,                 #类别编号 ID
    name varchar(60) not null default '',           #类别名称
    desn text not null default '',                  #类别描述
    primary key(id)
);
```

在表中插入 3 条记录，如下所示：

```
INSERT INTO bro_cats(name, desn) values('php', 'php demo');
INSERT INTO bro_cats(name, desn) values('jsp', 'jsp demo');
INSERT INTO bro_cats(name, desn) values('asp', 'asp demo');
```

```
# bro_articles（文章表）
Create table bro_articles(                          #表名为 bro_articles
    id int not null auto_increment,                 #类别编号 ID
    cid int not null default 0,                     #关联 cats 表的外键
```

```
            name varchar(60) not null default '',          #文章名称
            content text not null default '',              #文章内容
            primary key(id)
);
```

在表中插入 5 条记录，如下所示：

```
INSERT INTO bro_articles(cid, name, content)              #php 类中 cid=1
        values(1, 'this article of php1', 'php content1');
INSERT INTO bro_articles(cid, name, content)              #php 类中 cid=1
        values(1, 'this article of php2', 'php content2');
INSERT INTO bro_articles(cid, name, content)              #jsp 类中 cid=2
        values(2, 'this article of jsp', 'jsp content');
INSERT INTO bro_articles(cid, name, content)              #asp 类中 cid=3
        values(3, 'this article of asp1', 'asp content1');
INSERT INTO bro_articles(cid, name, content)              #asp 类中 cid=3
        values(3, 'this article of asp2', 'asp content2');

# bro_tests（测试表）
Create table bro_tests(                                   #表名为 bro_tests
        id int not null auto_increment,                   #类别编号 ID
        cid int not null default 0,                       #关联 cats 表的外键
        test varchar(60) not null default '',             #测试字段
        primary key(id)
);
```

在表中插入 3 条记录，如下所示：

```
INSERT INTO bro_tests(cid, test) values(1, 'php data');   #cid=1
INSERT INTO bro_tests(cid, test) values(2, 'jsp data');   #cid=2
INSERT INTO bro_tests(cid, test) values(3, 'asp data');   #cid=3
```

例如，使用 r_select()方法从 bro_cats 和 bro_articles 两张表中获取类别名称、文章名称和文章内容。使用和组合后的 SQL 语句如下：

```php
1  <?php
2     /**
3      *  file: cat.class.php    声明的类别模块控制器
4      */
5     class Cat {
6        /* 控制器中默认的操作方法 */
7        function index() {
8           $cat = D("cats");
9
10          //分别从cats和articles两张表中获取数据(右关联)
11          $data = $cat -> field('id, name as cname')          //主键id必取
12                      ->r_select(
13                          //数组    关联表名      字段列表        外键
14                          array('articles', 'id, name, content', 'cid')
15                      );
16
17          P( $data );         //打印二维数组
18       }
19    }
```

SQL：SELECT id,name as cname FROM bro_cats ORDER BY id ASC

SQL：SELECT id,name,content,cid FROM bro_articles WHERE cid IN('1','2','3') ORDER BY id ASC

返回的二维数组$data 的格式如下：

```
$data=Array (
    [0] => Array(
        [id] => 1
        [cname] => php
        [name] => this article of php1
        [content] => php content1
        [cid] => 1
    )
    [1] => Array (
        [id] => 1
        [cname] => php
        [name] => this article of php2
        [content] => php content2
        [cid] => 1
    )
    [2] => Array (
        [id] => 2
        [cname] => jsp
        [name] => this article of jsp
        [content] => jsp content
        [cid] => 2
    )
    [3] => Array (
        [id] => 3
        [cname] => asp
        [name] => this article of asp1
        [content] => asp content1
        [cid] => 3
    )
    [4] => Array (
        [id] => 3
        [cname] => asp
        [name] => this article of asp2
        [content] => asp content2
        [cid] => 3
    )
)
```

例如，还是使用 r_select()方法从 bro_cats 和 bro_articles 两张表中获取类别名称、文章名称和文章内容，但要求让 bro_articles 表中的记录以子数组的形式和 bro_cats 表中的记录对应显示，这时，就需要在参数的数组中使用第 4 个元素，这个元素可以是一个数组（有 4 个可以用的元素）。使用和组合后的 SQL 语句如下：

```php
<?php
/**
    file: cat.class.php    声明的类别模块控制器
*/
class Cat {
    /* 控制器中默认的操作方法 */
    function index() {
        $cat = D("cats");

        $data = $cat -> field('id, name')        //不需要别名
```

```
11                    ->r_select(
12                       array('articles', 'id, name, content', 'cid', array('art', 'id desc', 5))
13                    );
14
15          P( $data );
16      }
17  }
```

SQL:SELECT id,name as cname FROM bro_cats ORDER BY id ASC
SQL:SELECT id,name,content,cid FROM bro_articles WHERE cid IN('1','2','3') ORDER BY id ASC

返回的二维数组$data 的格式如下：

```
$data= Array (
    [0] => Array(
            [id] => 1
            [name] => php
            [art] => Array(                    //子数组下标 art
                    [0] => Array(
                            [id] => 2          //order by id desc
                            [name] => this article of php2
                            [content] => php content2
                            [cid] => 1
                        )

                    [1] => Array(
                            [id] => 1
                            [name] => this article of php1
                            [content] => php content1
                            [cid] => 1
                        )

                )

        )

    [1] => Array (
            [id] => 2
            [name] => jsp
            [art] => Array(
                    [0] => Array(
                            [id] => 3
                            [name] => this article of jsp
                            [content] => jsp content
                            [cid] => 2
                        )

                )

        )

    [2] => Array (
            [id] => 3
            [name] => asp
            [art] => Array (
```

```
                    [0] => Array (
                        [id] => 5
                        [name] => this article of asp2
                        [content] => asp content2
                        [cid] => 3
                    )
                    [1] => Array (
                        [id] => 4
                        [name] => this article of asp1
                        [content] => asp content1
                        [cid] => 3
                    )
                )
            )
        )
```

如果从三张关联的表中获取数据（加上 bro_tests 表，关联的外键都是 cid），只要在 r_select()方法中多传入一个数组即可（可以是更多张关联的表）。使用和组合后的 SQL 语句如下：

```php
<?php
/**
    file: cat.class.php    声明的类别模块控制器
*/
class Cat {
    /* 控制器中默认的操作方法 */
    function index() {
        $cat = D("cats");

        $data = $cat -> field('id, name')        //不需要别名
                    ->r_select(
                        array('articles', 'id, name, content', 'cid', array('art', 'id desc')),
                        array('tests', 'id, test', 'cid', array('test'))
                    );

        P( $data );
    }
}
```

SQL： SELECT id,name as cname FROM bro_cats ORDER BY id ASC
SQL： SELECT id,name,content,cid FROM bro_articles WHERE cid IN('1','2','3') ORDER BY id ASC

更多的 r_select()应用可以参考下面的例子。下例是从 4 张表中获取关联数据，几乎用到了 r_select()方法的全部语法。这是在后面 BroCMS 项目中应用的一条语句，用于获取首页面的所有栏目信息，包括子栏目、栏目图片，以及栏目下符合条件的文章。

```php
<?php
//获取并分配所有栏目
$column -> field("id, title, picid")->order("ord asc")->where(array("pid"=>0, "display"=>1))
        -> r_select(
            array("image", 'name as imgname', 'id', 'picid'),
            array("column", 'id, title', 'pid', array("subcol", 'ord asc', '4', "display=1")),
            array("article", 'id, title', 'pid', array("art", 'id desc', 10, "audit=1"))
        );
```

14. r_delete()

该方法用于关联删除，可以按关联关系从多张表中删除关联的数据记录。和关联查询相似，只要在这个方法的参数中传递一个或多个数组，每个数组对应一张关联的数据表。参数数组中有三个元素，第一个元素为关联的表名，第二个元素为关联的外键，第三个元素是可选的附加条件，也是一个数组格式，用于补上一个删除的附加条件，和 where()方法的用法一样。该方法删除成功后，返回全部的影响行数。例如，表结构同上，删除类别表 bro_cats 中 id 为 1,2 的两条记录，同时删除 bro_articles 和 bro_tests 表中和类别对应的记录，并限制删除 bro_tests 表时 test 字段中必须包含"php"的内容。使用和组合后的 SQL 语句如下：

```php
<?php
/**
 *    file: cat.class.php     声明的类别模块控制器
 */
class Cat {
    /* 控制器中删除的操作方法 */
    function del() {
        $cat = D("cats");

        $data = $cat -> where('1, 2')
                    -> r-delete(
                        array('articles', 'cid'),
                        array('tests', 'cid', array('test'=>'%php%'))
                    );

        P( $data );       //返回全部的影响行数
    }
}
```

SQL: DELETE FROM bro_articles WHERE cid IN('1','2')
SQL: DELETE FROM bro_tests WHERE cid IN('1','2') AND test like 'php'
SQL: DELETE FROM bro_cats WHERE id IN('1','2')

15. query()

SQL 语句的统一入口，任何用户自定义的 SQL 语句（不能通过前面方法完成的 SQL 语句），都可以通过这个方法完成。该方法有三个参数，第一个参数就是用户自定义 SQL 语句，是必选项，可以使用"？"参数。如果使用问号参数，就必须在该方法的第三个参数中使用数组为"？"参数绑定对应的值。该方法的第二个参数是指定 SQL 语句的操作类型，返回什么类型由这个参数决定。第二个参数可以使用的字符串如下。

- select：查询多条记录的操作，返回二维数组。
- find：查询一条记录的操作，返回一维数组。
- total：按条件查询数据表的总记录数。
- insert：插入数据的操作，返回最后插入的 ID。
- update：更新数据表的操作，返回影响的行数。
- delete：删除数据表的操作，返回影响的行数。

如果第二个参数为空或其他字符串，query()方法执行成功则返回 true，失败则返回 false。在自定义的 SQL 语句中，表名可以直接使用数据库对象的$tabName 属性获取，例如，"$user->tabName"获取用户表的表名。使用的方式如下：

```php
<?php
/**
 *  file: user.class.php 定义一个用户控制器类User
 */
class User {
    /* 控制器中默认的操作方法，获取用户表记录的总数和全部记录 */
    function index(){
        $user = D("users");

        $total = $user->query('SELECT [内容任意] FROM bro_users', 'total');  //获取总数
        $data  = $user->query('SELECT * FROM bro_users','select');           //全部记录

        P($total, $data);                                    //打印二维数组
    }

    /* 自定义insert语句，使用?参数，用最后一个数组参数绑定值，$user->tabName代表表名 */
    function add(){
        $user = D('users');
        //返回最后插入的ID
        $id = $user->query('insert into {$user->tabName}(name, age, sex) values(?,?,?)',
                           'insert',
                             array('zhangsan',10, '男'));
        p($id);
    }

    /* 自定义删除SQL语句，删除age > 20 */
    function del(){
        $user = D('users');
        //返回影响的行数
        $num = $user->query('DELETE FROM {$user->tabName} WHERE age > ?', 'delete', array(20));
        p($num);
    }

    /*自定义update语句，更新id=2的数据 */
    function mod(){
        $user = D('users');
        //返回影响的行数
        $num = $user->query('UPDATE {$user->tabName} set name=?,age=?,sex=? WHERE id=?',
                            'update',
                              array('zhangsan', 15, '女', 2));
        p($num);
    }

    /* 自定义创建表hello语句，在第二个参数使用空字符串 */
    function create(){
        $user = D('users');
        //成功返回true
        $user->query('CREATE TABLE IF NOT EXISTS hello(id INT, name VARCHAR(30))','');
    }
}
```

16. beginTransaction()

用于事务处理，开启一个事务。

17. commit()

用于事务处理，提交事务。

18. rollback()

用于事务处理，回滚事务。

19．dbSize()

用于获取项目中所有数据表的使用大小。

20．dbVersion()

用于获取数据库的版本信息。

21．setMsg()

用于设置 Model 类中的提示消息，有一个参数。参数的类型可以是一个字符串，也可以是一个数组。该函数设置的提示消息可以通过 getMsg()方法获取。

22．getMsg()

用于获取 Model 类中的提示消息。例如，验证成功或失败返回的提示消息。

23．psql()

BroPHP 2.0 新增加的方法，用于调试程序时，打印出该访问前面最后执行的一条 SQL 语句。

17.8 自动验证

BroPHP 中的自动验证是基于 XML 方式实现的，可以对所有表单在服务器端通过 PHP 实现自动验证。如果自己定义一个 JS 文件，通过处理 XML 文件可以同时实现在前台也自动使用 JavaScript 验证。使用方法是在当前应用的 models 目录下，创建一个和表名同名的 XML 文件。例如，对 bro_users 表进行自动验证，则在 models 目录下创建一个 users.xml 文件（一般都是对入库的数据进行验证，而入库又发生在添加或修改数据时，所以 XML 文件名必须和表名相同才能自动处理）。文件中的使用样例如下所示：

```xml
/* 在 models 目录下，声明 users.xml，对添加或修改 bro_users 表的表单进行自动验证 */
<?xml version="1.0" encoding="utf-8"?>
<form>
    <input name="name" type="notnull" action="both" msg="有问题" />
    <input name="email" type="email"   msg="不是正确的 EMAIL 格式" />
    <input name="price" type="currency" msg="价格必须是金钱格式" />
    <input name="code" type="vcode" msg="验证码输入错误!" />
    <input name="name" type="regex" value="/^abc/i" msg="不能匹配！" />
</form>
```

在上例的 XML 文件中，最外层标记<form>和每个子标记<input>其实是可以任意命名的标记（上例的命名类似表单），如果不是正确的 XML 文件格式，也会在调试模式下提示（XML 文件每个标记必须有关闭，所有属性值都要使用双引号，第一行是固定写法）。但每个<input>标记中的属性名必须按规范设置，也可以对同一个表单进行多次不同形式的验证。例如，年龄不能为空和年龄必须是整数等，只要连续写两个<input name="age">标记即可。属性的设置分别介绍如下。

1. name 属性

该属性是必需的属性，和提交的表单项 name 属性是对应的，表示对哪个表单项进行验证。

2. action 属性

该属性是可选的，用于设置验证的时间，可以有三个值：add（添加数据时进行验证）、mod（修改数据时进行验证）、both（添加和修改数据时都进行验证）。如果不加这个属性，默认值是 both。

3. msg 属性

该属性也是必须提供的属性，用于在验证没通过时的提示消息。

4. value 属性

该属性也是可选的，不过该属性是否使用和设置的值都由 type 属性的值决定。

5. type 属性

这是一个可选的属性，用于设置验证的形式。如果没有提供这个属性，默认值是"regex"（使用正则表达式进行验证，需要在 value 的属性中给出正则表达式）。该属性可以使用的值及使用方法如下所示。

> regex：使用正则表达式进行验证，需要和 value 属性一起使用，在 value 中给出自定义的正则表达式，这也是默认的方式。例如：

`<input name="name" type="regex" value="/^php/i" msg="名字不是以 PHP 开始的！" />`

> unique：唯一性效验，检查提交过来的值在数据表中是否已经存在。例如：

`<input name="name" type="unique"  msg="这个用户名已经存在！" />`

> notnull：验证表单提交的内容是否为空。例如，只在添加数据时验证：

`<input name="name" type="notnull" action="add" msg="用户名不能为空！" />`

> email：验证是否是正确的电子邮件格式。例如：

`<input name="email" type="email" msg="不是正确的 EMAIL 格式！" />`

> url：验证是否是正确的 URL 格式。例如：

`<input name="url" type="url" msg="不是正确的 URL 格式！" />`

> number：验证是否是数字格式。例如：

`<input name="age" type="number" msg="年龄必须输出数字！" />`

> currency：验证是否为金钱格式。例如：

`<input name="price" type="currency" msg="商品价格的录入格式不正确！" />`

- confirm：检查两次输入的密码是否一致，需要使用 value 属性指定另一个表单（第一个密码字段）名称。例如：

```
<input name="repassword" type="confirm" value="password" msg="两次密码输入不一致！" />
```

- in：检查值是否在指定范围之内，需要使用 value 属性指定范围，有多种用法。例如：

```
<input name="num" type="in" value="2" msg="输出的值必须是 2！" />
<input name="num" type="in" value="2-9" msg="输出的值必须在 2 和 9 之间！" />
<input name="num" type="in" value="1，3，5，7" msg="必须是 1,3,5,7 中的一个！" />
```

- length：检查值的长度是否在指定的范围之内，需要使用 value 属性指定范围。例如：

```
<input name="username" type="length" value="3" msg="用户名的长度必须为 3 个字节！" />
<input name="username" type="length" value="3," msg="用户名的长度必须在 3 个以上！" />
<input name="username" type="length" value="3-" msg="用户名的长度必须在 3 个以上！" />
<input name="username" type="length" value="3,20" msg="用户名的长度必须在 3-20 之间！" />
<input name="username" type="length" value="3-20" msg="用户名的长度必须在 3-20 之间！" />
```

- callback：使用自定义的函数，通过回调的方式验证表单，需要通过 value 属性指定回调函数的名称。例如，使用自定义的函数 myfun 验证用户名：

```
<input name="name" type="callback" value="myfun" msg="名字不是以 PHP 开始！" />
```

在使用框架中的添加和修改方法时，必须使用第三个参数开启自动验证，例如 "insert($_POST, 1, 1)" 和 "update(null, 1, 1)"，第三个参数都使用一个"真"值。并且使用 DB 对象中的 getMsg()方法获取 XML 标记中的 msg 属性值，提示用户定义的错误报告。在控制器中的简单应用如下所示：

```php
<?php
    /**
        file: user.class.php 定义一个用户控制器类User
    */
    class User {
        /* 处理用户从添加表单提交过来的数据，加入到数据表users中，并设置通过users.xml自动验证 */
        function insert() {
            $user = D("users");

            if($user -> insert($_POST, 1, 1)) {
                $this -> success("添加用户成功", 1, 'index');   //第三个参数"1"，开启XML验证
            } else {
                $this -> error($user->getMsg(), 3, 'add');      //使用getMsg()方法获取XML中的提示信息
            }
        }

        /* 处理用户从修改表单提交过来的数据，修改数据表users中的一条记录，并设置通过users.xml自动验证 */
        function update() {
            $user = D("users");

            if($user -> update(null, 1, 1)) {
                $this -> success("修改用户成功", 2, 'index');   //第三个参数"1"，开启XML验证
            } else {
                $this -> error($user->getMsg(), 3, 'mod');      //使用getMsg()方法获取XML中的提示信息
            }
        }
    }
```

另外，如果使用 BroPHP 中提供的 Vcode 类输出验证码，只要表单中输入验证的选项名称 name 值为"code"，并且 XML 文件存在，就会自动验证。

17.9 缓存设置

在 BroPHP 框架中提供了两种缓存机制，可以同时使用；一种是基于 memcached 将 session 会话数据和数据表的结果集缓存在服务器的内存中；另一种是使用 Smarty 的缓存机制实现页面静态化。建议在开发阶段不要开启任何缓存，上线运行一定要设置缓存。

17.9.1 基于 memcached 缓存设置

BroPHP 框架的 memcached 缓存设置比较容易，只需 memcached 服务器安装成功（可以有多台），并为 PHP 安装好了 memcached 的扩展应用。在配置文件 config.inc.php 中设置一个或多个 memcached 服务器地址和端口即可，BroPHP 框架就会自动将 session 信息和从数据库获取的结果集缓存到 memecached 中。如果用户执行了添加、修改或删除等影响表行数的操作，则会重新将数据表的结果数据缓存。配置文件中启用 memcached 的代码如下所示：

```
//使用单一 memcached 服务器
$memServers = array("localhost", 11211);

//如果有多台 memcached 服务器，可以使用二维数组
$memServers = array(
        array("www.lampbrother.net", '11211'),
        array("www.brophp.com", '11211'),
        ...
);
```

另外，在使用 BroPHP 框架开发的多个项目中，使用同一台 memcached 服务器时，实现了独立缓存，不会产生冲突。

17.9.2 基于 Smarty 的缓存机制

这种缓存设置和 Smarty 的使用方式是完全一样的，在 BroPHP 框架中也是通过配置文件 config.inc.php 去设置缓存。

```
//在配置文件 config.inc.php 中开启 Smarty 缓存设置
define("CSTART", 1);                    //缓存开关，1 为开启，0 为关闭
```

```
define("CTIME", 60*60*24*7);                    //设置缓存时间
```

除开启了缓存设置，还需要在控制器类中进行一些设置。同 Smarty 的应用一样，如果开启页面缓存，就需要消除 PHP 和数据库间的处理开销。代码如下所示：

```php
<?php
    /**
        file: user.class.php    定义一个用户控制器类User
    */
    class User {
        /* 控制器中的默认操作方法 */
        function index() {
            /* 如果有对应的缓存文件则不再去连接数据库和执行SQL查询，使用缓存Smarty的isCached()方法判断 */
            if( !$this -> isCached(null, $_SERVER["REQUEST_URI"]) ) {
                //连接了数据库，读取表中的数据
                $user = D('users');
                $this -> assign('data', $user -> select());
            }

            $this -> display(null, $_SERVER['REQUEST_URI']);       //使用URI作为缓存ID
        }
    }
```

在 BroPHP 框架中，设置模板局部缓存，以及清除单个和多个缓存模板文件，也是直接采用 Smarty 的操作方式。

17.10 调试模式

调试模式是为程序员在开发阶段提供的帮助工具，在项目上线运行后将其关闭即可。关闭和开启调试模式非常简单，只要在配置文件 config.inc.php 中设置"DEBUG"选项的值即可（上线后使用 0 值关闭，开发时使用 1 值开启）。如果在上线运行后关闭了调试模式，则会将运行中产生的错误报告写到 runtime 目录下的 error_log 文件中，这样在运行后也可以通过查看这个文件对项目进行维护。调试模式中可供参考的信息包括：脚本运行时间、自动包含的类、各个资源所在位置、运行中的异常、一些常见的提示、使用的 SQL 语句、表结构及数据连接次数等，可以通过关闭按钮临时关闭输出的提示框。BroPHP 2.0 也对调试信息进行了优化，新调试框的界面如图 17-4 所示。

如果在开发阶段，某个操作中并不需要显示调试模式的界面，则可以在当前的操作中加上一个开关（使用函数 debug(0)或 debug()，也可以使用$GLOBALS["debug"]=0），就不会输出这个调试信息的提示界面了。代码如下所示：

```php
<?php
    /**
        file: index.class.php    定义一个控制器类Index
    */
    class Index {
        /* 控制器中默认的操作方法 */
        function index() {
            //关闭调试模式的输出，或使用$GLOBALS['debug']=0
```

```
 9          debug( 0 );
10      }
11  }
```

另外,调试模式的开关也是一些缓存的开关。项目上线将调试模式关闭以后,一些程序中的缓存也将自动开启。例如,缓存数据表的结构(开发阶段表结构并不缓存,程序员反复修改表结构时,都在项目中立即更新)、不再去判断一些目录或文件是否存在等,可以提高程序的运行效率。

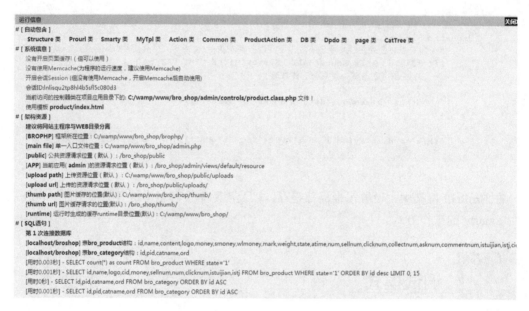

图 17-4　BroPHP 框架的调试信息界面

17.11　内置扩展类库

在 BroPHP 框架中内置的几个常用的扩展类直接就可以使用,包括文件上传、图像处理、分页和验证码类。在 BroPHP 2.0 中不仅对上一版本的这些类进行了优化,而且增加了两个非常实用的工具类,分别是文件缓存类和无限分类处理类。并且都在框架中自动进行了包含设置,直接实例化对象即可使用。如果需要更多这样的类库去使用,可以在项目目录下的 classes 目录中自定义一些操作的类去使用。这些类有的已经在前面章节中有过详细介绍,所以这里只是简单介绍一下如何在框架中应用。

17.11.1　分页类 Page

分页功能在每个项目中都是很常见的,框架中的分页类可以帮助你快速实现分页功能。分页类不仅功能强大,使用也非常容易,对本类的操作只需要一些简单的属性和函数调用。

虽然不需要在程序中包含分页类文件，但需要先创建分页类的对象再去应用。该类的构造方法中有 4 个参数：第一个参数是必需的，提供数据表需要显示的总记录数；第二个参数是可选的，提供每页需要显示的记录总数，默认为 25 条；第三个参数也是可选的，用来向下一个页面提供本页中的数据；第四个参数也是可选的，用来设置默认页，需要一个布尔值，默认为 true。如果使用 true 值，则默认显示第一页；如果使用 false 值，则默认页为最后一页。简单的应用如下所示：

```php
<?php
    /**
        file: user.class.php    定义一个用户控制器类User
    */
    class User {
        /* 控制器中的默认操作方法，以分页形式显示所有用户 */
        function index() {
            $user = D("users");
            //不需要加载分页类，直接创建分页对象，只使用前两个参数，每页显示5条数据
            $page = new Page($user->total(), 5);
            //获取每页数据，使用分页类中的$limit属性，获取limit限制
            $data = $user -> limit($page->limit) -> select();
            //将数据分配给模板
            $this -> assign('data', $data);
            //分配分页内容给模板，使用分页类中的fpage()方法获取分页内容
            $this -> assign('fpage', $page -> fpage());
            //显示输出模板
            $this -> display();
        }
    }
```

在 BroPHP 2.0 中对输出的样式进行了优化，输出结果如下所示：

| 共 21 条记录 | 本页 3 条 | 本页从 7-9 条 | 3/7页 | 首页 | 上一页 | 1 | 2 | 3 | 4 | 5 | 6 | 下一页 | 末页 | 3 | GO |

1. 设置分页输出内容显示格式

如果想自定义输出分页信息，也可以通过分页对象中的 set() 方法连贯操作进行设置，可以设置一个，也可以单独或连续设置多个（设置的值也可以使用图片）。使用方式如下：

```
$page -> set("head", "条图片")          //设置分页显示单位
-> set("first", "|<")                   //修改"首页"按钮
-> set("last", ">|")                    //修改"末页"按钮
-> set("prev", "|<<")                   //修改"上一页"按钮
-> set("next", ">>|");                  //修改"下一页"按钮
```

输出结果如下所示：

| 共 21 个商品 | 本页 3 条 | 本页从 7-9 条 | 3/7页 | |< | |<< | 1 | 2 | 3 | 4 | 5 | 6 | >>| | >| | 3 | GO |

2. 设置分页输出内容及显示顺序

如果需要在输出结果中显示自定义内容，也可以通过 Page 类中的 fpage() 方法的参数指定。在输出的结果中共由 8 部分组成，可以通过在 fpage() 方法的参数中传入 0～7 之间的整数，自定义输出内容和输出的顺序。fpage() 方法的参数使用如下所示：

```
$this->assign("fpage", $page->fpage(4,5,6,0,3));
```

输出结果如下所示:

首页 上一页 1 2 3 4 5 6 共21条记录 3/7页

3. 跳转页面添加附加资源

如果需要从当前页跳转到下一页时,将本页的一些数据也带到下一个页面中去,就可以在创建 Page 对象时,通过设置第三个参数完成。例如,当前是分类"cid=5"下面的数据分页,转到下页时也要是"cid=5"类别下的数据。创建分页对象如下所示(可以传递更多的数据,只要使用 PATHINFO 的格式):

```
$page=new Page($total, NUM, "cid/5");
```

4. 可以获取的属性

除了使用分页类中的一些方法,还可以从分页对象中获取两个属性的值:一个是分页时使用的 limit;另一个则是当前正在访问的页面。代码如下所示:

```
$page->limit;            //用于 SQL 语句中
$page->page;             //获取当前所在的分页页码
```

17.11.2 验证码类 Vcode

验证码也是项目中很常见的应用,用于限制"人"而非机器操作。BroPHP 将一些实现的细节封装到 Vcode 类中,只留了一个最简单的操作接口,实例化一个对象输出即可。该类的构造方法中有三个参数:第一个参数是验证码图片的宽度,默认值是 80 像素;第二个参数是验证码图片的高度,默认值是 20 像素;第三个参数是设置验证码的个数,默认值是 4 个。该类使用非常简单,只要在控制器中声明一个方法,并在这个方法中创建对象后直接输出,然后在表单中使用<img>的 src 指定这个操作方法即可输出验证码(注意:表单 name 属性值为"code")。代码如下所示:

```php
<?php
/**
    file: user.class.php   定义一个用户控制器类User
*/
class User {
    /* 控制器中的操作 */
    function code() {
        //直接输出验证码对象,使用默认参数
        echo new Vcode();
        //或 new Vcode(100, 25, 5);    //使用参数设置验证码样式
    }
}
```

在 HTML 表单中使用<img>获取动态生成的验证码图片,src 属性为"<{$url}>/code"。

并使用<input>标记将用户输入和图片一致的验证码传给服务器，其中<input>中的 name 属性值为"code"。使用方式如下：

```
<input type="text" name="code">        {* name 属性值为"code" *}
<img src="<{$url}>/code" />            {* src 的值为请求当前模块的 code 操作 *}
```

如果看不清，可以单击图片换一张。要让用户感觉不区分大小写，可以借助一些 JavaScript 代码来实现。如下所示：

```
{* 不区分大小写，输入的小写字母全部显示大写形式 *}
<input type="text" name="code" onkeyup="if (this.value != this.value.toUpperCase()) this.value = this.value.toUpper Case();">
{* 如果图片看不清楚，单击切换一张新的图片 *}
<img src="<{$url}>/code" onclick="this.src='<{$url}>/code/'+Math.random()" />
```

输出结果：

如果使用 BroPHP 自动验证，则只要对应的模板 XML 文件存在，就会自动检查验证码（输出表单名称必须为"code"，因为在服务器中使用的是$_SESSION["code"]保存的验证码，并且在自动验证中也是使用 code 值调用对应的验证函数）。

提示：BroPHP 2.0 只对本类的性能进行了优化，并没有改变接口的操作方式。

17.11.3　图像处理类 Image

在项目开发时经常需要对上传的图片内容进行优化，最常见的操作是对图片进行缩放、加水印及裁剪操作，本类提供了这三个功能。创建对象后调用 thumb()方法对图片进行缩放，调用 waterMark()方法可以为图片加水印，调用 cut()方法可以对图片中的指定区域进行裁剪（目前支持 GIF、JPEG、PNG 等图片格式）。

1．构造方法

该方法用来创建图像处理类的对象，只有一个参数并且是可选的，用来指定处理图片的位置。默认处理图片的目录是当前项目根目录下的 uploads/文件夹，可以通过这个唯一参数自定义图片所在的目录位置。

2．图片缩放方法 thumb()

该方法用来对图像进行缩放，需要 4 个参数，其中最后一个参数是可选的，缩放成功后返回图片的名称；如果缩放失败，则返回 false。第一个参数是需要处理的图片名称（图片所在位置由构造方法决定）；第二个参数是图片需要缩放的宽度；第三个参数是图片需要缩放的高度；第四个参数是可选的，指定缩放后图片新名的前缀，默认值为"th_"。使用方式如下所示：

```
//例如，创建图像类对象后，将图片 brophp.gif 缩放至 300×300 像素，并加上"th_"前缀
$img = new Image();                                      //创建图片对象
$imgname = $img->thumb("brophp.gif", 300, 300, "th_");   //缩放图片，返回缩放后的图片名
```

415

3. 为图片添加水印方法 waterMark()

该方法用来为图像添加水印（只支持图片水印），也需要 4 个参数，其中最后一个参数也是可选的，成功后返回加水印后新图片的名称；如果失败，则返回 false。第一个参数是背景图片，即需要加水印的图片（图片所在位置也由构造方法决定）；第二个参数是图片水印，即作为水印的图片（如果指定的水印图片没有带路径则由构造方法决定，如果水印图片带有路径则直接应用）；第三个参数是水印图片在背景图片上添加的位置，共有 10 种状态，0 为随机位置（1 为顶端居左，2 为顶端居中，3 为顶端居右，4 为中部居左，5 为中部居中，6 为中部居右，7 为底端居左，8 为底端居中，9 为底端居右）；第四个参数是可选的，指图片新名的前缀，默认值为 "wa_"。使用方式如下所示：

```
//例如，创建图像类对象后，将图片 brophp.gif 加上水印 php.gif
$img = new Image();                                             //创建图片对象
$imgname = $img->waterMark("brophp.gif", "php.gif", 5, "wa_");  //加水印，中部居中
```

4. 图片裁剪方法 cut()

该方法可以在一张大的背景图片中裁剪出指定区域的图片，需要 6 个参数，其中最后一个参数也是可选的，成功后返回裁剪后的图片的名称，如果失败则返回 false。第一个参数是需要剪切的背景图片；第二个参数是剪切图片左边开始的位置；第三个参数是剪切图片顶部开始的位置；第四个参数是图片裁剪的宽度；第五个参数是图片裁剪的高度；第六个参数是可选的，指图片新名的前缀，默认值为 "cu_"。使用方式如下所示：

```
//例如，创建图像类对象后，将图片 brophp.gif 从 50×50 的位置开始剪裁出 100×100 像素的图片
$img = new Image();                                             //创建图片对象
$imgname = $img->cut("brophp.gif",50,50,100,100,"cu_"));        //剪裁出指定区域的内容
```

17.11.4 文件上传类 FileUpload

基本上每个项目都有文件上传功能，为了简化用户的上传工作，本类支持单个文件上传，也支持多个文件上传，还可以设置文件上传的尺寸、上传文件的类型和文件名称等。使用方式如下所示：

```php
<?php
    /**
        file: user.class.php 定义一个用户控制器类 User
    */
    class User {
        /* 控制器中添加用户的操作方法，需要添加用户头像 */
        function add() {
            $user = D('users');
            //使用返回的图片名称追加到$_POST数组中，随表单的其他元素一起插入到数据库当中
            $_POST['picname'] = $this->upload();
            //将用户信息添加到数据表users中
            $user -> insert($_POST);
        }
```

```php
/* 文件上传方法，这个方法最好不要声明在控制器中，最好定义到Model类中 */
private function upload() {
    //可以通过参数指定上传位置，也可以通过set()方法设置
    $up = new FileUpload();
    //pic为上传表单的名称，通过upload()方法实现
    if($up->upload('pic')) {
        //返回上传后的文件名，通过getFileName()方法
        return $up -> getFileName();
    } else {
        //如果上传失败则提示出错原因，通过getErrorMsg()方法
        $this -> error($up -> getErrorMsg(), 3, 'index');
    }
}
```

在 FileUpload 类中有几个可以使用的方法：创建对象以后，通过 upload()方法上传文件，参数为<input type="file"name="pic">的 name 值；如果上传成功，可以通过该对象中的 getFileName()方法获取上传的文件（默认为随机文件名，可以设置）；如果上传失败，也可以通过 getErrorMsg()方法获取出错信息；还可以通过 set()方法进行连贯操作，限制上传文件的尺寸、类型和是否启用随机文件名。代码如下所示：

```php
<?php
/* 文件上传方法，这个方法最好不要声明在控制器中，最好定义到Model类中去 */
    private function upload() {
        //可以通过参数指定上传位置，也可通过set()方法设置
        $up = new FileUpload();
        
        //设置上传文件存放位置
        $up -> set('path', '/usr/www/uploads')
        //设置上传文件允许的大小，单位为字节
            -> set('maxSize', 1000000)
        //设置允许上传的文件类型
            -> set('allowType', array('gif', 'jpg', 'png'))
        //设置启用上传后随机文件名，true为启用（默认），false为使用原文件名
            -> set('israndname', true);
        
        //pic为上传表单的名称，通过upload()方法实现
        if($up->upload('pic')) {
            //返回上传后的文件名，通过getFileName()方法实现
            return $up -> getFileName();
        } else {
            //如果上传失败则提示出错原因，通过getErrorMsg()方法实现
            $this -> error($up -> getErrorMsg(), 3, 'index');
        }
    }
```

上传多个文件和单个文件的方法一致，但 getFileName()方法返回一个数组，为上传成功的图片名称。如果上传失败，getErrorMsg()方法也返回一个数组，是每个出错的信息。

BroPHP 2.0 也对本类进行了优化，解除了和图片处理类的关联操作，并为上传文件增加了分散目录存储功能。该功能是基于日期格式进行的目录规划，通过设置成员属性"datedir"的值来决定上传文件存放的目录，该属性的默认值是"Y/m/d"，目录结构例如"2015/09/10"的格式，是以当前日期设定的三层目录，这样每天上传的内容都存放在了不同的文件下，不仅可以大大提高查找效率，而且可以方便对上传文件进行管理。当然也可以通过 set()方法进

行自定义格式设置。例如，如果想以月为单位将本月上传的文件保存在同一文件夹下，则设置方式如下所示：

$up -> set('path', $path)->**set('datedir', 'Y-m')**;   //设置上传文件存储的目录，例如 2015-09

17.11.5 BroPHP 2.0 新增加的文件缓存类 FileCache

缓存是解决网站运行效率的法宝。缓存应用的方式有很多种，也可以分布在系统运行的各个层中应用。文件缓存的应用算是最常见的了，例如网站中的分类菜单、公告、幻灯片播放、友情链接等，都是在数据库中存放的数据，如果用户每次刷新一下页面就去连接一次数据库并重新遍历数据表查询结果，这不仅耗费服务器的资源，也会拖延页面加载的速度。试想一下，像友情链接这样的数据表，有可能几天、几周甚至几年才有一条更新的数据。如果获取友情链接只连接一次数据库，也只需要遍历一次数据表，PV 上亿的系统一年会节省多少呢？当然做到这点很容易，只要将第一次从数据表中获取的数据保存在文件中，下次找同样的数据从该文件中获取即可。如果有数据更新，删除文件再重新获取一次就行，这就是文件缓存。

FileCache 类是 BroPHP 2.0 新增加的工具类，是专门用来管理文件进行数据缓存使用的。高仿 MemCache 功能开发，是 MemCache 的功能替代品，用法和 MemCache 极其相似，只不过一个是用内存做缓存，一个是用文件做缓存，所以在不使用 MemCache 的系统中，就可以应用本类完成一些缓存设置。在 BroPHP 框架中直接创建对象就可以应用操作方法。FileCache 类的操作方法如表 17-7 所示。

表 17-7 FileCache 类实例对象中公有的操作方法说明

方法名	描述
构造方法	构造方法有两个参数，都是可选参数。第一个参数是字符串，可以设置缓存目录，如果为空则使用在项目中声明的常量 BRO_CACHE_DIR 的值；如果没有设置该常量，则创建一个默认的缓存文件，默认的缓存目录是 runtime/default_cache_data。第二个参数用来设置缓存文件的扩展名，默认使用.php，建议使用这个扩展名相对安全
add()	用来向缓存文件中添加一个值，如果键值存在，则返回 false。该方法需要三个参数：第一个参数为必选参数，是用来向缓存文件中保存的"键值"；第二个参数也是必选项，提供向缓存文件中保存的数据，可以是任意数据类型的数据；第三个参数为可选项，用来设置保存时间，如果设置为 0 则永远不过期，默认值为 0。该方法执行成功返回 true，失败则返回 false
set()	该方法用来修改缓存文件中的一个值，如果"键值"已经存在则改写，如果不存在则添加。参数用法和 add()相同
get()	该方法用于通过指定的"键值"从缓存文件中获取值。只需要一个必选参数，传递一个"键值"，获取成功则返回获取的值，失败则返回 false
delete()	该方法通过指定的键删除指定的缓存。只需要一个必选参数，传递一个"键值"，删除成功则返回 true，失败则返回 false

续表

方 法 名	描 述
flush()	该方法用于清除所有缓存文件，不需要参数
auto_delete_expired_file()	调用该方法会自动清除所有过期文件，也不需要参数
get_cache_file_name()	该方法通过传递一个"键值"，可以获得缓存文件名

模拟友情链接模块来了解类 FileCache 的应用。例如，在网站的首页操作中，首先应该试着从缓存中获取友情链接数据，如果获取成功就使用缓存数据，如果缓存中没有数据则再去连接数据库，从数据表中遍历数据，并保存在缓存中一份。代码片段如下所示：

```php
//... ...
/* 在前台应用中，首页中友情链接使用文件缓存类FileCache的代码片段
    $links = array(
            array("id"=>1, "url"=>"http://www.itxdl.cn", "name"=>"兄弟连"),
            array("id"=>2, "url"=>"http://www.ydma.cn", "name"=>"猿代码")
            ... ...
        ); */

$cache = new FileCache();                              //创建一个缓存对象

$links = $cache->get("link");                          //先从缓存中获取数据

if(!$links) {                                          //如果没有数据再从数据库获取
    $linkdb = D("link");
    $links = $linkdb -> order('ord asc,id asc')->limit(10)->select();
    //再加到缓存中
    $cache -> set("link", $links);
}

$this -> assign("links", $links);                      //将友情链接数组分配到模板中
//... ...
```

在上例中，也可以通过 set()方法的第三个参数指定缓存过期时间，过期后自动删除缓存文件，再重新从数据库中获取数据并更新缓存。当然，推荐的方法是做成触发式的缓存更新，即对友情链接数据表有更新操作时，手动删除一下缓存，首页重新访问时就会更新缓存显示最新数据。代码片段如下所示：

```php
//... ...
/* 添加友情链接 */
function add() {
    if(isset($_POST['do_submit'])) {
        $db = D('link');
        //调用DB中的insert()方法，将数据加入数据库
        if($db->insert()) {

            $cache = new FileCache();                  //实例化文件缓存FileCache类对象
            $cache->delete("link");                    //删除键"link"对应的友情链接缓存文件

            $this->success("链接增加成功!", 1, "index");
        }else{
            $this->error("链接增加失败...");
        }
```

```
31          }
32     //加载添加链接页面
33          $this->display();
34      }
35  //... ...
```

上例没有通过构造方法设置缓存文件的目录，所以缓存文件默认保存在 runtime 文件夹下面的文件夹 default_cache_data 中。一些缓存文件列表和以友情链接为例的缓存文件内容格式如下所示：

名称	修改日期	类型	大小
0bba7d6ad7c08c83dba185dc956455fd.php	2015/6/29 14:05	PHP 文件	1 KB
6e3afbba70db9f6a49b0ab70e424ba91.php	2015/6/29 14:05	PHP 文件	1 KB
8a739d27194eba433814b797e8f69293.php	2015/6/29 14:05	PHP 文件	2 KB
4043a73e305cb54aab66a41bde2fbef6.php	2015/6/29 14:05	PHP 文件	1 KB
c1a0fbb2d2488755a349fe197f356b35.php	2015/6/29 14:05	PHP 文件	1 KB
c86c6d5b5859fc667f3e4f76f31e2793.php	2015/6/29 14:05	PHP 文件	1 KB

17.11.6 BroPHP 2.0 新增加的无限分类处理类 CatTree

网站中需要内容的分类管理功能，就像文件系统中离不开文件夹一样，几乎是所有网站现在必须有的模块。而无限分类就像是在文件夹中创建多个或多层子文件夹一样，可以随意创建多层子分类。无限分类也是现在主流类型网站中的必备功能。虽然开发无限分类这样的常见模块已经有一些特定的设计模式，但对于新手来说这些模式使用起来还是比较复杂，对于成手来说有的模式要么耗费系统资源，要么有一些功能不足。例如，常见无限分类的设计模式有两种。一种是在数据表中通过增加一个父级类的 ID 字段来标记上一层分类的设计模式。这种设计模式最常见，但在编写代码时，遍历或删除所有子层分类等操作时，都需要通过递归来实现，不仅理解困难，SQL 语句也需要发送多次到服务器上，效率会降低。另一种模式是将一个分类的所有父级类的 ID 放在一起形成一个父级路径，保存在一个字段中。这种方式同样复杂，但遍历和删除记录时不需要使用递归，所以效率不会降低；而这种方式的缺陷是不能按用户指定的顺序进行分类的排序。使用 BroPHP 2.0 中新增加的 CatTree 类（无限分类处理类），不仅可以将编写无限分类的难度降到比普通模块编写还低，又不多耗费系统资源，而且与无限分类有关的所有功能都能实现。CatTree 类的操作方法如表 17-8 所示。

表 17-8　CatTree 类实例对象中公有的操作方法说明

方法名	描述

getTree()	是类中的静态方法，通过从固定的数据表中获取的结果集（表结构需要有三个固定的字段名：id、pid 和 ord），即普通的二维数组作为参数传入，就可以获取和无限分类一样层次结构的多维数组。返回值数组的格式如下所示：
	``
	Array(
	    '0' => Array('id' => '1', 'pid' => '0', 'catname' => '一层分类（一）', 'ord' => '1',
	        'subcat' => Array (
	            '0' => Array('id' => '4', 'pid' => '1', 'catname' => '二层分类（一）', 'ord' => '1', 'path' => ',0,1', 'childs' =>'')
	            '1' => Array('id' => '5', 'pid' => '1', 'catname' => '二层分类（二）', 'ord' => '2', 'path' => ',0,1', 'childs' =>'')
	        ),
	        'path' => ',0', 'childs' => '4,5'
	    )
	    ……
	    '2' => Array('id' => '3', 'pid' => '0', 'catname' => '一层分类（三）', 'ord' => '3', 'path' => ',0', 'childs' =>'')
	    ……
	)
	``
	通过下标 subcat 标记子分类对应的数组，通过 path 标记父级路径，通过 childs 标记子分类的 id

getList()	也是一个静态方法，会在 getTree()方法获取的结果之上再次加工，返回一个更利于遍历无限分类列表的二维数据，使用率远远高于 getTree()方法

在实际应用时，只需要将一个普通的、和数据表结构一样的二维数组作为参数传到 getList()方法中，就可以得到排序好的、层次结构标记清楚的、级别也有的，以及所在分类中位置明确的二维数组。例如数据表结构和保存数据如下所示：

```
1
2 /* 商品分类数据表，编写无限级分类使用 */
3
4 DROP TABLE IF EXISTS `bro_category`;
5 CREATE TABLE `bro_category` (
6   `id` SMALLINT(5) UNSIGNED NOT NULL AUTO_INCREMENT COMMENT '分类编号',
7   `pid` SMALLINT(5) UNSIGNED NOT NULL DEFAULT '0' COMMENT '父级分类编号',
8   `catname` VARCHAR(30) NOT NULL COMMENT '分类名称',
9   `ord` TINYINT(3) UNSIGNED NOT NULL DEFAULT '0' COMMENT '分类排序',
10  PRIMARY KEY (`id`)
11 ) ENGINE=MyISAM DEFAULT CHARSET=utf8;
12
```

id	pid	catname	ord
1	0	一层分类（一）	1
2	0	一层分类（二）	2
3	0	一层分类（三）	3
4	1	二层分类（一）	1
5	1	二层分类（二）	2
6	2	二层分类（三）	3
7	2	二层分类（四）	4
8	6	三层分类（一）	1
9	6	三层分类（二）	2
10	8	四层分类（一）	1
11	8	四层分类（二）	2
12	10	五层分类（一）	1

直接通过最简单的 SQL 语句（select * from catgory;）获取数据表（catgory）的记录，得到一个关联的二维数组，数组格式如下所示：

```
Array
(
    0=> Array(id=>1,  pid=>0,  catname=>一层分类（一）, ord=>1)
    1=> Array(id=>2,  pid=>0,  catname=>一层分类（二）, ord=>2)
    2=> Array(id=>3,  pid=>0,  catname=>一层分类（三）, ord=>3)
    3=> Array(id=>4,  pid=>1,  catname=>二层分类（一）, ord=>1)
    4=> Array(id=>5,  pid=>1,  catname=>二层分类（二）, ord=>2)
    5=> Array(id=>6,  pid=>2,  catname=>二层分类（三）, ord=>3)
    6=> Array(id=>7,  pid=>2,  catname=>二层分类（四）, ord=>4)
    7=> Array(id=>8,  pid=>6,  catname=>三层分类（一）, ord=>1)
    8=> Array(id=>9,  pid=>6,  catname=>三层分类（二）, ord=>1)
    9=> Array(id=>10, pid=>8,  catname=>四层分类（一）, ord=>1)
    10=>Array(id=>11, pid=>8,  catname=>四层分类（二）, ord=>2)
    11=>Array(id=>12, pid=>10, catname=>五层分类（一）, ord=>1)
)
```

此数组如果直接遍历，是不能形成带有层级关系的无限分类列表的。所以要将该数组作为参数，传递到 CatTree 类的静态方法 getList()中，处理后返回的也是一个二维数组，格式如下所示：

```
Array(
    1 =>Array(id=> 1, pid=>0, catname=>'一层分类（一）', ord=>1, path=>'0',         childs=>'4,5',              level=>0)
    4 =>Array(id=> 4, pid=>1, catname=>'二层分类（一）', ord=>1, path=>'0,1',       childs=>'',                 level=>1)
    5 =>Array(id=> 5, pid=>1, catname=>'二层分类（二）', ord=>2, path=>'0,1',       childs=>'',                 level=>1)
    2 =>Array(id=> 2, pid=>0, catname=>'一层分类（二）', ord=>2, path=>'0',         childs=>'6,9,8,10,12,11,7', level=>0)
    6 =>Array(id=> 6, pid=>2, catname=>'二层分类（三）', ord=>3, path=>'0,2',       childs=>'9,8,10,12,11',     level=>1)
    9 =>Array(id=> 9, pid=>6, catname=>'三层分类（二）', ord=>1, path=>'0,2,6',     childs=>'',                 level=>2)
    8 =>Array(id=> 8, pid=>6, catname=>'三层分类（一）', ord=>1, path=>'0,2,6',     childs=>'10,12,11',         level=>2)
   10 =>Array(id=>10, pid=>8, catname=>'四层分类（一）', ord=>1, path=>'0,2,6,8',   childs=>'12',               level=>3)
   12 =>Array(id=>12, pid=>10,catname=>'五层分类（一）', ord=>1, path=>'0,2,6,8,10',childs=>'',                 level=>4)
   11 =>Array(id=>11, pid=>8, catname=>'四层分类（二）', ord=>2, path=>'0,2,6,8',   childs=>'',                 level=>3)
    7 =>Array(id=> 7, pid=>2, catname=>'二层分类（四）', ord=>4, path=>'0,2',       childs=>'',                 level=>1)
    3 =>Array(id=> 3, pid=>0, catname=>'一层分类（三）', ord=>3, path=>'0',         childs=>'',                 level=>0)
)
```

返回的这个数组则是按层级关系排序好的，并且在同层分类级别中，也是按 ord 字段从小到大进行排序，所以在项目中如果需要自定义分类顺序，只需要修改 ord 字段的值即可。直接遍历该数组，并按 level 下标字段进行缩进（例如，level 指的是层数级别；缩进就是在遍历数组时，每多一级就多替换 8 个空格），再通过一些 CSS 样式的配合，就可以获得如图 17-5 所示的结果。

图 17-5 无限分类示例结果

另外，除了用到多出来的 level 字段，这个数组还多了"path"和"childs"两个下标字段。虽然这两个字段在遍历列表时并不会用上，但在其他无限分类的操作中非常有用。childs 指的是当前分类下面的所有子分类 ID 序列，如果本分类就是最底层，没有子分类，则 childs 的值为空。例如，在删除分类时带有子分类的不能删除，就可以通过判断 childs 的值是否为空来决定是否能删除。在修改分类时，也可以通过判断 childs 列表中的成员，来限制不能将分类修改到自己的子类别中。path 则是当前分类的所有父级分类 ID 组成的路径序列，通过这个下标就可以很容易地制作出导航菜单。

在 CatTree 类中，还有一些成员属性需要注意一下。如果用户提供的表结构字段名（id、

pid 和 ord 三个字段）和本类中前三个属性不匹配，则需要直接修改本类的成员属性值，做到和数据表字段名称一致后再应用本类。其他一些成员属性值可以不变，也可以按自己的使用习惯自行修改。CatTree 类的成员属性如表 17-9 所示。

表 17-9　CatTree 类实例对象中的成员属性说明

成员属性声明	描　　述
private static $order = 'ord';	和表的排序字段对应。如果不需要排序，则这个字段可以不设置
private static $id = 'id';	和表的编号字段对应
private static $pid = 'pid';	和表的父级编号字段对应
private static $son = 'subcat';	如果有子数组，子数组下标可以自定义值
private static $level = 'level';	默认的新加级别下标，可以自定义值
private static $path = 'path';	默认的路径下标，可以自定义值
private static $ps = ',';	默认的路径分隔符号，可以自定义符号
private static $childs = 'childs';	默认的子数组下标，可以自定义值

CatTree 的完整示例应用详见本书配置光盘中的示例项目，参考商品的类别模块管理。

17.12　自定义功能扩展

除了使用 BroPHP 框架内置的功能，还可以为框架自定义一些扩展功能。框架中提供了两种扩展方式：如果是一个比较小的功能，可以仅定义函数，例如获取客户端的 IP 地址；而如果需要一些比较复杂的功能，就需要声明功能类放到框架中去使用。

17.12.1　自定义扩展类库

使用 BroPHP 框架除了自定义控制器类和业务模型类，还可以自定义一些扩展功能类。只要将类声明在 classes 目录下（以 .class.php 为扩展名，文件名全部小写），并以类名作为文件名，一个文件中存放一个类。如果按这些规范编写，则所有自定义的类都会被 BroPHP 框架用到时自动加载，在任何位置都可以直接创建对象并使用，包括通过类名直接调用的静态方法。例如，可以参考本书后面 BroShop 项目中的 Form 类，用于在模板中通过最简单的方式应用文本编辑器、日历控件、颜色选择器等工具。

17.12.2　自定义扩展函数库

如果是一个很小的功能，就不需要通过编写类去实现，只要一个小函数就可以搞定。BroPHP 框架也提供了自定义函数的位置，只要将自定义的功能函数编写在 commons 目录下的 functions.inc.php 文件中,使全局函数在任何位置都可以直接调用。例如,也可以参考本书 BroPHP 项目中的 islogin()、upload()和 thumb()函数,这三个函数分别用于处理用户登录、简化文件上传业务和访问页面时加载图片并进行缩放处理,它们都是写在该文件中的,经常会被用到。

17.13 BroPHP 2.0 数据库分离部署方案

在 BroPHP 2.0 的数据模型中,实现了数据库的分离部署。即允许用户把不同的数据表分离到不同的数据库服务器上,以实现负载的分离,更加符合大型网站的需求。

17.13.1 数据分离方法

以一个 CMS 系统为例,假设有会员、内容、评论和专题 4 个主要的数据模型,分别对应 4 张数据表。如果这 4 张表部署在同一个数据库服务器中,不管访问哪张表,都是请求同一个数据库服务器,而如果其中的评论模型数据量很大,或访问量很高,一定也会影响其他数据模型的效率,也会导致整个网站访问速度下降。但如果能将评论模型对应的数据表部署到另外一台服务器上,做到和其他 3 张数据表分离,这样访问评论时就不会影响到其他 3 个模型的操作效率。而如果每个模型都很复杂,又可以将不同模型的数据表分别部署到独立的数据库服务器中,做到互不影响。

17.13.2 数据库连接配置

要将同一个项目中的数据表分离部署在不同的数据库服务器中,就意味着每台数据库服务器都需要一套独立的连接配置。默认的数据库连接配置信息存放在和框架同级目录中的主配置文件 config.inc.php 中。默认是使用一台数据库服务器,不需要数据分离就什么都不需要更改,只要配置信息填写正确即可。如果需要将某一张数据表部署到另外一台数据库服务器中,也不需要改变主配置文件,只要增加一个新数据库连接配置文件即可。新建的这个文件一定要和主配置文件在同级目录中,可以自定义文件名称,但必须以".db.php"为扩展名,数据库配置选项也要和主配置文件的一致,包括数据源 DSN、数据库服务器主机、用户名、密码、库名和表前缀信息。BroPHP 2.0 也为用户提供一个参考文件,直接复制框架目录 brophp 下面的 "link1.db.php" 文件到主配置文件同级目录中,按自己的需求改一下文件名称即可。默认 link1.db.php 文件中的数据库配置选项如下所示:

```
1  <?php
2      define("CHARSET", 'utf8');                                    //设置数据库的传输字符集,不开启则继承主配置文件
3  //  define("DSN", "mysql:host=localhost;dbname=brophp");          //如果使用PDO可以使用,不开启则继承主配置文件
4      define("HOST", "192.168.2.187");                              //数据库主机,不开启则继承主配置文件
5      define("USER", "otheruser");                                  //数据库用户名,不开启则继承主配置文件
```

```
6    define("PASS", "ydma.cn");              //数据库密码,不开启则继承主配置文件
7    define("DBNAME","broshop");             //数据库名,不开启则继承主配置文件
8    define("TABPREFIX", "bro_");            //数据表前缀,不开启则继承主配置文件
```

按新添加的数据库服务器的信息更改该文件中的配置选项即可。选项内容虽然是固定的,但如果某个选项不存在或是被注释掉,则可以从主配置文件 config.inc.php 中继承使用。例如,两台数据库服务器用户名、密码、数据库名、表单前缀都一样,只有数据库主机位置不同,则在该文件中只留下一行,声明一个常量 "define("HOST", "192.168.2.187");" 即可,其他选项注释或删除都可以,会自动从主配置文件中继承。

如果再增加一台数据库服务器,也只需要按同样的方法再增加一个数据库连接配置文件即可。文件名称需要自定义。如果有多台数据库服务器,建议按顺序编号,或按主机名为每个独立的数据库连接配置文件命名。

注意:数据库服务器如果需要远程连接,则必须设置远程连接权限。

17.13.3 数据模型配置

只新建配置文件还不够,还需要将特定的数据模型和它绑定在一起,才能实现具体的数据模型和指定的数据库服务器之间的关联;否则数据模型还是使用主配置文件中的默认连接信息,连接默认的数据库服务器。只需要在自定义的数据模型中添加一个 "dbconfig" 成员属性,属性值则为数据库配置文件名称(不用带扩展名),就可以将数据模型与具体的数据库服务器进行绑定。例如将评论数据模型(comment)的数据库服务器单独分离出去,配置文件已经创建好(link1.db.php)。在 models 目录下创建的模型文件内容如下所示:

```php
1  <?php
2      /**
3          评论模型(file: models/comment.clsss.php)
4      */
5      class Comment {
6          protected $dbconfig = "link1";       //通过属性名dbconfig绑定配置文件
7  
8          function fun1() {                     //模型中的其他操作方法
9              //......
10         }
11     }
```

如果其他模型的数据库服务器和评论模型相同,则只需要和评论模型一样通过 dbconfig 属性设置相同的配置文件即可。

注意:如果想让两个或更多数据模型使用同一台数据库服务器中的多个库,就需要通过创建多个配置文件,通过设置不同的库名来指定具体的数据库。

提示:BroPHP 2.0 通过单态设计模式,在同一个脚本运行时如果使用多个数据模型,或同一个数据模型在一个操作中多次使用,则有几台数据库服务器就最多连接几次,做到了数据库的连接数最少,保证了框架的运行效率。

17.14 BroPHP 2.0 资源分布式部署

一个完整的 Web 系统是需要多种技术和资源配置搭建出来的。后台主要有 PHP 和 MySQL，前台主要是图片和 HTML、CSS、JS 等文件，以及大量的页面缓存数据，最主要的还有上传的资源内容。对于一个小型网站的规划，这些资源都可以统一放在一台 Web 服务器的根目录下。而对于一些大型 Web 系统的规划，最好是将资源分布在多台服务器中部署。BroPHP 2.0 可以通过数据模型的设置，将 PHP 和 MySQL 分别部署在不同的服务器上，同时支持将所有资源单独部署在指定的服务器中。例如，上传的内容数据很多，并存放在和 PHP 相同的服务器中，上传和下载时都会影响到 PHP 的运行效率。假设将上传的内容能保存到其他服务器中，下载时就和 PHP 程序所在的服务器没有关系，也就不会互相影响。如果所有资源内容都可以分开部署，就形成了由多个互相连接的处理资源组成的服务器系统，它们在整个系统的控制下协同执行同一个任务，最少依赖于集中的程序、数据或硬件。这些资源可以是地理上相邻的，也可以是在地理上分散的。这样处理的好处是可以将分布在各处的资源综合利用，而这种利用对用户而言是透明的；还可以将负载由单个节点转移到多个节点，从而提高效率；有时也可以避免由于单个节点失效而使整个系统面临崩溃的危险。

17.14.1 网站资源分布式部署方法

BroPHP 2.0 可以分布处理的资源包括上传文件保存的位置、缩略图缓存的位置、公用资源和每个应用中的资源（CSS、JS 和图片）文件位置，以及程序运行时生成的所有缓存文件位置。这些资源分布的配置都是统一方式，通过一个独立的配置文件配置完成。在和主配置文件同级的目录中，新建一个名为"path.inc.php"的配置文件（或在框架目录 brophp 下，将同名的参考文件复制过来），文件内容如下所示：

```
<?php
    define('B_UP_PATH', '/app/uploads/');              //上传的服务器位置，相对于服务器根目录，需要设置可写权限
    define('B_UPW_PATH', 'http://192.168.2.181/uploads/');  //远程请求上传的内容，相对于Web服务器文档根目录

    define('B_UPC_PATH', '/app/thumb/');               //上传的图片应用时生成的缓存存放路径，需要设置可写权限
    define('B_UPCW_PATH', 'http://192.168.2.182/thumb/');   //远程请求上传的缓存内容，相对于Web服务器文档根目录

    define('B_PUBLIC', 'http://192.168.2.183/public/');     //手动指定公共资源CSS、JS和Image的位置

    $b_res_admin = 'http://192.168.2.184/admin';       // 【admin】应用中的资源文件（CSS, JS, Image）存放位置
    $b_res_home = 'http://192.168.2.185/home';         // 【home】应用中的资源文件（CSS, JS, Image）存放位置
    //$b_res_xxx = 'http://192.168.2.186/xxx';         // 【xxx】应用中的资源文件（CSS, JS, Image）存放位置

    //define('B_RUN_PATH', '/app/tmp/');                //指定runtime运行时生成的文件位置，需要设置可写权限
```

通过在配置文件 path.inc.php 中的设置，能将所有可以分离的资源进行分布式部署，当然也可以单独分离指定的部分资源。

17.14.2 部署上传的文件资源

对于上传的资源内容，需要用到两种格式的路径。一种是需要在 PHP 中进行操作的查找路径，例如将上传的内容通过 PHP 程序进行压缩，这种情况需要按服务器的操作系统目录结构进行查找。另一种是需要在客户端浏览器中，通过 HTTP 协议远程请求 Web 服务器中的上传资源，这种情况就需要通过 Web 服务器文档根目录进行查找。

BroPHP 2.0 上传文件默认不用做任何设置，自动保存在"public/uploads"中，在 PHP 中直接通过相对目录进行操作（./public/uploads/），在模板中可以通过"<{$public}>/uploads/"进行访问。

如果不新增加服务器，只是在原来的服务器中更改上传文件的保存位置，也需要在 path.inc.php 文件中进行设置。但需要注意一点，如果上传的内容需要通过前台浏览器来访问，例如上传一张商品图片，需要在页面中显示该图片，上传的位置必须是在 Web 服务器文档根目录下面。假设 Web 服务器文档根目录为"/usr/local/www/"，如果项目的根目录就在这个下面，则将上传目录更改为该目录下面的"uploads"中。通过"相对"和"绝对"路径都可以设置，都是通过在 path.inc.php 配置文件中声明常量 B_UP_PATH 进行设置的，如下所示：

```
5   define('B_UP_PATH', '/usr/local/www/uploads');  //绝对路径，从操作系统的根目录开始，要有写的权限
6   #或
7   #define('B_UP_PATH', './uploads/');             //相对路径，从当前目录查找，和主入口同级目录，要有写的权限
8
9   define('B_UPW_PATH', 'http://www.ydma.cn/uploads/');  //通过HTTP协议远程请求上传路径
```

还需要注意上传文件的目录，必须具有 PHP 用户写的权限。再通过声明常量 B_UPW_PATH，设置远程请求的 URL，就可以通过该常量在浏览器中访问 Web 服务器中的上传资源了。

如果将上传资源放到其他服务器中，也是一样的配置方法，都是在 path.inc.php 配置文件中，通过声明 B_UP_PATH 和 B_UPW_PATH 两个常量进行设置，当然另一台服务器的目录也必须放在可以远程通过 HTTP 协议能访问的 Web 服务器根目录下。但如果让项目中的 PHP 程序可以访问另一台服务器下的目录，就必须将另一台服务器上的目录通过文件夹共享的方式（samba 或 nfs 服务设置）让本机可以访问到。例如有编号 A 和 B 的两台服务器，其文档根目录都在"/user/local/www"下面，两台服务器绑定的域名分别为 www.ydma.cn 和 img.ydma.cn。假设编号 A 为项目主程序所在的服务器，需要将上传文件放在 B 服务器中的"/usr/local/www/uploads"目录下面。这就需要通过文件夹共享的方式，将 B 服务器中的目录"/usr/local/www/uploads"和 A 服务器中的"/app/uploads"目录绑定，并设置可写的权限。在 path.inc.php 中的配置如下：

```
5   define('B_UP_PATH', '/app/uploads');                   //绝对路径，和B服务器/usr/local/www/uploads绑定
6   define('B_UPW_PATH', 'http://img.ydma.cn/uploads/');   //通过HTTP协议远程请求上传路径
```

17.14.3 部署缩略图的资源位置

在项目中，一张上传的图片可能被用到多次，并以多种大小的尺寸用在不同的位置。所以需要将图片在访问时缩放到合适的大小，再放在指定的位置上，并将缩放后的图片缓存，再次访问时直接调用缓存图片即可。所以项目开发中应用缩略图的概率是非常高的，在基于 BroPHP 2.0 开发项目时，如果有这方面的应用，也提供了配置方法的参考。和上传文件的目录设置原理及方法一样，有默认的存放位置（runtime/thumb），都需要设置两种路径：一种是 PHP 操作的路径，需要用 PHP 用户写的权限；另一种是远程通过 HTTP 协议请求的 URL，可以在项目同一台服务器中，也可以分离设置在其他服务器中。在配置文件 path.inc.php 中声明两个常量 B_UPC_PATH 和 B_UPCW_PATH（可以根据自己的项目命名），分别设置 PHP 操作的缓存路径和远程请求的 URL。代码如下所示：

```
11  define('B_UPC_PATH', '/app/thumb/');                          //上传的图片应用时生成的缓存存放路径，需要设置可写权限
12  define('B_UPCW_PATH', 'http://thumb.ydma.cn/thumb/');         //远程请求上传的缓存内容，相对于Web服务器文档根目录
```

17.14.4 将公共资源和单个应用中的资源分离部署

公共资源是一个项目中的所有应用可以共用的资源，例如一些 JS 框架和插件，像 jQuery、BootStrap、文本编辑器等，还有像 Logo 图片等，这些资源前后台共用一份就可以了。公共资源默认保存在项目根目录下的 public 中。另外，这些公共资源都是开发前端使用的内容，都需要通过 HTTP 协议从服务器端加载到浏览器中运行，将公共资源分离出去也必须放在 Web 服务器上，再通过在 path.inc.php 文件中声明常量 B_PUBLIC，设置项目中访问公共资源的 URL。代码如下所示：

```
16  define('B_PUBLIC', 'http://pub.ydma.cn/public');              //手动指定公共资源CSS、JS和Image的位置
```

同样，各个应用中的资源也可以从项目分离出去，放到其他服务器上，例如前台和后台的 CSS、JS 和图片等资源。如果有这方面的需求，只要在 path.inc.php 文件中声明两个变量，指定资源所在的服务器 URL 即可。代码如下所示：

```
21  $b_res_admin = 'http://res.ydma.cn/admin';                    // 【admin】应用中的资源文件（CSS,JS,Image）存放位置
22  $b_res_home  = 'http://res.ydma.cn/home';                     // 【home】应用中的资源文件（CSS,JS,Image）存放位置
23  //$b_res_xxx = 'http://res2.ydma.cn/xxx';                     // 【xxx】应用中的资源文件（CSS,JS,Image）存放位置
```

注意：分离公共资源时，因为默认的上传目录在 public 下面，所以要先通过 B_UP_PATH 变量的声明将上传目录移出。

17.14.5 将临时和缓存文件分离部署

一个优秀的程序框架会自动完成很多的缓存工作，就会产生很多缓存文件，在运行中也会产生很多临时的交换文件，而它们都是可以全部删除的，再次运行还会重新生成。BroPHP

将这些临时使用的文件统一存储在 runtime 目录中，BroPHP 2.0 可以改变该目录的存储位置，使框架更灵活，更容易扩展。只要在 path.inc.php 配置文件中声明常量 B_RUN_PATH，就可以设置临时文件的保存位置了，代码如下所示：

```
25  define('B_RUN_PATH', '/app/tmp/');        //指定runtime运行时生成的文件位置，需要设置可写权限
```

注意：该目录保存的是由服务器端 PHP 程序动态生成的文件，必须具有可写权限。

17.15 BroPHP 2.0 主程序与 Web 目录分离

在网站部署中，全部代码都应该放在 Web 文档根目录下，这样才能通过 URL 访问到并运行，所以它是对 HTTP 协议可见的目录。通常大部分网站被黑客入侵，也是通过 HTTP 协议操作 Web 目录下的文件实现的。考虑到网站的安全性，BroPHP 2.0 可以将网站主程序与 Web 目录分离，使 PHP 主程序在 Web 目录之外，从而提高网站的安全性。即能做到在 Web 目录下，只保留几个必要的入口文件，并只设置 Web 用户只读的权限。这样黑客通过 HTTP 协议入侵网站就找不到主程序，网站也就不会遭到破坏。

BroPHP 2.0 主程序和 Web 目录分离的方法很容易实现，即在 Web 目录下只留下入口文件，其他主程序结构保持不变，一起放到 Web 目录之外，并修改入口文件设置框架的存放新位置。假设 Web 服务器的文档根目录为 "/usr/local/www/"，在该目录下只留下主入口文件 index.php，将主程序全部移到 "/cms/" 目录中。入口文件 index.php 的代码如下所示：

```
1  <?php
2      /**
3      * 单一入口文件
4      */
5      define("APP", "home");                  //设置当前应用的目录
6      require('/cms/brophp/bro.php');         //加载框架的入口文件
```

注意：在将主程序和 Web 目录分离之前，像一些 CSS、JS 和图片资源文件，以及上传的文件资源等，需要先通过 path.inc.php 的配置提前设置好。

附录 A

PHP 5.3～5.6 新特性

PHP 在市面上应用的版本非常多,目前最高版本是 PHP 7。而 PHP 6 是一个失败的产品,所以 PHP 会跳过 PHP 6 直接用 PHP 7,但 PHP 7 刚出现不久,还没有得到普及。所以现在用得最多的版本还停留在 PHP 5 阶段。PHP 5.2 版本虽流行了很多年,但由于功能上的欠缺,现在逐步转向 PHP 5.3 以后的版本。从 PHP 5.3 以后算是一个非常大的更新,新增了大量新特征,同时也做了一些不向下兼容的修改。所以目前应用的版本都在 PHP 5.3 和 PHP 5.6 之间。要升级自己的版本,必须对每个版本有所了解,本章给出了 PHP 5.3、PHP 5.4、PHP 5.5 和 PHP 5.6 版本升级的新特性及注意事项。

A.1 PHP 5.3 中的新特性

PHP 5.3 中的新特性有如下几个方面:
(1) 支持命名空间(Namespace)。
(2) 支持延迟静态绑定(Late Static Binding)。
(3) 支持 goto 语句。
(4) 支持匿名函数/闭包(Closures)。
(5) 新增两个魔术方法 __callStatic() 和 __invoke()。
(6) 新增 Nowdoc 语法,用法和 Heredoc 类似,但使用单引号。
(7) 在类外也可使用 const 来定义常量。
(8) 三元运算符增加了一个快捷书写方式,可以省略中间部分,书写为 expr1 ?: expr3。
(9) HTTP 状态码在 200～399 范围内均被认为访问成功。
(10) 支持动态调用静态方法。
(11) 支持嵌套处理异常(Exception)。
(12) 新增垃圾收集器(GC),并默认启用。

PHP 5.3 中其他值得注意的改变有如下几个方面:

（1）修复了大量 Bug。
（2）PHP 性能提高。
（3）php.ini 中可使用变量。
（4）mysqlnd 进入核心扩展，理论上说该扩展访问 mysql 的速度会较之前的 MySQL 和 MySQLi 扩展快。
（5）ext/phar、ext/intl、ext/fileinfo、ext/sqlite3 和 ext/enchant 等扩展默认随 PHP 绑定发布。
（6）ereg 正则表达式函数不再默认可用，使用速度更快的 PCRE 正则表达式函数。

A.2 PHP 5.4 中的新特性

PHP 5.4 中的新特性有如下几个方面：
（1）内置了一个简单的 Web 服务器（Buid-in Web Server）。
（2）新增了 Traits，提供了一种灵活的代码重用机制。
（3）数组简短语法（Short Array Syntax）。
（4）数组值（Array Dereferencing），例如，myfunc()[1]用法。
（5）Session 提供了上传进度支持（Upload Progress），通过$_SESSION["upload_progress_name"]就可以获得当前文件上传的进度信息，结合 Ajax 就能很容易地实现上传进度条。
（6）实现了 JsonSerializable 接口的类的实例在 json_encode 序列化之前会调用 jsonSerialize 方法，而不是直接序列化对象的属性。
（7）mysql、mysqli、pdo_mysql 默认使用 mysqlnd 本地库。
（8）实例化类，例如 echo (new test())->show()用法。
（9）支持 Class::{expr}()语法。
（10）函数类型提示的增强。由于 PHP 是弱类型的语言，因此在 PHP 5 以后引入了函数类型提示的功能，其含义为对于传入函数中的参数都进行类型检查。
（11）增加了$_SERVER["REQUEST_TIME_FLOAT"]，这是用来统计服务请求时间的，并用 ms 来表示。
（12）二进制直接量（Binary Number Format）。

A.2.1 PHP 5.4 中其他值得注意的改变

PHP 5.4 中其他值得注意的改变如下：
（1）PHP 5.4 性能大幅提升，修复超过 100 个 Bug。
（2）废除了 register_globals、magic_quotes 及安全模式。
（3）多字节支持已经默认启用。
（4）default_charset 从 ISO-8859-1 已经变为 UTF-8。

（5）默认发送"Content-Type: text/html; charset=utf-8"，开发人员再也不需要在 HTML 里写 meta tag，也无须为 UTF-8 兼容而传送额外的 header 了。

（6）PHP 5.4 弃用的多个特性包括 allow_call_time_pass_reference、define_syslog_variables、highlight.bg、register_globals、register_long_arrays、magic_quotes、safe_mode、zend.ze1_compatibility_mode、session.bug_compat42、session.bug_compat_warn 及 y2k_compliance。除了这些特性，magic_quotes 可能是最大的危险。在早期版本中，未考虑因 magic_quotes 出错导致的后果，简单编写且未采取任何举措使自身免受 SQL 注入攻击的应用程序都通过 magic_quotes 来保护。如果在升级到 PHP 5.4 时未验证已采取正确的 SQLi 保护措施，则可能导致安全漏洞。

A.2.2　PHP 5.4 中其他改动和特性

PHP 5.4 中其他改动和特性如下：

（1）有一种新的"可调用的"类型提示，用于某方法采用回调作为参数的情况。

（2）htmlspecialchars() 和 htmlentities() 函数现在可更好地支持亚洲字符。如果未在 php.ini 文件中显式设置 PHP default_charset，这两个函数默认使用 UTF-8 而不是 ISO-8859-1。

（3）会话 ID 现在默认通过 /dev/urandom（或等效文件）中的熵生成，而不是与早期版本一样成为必须显式启用的一个选项。

（4）mysqlnd 这一捆绑的 MySQL 原生驱动程序库现在默认用于与 MySQL 通信的各种扩展，除非在编译时通过 ./configure 被显式覆盖。

（5）可能还有 100 个小的改动和特性。从 PHP 5.3 升级到 5.4 应该极为顺畅，但请阅读迁移指南加以确保。如果用户从早期版本升级，执行的操作可能稍多一些。请查看以前的迁移指南再开始升级。

A.3　PHP 5.5 中的新特性

PHP 5.5 中的新特性如下：

（1）放弃对 Windows XP 和 2003 的支持。

（2）弃用 e 修饰符。e 修饰符是指示 preg_replace 函数用来评估替换字符串作为 PHP 代码，而不只是做一个简单的字符串替换。不出所料，这种行为会源源不断地出现安全问题。这就是为什么在 PHP 5.5 中使用这个修饰符将抛出一个弃用警告。作为替代，应该使用 preg_replace_callback 函数。

（3）新增一些函数和类。例如 boolval()、hash_pbkdf2()、array_column() 等函数。

（4）密码散列 API。当设计一个需要接受用户密码的应用时，对密码进行散列是最基本的、也是必需的安全考虑。

（5）新的语言特性和增强功能。例如常量引用（"）, 意味着数组可以直接操作字符串和数组字面值。

（6）empty()支持表达式作为参数。目前，empty()语言构造只能用在变量中，而不能用在其他表达式中。在特定的代码中，像 empty ($this-> getFriends())将会抛出一个错误，而在 PHP 5.5 中，这将成为有效的代码。

（7）获取完整类别名称。可用 MyClass::class 获取一个类的完整限定名（包括命名空间）。

（8）参数跳跃。如果有一个函数接受多个可选的参数，有办法只改变最后一个参数，而让其他所有参数为默认值。

（9）标量类型提示。标量类型提示原本计划进入 PHP 5.4，但由于缺乏共识而没有做。对于 PHP 5.5 而言，针对标量类型提示的讨论又一次出现，它需要通过输入值来指定类型。例如：123、123.0、"123"都是一个有效的 int 参数输入，但"hello world"就不是。这与内部函数的行为一致。

（10）Getter 和 Setter。如果你从不喜欢写 getXYZ()和 setXYZ($value)方法，那么这应该是最受欢迎的改变。提议添加一个新的语法来定义一个属性的设置/读取。

（11）生成器。自定义迭代器很少使用，因为它们的实现需要大量的样板代码。生成器解决了这个问题，并提供了一种简单的样板代码来创建迭代器。

（12）列表解析和生成器表达式。列表解析提供一个简单的方法对数组进行小规模操作，例如 "$firstNames = [foreach ($users as $user) yield $user->firstName]"。生成器表达式也很类似，但是返回一个迭代器（用于动态生成值）而不是一个数组。

（13）try-catch 结构新增 finally 块。这和 Java 中的 finally 一样，经典的 try...catch...finally 三段式异常处理。

（14）foreach 支持 list()。对于"数组的数组"进行迭代，之前需要使用两个 foreach，PHP 5.5 中只需要使用 foreach + list，但是这个数组的数组中的每个数组的个数需要相同。

（15）增加了 opcache 扩展。使用 opcache 会提高 PHP 的性能，你可以和其他扩展一样静态编译（-enable-opcache）或者动态扩展（zend_extension）加入这个优化项。

（16）非变量 array 和 string 也能支持下标获取。例如 echo [1, 2, 3][0]和 echo "foobar"[2]。

PHP 5.6 中的新特性

PHP 5.6 中的新特性如下：

（1）常量标量表达式（Constant scalar expressions）。在常量、属性声明和函数参数默认值声明时，以前版本只允许常量值，PHP 5.6 开始允许使用包含数字、字符串字面值和常量的标量表达式。

（2）可变参数函数（Variadic functions via ...）。可变参数函数的实现不再依赖 func_get_args()函数，现在可以通过新增的操作符 "..." 更简洁地实现。

（3）参数解包功能（Argument unpacking via ...）。在调用函数的时候，通过 "..." 操作符可以把数组或者可遍历对象解包到参数列表，这和 Ruby 等语言中的扩张（splat）操作符类似。

（4）导入函数和常量（use function and use const）。use 操作符开始支持函数和常量的导入。例如，use function 和 use const 的结构。

（5）phpdbg。PHP 自带了一个交互式调试器 phpdbg，它是一个 SAPI 模块。

（6）php://input 可以被复用。php://input 开始支持多次打开和读取，这给处理 POST 数据模块的内存占用带来了极大的改善。

（7）大文件上传支持。可以上传超过 2GB 的大文件。

（8）GMP 支持操作符重载。GMP 对象支持操作符重载和转换为标量，改善了代码的可读性。

（9）新增 gost-crypto 哈希算法。采用 CryptoPro S-box tables 实现了 gost-crypto 哈希算法。

（10）SSL/TLS 改进。OpenSSL 扩展新增证书指纹的提取和验证功能，openssl_x509_fingerprint()用于提取 X.509 证书的指纹，capture_peer_cert 用于获取对方 X.509 证书，peer_fingerprint 用于断言对方证书和给定的指纹匹配。